室 内 设 计 +
室 内 设 计 史

高等院校
室内设计专业规划教材
Curriculum Design for Bachelor's and
Master's in Interior Design

李瑞君 编著

中国建筑工业出版社

U0207354

在多年从事室内设计教学的工作中，我发现学生缺乏对室内设计历史与文化的了解，尤其是忽视对中国室内设计历史与文化的了解。造成这种状况除了教学本身的原因外，还有历史的原因。吴良镛先生对此进行了深入的剖析："至少是由三个障碍造成的：一是对中国传统建筑艺术作品的丰富性和它们卓越的艺术成就还缺乏了解（这有其历史原因，如1955年后中国建筑传统的教学一般消弱了，改革开放以来，极大地提高了对西方建筑文化的理解，但食而不化，相应地对传统的学习也有所消弱）；二是对其中蕴藏的文化内涵还缺乏深入的探究；三是对西方的研究也不够系统，不能与中国研究结合起来。"[①] 近年来，这种状况逐步得到了改变，有关中国古代建筑室内设计研究的学术成果不断涌现，尤其是张绮曼教授带领着她的博士研究生对中国不同历史时期的室内设计进行了深入、系统的研究，并取得了丰硕的成果。

德国历史学家约恩·吕森（Jöro Rüsen）在《历史文化思考的新途径》（Neue Wege des historischen Denkens）一书的前言中写道："全球化进程对历史思考提出了新的挑战。跨文化接触在不断深化，所以，必须把握形成和确定文化认同的新维度和新条件，而历史思考在其中的地位举足轻重。它不仅有利于我们理解异于我们的陌生世界，也有利于理解我们自己的世界，尤其是当我们对既有差异性又有共性的不同文化进行研究时，历史思考能够增进我们的理解。"[②] 这便是我在阶段性地结束

① 吴良镛.关于中国古建筑理论研究的几个问题[J].建筑学报，1999（4）：39.
② （德）约恩·吕森著.历史文化思考的新途径[M].綦甲福，来炯，译.上海：上海世界出版集团，2005：前言.

"清代室内环境营造研究"课题之后系统开展中国、西方和其他国家的室内设计研究的原因。

梁思成先生在《中国建筑史》中说:"最后至清末,因与欧美接触频繁,醒于新异,标准动摇,以西洋建筑之式样渗入都市,一时呈现不知所从之混乱状态。于是民居市廛中,旧建筑之势力日弱。"① 纵观 20 世纪的科学与人文研究,一个不争的事实摆在我们面前,西方文化凭借强大的经济实力正在对世界范围内的其他文化产生广泛和深刻的影响,这就使得对中国文化的认识和把握,以及对西方文化的认识和理解变得尤为重要。因此,对室内设计历史与文化的研究,不但要研究中国本土的各个民族的室内设计及文化,也要涉及其他国家和地区的室内设计及文化,以及不同国家和地区之间的相互影响,于是促发了我对"明清时期中西方室内设计中的交流与影响"和"地域性建筑及室内设计研究"等课题的关注,并取得了一系列的研究成果。随着室内设计历史与文化研究的展开和深入,发现涉及的面越来越广,难度也越来越大,但既然已经开始了,那无论如何都要坚持下去,于是便有了现在呈现在大家面前的这些文字。

---

① 梁思成.中国建筑史 [M].天津:百花文艺出版社,1998:23.

CONTENTS 目录

第1篇　外国古代室内设计

第1章 早期文明时期的室内设计

原始社会极其漫长，距今大约 1 万年前，人们开始掌握了农耕技术，受到种植和收获周期的限制，定居的生活方式逐渐形成。

西亚西部通常被欧洲人称为"近东"，尤其是地中海东部海岸地区，是人类文明的发源地之一。约公元前 9000 年，位于约旦河谷西侧的杰里科，出现了人类最早的定居点，大约在公元前 8000 年，出现了最早的农耕定居生活，并形成了有组织的聚居村落，村落周围有防御墙环绕，并建有圆形的碉楼，其房屋用烧制的陶砖砌筑，室内地面使用灰泥铺设，平整光洁，房屋的整体平面多呈圆形。距今大约 6000 年，西亚地区的人们已经主要依靠农业生产，同期或稍晚时期，美洲及亚洲的中国等地也陆续出现了定居农业。定居的生活方式为建筑的真正产生奠定了最基本的条件，人们不再依靠天然洞穴或者树木栖身。

最初的理想遮蔽物应该是天然洞穴，但穴居并不是人类广泛的居所，只能出现在某些地方。洞穴并不舒适，因此不是吸引人类居住的地方。但法国的肖威特（Chauvet）、拉斯考克斯（Lascaux）（图 1-1-1）、阿尔塔米拉（Altamira）等洞窟壁画的发现，证明人类或许曾经居住生活在这些洞窟里。洞穴是一种自然状态的人类居所，而人类自己构筑的真正居所，能够遗留下来的只有那些用石头这样耐久材料修建的构筑物。而那些用木材、茅草和其他植物材料，以及动物毛皮构筑的住所早已消失。所以我们今天能够见到人类生活的遗址大都是新石器时期用石头构建的。例如，在英格兰西南部索尔兹伯里平原上的石头巨石阵（Stonehenge）（图 1-1-2），建造于公元前 2750~ 前 1500 年之间，是作为仪式或庆典使用的，与观测天文活动有关；也有学者认为巨石阵原是一座太阳神庙或者坟墓，人们在这里祭拜祖先。石头上还雕刻或线刻着许多优美的图案。

法国著名建筑理论家和历史学家维奥莱特·勒·杜克（Viollet Le-Duc，1814~1879 年）在其 1876 年出版的专著《历代人类住屋》一书题为"第一座住屋"的章节中，试图还原原始居民构筑居住之所的情景。人类利用最容易获取的丛林资源，将树木枝干的顶端扎结，然后在树干表面编织其他植物茎秆或小树枝，表面还可以再覆盖上一层泥土，以围合出一个可以居住的空间。这种圆锥形的小屋和爱斯基摩人的圆顶冰雪小屋、美国土著人的圆锥形帐篷（图 1-1-3）、游牧民族的圆形的可移动房屋（图 1-1-4、图 1-1-5）等构筑物有着相同的特征。

其他类型的原始住居形式往往都是受到特殊的地理环境、气候条件、构筑材料等因素的影响，其中受气候条件的影响最为明显。比如，北极区域的因纽特人的冰屋或雪屋，撒哈拉沙漠地区位于地下的马特马塔屋（Matmata house）等。

图 1-1-1（**左上**）法国拉斯考克斯（lascaux）洞中的岩画
图 1-1-2（**左下**）英格兰西南部索尔兹伯里平原上的石头巨石阵
图 1-1-3（**右上**）美国班诺克民居
图 1-1-4（**右中**）蒙古包外观
图 1-1-5（**右下**）蒙古包内部顶棚

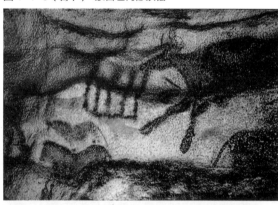

1.1　古代埃及的室内设计

古代的尼罗河流域是人类古代文明的重要发源地之一，古埃及就位于狭长的尼罗河谷地，是著名的文明古国之一。约公元前5000年，埃及社会出现了阶级萌芽，公元前4000年左右，埃及人开始了农耕定居生活，发明了最早的象形文字，出现了奴隶制国家。到公元前3000年，上埃及国王梅尼斯征服下埃及，建立了统一的专制王朝。

古埃及文化已经留有较为完整的资料可供研究，因此，虽然没有完整的室内遗存，但仍然可以从许多遗物中获得内部空间的清晰概念。

古代埃及人在几何设计方面已经获得了伟大的成就，其对图形的应用技巧令人惊叹。在吉萨金字塔群的建造中已经知道用南北轴线来进行精确的定位。埃及的空间设计有规律地利用了黄金比例这个既具有美学意义又有神秘色彩的精确比例关系，而且许多其他简单的几何概念也在建筑、艺术和日常用品的设计中得到应用。古埃及人创造了人类最早的建筑艺术以及和建筑物相适应的室内装饰艺术，他们早在3000年前就已会用正投影绘制建筑物的立面图和平面图，会画总图及剖面图，同时也会使用比例尺。

古代埃及的建筑及室内设计史的形成和发展，大致可分为下列几个时期：上古王国时期（公元前33~前27世纪），古王国时期（公元前27~前22世纪），中王国时期（公元前22~前17世纪），新王国时期（公元前16~前11世纪）。

在古埃及人的世界里，人们是在神权思想基础上发展其政治、文化、艺术等社会上层建筑的，古埃及很早就形成了一套建立在原始崇拜基础上、完整的神祇家族系统。神权具有至高无上的力量，君权神授，法老被视为太阳神的儿子以及在人世间的代表。同时，古埃及人笃信灵魂不死，只要死后遗体得到恰当保护，逝者可能获得永生。在古埃及发达的建筑体系里，以陵墓、神庙和住宅为主，其中以陵寝与神庙建筑为代表。

1.1.1　上古王国时期

上古王国时期没有留下完整的建筑物，但从片断的资料中可知，主要是一些简陋的住宅和坟墓。

由于尼罗河两岸缺少优质的木材，因此古代埃及人最初只是以棕榈木、芦苇、纸草、黏土和土坯建造房屋。用芦苇建造的房屋，首先将结实、挺拔的芦根捆扎成柱形，做成角柱，再用横束芦苇放在上边，外饰黏土的墙壁也是用芦苇编成，两面涂以黏土，它的构造方法主要是梁、柱和承重墙结合，由于屋顶黏土的重量，迫使芦苇上端成弧形，被称作台口线，从而成为室内的一种装饰。因此，这一时期室内装饰主要体现在梁柱等结构的装饰上，而空间的布局是比较简单的长方形。

1.1.2 古王国和中王国时期

古王国时期主要是皇陵建筑，即举世闻名的金字塔（图 1-1-6），其这一时期神庙建筑发展相对缓慢，其建筑材料在早期是以通过阳光晒制的土砖及木材为主，后来逐渐出现了一些石结构建筑，如第三王朝法老的神庙建筑，一个由柱厅、柱廊、内室和外室等部分组成的平面为单元的建筑群，室内的墙壁布满花岗岩板，地面铺以雪花石膏。柱式的形式比较多，既有简单朴素的方形柱，也有结实精壮的圆形柱，还有一种类似捆扎在一起的芦苇杆状的外凸式沟槽柱。柱式的发明和使用是古王国时期室内设计中最伟大的功绩，也是建筑艺术中最富表现力的部分。

中王国时期，随着政治中心由尼罗河下游转移到上游，出现了背靠悬崖峭壁的石窟陵墓，成为中王国时期建筑的主要形式。古王国和中王国时期住宅的室内布局与现今的住房相差无几，尤其是贵族的住宅，内部很明确地划分成门厅、中央大厅以及内眷居室、仆人房。中央大厅为住宅的中心，其天花板上有供采光的天窗，有的大厅中央有带莲头的深红色柱子，墙面装饰往往是画满花鸟图案的壁画。

家具在古王国时期有所发展，以往埃及人喜欢在室内盘腿打坐，这时已出现较简单的木框架家具。

1.1.3 新王国时期

新王国时期是古埃及的全盛时期，为适应宗教统治，宗教以阿蒙神（Amon）为主神，即太阳神，法老视为神的化身，因此神庙取代陵墓，成为这一时期典型的建筑。

图 1-1-6 古埃及金字塔

图1-1-7 卡纳克阿蒙神庙

神庙在一条纵轴线上以高大的塔门、围柱式庭院、柱厅大殿、祭殿以及一连串的密室组成一个连续而与外界隔绝的封闭性空间。神庙没有统一的外观，除了正立面是举行宗教仪式的塔门，整个外形只是单调、沉重的石板墙，因此神庙建筑的艺术性重点体现在室内。其中大殿室内空间中，密布着众多高大粗壮且直径大于柱间净空的柱子，人在其中，感到处处遮挡着视线，使人觉得空间的纵深而复杂。柱子上刻着象形文字和比真人大几倍的彩色人像，气势磅礴，给人一种压抑、沉重和敬畏感，从而达到宗教所需要的威慑力。统治阶级为加强宗教统治，这样的神庙遍及全国，其中最为著名的是卡纳克阿蒙神庙，也是当前世界上仅存的规模最大的庙宇（图1-1-7）。

新王国时期，贵族的住宅也有所发展，室内的功能更加多样，除了主人居住的部分，还增加了柱厅和一些附属空间，如谷仓、浴室、厕所、厨房等。其中，柱厅为住宅的中心，其天花板也高出其他房间，并设有高侧窗。这些住宅仍多为木构架，墙面一般抹一层胶泥砂浆，再饰一层石膏，然后画满植物和飞禽的壁画，天花、地面、柱梁都有各式各样异常华丽的装饰图案。

从古埃及庙宇的平面布局可以看出人们在空间、墙壁和柱子的比例关系上已经应用了复杂的几何系统，同时带有神秘的象征意义。受到一定美学观念的影响，简单的双向对称成为古埃及人不变的理念。

在室内装饰上，古埃及人热衷于使用各种人物、故事场面、纹样等为母题对墙壁、柱面等处进行精细的雕刻，有的壁面甚至完全被雕刻布满。柱面装饰更普遍，这一点在卡纳克神庙和卢克索神庙中都得到充分的体现。埃及人喜欢使用强烈的色彩，颜色主要为明快的原色，如红色、黄色、蓝色和绿色，有时还有白色和黑色，后来渐渐只在直线形的边缘和有限的范围内使用强烈的色彩，室内和顶棚通常涂以深蓝色，表示夜晚的天空，地面有时用绿色，可能象征着尼罗河。

关于埃及家具的资料来源主要有两个：一个是壁画中对皇家贵族住宅内日常生活场景的再现；另一个是坟墓中遗留下来的一些实物，包括椅子、桌子和橱柜等（图1-1-8）。其中，许多家具装饰富丽，既具有使用功能，又可以成为主人财富和权势的象征。比较典型的椅子是一个简单木骨架带有一些坐垫，其中坐垫以灯芯绒草或皮革带编织而成，椅腿的端部经常呈动物的脚爪形。土坦克哈曼法老墓中出土的一些精美器具可作为古埃及家具的典型例证，它们都具有埃及独特的色彩和装饰花纹，其中的礼仪宝座只能从椅腿上看到其乌木的基本结构，椅面上镶嵌着黄金和象牙，板面涂

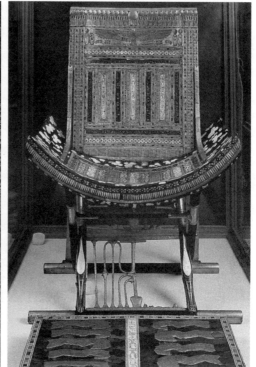

图 1-1-8 森努弗坟墓中的壁画　　　　图 1-1-9 土坦克哈曼墓中出土的礼仪宝座

有油漆和象征性符号，座椅的功能从属于财富、地位和权利的表现，这一点在丰富的材料和精细的手工工艺中得到了充分的体现（图 1-1-9）。

　　另一些遗存的小用品、陶器和玻璃花瓶体现了古埃及当时的装饰风格，有些小木盒常常还镶嵌有象牙装饰，用以存放化妆品和私人装饰品。这些用具在设计中非常注意其几何形的比例关系，尤其是黄金分割比的关系。遗留下来的一些纺织品也说明了当时的埃及人已经具有了高超的纺织技术。

1.2　古代西亚的室内设计

　　古代西亚也曾是人类文明的摇篮。西亚地区指伊朗高原以西，经两河流域直至地中海东岸这一狭长地带，幼发拉底河和底格里斯河之间称为美索不达米亚平原。正是这块没有天然屏障、广阔肥沃的平原，才使各民族之间互相征战，以至于王朝不断更迭，从公元前 19 世纪开始先后经历了苏美尔 - 阿卡德、古巴比伦、亚述、新巴比伦和波斯王朝。

1.2.1　苏美尔

由于两河流域的下游是河沙冲积地，因此缺乏良好的木材和石材，人们用黏土和芦苇造屋。公元前 4 世纪起才开始大量使用土坯，一般房屋在土坯墙头上排树干作为梁架，再铺上芦苇，然后拍上一层土。由于当地多暴雨，为保护土坯墙免受侵蚀，一些重要建筑的底部趁土坯潮软时被嵌入长约 12cm 的圆锥形陶钉，陶钉紧密挨在一起，钉头被涂成红、白、黑三种颜色，组成图案，起初都为编织纹样，后产生了花朵形、动物形等多种样式，后来，彩色陶钉又被各色石片和贝壳所替代。因为木质低劣，室内空间常常窄而长，因此也无须用柱子，布局一般是面北背南，内部空间划分采用芦苇编成的箔作间隔。因为当地夏季蒸热而冬季湿润，有一间或几间浴室用砖铺地。

土坯造成的建筑在岁月的消磨和洪水的冲刷中渐渐消失，早先的建筑大多已经不复存在，保留至今的最古老、最完美的苏美尔建筑是乌尔纳姆统治时期建造于乌尔城的月神南纳神庙。

1.2.2　古巴比伦王国

公元前 1755 年，巴比伦的统治者汉穆拉比再次统治了苏美尔地区。古巴比伦王国的文明基本是继承苏美尔文化的传统。这一时期是宫殿建筑的黄金时代。宫殿豪华而实用，既是皇室办公驻地，又是神权政治的一种象征，还是商业和社会生活的枢纽。宫殿往往和神庙结合成一体，以中轴线为界，分为公开殿堂和内室两部分，中间保留一个露天庭院。室内设计比较完整的是玛里城——一座公元前 1800 年的皇宫，皇宫大部分面积是著名的庙塔所在区域，在另一侧的小部分面积是国王接见大厅的附属用房，在大厅周围的墙壁上是一幅幅充满宗教色彩的壁画。

1.2.3　亚述

两河上游的亚述人于公元前 1230 年统一了两河流域，亚述人不重来世，不修筑陵墓，而是大规模建造宫殿和庙宇，这一时期建造出了大批宏伟华丽的宫殿建筑，其中最著名的就是胡尔西巴德的萨尔贡二世宫殿。宫殿分为三部分：大殿、内室寝宫和附属用房。大殿后面是由许多套间组成的庭院。套间里有会客大厅，皇室的寝宫就在会客大厅的楼上，宫殿中的装饰令人惊叹，有四座方形塔楼夹着三个拱门，在拱门出洞口和塔楼转角的石板上雕刻着象征智慧和力量的人首翼牛像，正面为圆雕，可看到两条前腿和人头的正面；侧面为浮雕，可看到四条腿和人头侧面，一共五条腿，因此各个角度看上去都比较完整，并没有荒谬的感觉。显示出当时的人们对透视感和远近感有了进一步的体会，这为室内空间设计的发展奠定了一个进步的基础。宫殿室内装饰得富丽堂皇，豪华舒适，其中含铬黄色的釉面砖和壁画成为装饰的主要特征。

1.2.4　新巴比伦王国

公元前612年，巴比伦人推翻了亚述帝国，取而代之建立起来的是新巴比伦王国，历经十代国王的倾力打造，使巴比伦成为古代世界最伟大的城市之一。这时期的都城建设发展得惊人，最为杰出的是被称为世界七大奇迹之一的"空中花园"。该花园的宫殿饰面技术和室内装饰极为豪华艳丽，内壁镶嵌着多彩的琉璃砖，这时的琉璃砖已取代贝壳和沥青而成为重要的建筑饰面材料。琉璃饰面上有浮雕，它们被预先分成片凿断做在小块的琉璃上，贴面时再拼合起来，内容多为程式化的动物、植物或其装饰图案，在墙面上均匀排列或重复出现，不仅装饰感强，而且更符合琉璃大量模制生产的需要。这时的室内装饰色彩比较丰富，主要有深蓝色、浅蓝色、白色、黄色和黑色。

1.2.5　波斯

波斯即现在的伊朗，于公元前538年波斯人居鲁士大王攻占巴比伦，开创了阿赫美尼德王朝，成为中东地区最强大的帝国。

公元226年，波斯创立了萨珊王朝。因为在伊朗高原缺乏木材和适当的石材，主要建筑材料采用风晒干燥的砖瓦，其建筑技术也要求与其特殊的建筑材料谐和一致。在方形的屋基上建筑半球形屋顶。近于半球形的屋顶的连接方法，适应于大建筑屋顶构造，曾给予西欧建筑以巨大的影响。

波斯对所统治的各地不同民族的风俗都予以接纳，也包括亚述和新巴比伦的艺术传统，同时吸取埃及等远方的文化，融合而成独特的波斯文化。波斯的建筑与室内设计也有着鲜明而浓厚的民族特色，其中代表波斯建筑艺术顶峰的是帕赛玻里斯宫殿。

波斯后期的室内编织工艺也达到了较高的水平，其中丝织品的花纹图案极受欧洲人欢迎，基本上有两种纹样：一种是以大圆团花为主体，四周连以无数小圆花的图案；另一种是以狩猎为主的情景性图案。这些编织品曾布置和陈设在宫殿的寝宫和一些贵族住宅的室内空间中，既是生活必需品又是装饰品。

1.3　古代爱琴海地区的室内设计

古代爱琴海地区以爱琴海为中心，包括希腊半岛、爱琴海中各岛屿与小亚细亚西岸地区。这些地中海北部几个地区的居民点成了后来欧洲文明的摇篮。它先后出现了以米诺斯、迈锡尼为中心的古代爱琴文明，米诺斯和迈锡尼社会是在爱琴海诸小岛、克里特岛和希腊本土发展起来的。"米诺斯"一词来自于克诺索斯的国王米诺斯，据推测他来自小亚细亚。米诺斯文化指的是当时的社会状况——大约有20座城镇，每座城镇都有自己的宫殿和大约8万居民，靠农耕和捕鱼为生。公元前2000年左右，米诺斯文化达到繁荣的顶峰。到了公元前1450年左右，希腊大陆上的迈锡尼人侵占了克里特岛，米诺斯文化开始衰落下去。

属于岛屿文化的米诺斯文化（约公元前20世纪上半叶）是指位于爱琴海南部的克里特岛上的社会形态和生活状况，其文化主要体现在宫殿建筑上，而不是神庙。宫殿建筑及内部设计风格古典凝重，空间变幻莫测，极富特色。其中，最有代表性的是克诺索斯王宫，这是一个庞大复杂、依山而建的建筑，建筑中心是长方形庭院，没有严格的轴线，不作绝对对称的布局，更没有主立面的概念（图1-1-10、图1-1-11）。院子四周是各种不同大小的殿堂、房间、走廊及库房，而且房间之间互相开敞通透，室内外之间常常用几根柱子划分，这主要是由于克里特岛终年气候温和的原因。另外，内部结构极为奇特多变，正是因为它依山而建，造成王宫中地势高差很大，建筑依地形而建，大大小小的平台和凉亭随处可见，空间高低错落，十分自由。建筑与周围环境融为一体。走道及楼梯曲折回环，变化多端，曾被称为"迷宫"。克里特人考虑更多的是使用功能，而不是对神秘象征意义的表现和对大型礼拜仪式的需求。

圆柱在宫殿内外得到了广泛使用，它不仅出现在大大小小的入口，还用来对过道和室内空间进行划分。这时克里特的传统木柱，上粗下细，柱头为圆鼓形，柱础为薄薄的圆垫形，圆柱通体施以鲜明的色彩。大量使用壁画是克里特建筑的一大特色，这可能是受到古埃及的影响。这些壁画以平面手法绘制，与建筑相协调，色彩鲜艳，富于动感。

图1-1-10 克诺索斯宫（一）

图1-1-11 克诺索斯宫（二）

体现大陆文明的迈锡尼文化是指在希腊本土的迈锡尼和梯林斯的宫殿遗址，其文化与米诺斯文化在很多方面都有所不同。迈锡尼和梯林斯都是要塞式小城，这些宫殿坐落在高地上，周围设有防御的城墙。宫殿建筑是封闭而与外界隔绝的，迈锡尼人用巨大的粗石块不加灰浆来砌筑复杂的厅堂和房间，上部用石头倾斜砌筑以形成屋顶。主要房间被称作"梅格隆"，含义是"大房间"，其形状是正方形或长方形，中央有一个经年不熄的火塘，是祖先崇拜的一种象征，一般由四根柱子支撑着屋顶。它的前面是一个庭院，其他形制同克诺索斯宫殿一样，空间呈自由状态发展，没有轴线。在梯林斯，有一座大门通向一个庭院，宫殿位于院子的北面。院内其他三面有柱廊，北面是宫殿的主立面，这座大厅称为正厅，外面有一个门廊。内部有一个圆形的火塘，周围有四根柱子支撑着木屋顶结构，国王宝座高高地布置在一边墙的中央。地面铺有装饰性地砖，从遗迹上可以看出墙面和柱子上装饰有彩色的壁画，流露出米诺斯文化的痕迹。正厅的对称式布局和它的前院有关，说明其开始时是采用规则和纪念性的手法（图1-1-12）。

从一些小城镇的遗址中，我们可以看到一些密集排布的住宅的情况。一栋房子一般都有四五间房间，沿着狭窄的街巷比邻而建，街巷多半顺应地势条件自然弯曲，没有规律可循。住宅中使用的彩色地砖、陶砖和墙上的壁画具有迈锡尼文化的典型特征，都反映出爱琴文化的影响，但至今仍没有发现那个时期遗留下来比较完整的日常家具或其他生活用品。

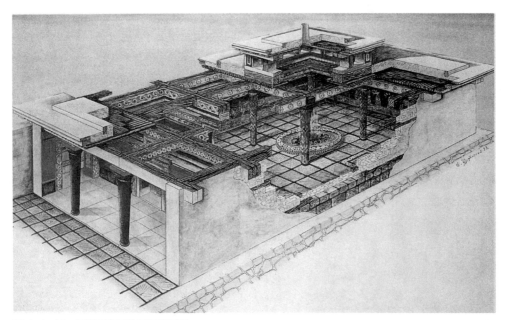

图1-1-12　迈锡尼宫殿的正厅复原图

第2章 古希腊和古罗马时期的室内设计

西方学者往往将古希腊和罗马时期的文化、艺术称作古典艺术，并视其为西方艺术的源头，是早期基督教艺术、拜占庭艺术，乃至中世纪艺术的基础；在中世纪以后的人们看来，古希腊、古罗马的艺术已经登峰造极，巴洛克和洛可可风格也在延续着这种古典艺术的精神，以古典为本才能成就其建筑典范。甚至文艺复兴时期，也要从古典艺术中寻求灵感。

2.1 古希腊时期的室内设计

公元前8世纪起，在巴尔干半岛及其邻近岛屿和小亚细亚西部沿岸地区建立了许多小型的奴隶制国家，随着后期的不断移民，又在意大利、西西里和黑海沿岸建立了许多国家，这些国家总称为古代希腊。古代希腊是欧洲文化的摇篮，希腊人在各个领域都创造出令世人惊叹的光辉成就，建筑艺术也达到相当完善的程度。

希腊建筑经过一段时间的发展，类型逐渐丰富，风格更加成熟，室内空间的装饰也日益充实和完善。

希腊的神庙是从爱琴时代的祭拜建筑发展而来的，木构神庙已不复存在，但它们的特性仍保存在后来的石构神庙中。希腊神庙的功能很简单，神殿一般也只有一间或两间，用来供奉神像。建筑形式一般采用周围柱廊的形式，在正立面和背立面采用六柱或八柱。帕提农神庙作为古典时期建筑艺术的标志性建筑，坐落在世人瞩目的雅典卫城的最高处（图1-2-1）。帕提农神庙不仅有着庄严雄伟的外部形象，内部设计也相当精彩。内部殿堂分为正殿和后殿两大部分，正殿沿墙三面有双层叠柱式回廊，柱子为多立克式（图1-2-2）。中后部耸立着一座高约12m，用黄金、象牙制作的雅典娜神像，整个人像构图组合精彩，被恰到好处地嵌入建筑所廊出的内部空间中。神庙内墙上是浮雕带，这是帕提农神庙浮雕中最精彩的一部分。后殿是一个近似方形的空间，中间四根爱奥尼柱式，以此来标识出空间的转换。帕提农神庙是希腊建筑艺术的典范，无论外部与内部的设计都遵循理性的原则，体现了希腊和谐、秩序的美学思想。

继多立克柱式之后，另两种柱式在希腊建筑中也广泛应用，它们是爱奥尼柱式（图1-2-3）和科林斯柱式（图1-2-4）。雅典卫城的伊瑞克提翁神庙和雅典娜尼凯神庙使用的就是爱奥尼柱式。爱奥尼柱式看起来比较柔美，有点儿"女性化"，不像多立克柱式那么刚强的"男性化"。科林斯柱式是出现最晚的，也是三种柱式中装饰最多的一种，柱头上有一对小卷涡在各个角，柱头下部围着一圈毛茛叶的装饰。科林斯柱式在罗马时代得到了广泛的应用，并且成为后来古典建筑细部喜爱的题材。

希腊后期一改以往以神庙为中心的建筑特点，而是向着以会堂、剧场、浴室、俱乐部和图书馆等为代表的公共建筑类型发展，建筑风格趋向纤巧别致，追求光鲜样式，从而也失去了古典时期既堂皇，又明朗、和谐的艺术风格。内部空间设计方面，除了形式上的秀丽典雅外，在功能方面的推敲已相当深入，如麦加洛波里斯剧场中的会堂

图 1-2-1　希腊帕提农神庙

图 1-2-2　希腊帕提农神庙的多立克柱式

图 1-2-3　希腊爱奥尼柱式

图 1-2-4　科林斯柱式

图 1-2-5　希腊博物馆中复原的室内环境

内部空间，座位沿三面排列，逐排升高。其中最巧妙的是柱子都以讲台为中心呈放射线排列，任何一个角度都不会被遮挡视线。希腊的住宅都是单一组合，围绕一个露天的院子布置，平面布置很少有对称的布局或其他规则式的布置。

希腊早期的大部分房屋的内部环境都被大胆地用鲜亮的颜色涂饰，红色是当时最受欢迎的颜色之一（图 1-2-5）。

在赫克兰姆的两百年纪念大厅的中庭有着一种简单的黑白马赛克镶嵌装饰地面和红墙，从这里可以略见早期希腊室内装饰风格的一斑。在希腊，壁面多装饰以蛋胶壁画，如果整面墙都被彩绘，红色则是运用较多的色彩，护壁板则多为白色或黄色。有时也采用白、黄和赭红三条水平色带。晚些时候，又出现了所谓的"结构"或"砌墙"风格。这种风格采用壁柱浮雕来模仿方石砌墙，并常绘以生动的色彩；在第一庞贝壁画风格中，罗马人直接借鉴并采用了这种装饰方法。

镶嵌技术是在古希腊时期迅速发展起来的，并在罗马时代得到更广泛的应用。最早的镶嵌装饰由光滑的小圆石组成，可以在河边找到这样的卵石。黑白色是通用色，有时也会有灰色和红色，最喜爱用的图案是在一个方形中嵌一个圆形，方形的轮廓为波纹线或蜿蜒曲线，圆圈内还要加以装饰图案。随后，神话题材出现在人行道的装饰中，小的碎石片也可能嵌进去，它们光滑的表面可以增加闪烁感，极小的卵石被用在更细微的部位；这样的地面图案后来又反映在地毯设计中，并在罗马帝国时期的室内得到进一步发展，这些图案同时也表现在地面和天花上，可能还富有一种象征意义。

希腊风格和罗马式地面镶嵌装饰中所使用的许多方法在古希腊早期就出现了，例如，用地面镶嵌工艺来突出重要的床或长餐凳等家具的位置。随着卵石镶嵌工艺水平的提高，这种技术表现出了更高的水准，如公元前 300 年的古代马其顿首都帕拉就出现了色彩极美的镶嵌装饰，并有艺术家哥诺西斯（Gnosis）的亲笔签字。以蓝色、棕色和黄色的小圆石为主，同时也伴有传统的黑和白色的图案，它们很可能也反映了当时绘画的发展情况，因为它们结合了完美的透视，并富于深度感和运动感。

像大多数热带气候地区的人们一样，希腊人很少使用家具，所有留存下来的希腊家具实物虽然数量不多，但却有着惊人的完善的特点。有些家具是来自埃及或近东地区，但更多的是希腊人自己的发明创造，并呈现出了一种优雅的高水准的家具设计和制作艺术。床用来睡觉，有时也用作进餐时的倚坐或凭靠之物；在希腊室内更多见的是座椅，它们有着极其准确的比例，镶嵌有珍贵材料，或者进行彩绘装饰。希腊人用图案精美的纺织品制作出各种样式的垫子，并大量地用在椅子和凳子上，当作坐垫或靠垫使用。

希腊的瓶画上有很多椅子的图像，能充分地展示出当时的椅子（图1-2-6）、长凳和墙上经常用各种织物装饰的形式；纺织面料上花费了希腊妇女的大部分时间，制作纺织品普遍流行在每一阶层的妇女中，并被看做是家庭稳定的一个象征。在克里米

图1-2-6 希腊花瓶上的椅子

亚半岛上发现的希腊时期的织布物品表明当时已经将设计图案织进布匹中，这些图案有时也用刺绣方法或绘画手法加以体现。所采用的题材不局限于装饰图案，而且还涉及历史神话题材，这点预示了罗马壁挂和中世纪挂毯的来由。

起初，羊毛和亚麻得到广泛使用。绿色、橙黄色、金色、紫罗兰色和深红色深受人们的喜爱。从很早开始，紫色就与高贵相联，在价值上和效果上远远超越了所有其他的颜色。有些织物是刺绣的，完全复制古典图案，包括卷曲纹样，几何图形和风格化的动物造型，其他的纺织品或被彩绘，或采用一种综合技术加以装饰。毫无疑问，这样的织物以高度的技巧性和精细的风格装饰着那些简单的区域，就如同希腊的花瓶所起的作用一样。

室内的门在希腊是很少使用的，布帘起到遮挡的作用（中世纪时才开始使用室内门，现代更是用门来分隔每一个房间）。在希腊和罗马房屋中，床是最重要的家具，床上有时悬挂着用刺绣装饰的床帷。

希腊室内的天花受宗教建筑发展的影响很大，在希腊早期，拱形不为所知，所有的天花，像雅典的帕提农神庙中的主要天花基本上是平的，或木制或大理石制。公元前4世纪，彩绘天花很少出现。由于希腊很少有高大的树木，因而装饰中用大量的木材意味着富有和豪华。

2.2　古罗马时期的室内设计

正当古希腊文明开始衰落之时，西方文化的另一处发祥地——古罗马，在亚平宁半岛崛起了。古代罗马包括亚平宁半岛、巴尔干半岛、小亚细亚及非洲北部等地中海沿岸大片地区以及今天的西班牙、法国、英国等国家。古罗马的建筑类型多样，形制发达，结构复杂，其建筑及室内装饰的形式和手法对以后的欧洲乃至世界的建筑及室

内设计产生了深远的影响。

古罗马的设计艺术在很大程度上是吸收了希腊的经验，继承了希腊的设计。当时的居民都是模仿希腊正厅的式样，以土坯砖和木材作为主要材料。

应用永久性材料做成券的方法在古埃及和古希腊时期就已经有了，但使用的范围有限。罗马人则充分探讨了券的可能性，开始广泛应用券拱技术，并达到相当高的水平，形成了古罗马建筑的重要特征。券经常做成弧形，常见的半圆形被称之为罗马券。此外，罗马人还发展了穹顶结构，这是一种圆形的拱顶，呈半球形或比半球形小一点。罗马初期重视建筑广场、剧场、角斗场、输水管道等大型公共建筑，室内装饰相对而言发展并不显著，但是柱式却在古希腊的基础上大大发展。有一种柱式是在希腊的基础上发展出来的，它是一根简化了的多立克柱子，柱础类似于爱奥尼柱子的。这种柱式被称为塔司干柱式，是罗马人创造的五种柱式之一（图1-2-7）。

罗马兴建了许多规模宏大的建筑，这些建筑具有鲜明的时代特征，罗马大斗兽场、卡拉卡拉浴场等都是这个时期建成的（图1-2-8、图1-2-9）。万神庙成为这一时期神庙建筑中最杰出的代表，而且保存完好。万神庙最令人瞩目的特点就是以精巧的穹顶结构创造出饱满、凝重的内部空间——圆形大殿，大殿地面到顶端的高度与穹隆跨度都是43.3m，也就是说整个大殿的空间正好嵌上一个直径为43.3m的半圆球。穹顶是混凝土做成的，顶部厚度为1.2m，逐渐再向底部加厚。在穹顶的中央，开有直径为8.9m的圆形天窗，成为整个大殿唯一的采光口，而且在结构上，它又巧妙地省去圆顶巅部的重量，可以说是达到了功能、结构、形式三者的和谐统一。穹顶下的墙面部分是一层科林斯柱式上带有装饰似的阁楼层。当人们步入大殿中时如身临苍穹之下，当阳光呈束状射入殿内，随着太阳方位角度产生强弱、明暗和方向上的变化，依次照亮7个壁龛和神像，更使人感到庄严、圣洁，仿佛与天国产生神秘的感应。单一集中式空间，处理不好很容易单调、乏味，然而万神庙的室内空间设计正是利用单纯有力的空间形体，通过严谨和完整的构图，精微与和谐的细部装饰以及参差有致的空间处理，使其成为集中式空间造型的典范（图1-2-10）。

古罗马的世俗性建筑还有法庭和公共浴场。法庭也叫巴西利卡，对后来的建筑具有决定性的影响。法庭有一个中央空间（称为中厅，与翻转的船身有点相似），以满足功能使用的需要；审判席位于建筑端头半圆形龛内的高台上。中厅造得比侧廊要高些，因此窗子可以开在中厅墙体的上部形成高侧窗。这种空间的处理手法特别适合基督教教堂的需要。公共浴场不仅是沐浴的场所，而且是一个市民社交活动中心。除各种浴室外，其他的重要公共设施还有演讲厅、图书馆、球场、剧院等。

罗马的住宅通常不超过两层，建筑面向街道，街道两侧是房屋的墙体，有时在街道上有商店入口和不大显眼的住宅大门，进入大门后可以通过一条过道到达一个露天

图 1-2-7　塔司干柱式

图 1-2-9　卡拉卡拉浴场复原图

图 1-2-8　罗马斗兽场

图 1-2-10　罗马万神庙

的内院。现存的四合院住宅大多位于古城庞贝,大小不一,比较大型的住宅有两个院子。这类住宅的格局多为内向式,临街很少开窗,一般分前厅和柱廊庭院两大部分,前厅为方形,四面分布着房间,中央为一块较大的场地,上面的屋顶有供采光的长方形天窗,与它相对应的地面有一个长方形水池(图1-2-11)。房间室内采光、通风都比较差,壁画也就成为改善房间环境最好的方法之一,因而成为这一时期室内装饰中最明显的特点(图1-2-12)。

在罗马时代,装饰主元素同日常生活,特别是宗教生活方面的联系非常紧密。这一时期的宗教渗透到了家庭生活的各个方面,不仅是以图画形象出现,而且表现在家具和其他艺术品的细节上,这样的渗透力在以后的西方文明中再也没有出现过。罗马诸神出现在灯具、餐具、地面、天花和墙壁上。维苏威城的壁画充满了这些诸神的形象。与这些神的形象同时出现的还有房主人的肖像画,它们结合得非常自然。

图 1-2-11 维蒂住宅的中庭

图 1-2-12 维蒂住宅的壁画

虽然罗马时期室内的许多特点均由希腊室内特点发展而来，但希腊早期的房屋看上去却简朴得多。从希腊的壁画中，我们看到，走廊以及天花的装饰并不多。所有在希腊时代形成的思想，特别是奢华思想，在共和后期和帝国时期的罗马都达到了顶峰。正如18世纪的法国一样，贵族的趣味要求不断地更新，罗马人的趣味发展飞快，当趣味变化时，许多室内都要进行重新造型，一种风格代替另一种风格，特别是在壁画方面，是非常常见的现象。公元前27年，罗马进入了一个奢华的时代。

罗马艺术深受希腊影响，有些在今天仍被视为奢侈的材料，如马赛克、高档地砖和各种大理石，被广泛使用。

除了女神、动物、鸟、面具、肖像等各种题材被用到了镶嵌马赛克中，特别是在帝国时期的室内中，赞助者的图像也常常出现在画中。有时，肖像马赛克被放在抽象图案的中间，这称为马赛克镶嵌画。在奥古斯丁时期，色彩对比明显的几何图案很受喜爱，这种几何设计既照顾到了室内的比例关系，又加强了建筑的吸引力，因而被广泛地使用。罗马时期大理石制品品种多样，图案丰富多彩，彩色大理石片形式也很多，并被广泛运用。

为了适应日益发展的墙壁和拱形圆屋顶的装饰需求，罗马人发明了很多新型材料。玻璃马赛克在掺合了金色或其他彩色时，尤其能闪闪发光，而马赛克的使用既加强了混凝土新拱形圆屋顶的装饰效果，又掩盖了结构之间的接缝。很自然地，玻璃马赛克成为大部分复杂室内的装饰用材。其他的材料包括黄色、白色或蓝色的曲形玻璃条、碎玻璃、云石和浮石矿石、贝壳类，特别是尖的油螺和海扇贝，很受人们的喜欢。

古代罗马的壁面装饰总是成为室内环境中人们注视的焦点，壁画丰富的形式和内容塑造了室内环境的氛围，成为最美和最具创作力的室内装饰元素。最初的壁面装饰强调墙的平面结构特点，是在墙面上用石膏制成各种彩色仿大理石板，并镶拼成简单的图案，壁画上端用檐口装饰（图1-2-13）；但后来的壁面装饰慢慢突破了原来的样式，打破了现实和幻象之间的区分，创造了错觉效果，即在墙壁和天花板上运用绘画效果造成建筑构件或其他构件的立体纵深感觉，通过视觉幻象来达到扩大室内空间的目的。譬如，有的壁画像开一扇窗看到室外的自然风景；有的壁画仿佛是房中房，使房间顿显开敞。另外，壁画的构图往往采用一种整体化的构图方法，即在墙面用各种房屋构件或颜色带划分成若干几何形区域，形成一个完整的构图；同时，也借鉴古典柱式的构成，分为基座、中部和檐楣三段。

图1-2-13　庞贝附近古罗马住宅室内环境细部

第 3 章　拜占庭和中世纪时期的室内设计

公元 395 年庞大的罗马帝国为便于管辖而将帝国一分为二，东部帝国即以君士坦丁堡为首府，因此东罗马帝国又称为拜占庭帝国。公元 476 年西罗马帝国在经历了包括匈奴和诸多日耳曼部落的反复侵袭之后终于灭亡，拜占庭遂成为唯一的罗马人帝国——实际上他们也一直以纯正罗马血统自居。拜占庭帝国在将经典知识传递给伊斯兰世界的过程中起了非常重要的作用。1453 年东罗马帝国灭亡，这预示着欧洲中世纪的结束。这个时期的欧洲没有一个强而有力的政权来统治，封建割据带来频繁的战争，造成科技和生产力发展停滞，人民生活在毫无希望的痛苦中，所以中世纪或者中世纪早期在欧美普遍称作"黑暗时代"，传统上认为这是欧洲文明史上发展比较缓慢的时期。

3.1　拜占庭时期的室内设计

公元 395 年，罗马帝国分裂成东西两个帝国。东罗马帝国的版图是以巴尔干半岛为中心，包括小亚细亚、地中海东岸和非洲北部。建都黑海口上的君士坦丁堡，得名为拜占庭帝国。拜占庭的文化是由古罗马遗风、基督教和东方文化三部分组成的，是与西欧文化大相径庭的独特文化，它对以后的欧洲和亚洲一些国家和地区的建筑文化发展产生了深远的影响。

拜占庭在罗马帝国和中世纪之间搭起了一座桥梁，在公元 4 世纪，君士坦丁大帝以自己的名字命名首都，从此君士坦丁堡一直都是东方和希腊王国的中心，一直到 15 世纪它落入土耳其人手中。在君士坦丁堡，罗马高度发展的豪华意识与希腊宗教神秘主义结合在一起，又渗进了伊斯兰教的华丽风格，从而形成了一种更加奢华的风格。在拜占庭时期的社会中，很有影响力的礼仪活动起着前所未有的重要作用，而在拜占庭的室内装饰中，正如拜占庭的艺术一样，存在着一种局限在东正教内延续古典世界发展成果的愿望。几乎所有的主要建筑都在很大程度上依赖宗教礼仪，并且伊斯兰教的象征性抽象艺术更推动了建筑的宗教化。

拜占庭室内本身没有实景残存下来，我们的大部分信息有两个来源：一是克雷莫那（Cremona）主教路德普朗德（Liudprand）（922~972年）写的《君士坦丁堡使节的叙述》，他是奥托皇帝968年派往拜占庭的外交使节；另一来源则是君士坦丁二世波菲罗基尼斯（Porphyrogenitus）（913~959年）的两本手稿——《礼仪》和《法规》。但是我们还是能够从镶嵌马赛克的严谨形式细节中以及在拜占庭帝国的外围（如威尼斯、西西里和西班牙）使用拜占庭风格的残存实例中，知道一些有关拜占庭时期的室内景貌，这些使我们至少能一瞥那遗失的辉煌历史。

拜占庭文化在建筑及室内装饰上最大的成就表现在基督教堂上，其最初也是沿用巴西利卡的形制。早期的巴西利卡教堂墙面都用石砌，通常是色彩丰富的大理石，屋顶用大型木结构的形式，装修形式结合结构。中厅上部的墙体由密集排布的柱子所承托的过梁或拱券来支撑，呈线性排列的柱子将中厅和侧廊划分为两个不同的区域，建筑细部有了进一步的演变和发展。柱子通常以一种罗马柱式为基础，一般用科林斯柱式，有时也用爱奥尼柱式，柱子上部的墙面和天顶大多绘有阐述宗教题材的壁画或马赛克镶嵌画，地面常用色彩强烈的石头铺设出几何形式的图案（图1-3-1）。

到了5世纪时，拜占庭又创建了一种新的建筑形制，即集中式形制。这种形制的特点是把穹顶支承在四个或更多的独立支柱上的结构形式，并以帆拱作为中介的连接，同时可以使成组的圆顶集合在一起，形成广阔而有变化的新型空间结构。穹顶技术是在波斯和西亚的经验上发展而来的，在拜占庭又有了重大技术上的突破。砌筑穹顶的方法是：沿着方形平面的四边发券，在四个券之间砌筑以对角线为直径的穹顶，穹顶的下面出现四个三角形的拱，称之为帆拱。这比起古罗马的拱顶来，是一个巨大的技术进步，同时又有了形式上的创新。

图1-3-1 罗马圣科斯坦查教堂

意大利拉维纳的圣维达尔教堂，建于公元532~548年。这是一座巴西利卡教堂，采用八边形集中式平面布局，一个短短的半圆形后殿向东延伸。穹顶覆盖下的中央空间被走廊环绕，走廊上面是楼座部分。雕刻成块状的柱头是典型的拜占庭设计。色彩丰富的大理石和马赛克画以及复杂的平面布局创造了别具一格的室内空间。穹隆顶用中空的陶器构件建造，减轻了结构的重量。这座教堂可以看做既是与罗马教堂有关系的早期基督教作品的范例，同时又是拜占庭建筑的代表作（图1-3-2）。

拜占庭建筑在内部装饰上也极具特点，墙面往往铺贴彩色大理石，他们铺设大理石的技术也很高明，先将大理石切割得尽可能的薄，然后并排放置于表层面上，以使纹理反映出来，这种方法不仅产生了良好的效果，而且是非常经济的方法，特别是要覆盖大块面积时。拱券和穹顶面不便贴大理石，而用马赛克或粉画。马赛克是用半透明的小块彩色玻璃镶成的，为保持大面积色调的统一，在玻璃马赛克后面先铺一层底色，最初为蓝色，后来多为金箔作底。玻璃块往往有意略作不同方向的倾斜，造成闪烁的效果。粉画一般常用在规模较小的教堂，墙面抹灰处理之后由画师绘制一些宗教题材的彩色灰浆画。柱子与传统的希腊柱式不同，而具有拜占庭独特的特点：柱头呈倒方锥形，并刻有植物或动物图案，一般常见的是忍冬草。

位于君士坦丁堡的圣索菲亚大教堂可以说是拜占庭建筑最辉煌的代表，这种艺术和宗教的融合形成了拜占庭室内装饰的特点。圣索菲亚大教堂中，其中心直径约33m的砖砌穹顶以帆拱的形式来支撑。帆拱上部穹隆下方，有40个环状排列的小窗，光线透过它们照亮室内，同时使穹顶产生一种飘浮在空中的感觉。教堂被改成清真寺后，内部的马赛克镶嵌画都被涂抹掉了（图1-3-3）。

像罗马一样，纺织品的广泛使用使得大理石和马赛克装饰的宫殿更加舒适。窗帘常常是大幅的，用挂杆悬挂在两个拱形之间，在窗户打开时，窗帘可以绕柱子束起来。在室内，窗帘常挂到墙裙位置。异国情调在拜占庭人中很受推崇，从波斯和远东进口的地毯很流行，长椅、凳子和御座常饰以褶纹织物，并加有高高的坐垫。丝绸制品被制成礼物，表明了当时丝绸制品高质量的设计和色彩配置。

在住宅建筑中，来自罗马的特点起了主导作用。平滑的立面被柱子、壁柱、嵌线

图1-3-2　意大利拉维纳的圣维达尔教堂

图1-3-3　圣索菲亚大教堂

等连接和装饰起来，而简单的桶形或者弧棱顶则让艺术家和镶嵌工匠们有着更大的创作自由。贵族和富有阶层的住宅有着无窗户的临街正门，中央方厅或庭院由铁门或铜门森严地围护，防止暴民的侵入。罗马房屋特点的开放性，在一列柱廊上都有打开的大窗户，在拜占庭时期迅速被淘汰了，这时的房屋变得日益具备防范性能。主要起居室在第一层楼，通过木梯或带装饰的石梯上去。中央大厅是建筑的核心所在，有带屋顶的花房、草地和阳台，以便吸到来自波斯布鲁斯海峡的清爽空气。潮湿的冬日气候被阻在海湾中，成排的温暖房屋，悬挂着窗帘，并带有砖垒起来的壁炉，这些都有助于驱走潮湿的冷空气，并使拜占庭的城市比起欧洲的大部分城市都要健康得多。

3.2 罗马式的室内设计

中世纪这个词总是被广泛地划定在 9 世纪到 15 世纪整个阶段，没有其他区分，这一时期社会主要是封建制度。这种泛泛的指定实在是过于简化了。实际上这一封建制度发展到 11 世纪时已经开始分解了，这些所谓的"中世纪"是包含了一个罗马式的开始和一个哥特式的结束。

对中世纪的室内发展有着决定性作用的三个因素是基督教、封建制度和统治阶级的巡游生活方式。在君士坦丁大帝 4 世纪将基督教定为国教之后，宗教开始爬上了世俗权力的梯子，主教和修道院院长成为大片土地的地主，并且有能力进行大规模的建造，他们对建筑师、艺术家和工匠们的赞助力远非世俗的君主能比。因此，基督教对当时的社会生活方式和意识形态有着决定性的影响，各种艺术不可避免地具有浓厚的宗教色彩。

罗马式的名称是 9 世纪开始使用的，含有"与古罗马设计相似"的意思。建筑的罗马式风格是指西欧从 11 世纪晚期发展起来并成熟于 12 世纪的建筑样式，但人们习惯将哥特艺术之前的所有艺术都称之为"罗马式"。经济的发展、封建制度的稳定、修道院制度的完备和十字军东征等的影响，导致了大量建造教堂和修道院。在修建的过程中，为了追求宏伟壮观的效果，普遍采用类似古罗马拱顶和梁柱结合的结构体系，并大量采用希腊罗马时代"纪念碑式"的雕刻来装饰教堂，最终形成了"罗马式"的风格体系。罗马风的外在表现不仅体现了与加洛林王朝（法兰克国王查理曼统治时期）、奥托王朝（或称萨克森王朝）之间千丝万缕的联系，同时还蕴含着许多外来的影响：古希腊时期的古典艺术、早期基督教、伊斯兰教、拜占庭，以及一些民族的文化和传统等。

罗马式风格的主要特点就是使用罗马设计的某些要素，主要是采用了典型的罗马拱券结构以及其他罗马室内细部的一些要素。罗马式设计最易识别的视觉元素是半圆形券，在继承罗马的技术的基础上有所发展，出现了交叉拱，但始终沿用半圆的形式。

罗马式教堂的空间形式是在早期基督教堂的基础上，再在两侧加上两翼形成十字形空间，且纵身长于横翼，两翼被称为袖廊，纵身末端的圣殿被称为奥室。这种空间造型，从平面上看象征着耶稣受难的十字架。拱顶在这一时期主要有筒拱和十字交叉拱两种形式，其中十字交叉拱首先从意大利北部开始推广，然后遍及西欧各地，成为罗马式的主要代表形式。大殿和侧廊使用十字拱之后，自然就采用正方形的空间，而且大殿的宽度为侧廊的两倍。于是，中厅和侧廊之间的一排支柱，粗细大小相间，而且大殿的侧立面，也是一个大开间套着两个小开间。这种十字形的教堂，空间组合主次分明，十字交叉点往往成为整个空间艺术处理的重点，由于两个筒形拱顶相互成十字交叉形成四个挑棚以及它们结合产生的四条具有抛物线效果的拱棱，给人的感觉冷峻而优美。在它的下面有供教士们主持仪式的华丽的圣坛。教堂立面由于支承拱顶的拱架券一直延伸下来，贴在支柱的四面形成集束，进而教堂内部的垂直因素得到加强。这一时期的教堂空间向狭长和高直形式发展，狭长引向祭坛，高直引向天堂。尤其以高直发展为主，以强化基督教的基本精神，给人一种向上的力量。在早期基督时代，开始兴起朝圣，促使各国之间交流频繁，从而促进罗马式风格的广泛传播。这种风格尽管在欧洲各地有着显著的区域性差异，但它是欧洲建筑史上第一种真正的国际性风格。

在亚琛，查理曼大帝建造了一座巨大的宫殿，被认为是以秩序和对称的概念建造的，可以说是罗马式的集中体现。现在，整座宫殿只有一座小礼拜堂保留下来，是整座宫殿中仅存的部分，教堂的室内环境保持了原有的面貌。这是一座集中式八边形平面布局的建筑，八边形室内是以拉韦纳的圣维塔教堂为原型发展而来的，屋顶是八角形穹顶，底层周边有回廊，回廊是楼座部分，楼座上方各开有一个高侧窗。半圆形拱券采用深浅两色楔形石砌成，与筒形拱顶一样采用的都是古罗马建筑技术，底层走道用马赛克装饰天花，拼贴成几何图案的形式（图1-3-4）。

意大利佛罗伦萨的圣米尼亚托教堂具有强烈的地方性特色，中厅采用的是木桁架结构和连拱式圆柱廊，每隔三跨就有一个由粗大的束状柱支撑的横向跨拱，整体空间透视呈现出一种独特的间歇式的节奏感，连拱上方的墙面上用黑白两色大理石和马赛克拼成精美的几何形图案进行装饰。中厅分为三个部分，各部分上面都覆盖木制屋顶，屋顶构件上用绘有蓝红两色为主的彩画装饰。地面是用马赛克进行铺装，窗户上镶有薄薄的半透明的大理石（图1-3-5）。

韦兹莱的圣马德莱娜修道院教堂是法国的一座朝圣教堂，据说参加耶稣受难的圣女玛丽·马德莱娜安葬在这座教堂。重点中厅被装饰得富丽堂皇，其中最有独特的创造性的是其半圆形的拱券结构。用棕色和白色两种楔形石材交替砌成，被认为是罗马传统的优美典范。尖顶拱形和橄榄形拱穹的圣坛是后来加建的，造型精致，具有哥特式的一些手法。这种做法一度对法国北部的哥特式建筑产生过深刻的影响。这座高耸、明亮的教堂，自前厅至半圆龛形成一道连续的景观，中厅采用的是法国罗马式中比较少见的无拱肋交叉拱顶覆盖，拱廊的墙上有高侧窗。柱子上是精致、充满趣味的人像柱头（图 1-3-6）。

图 1-3-4　德国亚琛的帕拉丁小教堂

图 1-3-5　意大利佛罗伦萨的圣米尼亚托教堂

图 1-3-6　法国韦兹莱的圣马德莱娜修道院教堂

英国最有名的罗马式教堂是 1093 年建造的达勒姆大教堂，它可以被认为是真正罗马式风格形成的标志。教堂的平面形式为典型十字形，中厅连拱廊的半圆拱券具有典型的罗马式特征。顶部的交叉拱顶略为尖起，拱券的顶端出现了哥特式风格的一些特征。达勒姆教堂是最早应用拱肋结构的建筑之一，交叉拱肋可以增加结构的稳定性，也可以减少屋顶的厚度。结合结构形式的特点，中厅两侧的圆柱和束状集合柱交替出现，形成一定的韵律和动感。连拱上的高侧窗仍是最初的样子（图 1-3-7）。

西班牙罗马式的作品近似于法国。波夫莱特修道院无论是平面布局还是在细部上都遵循了法国南部西多会修道院的典型做法，修道院的宿舍用略为尖起的拱券支撑着木屋顶。有些修道院在细部处理上已经受到了摩尔人的影响，在一些建筑的细部处理和装饰图案的使用上，西班牙的室内设计确实已经受到摩尔人的影响，这种影响一直持续到哥特时代很晚的作品中（图 1-3-8）。

在世俗的建筑中，中世纪地主们的生活方式和住宅的风格不可避免地被他们的佃户家臣所仿效，他们与主人紧挨着居住。这个时期城里城外的住宅没有太大的差异。这个时期战事频繁，由于世俗中战争的危险随时发生，因此统治阶层的住宅周围设置了高墙以保护自身的安全。城堡中的房屋、城堡、高楼、塔和花园，都被防卫起来，功能仅在于防御和简陋的生活，因而室内空间极其朴实，墙面一般用裸石砌筑，偶尔会粉刷，地面也是裸石或木地板，屋顶采用木制顶棚，结构完全暴露。当时没有玻璃，因此窗户细长，当然也是出于防护的需要。室内光线昏暗，人工照明仅限于蜡烛，只有教堂和富人才用得起蜡烛。有的人家开始使用挂毯和帘幕，丰富的色彩只能出现在这些装饰品上。总而言之，这期间对安全的过分重视妨碍了室内装饰的发展。

图 1-3-7　英国达勒姆大教堂

图 1-3-8　西班牙波夫莱特修道院

3.3　哥特式的室内设计

意大利文艺复兴的学者把 12 世纪中叶到他们所生活的时代之间的艺术称为"哥特式"。"哥特式"最初是贬义的，这个词汇出自哥特族，用来形容野蛮、丑恶、粗野的事物，当时人们认为中世纪的作品就是原始、粗砺和未开化的，缺乏品位和典雅。

我们对中世纪的印象是：高大的围墙环绕着的城市，规模宏大和精心防御的城堡，马背上全副武装的骑士，高耸的大教堂建筑及其彩色玻璃窗、飞扶壁、滴水兽等。而这些恰恰向我们描述出了哥特式风格建筑的一些基本特征。

12 世纪中叶，法国罗马式风格的教堂建筑已经出现了一些哥特式风格的要素和特征，慢慢演化成了一种独特的风格。法国是哥特式建筑及室内装饰风格的发源地，哥特式教堂是中世纪建筑的最高成就。哥特式风格很快遍及欧洲，13 世纪达到全盛时期，15 世纪随着文艺复兴的到来而衰落。

哥特式建筑是在罗马式基础上发展起来的，但其风格的形成首先取决于新的结构方式。哥特时期，作为建造耐久建筑最先进的技术手段，拱券及相关的拱顶技术都被继承下来。尖券尽管在罗马式时期就已经在使用，但真正的发展和广泛使用是在哥特时期。罗马式风格虽然在结构技术上有了不小的进步，但是拱顶依然很厚重。简单的筒拱顶和交叉拱顶并未解决采光和跨度问题，因而中厅跨度不大，窗子狭小，内部封闭而狭窄。而哥特风格由交叉拱演变成交叉尖拱（也叫十字尖拱），尖券的使用还使得所有的拱券——四周和对角线上的尖券有了同样的高度，从而形成一种框架式的骨架券结构体系，使顶部的厚度大大减薄，减少了荷载和侧推力。此外，尖券还解决了教堂中厅屋顶的美学问题，天花上形成一种连续的、统一的视觉效果，尖券自身也有美学和象征方面的特征，可以与结构形式完美地结合（图 1-3-9）。

哥特式建筑中还出现了一种结构构件——飞扶壁，是一种在中厅两侧凌空越过侧廊上方的独立飞券，这是哥特式建筑所特有的。坚固的石扶壁是用来支撑中厅十字尖拱向侧面产生的横向侧推力的，但最初的沉重形式不能令人满意，而后出现的开敞拱券扶壁则使所有的问题迎刃而解（图 1-3-10）。教堂内部的高侧窗及下面的墙体不再承载，可以大面积开窗，使大量使用彩色玻璃窗成为可能。

这种近乎框架式的结构使得教堂中厅的高度比罗马式时期更高了，一般是宽度的 3 倍，且在 30m 以上。柱头也逐渐消失，支柱就是骨架券的延伸。教堂内部裸露着近似框架式的结构，窗子占满了支柱之间的面积，支柱又由垂直线组成，肋骨嶙峋，几乎没有墙面，雕刻、绘画没有依附，极其峻峭冷清。垂直形态从下至上，整个结构给人的感觉就像是从地下长出来的一样，产生急剧向上升腾的动势，使内部的视觉中心不集中在祭坛上，而是所有垂线引导着人的眼睛和心灵升向天国，从而也解决了空间向前和向上两个动势的矛盾。因此，哥特式风格的教堂空间设计同其外部形象一样，以具有强烈的向上动势为特征来体现教会的神圣精神。由于教堂墙面面积小，窗子却很大，于是窗就成了重点装饰的地方。工匠们从拜占庭教堂的玻璃马赛克中得到启发，用彩色玻璃镶嵌在组成图案的铅条中组成一幅幅图画，后来被称为玫瑰窗（图1-3-11）。教堂的室内色彩主要来自这些玫瑰窗，因为当时玻璃的制造技术不足以生产透明、大块的玻璃，而彩色的玻璃只需要在制造的过程中加入颜色即可。为了把玻璃安装在大的窗口上，匠人们就用铅条将玻璃拼装起来，可以组成任何形式的图案，有关宗教的传说和故事成为彩色玻璃窗的主要题材。哥特时期也发展了自己的细部装饰语汇，替代了古典柱式的抽象语汇以及檐下齿饰，希腊的典型装饰，如蛋形、标枪形等细部饰物和其他类似的形式也都换成了较新的样式，这些样式以自然形为基础，像三叶饰、四叶饰和卷叶饰等，形成了一种新的装饰风格。

　　哥特风格的基督教建筑也为中世纪的统治者所喜爱，但是他们对上帝和神的象征和尊重阻止了这种哥特式风格在世俗建筑中的大量使用。然而不管怎样，10世纪和15世纪法国宫廷复杂而高水平的建筑装饰艺术浓缩了中世纪的所有成就。

　　巴黎圣母院是法国哥特风格初期的建筑，在纵长方向上采用了双侧廊——哥特教堂模式的变体。教堂中厅呈长方形，宽48m，进深130m，高35m，中厅两侧是双侧廊，十分开阔。整个建筑统一、严谨、单纯，整体感很强，但对结构的整一性追求大大破坏了采光度，室内显得十分晦暗。内部有许多大理石雕像，在回廊、墙壁和门

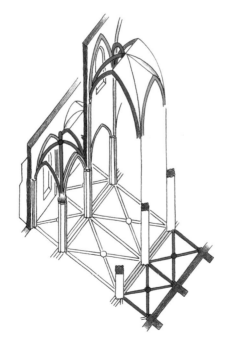

图1-3-9　十字拱

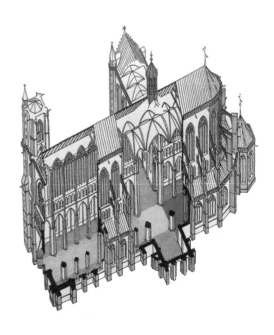

图1-3-10　飞扶壁

窗上满是圣经故事题材的绘画和雕刻（图
1-3-12）。建筑的侧面和后面，支撑十
字尖拱的飞扶壁凌空飞架，挺拔秀丽。

　　沙特尔大教堂（图 1-3-13）是法
国哥特盛期修建的，技术的进步使教堂
中厅的空间更为高大，窗子可以开得更
大，教堂的彩色镶嵌玻璃被认为是中世
纪最杰出的彩色玻璃艺术品。兰斯大教
堂较沙特尔教堂更为协调统一，整个教
堂室内形体匀称，装饰纤巧，工艺精湛，
成为法国哥特式建筑及室内装饰发展的
顶峰。亚眠教堂是哥特风格巅峰时修建
的，采用了当时最先进的技术一次性建
成，可以称作是同类建筑中最为完美的
实例。轻巧的结构最大限度地释放了墙
面，墙壁几乎被 12m 高的彩色玻璃所
覆盖。灰色的石结构在大理石地面图案
和彩色玻璃窗的映衬下，显得异常轻快。

图 1-3-11　巴黎圣母院的玫瑰窗

但是，教堂内部垂直的线条被各种堆砌的饰物减弱了，尖券变得比较平缓，大量使用
四圆心券和火焰券，连窗棂也使用了复合的曲线，哥特风格的一贯性和整体性被削弱
了许多。

图 1-3-12　巴黎圣母院内的雕刻

英格兰中世纪大教堂虽然没有达到法国同时期教堂那样高超的技术和动人心魄的效果，但却有自己独特的一面，每座教堂都有强烈的个性。绝大部分教堂都是修道院的组成部分。伦敦西敏寺修道院的亨利七世小礼拜堂是一个非常精美的哥特风格的教堂。教堂的拱顶结构采用的是密肋拱顶，上面悬挂着石制的装饰，拱顶被丰富的、纤秀的扇形花格覆盖着，轻莹剔透，使石制屋顶的分量全然消失（图 1-3-14）。

哥特式风格从法国向四周扩散，几乎能在欧洲的每一个角落找到哥特设计的痕迹。荷兰哥特式教堂内的特征是冷白色调白粉墙表达的简洁，以及从明亮大玻璃窗射进的强烈光线。在德国，科隆大教堂与法国教堂极为相似。意大利的哥特设计从来没有摆脱掉古罗马的影响，建筑很少能发挥哥特尖券的优势。米兰大教堂是意大利规模最大、最完整统一的哥特风格的建筑。教堂的内部和外部都有丰富的装饰贴面，富丽堂皇的装饰完全掩盖了室内空间的本质特征。锡耶纳大教堂的内部用了深浅两色石材拼成横向条纹来装饰，檐壁上还有一条半身雕像的装饰带，拱顶和交叉拱上都用了色彩丰富的装饰，室内空间的特征独特，繁琐华丽。

除了教堂外，哥特风格建筑还包括了许多其他类型的建筑。市政厅、作坊、税务厅、交易大厅以及其他官方建筑均采用了哥特式样。伦敦的威斯敏斯特大厅作为王宫的一部分保留了下来，厅的屋顶为木构，采用了一系列巨大的木桁架，这种桁架被称为锤式梁架。

图 1-3-13 法国沙特尔大教堂

图 1-3-14 伦敦西敏寺修道院的亨利七世小礼拜堂

第 4 章　文艺复兴时期的室内设计

14世纪后半叶，在以意大利为中心的思想文化领域，出现了反对宗教神权的运动，强调一种以人为本位并以理性取代神权的人本主义思想，从而打破中世纪神学的桎梏，自由而广泛地汲取古典文化和各方面的营养，使欧洲出现了一个文化蓬勃发展的新时期，即文艺复兴时期。

尽管文艺复兴被清楚地定为始于15世纪早期的意大利，但是它在欧洲的传播时间和各种表现形式出现的准确时期却是很难确定。意大利15世纪的绘画以视觉艺术的形式展示了人们在发现、发展和解决透视问题方面的成就。这类题材由大师，如马萨乔（Masaccio）、多纳太罗（Donatello）和布鲁乃列斯基（Brunelleschi）引领。随着文艺复兴高峰时期的到来，以列奥那多·达·芬奇、米开朗琪罗和拉斐尔为主的古典风格作品进一步巩固了文艺复兴的艺术潮流。在文艺复兴的弱势阶段，常伴随着有争议的风格主义（1520~1600年）。风格主义一般被认为是文艺复兴的最后篇章。这个时期特别要提及的是意大利，意大利的思想以快速而简洁的方式传到其他的欧洲国家。另一方面，意大利为新出现的巴洛克风格而丢弃了风格主义的概念。法国、德国和英国却仍然陷入在他们各自不同的文艺复兴的艺术语言中。由于文艺复兴的主要功绩和表现都发生在意大利，因而这一部分主要是与意大利这个国家有关。

文艺复兴运动日益强调世俗的陈设装饰，因而很快地改变了中世纪以教会题材为主要艺术创作对象的模式。在建筑及室内装饰上，这一时期最明显的特征就是抛弃中世纪时期的哥特式风格，而在宗教和世俗建筑上重新采用体现着和谐与理性的古希腊、古罗马时期的柱式构图要素。除此之外，人体雕塑、大型壁画和线型图案锻铁饰件也开始用于室内装饰，这一时期许多著名的艺术大师和建筑大师都参与了室内设计，并参照人体尺寸，运用数学与几何知识分析古典艺术的内在审美规律，进行艺术作品的创作。因此，将几何形式作为母题是文艺复兴时期室内装饰的主要特征之一。

从15世纪开始，意大利室内装饰中的许多最漂亮和最重要的项目是在郊区或乡村别墅，主要在围绕罗马和佛罗伦萨为中心的地区，以及威尼斯附近。意大利中部以佛罗伦萨为中心出现了新的建筑倾向，在一系列教堂和世俗建筑中，第一次采用了古典设计要素，运用数学比例创造出一批具有和谐的空间效果、令人耳目一新的建筑作品。在别墅和郊区宫殿中，窗户的尺寸大大地增加了，中世纪窗子的小开口让位于大的安装了玻璃的窗户，以便使足够的光线照射到主人收集的华丽的织锦挂毯、绘画、雕塑、陶瓷、金属制品和已成文明化生活一个不可或缺部分的家具上。

在文艺复兴时期，人们对自己在一个日益减少神秘的宇宙中的地位的新意识与对古典文明的重新发现并驾齐驱。古典世界对建筑的影响是巨大的，在 15 世纪期间，最有影响的家庭室内主要是外观上的建筑化。阿尔贝蒂称赞布鲁乃列斯基 1435 年完成的佛罗伦萨大教堂是这一新艺术的第一个主要成就，可与罗马建筑媲美甚至于超过罗马建筑。但是对古代的重新发现却断断续续的。15 世纪意大利的美学理论通过建立在人体的理想比例基础上的和谐几何形表达出来，在这一美学理论中，阿尔贝蒂和布鲁乃列斯基的贡献是很主要的，从这一时期到 16 世纪末，完美的比例构成了优秀室内设计的特点。

布鲁乃列斯基（1337~1446 年）是文艺复兴时期建筑及室内设计一位伟大的开拓者。他善于利用和改造传统，他是最早对古典建筑结构体系进行深入研究的人，并大胆地将古典要素运用到自己的设计中，并将设计置于数学原理的基础上，创造出朴素、明朗、和谐的建筑室内外形象。被誉为早期文艺复兴代表的佛罗伦萨主教堂，就是其代表作，不仅以全新而合理的结构与鲜明的外部形象而著称，而且也创造了朴素典雅的内部形象（图 1-4-1）。

图 1-4-1　佛罗伦萨大教堂

布鲁乃列斯基的单纯简洁的室内对后来的文艺复兴室内产生了巨大的影响，他从不去模仿罗马建筑，因为他在其建筑中结合了许多托斯卡纳本地的建筑元素。他将古代题材应用到最简单的建筑形式中的做法，奠定了未来欧洲建筑的类型基础。室内空间的概念在 15 世纪的意大利是不变的，甚至在今天也是如此，它仍然是评价一间房子的标准。中世纪的室内也许要向外展开，比例服从功能需要，而在文艺复兴时，比例的确定使任何形式上的难题都能得以顺利解决。布鲁乃列斯基和阿尔伯蒂的透视画法造成了一种新的真实空间和图画空间的意识。这不仅反映在 15 世纪对房屋形状和尺寸的兴趣上，而且也反映在它们的相互关系上。作为一种实用科学，后者在帕拉第奥手中得到了完善。也正是在这个时期产生了通过壁画、绘画甚或雕塑中的虚构距离而"扩展"真实空间的愿望。对于以后 4 个世纪中的许多主要教会和世俗建筑中的装饰项目来说，这是一个最伟大的成果。

　　米开罗佐（1396~1472 年）是佛罗伦萨家庭建筑方面的另外一位重要的建筑师，他设计了文艺复兴的最重要建筑之一，在佛罗伦萨的美第齐—里卡第府邸，它宏大的规格，以及它主要楼层上对华丽套房的强调都为后来的伟大城市住宅定下了基调（图 1-4-2）。

　　阿尔伯蒂（1404~1472 年）是一位学者、音乐家、艺术家、理论家和作家，以他的理论和实际工作产生了最直接的广泛影响。他的著作《论建筑》是自维特鲁威试图对建筑设计阐述一种理论方法以来首部重要著作。起初他关心建筑，认为建筑是艺术和科学的自然结合。他的作品因它们的实际应用功能而倍受他同时代人的青睐和尊重。

图 1-4-2　佛罗伦萨美第齐—里卡第府邸

在 15 世纪末，简洁化的奇异图案开始重要起来，它以一种保守的形式出现在许多壁画的结构中，也再现在雕刻或彩绘半壁柱上。从这个时候起，奇异风格装饰变得异常重要起来，不仅是在所有欧洲室内，而且还在所有的装饰艺术中。奇异风格连同曲线风格的怪诞风格在巴洛克和洛可可时期通过各种变化得到了发展，并且在 18 世纪时以纯正古典的形式得到了复兴。

整个文艺复兴运动自始至终都是以意大利为中心而展开的。作为世界上最大的教堂，圣彼得大教堂是文艺复兴时期最宏伟的建筑工程。圣彼得大教堂空间气势昂扬，健康而饱满，细部装饰典雅精致而又有节制（图 1-4-3）。米开朗琪罗设计的新圣器室和劳伦廷图书馆（图 1-4-4），同样富于美感和创造性。米开朗琪罗是雕塑家、画家和设计师，因此，其设计语言具有饱满的体积感和具有张力的雕塑感，具有独特的个人风格。帕拉第奥是文艺复兴时期最有影响力的建筑师之一，他的建筑主要在维琴察和威尼斯及其周边。他设计的卡普拉别墅（也称圆厅别墅）对后来的建筑师产生了很大的影响。

15 世纪中叶以后，发源于意大利的文艺复兴运动很快传播到德国、法国、英国和西班牙等国家，并于 16 世纪达到高潮，从而把整个欧洲文化科学事业的发展推到一个崭新的阶段。同时，由于建筑艺术的全面繁荣，从而带动了室内设计向着更为完美和健康的方向发展。

图 1-4-3 圣彼得大教堂

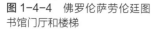

图 1-4-4 佛罗伦萨劳伦廷图
书馆门厅和楼梯

图 1-4-5 法国枫丹白露宫殿室内

　　法国已习惯于室内装饰中的火焰式华丽的哥特风格，因此并没有迅速地采用 15 世纪伟大的托斯卡纳发明者要求的严谨风格。结果，法国的文艺复兴风格比意大利的文艺复兴风格要更为模糊些。在许多情况下，文艺复兴题材被简单地移植到后哥特的形式上，结果常常是不协调的。直到修建在枫丹白露的城堡，意大利艺术家创造了法国文艺复兴风格的室内环境，改变了法国的室内装饰模式（图 1-4-5）。法国并没有像西班牙那样全盘地采用和吸收文艺复兴所宣扬的古典主义，而是探索并发展了一种属于自己的有个性的独特民族风格。

　　在西班牙，自从在阿哈姆布拉宫中采用了意大利文艺复兴的思想，以及在菲利普二世在艾斯科里亚的严谨而宏伟的修道院城堡中大量采用意大利式的壁画和装饰之后，一种来自后哥特传统的有着无理性装饰语汇的以模仿银餐具的大量华丽装饰为特征的风格覆盖了 16 世纪西班牙的建筑和室内设计。

　　在英国特别明显的是 16 世纪的大量室内装饰中存在的文艺复兴迹象是一种混合体。除了具有丰富的古典细节之外，与文艺复兴的主流思想还是相脱节的。对文艺复兴思想的主要让步表现在建筑和规划上，但仍旧不断地强调隐私性——在客厅、房间和阳台中，与文艺复兴式的炫耀性房间形式形成对比，只在走廊中才出现类似的炫耀装饰。正是在这种朴素的英国文艺复兴背景下新古典主义诞生了。

第 5 章　巴洛克和洛可可时期的室内设计

　　崇尚巴洛克的路易十四同时也是中国趣味的迷恋者，所以早期的中国趣味也带有巴洛克风格的鲜明特征，即专制君主式的漠然冷酷。中国商品中某些与巴洛克精神相吻合的器物得到更多的关注和利用，比如在 17 世纪晚期的英国，君主制复兴的刺激使大量房间都要装饰成当时宫廷所普遍采用的荷兰和法国式的巴洛克形式，而中国漆器的色彩和形式的宏大特征恰好与这些华丽的内部装饰十分协调。带着闪亮黑色外表、描金錾银、绘着引人入胜的神话故事图案的屏风和橱柜，恰好表达出当时巴洛克所感兴趣的那种戏剧效果。

　　洛可可风格于 18 世纪早期在巴黎兴起，是在对沉重的古典主义和巴洛克建筑和装饰的过多的拘谨的形式的反作用中产生的。洛可可风格在路易十四时期建造的凡尔赛宫中得到提倡，而且在路易十四统治的大部分时期内（1643~1715 年）都很流行。接下来，因室内环境设计师、画家和雕刻家为贵族们的新宅第设计出一种更轻巧、更舒适怡人的装饰风格而确立的洛可可风格，很快通过印刷的图版传遍法国，路易十五时期是中国趣味在法国达到鼎盛的时期。

　　洛可可风格创造了许多新颖别致的、精细工巧的作品，它扩大了装饰题材，更富于生活气息，更加自然化。一些洛可可风格的客厅和卧室，非常亲切、温馨、雅致，与古典主义和巴洛克风格样式的房间相比较而言，更适合于日常的生活起居。所以，洛可可装饰成为一时的时尚，相当流行。洛可可风格凸显出来的所有特征均是帕拉第奥主义者所极力反对的：浮夸、虚饰、繁琐、矫揉造作，其中最严重的是表面装饰与主要建筑结构之间彻底失去了逻辑上的关系。因此，洛可可作为一种时代性很强的时尚风格，它存在的时间并不是很长，到 18 世纪中叶便过去了。

5.1 巴洛克时期的室内设计

16世纪下半叶，文艺复兴运动开始从繁荣趋向衰退，建筑及其室内设计进入一个相当混乱与复杂的设计时期，设计风格流派纷呈。从17世纪开始，欧洲进入了所谓的巴洛克和洛可可时期。17世纪巴洛克时期，诞生了现代意义上的室内装饰和陈设。除了一些室内过分华丽之外，巴洛克时期的室内设计思想正是我们对室内诸要素要求和谐统一的理想源头，特别是法国的巴洛克时期。在中世纪时，那些有能力过良好生活的人经常过的是游荡不定的巡游生活，因而在装饰房间时，舒适是很少作为主要因素来考虑的。在意大利和文艺复兴时期，建筑师们越来越关注于设计并为特别的房间挑选特别的物品作装饰，但整体说来家具更多的是为了与建筑风格的需要相呼应，而不是为了满足人体的舒适需要。在文艺复兴时期家庭中发现的那些坚挺直立的木制靠背椅是很难让人真正长时间轻松的，巴洛克却完全改变了这点。产生于意大利的巴洛克风格，以热情奔放、追求动态、装饰华丽的特点逐渐赢得了当时的天主教会及各国宫廷贵族的喜好，进而迅速风靡欧洲，并影响了其他设计流派，使17世纪的欧洲具有巴洛克时代之称（图1-5-1）。

巴洛克这个名称历来有多种解释，源于葡萄牙文"Barocco"，意思是异形的珍珠。巴洛克是指一种设计风格，它在意大利沿袭了16世纪文艺复兴盛期演变而来的手法主义，并在此基础上得到了发展。巴洛克的设计风格打破了对古罗马建筑师维特鲁威的盲目崇拜，也抛弃了文艺复兴时期的种种清规戒律，追求自由奔放，充满世俗情感的欢乐格调。米开朗琪罗设计的劳伦廷图书馆中已经体现出手法主义的倾向，暗示着对文艺复兴盛期的古典规范越来越不耐烦。

图1-5-1 威尼斯公爵府议会厅

意大利的巴洛克最先在罗马出现，开始时是一种罗马和罗马教皇的风格，而后渗入到亚平宁半岛的其他城市，并在那些地方形成了不同的形式。巴洛克设计风格多体现在宗教建筑上，维尼奥拉（1507~1573年）设计的罗马耶稣教堂被认为是巴洛克教堂的原型。这个教堂可以看做是建筑师把罗马古典主义的雄伟壮观与巨大尺度下的简洁性相结合的一种尝试。

这时期的宫殿和别墅则保留并强调在文艺复兴时期就很重要的"炫耀"元素，如大会客室、走廊、精美的橱柜和凉廊等。今天，当我们重新审视它们时，就会发觉这些用壁画装饰的或镀了金的室内环境似乎很冷酷，给人以假面具的感觉：它们必须依赖烛光、有珠宝首饰的皇冠和五彩缤纷的服饰才能熠熠生辉。意大利的宫殿从未与个人的生活紧密相连，总是作为社会活动的宏大舞台，举办私人和官方的宴会、接待会、舞会等。因此，导致了这样的情形：只有底层的和主要楼层房间（主要卧室也设置在主楼层）才被装饰和布置得富丽堂皇，楼上的房间却是非常简陋、寒酸甚至完全被废弃不用。

与欧洲其他国家的巴洛克室内不同，意大利的巴洛克室内风格主要特点在16世纪就已经出现了：墙上和天花上大量的装饰壁画、精致的模制灰泥装饰、或彩绘或镀金的雕刻木制品的油画框，恢弘壮丽的形式成为环境的主宰。与风格主义的装饰风格不同，巴洛克装饰的目的在于清晰，因此在取材和用色上虽然很有深度，但巴洛克的室内仍会让人一目了然。

最伟大的意大利巴洛克时期的建筑师是伯尼尼（598~1680年），他是以雕塑家开始他的职业生涯的（图1-5-2）。伯尼尼擅长使用彩色大理石，他用彩色大理石与铁、灰泥和其他装饰要素，包括壁画一起共同装饰墙面。伯尼尼把这种混合的装饰手段用于除僧侣住房室内以外的任何室内，如著名的科那罗教堂。由于彩色大理石成本较高，只在很富有的家庭中才使用得起，因此，除了地面使用大理石，大规模地在住宅室内应用大理石在意大利还是极其少见的。但一旦使用了大理石，则室内环境效果是华丽无比的。于是，在大多数情况下，仿大理石的做法十分流行，并且这种仿大理石的技术在17和18世纪达到技术的顶峰。整个墙面都可以这种方式装

图1-5-2 圣彼得大教堂中祭坛上的华盖是伯尼尼设计的

饰，而无需大的费用，这一时尚迅速传遍了欧洲。

　　法国在 17 世纪的室内装饰是非常丰富多彩的，这是将法国推向了欧洲趣味的主宰地位的黄金时代。在路易十四（统治时期 1643~1715 年）的统治下，所有欧洲的君主都以法国艺术马首是瞻，吸引每一位来访者并促使各欧洲宫廷纷纷效仿。

　　法国的巴洛克设计从没有像意大利、德国南部和奥地利那样极端的复杂和精巧。即使最丰富、浓重的装饰，也在某种程度上内敛，强调逻辑和秩序。

　　法国的凡尔赛王宫是欧洲最宏大辉煌的宫殿，室内的豪华与奢侈令人叹为观止。王宫建筑的外部是古典风格，内部则是典型的巴洛克风格。室内装饰异常豪华，彩色大理石铺设在墙面和地面上，壁画、石膏雕刻随处可见，支形灯、吊灯比比皆是，青铜镀金和银制家具陈设在各个房间。镜厅是凡尔赛宫最主要的大厅，镜子镶在内墙上，对面是俯瞰花园的落地窗。尽管在某种程度上说天花的绘画、镀金和大理石的装修缺乏想象力，甚至从观念和细部上说都很单调，但室内效果依然雄伟壮观（图 1-5-3）。

　　巴洛克室内设计风格在其他欧洲各国有不同的表现，有一些自己独特的地方，但也有一些共同的特点。首先，在造型上以椭圆形、曲线与曲面等极富生动的形式突破古典时期及文艺复兴时期的端庄严谨、和谐宁静的规则，着重强调变化和动感。其次是打破建筑空间与雕刻和绘画的界限，使它们互相渗透，强调艺术形式的多方面综合。室内各部分的构件，如天顶、柱子、墙壁、壁龛、门窗等综合成为一个集绘画、雕塑和建筑的有机体，主要体现在天顶画的艺术成就上。再次，在色彩上追求华贵富丽，多采用红、黄等纯色，并以大量金箔、银箔进行装饰，甚至也选用一些宝石、青铜、纯金等贵重材料来表现奢华的风格。此外，巴洛克的室内设计还具有平面布局开放多变，空间追求复杂与丰富的效果，装饰处理强调层次和深度。

图 1-5-3 凡尔赛宫镜厅

5.2　洛可可时期的室内设计

　　洛可可是欧洲艺术中贵族理想的最后的、完整的、具有创造力的表达。法国从 18 世纪初期逐步取代意大利的地位而再次成为欧洲文化艺术中心，主要标志就是洛可可建筑风格的出现，洛可可风格的室内装饰的首次露面是在法国。时髦的欧洲人开始逐渐摆脱巴洛克室内设计风格的影响，转去寻求与太阳国王凡尔赛宫中华丽的新别墅有关的趣味。小型的凡尔赛宫遍布欧洲，但比建筑本身更能吸引王储们的是室内设计的面貌和象征意义。闪耀的镜厅，以其前所未有的规模和美轮美奂的设计征服了他们的心。

　　洛可可风格是在巴洛克风格基础上发展起来的一种纯装饰性的风格，而且主要表现在室内装饰上。发端于路易十四晚期、流行于路易十五时期的洛可可风格，也常常被称作"路易十五"式，描述的是法国古典主义后期的装饰风格。法国的洛可可风格很快被奥地利和德国模仿，后来又对英国产生相当大的影响。

　　洛可可（Rococo）一词来源于法语，是岩石和贝壳的意思。洛可可也同"哥特式"、"巴洛克"一样，是 18 世纪后期用来讥讽某种反古典主义艺术的称谓，直到 19 世纪才同"哥特式"和"巴洛克"一样被同等看待，而没有贬义。

　　17 世纪末 18 世纪初法国的专制政体出现危机，对外作战失利，经济面临破产，社会动荡不安，王室贵族们便产生了一种及时享乐的思想，尤其是路易十五上台后，更是过着奢侈荒淫的生活，他要求艺术为他服务，成为供他享乐的消遣品。他们需要的是更妩媚、柔软、细腻，而且更琐碎、纤巧的风格，来寻求表面的感观刺激。

　　阿拉伯式蔓藤图案是洛可可墙壁嵌板、灰泥制品和家具上采用的精致图案，逐渐演变成了不对称的雕刻或彩绘装饰。后来，设计师们对这些怪异风格作了一些改变，将它们的构成元素变细，使它们更加轻盈空灵，并将它与来自阿拉伯的图案相交织、相结合，从而形成了洛可可的主要特点。阿拉伯式的交织图案很长时期以来一直用于法国的一些装饰艺术中，如书籍装帧、镶嵌工艺、绣花和园艺。这种交织图案以它自己的特点——带饰或嵌条饰，逐渐发展成一种成熟的装饰纹样，并在德国成为王室的主要装饰（图 1-5-4）。

　　在这些奇异风格中又出现了许多新的类型，所有这些都成为这个阶段优秀室内设计的创作基础：自然主义的植物和花卉、展开的蝙蝠翅膀、有花纹的圆雕饰（常放在墙的中央或门嵌板的中央）、贝壳、花和蔓叶饰及垂花饰，甚至还有波纹图案。设计家还引进了中国题材和幽默的猴子图案，图案被用于室内的装饰中——其中最著名的例子是小猴子和大猴子图案。中国时尚在 18 世纪早期在洛可可的影响之下迅速传播开来。龙、异国鸟、独特装束的中国人物等图案出现在墙面、纺织品、家具和陶瓷上。有时整个房间都用中国风格的东西来装饰。

到 18 世纪 30 年代，成熟的洛可可装饰中的两个突出特点呈现出来——不对称和花园石贝装饰。花园石贝装饰（Rocaille）有时被用作洛可可（Rococo）的代名词，是真正涉及具体形式的一种装饰类型，其形态来自于岩穴中的贝壳物品。其中的 S 形曲线和波纹似的长而尖的线条浓缩了花园石贝装饰的许多特点。在洛可可装饰中的不规则裂开壳形和在较早期的室内中采用的对称贝壳装饰之间的差别是创造洛可可风格的基础。

洛可可时期的室内一般以壁炉为中心，在上方装饰有 S 形曲线，这些都是洛可可装饰中随处可见的特点。壁炉上有高高的镜子，在窗间壁台上方有一面或多面壁镜与之相呼应。壁炉用白色或彩色大理石制成，常常用富丽的镀金（或镀铜）装饰。墙面上改用镶板或镜子装饰，凹圆线脚和柔软的涡卷代替了檐口和小山花。有时整面墙都以镜子饰面，有时墙面嵌板保留其自然木质的效果，特别是在乡村，但更普遍的则是彩饰。比较受欢迎的色调是象牙白和金色，也常选用嫩绿、粉红、玫瑰红等色彩进行装饰。圆雕和高浮雕换成色彩艳丽的小幅绘画和浅浮雕，浮雕的轮廓融进底子的平面之中，线脚和雕饰都细而薄，装饰呈平面化而缺乏立体性。华丽房间的天花板大都悬挂晶体玻璃的吊灯，壁炉台面上多陈设瓷器和钟表，壁炉用磨光的大理石饰面，在镜子的两侧安装枝状烛台。但最有魅力的做法是可推拉的百叶窗，白天巧妙地隐在嵌板内，夜晚则拉出遮蔽窗户。壁炉上的大理石与窗间壁台上的石板相呼应，大理石品种从红色、黄色、紫色和灰色条纹的大理石，一直到意大利的红纹大理石和各种紫色石头，以及黑色和白色豪华纯色石材。大理石也用于地面铺设，常是黑色和白色石材排列成方形或菱形图案。但砖石地面和木地板的使用比较普遍，木地板能有很多不同种的铺

图 1-5-4　慕尼黑宁芬堡宫阿玛连堡小宫

装方式，从华丽的镶嵌拼花地板到简单的木制板块。

这段时期法国家具在室内装饰中担当了一个非常重要的角色，家具以回旋曲折的贝壳曲线纤巧的雕饰为主要特征。壁毯和绢织品主要用作上流社会室内的壁饰，以及椅子的坐面、背面和扶手上，为室内空间增添了典雅和柔美的气氛。此外，一些烛台等金属工艺品也都反映了优美、奢华的洛可可趣味。

在整个德国土地上，出现了对洛可可风格前所未有的狂热，除了教堂外（图 1-5-5、图 1-5-6），许多在 17、18 世纪之交时以巴洛克风格开始建造的巨大宫殿，最终却由洛可可设计师装饰设计，如在德累斯顿为强大的波兰国王和萨克森的选举侯奥古斯丁修建的兹威格宫，在乌兹伯格为选举侯梅因斯修建的波麦斯菲尔顿庄园，布鲁赫尔庄园惊人的后巴洛克楼梯设计充满了洛可可的灰泥石膏和雕塑装饰，这代表了戏剧化的建筑和装饰之间的平衡，这种平衡使德国洛可可在它最繁华时期声名远扬。

英国是唯一一个洛可可不仅在装饰设计之外没有产生什么影响而且还被建筑师有意识地拒绝的欧洲国家。洛可可的两个支流在英国产生了一定数量的可爱室内设计作品，这两个支流是中国艺术风格和哥特风格。前者通常局限于细节部位或有时是整个房间都使用中国壁纸，而哥特风格是在 1742 年之后才流行起来的。这包括"哥特壁炉"的雕刻设计，这种设计与中世纪的室内设计毫无相似之处。这期间英国的家具艺术成绩斐然，出现了像托马斯·齐彭代尔（Thomas Chippendale，1718~1779 年）等这样的大师，从而奠定了英国家具在世界家具史上的重要位置，并与这一时期的室内设计达到了完美的统一。

图 1-5-5　德国班贝格城十四圣徒朝圣教堂　　图 1-5-6　德国新比诺城修道院与朝圣教堂

第6章 新古典主义与古典复兴时期的室内设计

洛可可风格在 18 世纪 50 年代的法国已经呈现出衰败的趋势，开始是因为过分琐碎和过渡装饰而遭受到法国人的批评，尽管当时在中欧的国家和地区还处在方兴未艾的状态。到了 18 世纪 60 年代，崇尚俭朴严肃的新古典主义开始在法国逐步替代了洛可可。"人们很容易把洛可可艺术看成是对物质世界的热情欢快的反应，同时把新古典主义看成是理智对本能的否定。"[①]

新古典主义艺术所呈现出来的"正统"品位与洛可可表现出的带有异域风情的"新奇怪诞"特点呈现出不兼容的状态，新古典主义装饰艺术中着力表现古希腊和古罗马精神中那种冷淡的优雅与坚硬的性格，这与洛可可时代受人钟爱的异国情调的小趣味相去甚远。在路易十六时期（在位时期 1774~1792 年），洛可可设计结合一些新元素，向更学院式、更严谨的新古典主义发展。随着对庞贝古城和赫库兰尼姆城的发掘，掀起人们对古代设计的兴趣，并广为流传。古希腊的设计也开始为人所知，因此希腊装饰细部被引入到设计中来，并进一步与古典主义联系在一起，在室内环境营造、器物、织物等方面尽管已经明显向新古典主义转化。

6.1 新古典主义风格的室内设计

从 18 世纪中叶到 19 世纪上半叶，西欧流行着新古典主义与浪漫主义的艺术潮流。古典主义意味着规范与准则，浪漫主义意味着反叛与创造。新古典主义主张复兴古希腊罗马语言，而浪漫主义更热衷于哥特式语言。但实际情况比较复杂,二者相互交织在一起。

欧洲新古典主义的兴起主要有这么几个原因：首先，考古界在意大利、希腊和西亚等多处遗址有了大量的考古发现，将艺术家、学者和建筑师的眼光吸引过去，带来

---

① 马德琳·梅因斯通，等，著.剑桥艺术史（第 2 册）[M].钱乘旦译.北京：中国青年出版社，1994：202.

人们对古代文化的思考，促进了人们对古典文化的推崇。其次，18世纪中叶以法国为中心掀起了"启蒙运动"的文化艺术思潮，思潮也带来了建筑领域的思想解放，起到推波助澜的作用。再次，欧洲大部分国家对巴洛克、洛可可风格过于情绪化和轻浮的倾向已经感到厌倦，主张回到理性、自然与道德的本原状态。因此，首先在罗马再度兴起以复兴古典文化为宗旨的新古典主义艺术思潮和艺术风格，它很快传到英国及整个欧洲，并随着近代殖民活动漂洋过海，传至北美地区。

"新古典主义"一词首先使用于19世纪80年代，它强调一种强硬的直线型的室内设计风格，并以此取代了自然而舒适的洛可可风格。实际上，"新古典主义"这个名称概括了各种不同的风格，包括了一些欧洲最优雅的室内设计，如别致的法国帝政式风格。所有不同的新古典主义在不同的阶段都有一个目的——模仿或者至少是唤醒古代世界的艺术风格。结果出现了一种在法国、英国、意大利、西班牙、德国、俄国、丹麦乃至美国在室内设计史上第一次得到欢迎的国际化风格。

尽管新古典主义的设计已经可以说是国际化了，但它的发展以及发展的原因在各个国家之间却不尽相同。意大利有大量的罗马建筑，并且成为各国新古典主义艺术家的灵感来源，而它自己的这种风格发展却是不稳定的和间歇性的。法国与古典主义有着永久的连接，甚至在洛可可的最顶峰时期就已准备好完全投入到这种新的风格之中，并且是第一个产生了反对巴洛克和洛可可的理论的国家。英国的帕拉第奥建筑主义建造了竖立着柱子和三角楣饰的非常沉重的建筑室内，尽管罗伯特·亚当（1728~1792年）的早期室内被描述成"绣花小片"，但他的公共建筑至少已经含有古典思想。其他的国家，如俄国和斯堪的纳维亚很快采纳了这种新时尚并且很快普及开来。德国和奥地利在其他欧洲国家已经大部分摒弃了洛可可风格之后的很长时间内仍然以这种风格进行室内设计，但一旦采纳了新古典主义之后，他们的激情甚至超过了他们的竞争对手们。美国这个新独立的国家，由于古代建筑的复兴就代表了最近获得的自由，因而它的到来是一个异乎寻常的机会。对古典复兴的第一个狂热爱好者是德国学者温克尔曼（1717~1768年），他是现代考古学的奠基人，也是新古典主义运动的领袖。

最早在法国出现了最丰富的和持久发展的新古典建筑和室内装饰设计，在路易十六时期（在位时期1774~1792年），洛可可设计结合一些新因素，向更学院式、更严谨的古典主义发展（图1-6-1）。从那里，新古典思想传播到德国西部和斯堪的纳维亚。

法国新古典主义早期的主要建筑师是加布里埃尔（1698~1782年）。他向父亲学习建筑，并在1741年继承了父亲作为国王第一建筑师的职位。路易十五给予他相当多的支持，他的主要公共建筑，如路易十五宫殿、孔帕尼城堡等，都显示了他忠贞于路易十四的古典主义。加布里埃尔也是一位天才室内设计师，他在凡尔赛宫和枫丹白

图 1-6-1　巴黎圣雅
姆府邸大厅

露为皇室创作的大部分早期室内设计仍然是洛可可风格。尽管如此，在 1749 年的大特里亚侬（Trianon）和小特里亚侬之间的亭阁设计中仍出现了一些新古典主义形式的元素，预示了他将向新古典主义的转变。

　　尽管小特里亚侬建筑的规模较小，但它的室内外设计却代表了早期新古典主义风格。在外形上加布里埃尔采取英国帕拉第奥式别墅风格，与其他房间共同组成了法国的最和谐室内设计之一。该建筑开始于 1762 年，所有主要房间都是矩形，饰以柔和的灰白和其他淡色调。墙壁嵌板和镜框是直线形的或拱形的，模制和楣梁的外形都严格地按照古典方法制作。花冠、垂花饰、花环、叶形和战利品的装饰图案到处可见。门顶装饰也是严格的矩形，但由于加布里埃尔对比例的完美感觉和装饰元素的完善使用，整体气氛还是非常优雅而不是宏大的。

　　在许多方面，英国比任何一个欧洲国家都更充分地准备好了迎接新古典主义的到来。洛德·伯林顿（1694~1753 年）反巴洛克改革，威廉·肯特（约 1685~1748 年）和帕拉第奥学派一起已经使他们的赞助者习惯于"罗马化"的室内设计。帕拉第奥影响新古典主义成长的最重要方面是房间形状的多样化设计。洛可可作为一种室内装饰风格在英国从未获得广泛流行，这就为改革开辟了道路，罗伯特·亚当（1728~1792 年）1758 年自意大利归来后就开始了他的改革，公众已经接受了他的许多古典主义思想。正是亚当和威廉·钱伯斯（1723~1796 年）爵士一起主导了 1760~1790 年的英国建筑设计，并且他们与詹姆士·瓦特（James Wyatt，1746~1813 年）和亨利·霍兰德（Henry Holland，1745~1806 年）一起成为室内装饰风格方面的带路人。

罗伯特·亚当基本上是一位室内设计师，但同时也是一位建筑师，尽管他的室内风格常常带到他的室外设计上。他以平面的二维方式看待装饰，他将天花作平整的设计——成为整体房间的关键。亚当的顶峰时期，也许可以说是世界上和历史上最好的装饰设计师，他在这一领域的独特性在于他拥有以自己名字命名的风格。这种风格的内涵是多方面的，罗伯特·亚当既是一位新古典派又是一位浪漫派，因此他的室内设计不能够作为一种特别纯粹的室内设计风格来看待。

尽管亚当的外部建筑在比例和轮廓上都是帕拉第奥式的，但他从开始就反对帕拉第奥的沉重风格。他旨在用一种美丽而轻盈的形式体现古典美的模式来替代"繁琐的支柱，沉重的间隔天花和壁龛框架"。在替代了沉重形式又强调了门框、天花和壁炉上的个性化设计后，亚当比较喜欢用一种装饰风格统一所有的表面，无论如何都尽可能采用平整的天花，不使用拱顶。这种方法使他易于将他的室内设计放进现存的外壳中，如在西昂宫、凯德尔斯顿厅和奥斯特利园林这些伟大的宫廷建筑中都展现了他最有才华的设计。

英国 18 世纪到 19 世纪的转变与欧洲大陆的发展有很大的不同，这是因为拿破仑未能将他的帝国扩展到英吉利海峡。这对区分在 1800~1820 年这段时期中的两种风格很重要，一个是法国的帝政式风格，另一个是英国的摄政风格。随着拿破仑远在佛罗伦萨、卡塞尔和阿朗居兹宫殿的建立，帝政式风格迅速传遍欧洲。

摄政时期和维多利亚早期的许多最杰出的英国古典室内设计都越来越趋向于采用古典柱式以及明显地减少墙表面的装饰。这是为了与希腊复兴精神相吻合，这种精神在 1803~1809 年之间的英国很是普及，当时这种风格不仅以独特著称而且也成了公共和私人建筑的"官方"风格。

虽然意大利为其他国家提供了很多原初的灵感，但意大利的情况还是与人们所期望的不一样。罗马尽管是欧洲新古典主义的灵感中心，但这项运动的主要推行者开始时基本是外国人。巴洛克本身已牢牢地植根于意大利的装饰土壤中，很遗憾的是许多设计家放弃了这种风格的后期表现。似乎难以置信，罗马这座曾为许多艺术家提供灵感源泉的城市，它自身却没有产生一座重要的新古典建筑能与意大利的其他城市和国外城市中的新古典建筑相提并论。

当其他欧洲国家在罗马或希腊风格之间徘徊时，德国很快投身于希腊风格，并且对长期以来投入于洛可可感到懊悔。希腊建筑的严谨和巨大化迅速建立了基础，但与英国的情形不同，德国的希腊式建筑主要限于公共建筑。辛克尔（1781~1841 年）这位当时德国最伟大的建筑师，也是一位画家、舞台设计师和室内设计师。他迷恋了中世纪的建筑，并且在他的古典建筑中采用它清晰的结构，促成了室内外设计的统一风格，也使他作品的创造力在新古典主义建筑师中几乎无人能比。

在俄罗斯，一种单纯而似乎严谨的古典风格开始主宰新首都圣彼得堡，法国和意大利的建筑师，主要是新近成立的（1757年）造型艺术学院的法国设计师都在圣彼得堡出现过。

在建筑及室内设计上，新古典主义虽然以古典美为典范，但重视现实生活，认为单纯、简单的形式是最高理想。强调在新的理性原则和逻辑规律中，解放性灵、释放感情。具体在室内设计上新古典主义风格有这样一些特点：首先是寻求功能性，力求厅室布置合理；其次是几何造型再次成为主要形式，提倡自然的简洁和理性的规则，比例匀称，形式简洁而新颖；然后是古典柱式的重新采用，广泛运用多立克、爱奥尼、科林斯式柱式，复合式柱式被取消，设在柱础上的简单柱式或壁柱式代替了高位柱式。

6.2 浪漫主义和折中主义风格的室内设计

文艺复兴以来，建筑师和设计师一直都在努力重新和创造过去的风格，主要是古希腊和罗马的风格。文艺复兴本身的发展前提就是艺术家能够采用古代的无与伦比的成就作为新艺术创作的基础；巴洛克和新古典主义建立在文艺复兴思想的基础上，洛可可是唯一一种反对这些思想的风格。正如我们所见到的，在19世纪之前已经有单独的古典复兴风格，但大量日益增加的对理性年代历史主义的觉醒和信息的传播却来自旅游范围的扩大，旅游使得人们对各种风格产生了兴趣，而不仅仅局限于希腊和罗马。但是19世纪在建筑和室内装饰中对这些"复兴"风格的热情大部分源自新古典主义的元素。寻求古典世界气氛的欲望常常导致了高度浪漫主义的幻想。

历史主义作为一种运动产生在这个世纪许多最有特点的艺术作品中。我们一般仍然认为典型的维多利亚室内是不同时期设计元素的混合。从最简单的房子到巴伐利亚的路德维希二世国王夸张的室内设计，历史主义贯彻其中（图1-6-2）。从历史主义本身的名称来看，有时很难将它与浪漫主义区分开来，因为它经常分享着浪漫主义的自由思想。历史主义的最好定义也许是一种态度，而不是一种风格，这种态度遍及所有的艺术。中世纪、文艺复兴、巴洛克甚至东方历史全都被借用（图1-6-3）。但历史主义的一种直接结果是艺术中的一种新国际主义。

19世纪有三个直接影响室内装饰设计的范畴：历史主义、浪漫主义和折中主义。历史主义是通过精确的观察、仔细的测量甚至是考古一样的对原始物品的观察来重新创造过去的风格。浪漫主义则采用过去的风格来传达特殊的情感，通过哥特式风格寻求中世纪骑士精神和壮观场面，通过文艺复兴寻求学者风范。折中主义却结合了历史主义和浪漫主义因素，从每个历史阶段提取风格特点。这就提供了最大的自由度，因而

图1-6-2　新天鹅堡室内　　　　　　　　　　　　　　图1-6-3　英国布莱顿皇家别墅

它获得了最广泛的赞同，并且形成了1830年之后大部分19世纪住宅室内的特点——综合无序。

　　然而，英国却在准确地重新创造住宅室内中世纪式风格方面取得了最重要的进展，欧洲从整体上来说是落后了。在1820年代后期改变了人们对中世纪建筑态度的重要人物是朴金（1812~1852年）；但他热衷地将严肃性灌输进复兴的哥特式中的做法并没有产生许多著名的室内设计作品。

　　18世纪下半叶，英国首先出现了浪漫主义建筑思潮，它主张强调个性，提倡自然主义，反对僵化的古典主义，具体表现在追求中世纪的艺术形式和异国情调。由于浪漫主义风格更多地以哥特式建筑形象出现，又被称为"哥特复兴"。浪漫抒情风格与哥特式复兴几乎并行，但实际上它延伸到所有艺术中，不仅是建筑和室内，甚至一些著名的画家也采用这种风格作画。英国议会大厦，一般被认为是浪漫主义风格盛期的标志。议会大厦建筑按功能布置，条理分明、构思浑朴，被誉为具有古典主义内涵和哥特式的外衣。其内部设计更多地流露出玲珑精致的哥特风格（图1-6-4）。

　　法国路易斯－菲利普统治时期不仅接受了浪漫抒情风格，而且也出现了法国18世纪的一种新觉醒的风格。维克多·雨果的历史小说《巴黎圣母院》的成功推动了浪漫抒情风格的流行，并使装饰领域中突然流行起"法国文艺复兴"风格。

　　19世纪初，一些浪漫主义建筑运用了新的材料和技术，这种科技上的进步，对以后的现代风格产生了很大的影响。最著名的例子是巴黎国立图书馆（图1-6-5）。

　　折中主义从19世纪上半叶兴起，流行于整个19世纪并延续到20世纪初。其主要特点是追求形式美，讲究比例，注意形体的推敲，没有严格的固定程式。任意模仿历史上的各种风格，或对各种风格进行自由组合。

图1-6-4　英国议会大厦　　　　图1-6-5　巴黎国立图书馆

　　在装饰艺术的每一领域，大生产的发展使越来越多的人能采用各种不同的材料来复制每一著名的风格。当时的设计只要标上一个历史标签，大众就接受，尽管质量水平有所下降。室内装饰方面的这种俗化现象在整个欧洲的富有的资产阶级和上层阶级中几乎迅速引起了反应。由于"历史化"室内设计连同它的伴随装置到处可见——非常富有的人寻找一种完全新的室内装饰设计方法；他们从原始场景中买回完整的室内及陈列品，这为许多现代博物馆设立了一个陈设概念。整个房间尽管远离原始位置，但在任何场景中都能被拆除然后重新组装。这样的房间不仅提供了气氛而且也提供了附加的原始标记；在某些情况下，后者为新的拥有者带来了原有的内涵，通过移置原有的室内设计不断地给他们自己带来一种新的体验。

　　由于时代的进步，折中主义反映的是创新的愿望，促进新观念、新形式的形成，极大地丰富了建筑文化的面貌。折中主义以法国为典型，这一时期重要的代表作品是巴黎歌剧院（图1-6-6）。

　　19世纪在复兴历史室内设计上最辉煌的成就——路德维希二世的三座巴伐利亚城堡完好如初地保存下来，如路德维希在过世时留下来的一样，装饰细节和室内陈设品丝毫无损。路德维希的设计师们借鉴真正18世纪的室内装饰元素，如弗朗索瓦·库韦利在慕尼黑公馆和爱玛莲堡中的镜厅，使已经丰富的形式更加丰富多彩，在贝壳装饰上堆积蜗卷形装饰物，在花彩上添加棕榈树，增加非洛可可的颜色——著名的粉色和蓝色（图1-6-7）。如果将这些充满幻觉的室内只看做是毫无趣味的奢华的堆积，那将是错误的，因为它们的设计师和工艺师都有着在欧洲无与伦比的高超技艺和处理方法，有意识地采用与原始的洛可可风格相联的装饰，装饰效果具有一种瓦格纳歌剧管弦乐那样的压倒一切的豪放感。

图 1-6-6　巴黎歌剧院

图 1-6-7　新天鹅堡室内装饰

第 7 章　其他国家和地区古代时期的室内设计

从早期文明一直到今天，西方的室内设计发展是一段连续完整的过程。与西方国家不同的是，非西方国家的室内设计在各自的地理位置上独立发展，自成体系。这些古代室内设计分布的地域和历史可以追溯到非洲、亚洲、前哥伦布时期的美洲，还有澳大利亚和新西兰、大洋洲诸岛等地。在亚洲文明中，除中国外，还有印度、日本和韩国都有历史悠久的设计，尤其是中国对日本和韩国有很大的影响，属于一个体系。伊斯兰风格的设计有些不同，因为宗教的原因，受到多种文化的影响，因而它的分布不仅仅是地理上的。伊斯兰设计的历史相对不长，始于约公元 632 年先知穆罕默德去世之后，而且还出现在西方的西班牙和葡萄牙，还有印度以及北非、亚洲和近东的一些地区。由于非西方国家和地区的建筑多用木材建成，因此很少有年代久远的室内设计保存下来，而且大部分国家和地区在近代与西方交流之前，传统的建筑及室内设计一直都处于一种相对保守的状态，进步变化没有那么大。

7.1　古代印度的室内设计

古代印度是指今印度、巴基斯坦、孟加拉所在的地区。大约在公元前三千多年印度河和恒河流域就有了相当发达的文化，在印度河谷出现了建造在规整集合网络上的人类历史上最早的大型城市。建筑墙体是用烧烤过的砖垒砌起来的，这种结构仅存于巴基斯坦的摩亨佐达罗城。住宅建有填实的外墙，只有一个门和通道，通往一个院子，所有的室内房间的门都开向院子。建筑没有什么装饰，考古发现建筑里面有色彩鲜艳的编织帷帐的痕迹。

印度和巴基斯坦早期的建筑使用的材料主要是木材，石材多用于重要的纪念性建筑，如印度教、佛教和耆那教的寺庙，精美的雕刻技艺在建筑的内外均创造出丰富的装饰细部。

孔雀王朝在公元前 3 世纪中叶统一印度，佛教成为印度的官方宗教。建筑在继承本土文化的基础上又融合了外来的一些影响，逐步形成佛教设计的高峰。

最早的现存佛教室内是布道堂，在坚硬的岩石中凿出的室内空间，这种石窟通常被称为"支提"。支提多为瘦长的马蹄形，通常为纵向纵深布置，尽端为半圆形后殿，两排石柱沿岩壁将空间划分为中部及两侧通廊，这种通廊实际上是没有实际用途，非常窄的假廊。中心空间有一个高大拱顶，嵌在岩石里的结构形成筒状拱顶的拱形肋，这种形式应该来源于早期的木结构建筑，后殿上方覆盖着半个穹殿，后隆尽端处设置一个半球形的实心石头构筑物，那就是窣堵坡，里面可能存放着宗教物品。为了增加采光量，入口处有一大扇窗口，为室内提供采光，常常在大门厅的上方凿开一个火焰形的券洞。在卡尔利的支提窟就是一个典型的例子。

窣堵坡是一个独立的结构构造，形式是从早期的坟墓演化而来，有时是纪念物的尺度（图 1-7-1）。

后来，石窟也用作印度教和耆那教的祭拜空间。另一种类型的石窟室内空间是佛教的僧院，或称寺院。在西印度的阿迦陀，有一大批各种功能的岩凿石窟，包括祈祷和宣讲的小殿和大殿。这里的僧院有很多作为僧侣住处的小室，这些小室环绕着中央大殿（图 1-7-2）。

10 世纪以后，印度各地普遍采用石材建造大量的婆罗门教庙宇，其建筑的特点酷似塔状，外部的建筑形式决定着内部的筒形空间特点，空间结构并不是很发达，并保留着许多木结构的手法。在中央寺庙周围是一圈同心的建筑物，用以满足日常的交易和居住的需要。种姓制度，在印度支配着社会的等级制度,成为控制建筑设计的原则，每个建筑的大小和形式都要遵守一套严格的规范。建筑的大小、平面和高度都象征着建筑主人的种姓等级。譬如，等级较低的首陀罗的建筑不能高于三层半，等级最高的婆罗门的建筑可以高达七层半。所有的住宅平面都是以一个方形的院子为中心，房间在四周环绕着院子，四周的房间向院子周边的回廊开敞。住宅多采用完整的方形平面，

图 1-7-1　窣堵坡

图 1-7-2 印度石窟

图 1-7-3 印度拉贾斯坦阿布山上的
"舞者之亭"

成四合院状态，但有时也会建成三合院、L 形或一字形。

1000~1300 年间，主要在印度北部建造了大量耆那教庙宇，其形制同印度教相似，但较开敞一些。每一组庙宇都包括一个中心的圣殿，周边环绕的围墙里是很多巢室状的房间，向内部的回廊开敞。中厅的平面通常为十字形，正中有八角形或圆形的藻井，以柱子和柱头上长长的斜撑支承。建筑物内外一切部位都精雕细琢，装饰繁复，工艺精巧。其中，西部的阿布山上集中了许多耆那教庙宇（图 1-7-3）。

1206 年，伊斯兰教的统治地位在德里确立。婆罗门教和佛教的设计被新出现的伊斯兰教所替代，建造了大量的清真寺、坟墓以及不同类型的宫殿。由于伊斯兰教的教义，导致伊斯兰教统治前后的风格产生了强烈的对比。抽象的集合图案和阿拉伯文字的装饰替代了印度教建筑上的那些雕刻。印度伊斯兰风格最有名的建筑应该是建造于 1632~1653 年的泰姬玛哈陵了。陵墓的平面是一个正方形，双方向对称，四侧都有入口（图 1-7-4）。建筑内部是环绕中央墓室的复杂空间，墓室顶部是一个巨大的球形拱顶。墓室里面有大理石的透雕屏风，上面除嵌有宝石外还刻有丰富的几何纹样装饰。

图 1-7-4 印度泰姬玛哈陵

7.2 古代日本的室内设计

日本建筑艺术是亚洲建筑艺术的重要组成部分。日本自古就同中国进行亲密的文化交流，其古代建筑同中国建筑有共同的特点，室内设计方面，无论在平面布局、结构、造型或装饰细节方面也十分相似。由于中日间交流始终不断，尤其到唐朝时达到顶峰，因而日本的建筑及室内设计保存着比较浓厚的中国唐代设计风格特征。此外，还有一个原因就是日本的建造习俗，尽管建筑使用的是木结构，但神道教的神殿要每 20 年彻底重建一遍。这个风俗使得伊势的神殿能从 17 世纪以来一直以原来的设计样式保存至今。

日本特殊的地理位置和环境使日本人喜欢用木头建造房屋，木框架的结构体系有利于抵御台风、地震等自然灾害对房屋的破坏。日本传统木结构建筑在造型上具有体量适度、结构单纯、构件功能清晰的特点。在空间布局上，地板架空离开地面，可以在潮湿的季节保持室内的干燥；以轻薄的槅扇、屏风取代厚重的墙壁，增加了室内空间的可调节性，同时可以随时打开，有利于室内外的沟通（图 1-7-5）。在装饰方面，日本建筑讲究精致的做工，追求原汁原味的天然材质感与肌理效果，不作过多的雕饰。因此，日本传统的建筑及室内设计的特点是与自然保持谐调关系并和自然浑然一体，能与大自然融合在一起。因此，木材是日本建筑的基本材料，木架草顶下部架空也就成为日本建筑的传统形式。日本传统建筑的这些特点十分诱人，其设计理念十分古老，今天看上去又感觉十分现代。

6 世纪以后（奈良时代），随着中国文化的影响和佛教的传入日本，中国唐朝的佛寺建筑样式开始在日本广泛流行，建筑的类型和形制更加多样化。佛寺的平面到平安时代开始采用邸宅寝殿造型，一正两厢，用廊子连接，地面架空四周出平台。板障和门都是画着四方净土风光的一扇一扇从天花到地面的推拉门，在装饰上充满了贵重材料的点缀，花巧而繁复。后来的寺庙建筑受中国的影响更明显一些，出现了唐式和天竺式。其中，天竺式的特点主要表现在结构上，其构架整体性强，比较稳定。

通过对外来形式的消

图 1-7-5 日本传统居室

化与对传统因素的吸收，日本建筑逐渐与中国建筑拉开了一定的距离，其最主要的表现是7世纪以后，在中国唐代建筑样式的基础上加上了日本神社建筑的要素。这时开始有了所谓"和样"的特征：木板壁取代砖石墙壁，柱子成为主要支撑构件，建筑开始模数化，墙壁只起到围隔空间的作用，地板架空离开地面。

1. 寝殿造

寝殿造是平安时代出现的，是贵族住房样式。寝殿造的空间布局采用完全对称的样式，中央寝殿为主屋，左、右两侧是对屋，寝殿和对屋之间通过廊道连接。寝殿南面有较大的庭院，开池设岛，筑山植树，池水清冽，花草繁茂。寝殿供主人使用，用以待客和举行仪式。对屋是辅助用房，寝殿与对屋之间没有固定的分隔，只以槅扇状的拉门和屏风来划分空间，通过垫子、草席、搁架区分功能空间，用幔、帘、软帐等遮挡视线。这种槅扇拉门非常轻巧，开启自如。如果将它们关闭起来，整个房间就会被一一隔开；如果打开槅扇拉门，被分割的小空间又会顿然消失，变成一个大空间。室外柱间的槅扇拉开后，室内外空间自由贯通。

2. 书院造

到了镰仓幕府时期，在住宅建筑方面，武士阶层趣味和设防性要求改变了建筑面貌。住宅立面形式和内部分隔都开始变得复杂，直至室町时期，中国元代建筑艺术传入日本，加之贵族的奢靡攀比之风盛行，建筑与装饰向"洛可可"方向发展。住宅开始从"寝殿造"走向"书院造"。

书院造住宅平面开敞，分隔更为灵活，简朴清雅。一幢房子里一间为主屋，周围有数间房间环绕，室内空间用纸糊贴的可移动槅扇门来分隔。天花铺设不高，木窗做成可移动的槅扇，光线透过窗纸投射到满铺的榻榻米上。在室内空间里，主人使用的会客间的地板略高于其他房间。书院造最重要的三个特征出现在会客间里，正面墙壁上划分为两个壁龛，左面宽一点的，由置于墙壁挂轴前面的矮桌演化而来，最初叫押板，后来称为床之间，是用来挂字画，放插花、香炉和烛台等清供之处。右面的龛中是一个可以放置文具、图书的博古架，叫违棚。左侧或右侧墙紧靠着押板的一个临窗的龛，与押板成直角，叫付书院。右侧墙上是卧室的门，分为四扇，中间两扇可以推拉，两侧是死扇。这种门及槅扇是由较粗的外框及里面的细木方格组成的格栅，糊有半透明的纸，既是墙壁，也是门窗，常被称为障壁。

从寝殿造向书院造发展的过程中，还出现过一个中间样式，称为"主殿造"，它是书院造的早期发展阶段，混合了寝殿造和书院造的种种要素。到了桃山时代书院造开始兴盛起来，进而形成今天的和风住宅的渊源。书院造住宅的代表是江户时代（1615~1867年）京都的二条城二之丸殿（图1-7-6）。

日本人习惯席地而坐，最初在人常坐的地方铺上草编的席子，从室町时代

图1-7-6　日本二条城

图1-7-7　日本姬路城堡接待厅

（1333~1573年）开始与书院造发展过程平行，逐渐产生了在室内满铺地席而被称为榻榻米，进而又使其模数化，成为建筑平面的控制要素。一般以6尺×3尺（约为1.80m×0.9m）为一叠，一般为四叠半，大于四叠半的叫广间，小于四叠半的叫小间。京都的姬路城堡就是用这种方式进行设计的。室内空间是根据榻榻米草垫铺设进行布局的。木刻屏风用来划分不同的空间和功能区域，墙面上是描绘自然风景的半自然主义绘画（图1-7-7）。

3. 茶室

日本饮茶的习俗大约于8世纪从中国传入，具有礼仪性质的茶道则源于中国宋代的茶文化。从桃山时代（1573~1614年）开始，日本逐渐形成了特有的一套复杂礼仪——茶道，相应地也就出现了草庵式茶室。茶室建筑体现了日本建筑的特点，地板架空离地，柱子修长，保留天然弯曲形态，外墙采用可推拉的移门形式。这种茶室面积很小，从最初榻榻米标准单元的六叠演变至二叠。室内除了一般的木柱、草顶、泥壁、纸门外，还常用不加斧凿的毛石做踏步或架茶炉，用圆竹做窗棂或悬挂搁板，用粗糙的苇席做障壁。柱、梁、檩、椽往往是带树皮的树干，不求修直。茶室装修质朴，陈设简单，茶具也很朴素，品格文雅。品茶者皆由庭园内低矮的小门弯腰低头进入茶室，以示人人平等、安贫乐道的精神宗旨。

4. 数寄屋

茶室之后又出现了一种追求田舍趣味的住宅，是茶室与书院造样式相结合而形成的一种新样式，称为数寄屋。数寄屋平面布局规整而讲究实用，少了一些造作的野趣，因此更显得自然、素雅、平易，室内轻柔曼妙的意境氛围深得人们的喜爱。供日本天皇家族使用的江户时代建造的京都桂离宫是具代表性的数寄室，其建筑与庭园一体化，居者可观赏春之樱花、秋之红叶，可池中泛舟、园中嬉戏、饮茶赏乐等。桂离宫以其简雅的室内和极为优美、静谧的庭园氛围著称于世。

数寄屋样式的室内装修特色为：由面皮柱、花头窗和窗上部的障子构成，栏间精密细巧的花格，以质朴的材质和木本色为主的雅致装修，装饰上则习惯于将木质构件涂成黑色并在障壁上画一些水墨画，营造出数寄屋室内样式特有的氛围。

7.3 伊斯兰风格的室内设计

公元 6 世纪末，穆罕默德创立了伊斯兰教。穆罕默德具有历史意义的旅行始于麦加，公元 622 年到达麦地那。伊斯兰宗教信仰在随后的几百年时间里得到了广泛的传播，逐步控制了中东大部分地区，还包括叙利亚、波斯、埃及，以及北非沿海大部分地区。向东传到了印度和中国。公元 8 世纪，在西亚、北非，甚至远至地中海西岸的西班牙等地都建立了政教合一的阿拉伯帝国。虽然公元 9 世纪又逐渐解体，但是由于许多新兴王朝政治进步，经济繁荣以及宗教信仰的强大力量，伊斯兰文化艺术一直稳定地向前发展。一致的伊斯兰教信仰决定了这些国家文化艺术具有共同的形式和内容，并在继承古波斯的传统上，吸收了希腊、罗马、拜占庭甚至东方的中国和印度的艺术，创造出了世界上独一无二、光辉灿烂的伊斯兰文化。

伊斯兰建筑以其优雅含蓄的艺术风格赢得了世人的赞誉，在世界建筑史上写下了光辉的篇章。伊斯兰宗教建筑的主要代表是清真寺，与其他宗教中的神庙和教堂不同，清真寺不是一个神的居所，而是一个祈祷的厅。宫殿、驿馆、浴室等世俗建筑的类型也较多，但留存下来的却很少。伊斯兰设计有一个十分显著的特征，就是受《古兰经》教义的约束，不能对人类、动物或植物形象有任何描述。这直接导致伊斯兰设计自身形成了一套独特的表面装饰语汇，由纯粹的几何图案和《古兰经》或其他经书的文字要素组合而成。

早期的伊斯兰建筑主要采用不同色泽的砖作横、竖、斜向或凹凸的花纹砌成装饰，在局部嵌入石刻浮雕；盛期逐渐发展成为以彩色琉璃或小镜片来作镶嵌，并发展到"铺天盖地"，由穹顶到墙面，由院门到塔楼无一处不作装饰。其图案依照伊斯兰教规，只用植物纹、几何纹或文字纹，这些图案生动活泼，千变万化，绚丽多彩，幻妙无穷，并具有一定的抽象意味，形成了独特的伊斯兰——阿拉伯纹样。

早期的清真寺的平面主要采用巴西利卡式，分主廊和侧廊，但是圣龛必须朝向圣地麦加城的方向。在 10 世纪出现的集中式清真寺，除保持巴西利卡的传统外，在主殿的正中辟出一间正方形大厅，上面架以大顶，内部的后墙仍然是朝向麦加方向的圣龛和传教者的讲经坛。此外，一个常用的元素是敏拜楼，用来布道或诵读《古兰经》。

叙利亚大马士革的大清真寺始建于公元 707 年。它是在一个早期基督教教堂的框架上建造而来的，保留了罗马晚期天主教堂式样的带侧廊的巨大中央大厅。大厅里有三条木带走廊，中间由拱券分开，空间和罗马天主教堂类似。建筑在转变为清真寺的时候，保留了很多原先拜占庭基督教堂的细部。这个祈祷大厅和相邻的开敞庭院一道，构成了典型的清真寺的形态（图1-7-8）。

位于耶路撒冷的圣岩寺，也叫圆顶清真寺，是保存下来最古老的伊斯兰教建筑之一，建于公元7世纪的晚期，是全世界清真寺中最杰出的建筑。室内布局为集中式的八边，每边21m长，中央为穹顶，高54m，直径21m，穹顶的下部是20个带彩绘玻璃的拱窗。与穹顶对应的下面是穆罕默德"登霄"时用的圣岩，周围环有两重回廊。整个内部空间无论是空间布局、结构分布，还是立面造型都体现出一种简洁有力的几何美感。1994年，约旦国王侯赛因出资650万美元为圆顶表面覆上24kg纯金箔，使之名扬天下。

世俗建筑包括宫殿、浴室和市场。伊斯兰地区的宫殿通常表现出其他地区非穆斯林建筑的风格特征，但是由于受到穆斯林文化在艺术和装饰原则上的影响，仍然具有可识别性。宫殿所采用的装饰虽然受穆斯林禁止使用具象装饰要素的影响，但在波斯，具象的要素仍是宫殿室内装饰的一个重要元素。伊斯法罕的"四十柱"宫是阿巴斯二世于1647年建造的，是唯一仅存下来的会见室或接待厅。四十柱厅的门廊，完成于1706~1707年间，倒映在水中的柱子，形成十分动人的景象。四十柱厅里面的壁画中就有很多采用了具象的题材。

土耳其最初的清真寺是和早期基督教堂融合的结果，圣索菲亚大教堂是一个典型的例子，教堂建于公元527年，到了15世纪，原有的拜占庭镶嵌图案以及其他具象壁画被典型的伊斯兰风格的灰泥和着色装饰覆盖起来，教堂便成了清真寺。伊斯坦布尔的宫殿建筑遗存下来的不多，托普卡皮皇宫是其中的一个。皇宫中的后宫是苏丹的

图1-7-8 叙利亚大马士革清真寺

四人房间，铜质罩盖的壁炉成为对称布局的中心，两侧的窗户是两层。墙面上装饰有几何纹样的瓷砖，一层窗口上面是一条阿拉伯文字的装饰带，窗户是用几何形的格子加以装饰的。

公元 8 世纪初阿拉伯人占领了伊比利亚半岛，从而对西班牙建筑产生了强烈的影响。尽管 13 世纪中叶穆斯林被基督教驱逐出去，欧洲其他地区的伊斯兰建筑基本被销毁，但伊斯兰的影响在西班牙依然存在，与基督教和犹太教平行发展。直到 1492 年，宗教裁判所驱逐了西班牙的穆斯林和犹太人。在建筑和室内设计方面，中世纪西班牙的建筑中表现出两种平行不悖的传统：自法国南部而来的罗马式以及经北非从东方而来的伊斯兰或"摩尔人"的风格。

科尔瓦多大清真寺始建于公元 785 年，在公元 848~987 年扩建。它最能体现伊斯兰室内设计的光辉成就，其风格基本与其他伊斯兰世界一样，但又融入了西班牙的某些地方特色，同时也借鉴北非建筑的一些手法。巨大的祈祷厅共有 860 根柱子，成排的柱子支撑着独特的马蹄形拱券，拱券用红砖和灰白色楔形拱石交替砌筑而成，成为一个半圆形的带状图案。这种重复的拱券形式，形成一种深邃和深渊的效果，十分动人（见图 1-7-9）。

阿尔罕布拉宫扩建于一座始建于 11 世纪中叶的大臣官邸，成为当时欧洲最华美的宫殿。尽管这座宫殿和欧洲晚期哥特式建筑处于同一时期，但它是摩尔人室内设计的巅峰水平在西班牙的具体体现。这组宫殿建筑群汲取了东西方多种传统的精华要素，但在精神气质和视觉感受上给人一种强烈的伊斯兰建筑印象。阿尔罕布拉宫平面复杂，由很多庭院、建筑穿插围合而成。连续拱廊环绕着开敞的庭院，其中很多庭院都有水池和喷泉。摩尔式的马蹄形券几乎淹没在雕刻繁琐的抽象金丝细工饰品中（图 1-7-10、图 1-7-11）。

突出室内整体装饰效果是伊斯兰艺术的一个重要特征。其主要分为两大类：一类是多种花式的拱券和与之相适应的各式穹顶。拱券的建造常采用小于或大于半圆的连续曲线形式。拱券的形式有双圆心的尖券、马蹄形券、海扇形券、复叶形券、叠层复叶形券等。它们在装饰中具有强烈的装饰效果，在叠层时具有蓬勃升腾的热烈气势。一类是内墙装饰，往往采用大面积表面装饰。装饰的题材中禁止使用自然植物、动物和人类的形象，所以设计者充分发挥抽象几何形图案，并充分利用阿拉伯文字作为装饰设计的要素。日益完善的图案与饰面砖相结合，达到极其精致和丰富的地步，色彩以绿、蓝、金、白为主。

伊斯兰风格的室内设计不仅重视装饰艺术，而且在室内陈设上也有很高的追求。穆斯林的纺织工艺发达，毛毯和垫子的生产和使用很普遍。早在古波斯时期就有传统的纺织工艺，以"东方地毯"闻名于世的地毯和土耳其地毯就已有一千多年的历史。

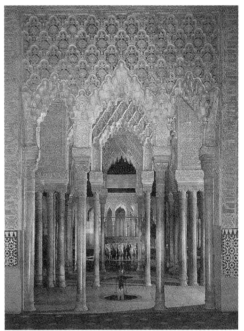

图 1-7-9　科尔瓦多大清真寺

图 1-7-10　西班牙阿尔罕布拉宫狮子院

图 1-7-11　西班牙阿尔罕布拉宫桃金娘宫院

第 2 篇　中国古代室内设计

第8章 原始时期的室内设计

中国古代建筑的室内设计和陈设有着自己独特的发展历史和鲜明的特点。它既是中国建筑艺术的产物，又是中国文化、生活方式和艺术设计的产物。室内设计与建筑是分不开的，其既可以作为建筑的一部分，又具有独立的意义。作为一门独立的艺术设计门类，所包含的面很广，涉及的品物众多，除建筑装修的具体工程外，还包括家具及其他器物的陈设和配置等，它从一个侧面表现和反映着一个阶段人们的文化修养、审美趣味，以及一个地区的风俗习惯和地域特征。室内设计又是一面历史的镜子，折射出不同时代中国文化和艺术的大千风貌。

8.1 旧石器时期的居住形式

从考古材料得知，早在约 200 万年前，中国境内的古人已经开始使用简单的打制石器作为劳动工具，并懂得使用天然火。为了抗拒恶劣的生存环境，人们多群居在一起，在靠近水源的区域内选择天然洞窟作为栖息地。虽然这些天然洞穴并不能算作人类营造的建筑物，但在洞窟的选择上，原始先人逐步掌握了某些规律。防水防潮，背风通风，适应所在地域的自然环境和气候。如距今约 20 万年前的北京"山顶洞人"的洞窟遗址，位于北京市西南 48km 房山区周口店村的龙骨山。山上有一条东西长约 140m 的天然洞穴，俗称"猿人洞"，洞口朝东。这个遗址由瑞典学者安特生于 1921 年发现，加拿大学者步达生在 1927 年开始系统发掘。1929 年中国考古学者裴文中发掘出第一个"北京人"头盖骨，1936 年贾兰坡先生又先后在洞穴中发现了 3 个古猿人头盖骨。遗址中发现了 5 个灰烬层，3 处灰堆遗存以及大量的烧骨，灰烬层最厚处可达 6m。遗址中还出土了大量的石制品，多为小型器，器型种类繁多。考古发现岩洞前部为生活起居用，内部低洼部分早期可能作为居住的场所，后期改为墓葬。

洞穴作为人类早期的核心家园，其最大的功能就在于它提供了一个相对稳定和安

图2-8-1 原始巢居

图2-8-2 现代树屋

全的居住和劳作的场所，为人类的繁衍和人口数量的增长提供了前所未有的条件。而后那些"理想"的洞穴成为那时最为理想的遮风避雨的群居场所。所谓"理想"的洞穴就是，"古代人类居住的洞穴一般都具备如下几个特点：①离水源（湖水、河水、泉水）近；②洞口离地面不高，并且出入非常方便；③洞口向阳（向南），洞内干燥；④靠近山麓的孤山。"[①]

另外，在潮湿的沼泽地带，为了遮风挡雨并远离野兽侵害，人们有时也会在树枝间搭建栖身之所（图2-8-1）。韩非《五蠹》说："上古之世，人民少而禽兽众，人民不胜禽兽虫蛇。有圣人作，构木为巢以避群害。"这种借助树木搭建窝棚栖身的做法，直至今天民间还有人使用，只是不再作为正式的居所使用了。譬如，在有些地区农忙时节的农村，为了便于劳作和看护农作物，有些农民还会在田地里搭建临时居住的窝棚。而在有些旅游区内，为了吸引游客，有时会建造树居式的客房、居所或娱乐设施，满足人们猎奇的需要（图2-8-2）。

《礼记·礼运》说："昔者先王未有宫室，冬则居营窟，夏则居橧巢。"就是同时采取两种居住方式：冬天住温暖的穴居，夏天住在清爽凉快的架高了的巢居里。

尽管没有固定的永久性居住地，考古发现众多史前洞窟在相当长的时间内被持续使用。"这些岩洞大约还使古人形成了最早的建筑空间概念，使他们看到有围墙的封闭型空间具有的强大威慑力量和感召力。"[②]

在长时间的洞窟使用过程中，人们通过自身的感受和实践或许形成了最早的建筑空间概念和原始的室内空间组织概念。

① 裴文中.洞穴的知识[J].文物春秋，2004（3）.
② （美）刘易斯·芒福德.城市发展史——起源、演变和前景[M].宋俊岭，倪文彦，译.北京：中国建筑工业出版社，2004：8.

在天然洞窟使用中，人们会设法平整地面，清除障碍，使居住的地面更加平整舒适；当择木栖身时，会去掉那些多余的树权枝丫使居住的树屋更加合适，这些活动也促使人们萌发了最早的营造观念。

巢居和穴居是我们祖先所创造的最初居住形式，从哈尔滨阎家岗发现的2万2千年前的原始地面窝棚遗迹，我们可以推测我们的祖先在巢居和穴居的生活状态下，度过了几万年的时间。1982~1985年考古工作者进行了四次大规模的发掘，发掘出两个用大量哺乳动物骨骼围成的圆圈，高度0.5~0.8m，外壁参差不齐，内壁较为平整。这一遗迹应该是古人类构筑的围墙，说明了当时人类居址的围合和建造特质。这里的骨头成为人类的建造材料，同时也是人们制造武器和生活工具的材料。

到旧石器时代晚期，模式化的"家居"空间已经产生，这是人类从长期的洞穴生活中总结出来的。埋藏学学者们认为，人类对灰堆（燃火处、炉灶）、宿区、修制工具区、垃圾堆（坑）和屠宰场等 [1] 有了划分，垃圾堆（坑）和屠宰场等属于人类非居住洞穴的类型。长期居住的洞穴中不再屠宰动物，一般在就地或在洞外屠宰肢解，在洞内烧烤。

8.2　新石器时期的建筑与室内设计

大约1万年前，中国先民已经逐步完成了由旧石器时期向新石器时期的过渡。

考古资料证实，新石器时期的中晚期，黄河流域的穴居系列和长江流域由巢居演化而来的干阑系列已经成为原始建筑的两大系列。

由于生产力水平低下，人们或者穴居或者巢居，到了后来才有了矮小的草泥住屋。

中国地域辽阔，南北东西地理环境和气候条件差异较大，但从整体上说，穴居适合北方，巢居适合南方。晋·张华《博物志》中的"南越巢居，北朔穴居"充分说明了南北之间的差别。

巢居是由树居演化而来的，多分布于中国南方潮热地区，并进而演变成为下部架空的干阑式住居形式。巢居的发展大概经历了以下几个环节：单树橧巢、多树橧巢、干阑建筑（采伐树木作为桩柱建造高架地板的房屋）、架空地板的建筑。[2]

原始的巢居看起来就像是一个大鸟巢，人们只是简单地利用一棵树上枝权之间自然生成的空间，用树枝和茅草编织而成一个蜗居之所。为了挡雨，人们用枝干、树叶和柴草在蜗居上面搭了顶篷。渐渐地，这样简单的单树巢居已经不能满足需要，人们开始在几棵相邻的树之间搭建更为宽敞和平整的居所——树屋。很快，这种树屋也不

---

[1] 尤玉柱.史前考古埋藏学概论[M].北京：文物出版社，1989：16.
[2] 杨鸿勋，主编.中国古代居住图典[M].昆明：云南人民出版社，2007：5.

能满足人们的需要，人们开始利用已经掌握的建造技术，人工栽立木桩，在木桩之上建屋，于是出现了早期的干阑建筑（图2-8-3）。木构件上出现了多样榫卯结构，木地板开始用企口的形式拼接。浙江余姚的河姆渡母系氏族聚落的遗址中出现的木构和榫卯表明当时这种建筑技术已有很大进步，并相当成熟，对后代我国传统木建筑起着决定性影响。

河姆渡遗址中发掘的干阑长屋遗存的排桩范围超出30m，可知长屋的面阔在30m以上，进深约7m，包括前檐宽约1.30m的走廊，外侧设有直棂木栏杆。地板高出地面0.80~1.00m，通过木楼梯上下。长屋地面为5~10cm厚的木地板，四壁

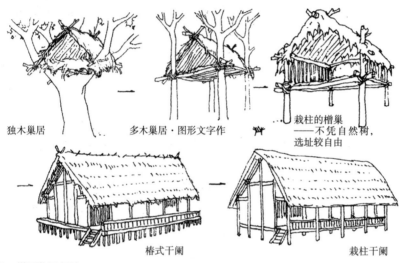

独木巢居　　　　　多木巢居·图形文字作　　　　栽柱的橧巢
　　　　　　　　　　　　　　　　　　　　　　　　——不凭自然树，选址较自由

椿式干阑　　　　　　　　　　　　　栽柱干阑

图2-8-3 巢居发展序列

图2-8-4 河姆渡干阑长屋复原鸟瞰图

为编笆或加抹泥围护（图2-8-4）。

穴居有横穴和竖穴两种。挖横穴的做法出现较早，但这种做法受地理位置限制较大，必须依靠适合的黄土断崖。

而在自然条件为平地，无从建造横穴的情况下，竖穴被广泛采用。竖穴就是一种自地面垂直下掘，而后在上面用树枝和柴草搭一个简易的窝棚。竖穴深度较大，面积较小，因其断面呈袋形，也称袋穴。如河南偃师县汤泉沟竖穴（图2-8-5）。

穴居的发展大致经历了以下几个阶段：横穴居、深袋穴居、袋形半穴居、直壁半穴居、地面建筑（图2-8-6）。

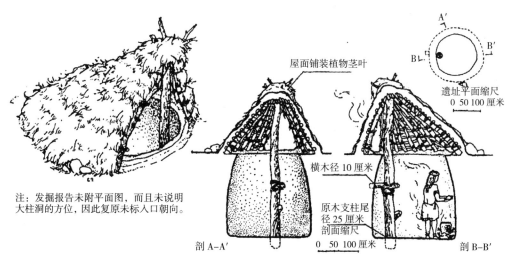

注：发掘报告未附平面图，而且未说明大柱洞的方位，因此复原未标入口朝向。

图2-8-5 河南偃师汤泉沟竖穴遗址 F6 复原图

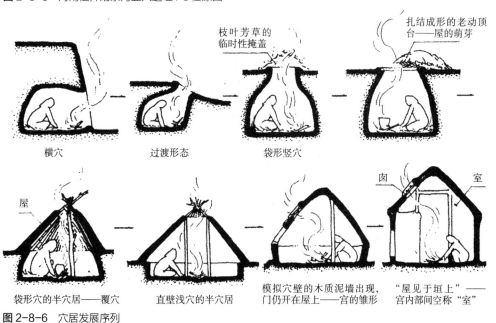

横穴　　　过渡形态　　　袋形竖穴

袋形穴的半穴居——覆穴　　　直壁浅穴的半穴居　　　模拟穴壁的木质泥墙出现，门仍开在屋上——宫的雏形　　　"屋见于垣上"——宫内部间空称"室"

图2-8-6 穴居发展序列

横穴也就是我们今天所谓的窑洞，一般都是在阶地断崖上开挖（图2-8-7）。竖穴则不受地形限制，它的坑有深有浅，浅者称为半穴居。成熟的直壁半穴居是我国新石器时代中晚期黄河流域的主要建筑形式。就目前所得的资料，半穴居遗存以关中地区的仰韶文化最为丰富。

图2-8-7　靠崖式窑洞是典型的横穴

随着地面的升高，穴居慢慢演化成为地面建筑。建筑的室内空间也经历了由低矮至高大、宽敞的过程。最早的房屋平面有圆形和方形两种。方形的多为半穴居形式，通常在地面上挖50~100cm深的凹坑，四壁或排列木桩或砌筑泥墙，住房内部竖起四根木柱来支撑屋顶，此时已经有了区隔独立空间的格局。这是已知最早的"前堂后室"的布局。圆形房屋一般是建造在地面上的形式，四壁用编织的方法以较密的细枝条加以若干木桩间隔排列构成，上部是两坡式的屋顶。这种用柱网构成的建筑已经呈现出"间"的雏形，并为以后土木混合建筑的发展奠定了基础。这些我们可以在西安半坡仰韶文化圈的住房遗址中看到，这些出土的从半地下到地面上的各种类型的建筑遗迹，可以作为我国新石器时代中晚期黄河流域原始住房的代表（图2-8-8）。

半坡建筑的发展，可分为早、中、晚三个时期。

早期：半穴居——下部空间是挖掘而成，上部空间是构筑而成。

中期：居住面上升到地面，围护结构皆为构筑而成。

晚期：分室建筑——大空间分隔利用。

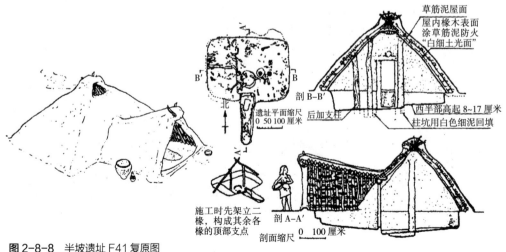

图2-8-8　半坡遗址F41复原图

版筑技术就是起源于仰韶时期的中原地区，并在居住面提升的过程中发展而逐渐成熟的。到新石器时代中期，黄河流域的先民掌握了"木骨泥墙"的技术，居住面才逐渐被抬高到地面上来。

建筑的平面由方形趋于长方形；穴由深及浅，中柱布置由不规则到规则；火塘由篝火式的极浅的凹面发展为圆形浅坑，并有灶陉萌芽；内部椽木开始涂泥防火；卧寝部分的居住面高起，并出现"炙地"防潮、防寒措施。至此，从基础到屋顶，各项做法基本上已经成熟，人们可以快速、有效地建造房子了（图2-8-9）。慢慢出现了程式化的做法：

（1）地面，平整和夯实地面，在柱子基础上的制作尤为精细，一般是挖坑抹泥，垫上石片以加固和防潮，用细实泥土（可能是掺有料姜石粉之类的石灰质材料）回填。

（2）柱子，除了墙柱外，一般有中柱以支撑屋顶，柱子和屋面的固定采取捆绑或榫卯结构的做法。

（3）墙面，最为先进的是木骨泥墙，在地面上竖起成排的小柱，甚至围上篱笆，最后涂抹泥灰，打磨光滑后用白灰粉刷。有的还在白色墙面上涂上鲜艳的红色，出现墙裙的特征。在半坡聚落遗址中还发现用火烘烤使其坚固的做法。版筑的使用在龙山时期尤为普遍，因为龙山时期大量的城墙工程催生了这种技术的发展和普及。

（4）屋顶，最早期的屋顶应该是圆形攒尖顶，四坡或两坡屋顶的出现要晚一些。基本做法就是将椽子放射性排列后捆绑起来，再与中间支撑的柱子连接在一起。木骨泥墙的做法延伸到屋顶，人们在木龙骨上铺设茅草或树枝，然后抹泥烘烤固化，这样防雨的效果会更好。后期椽间不再施以草把、苇束之类的填充材料，而是用板椽密排，以承托泥被屋面。

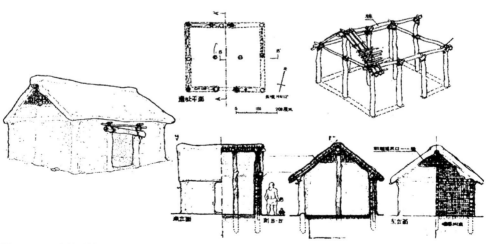

图2-8-9　半坡遗址F24复原图

新石器时代的中晚期，即原始社会母系公社的繁荣阶段，出现了"大房子"这种公共福利建筑。在西安附近的半坡、姜寨，以及洛阳王湾、陕西华县泉护村、陕西西乡李家村等处都有大房子的遗址。从半坡大房子的遗址中，我们可以看到中国最早的"前堂后室"的建筑空间布局。一进门是一个大空间，中央有双联大火塘，后部有三个小空间，初具一堂三室的格局——前部为会议厅兼礼堂，后部为卧室（图2-8-10）。这便是中国宫殿几千年所沿袭的"前朝后寝"的渊源。

到了父系社会的中后期，由于生产的发展和物质水平的提高，在居住建筑方面与母系社会时期相比，在房屋的用料、结构、室内布局等方面都有了新的变化。室内的墙面已经多用白灰饰面，且有以泥墙为隔墙的小房间，房内有火塘和灶房，面积也有所减小，人们多以小家庭形式居住在一起。

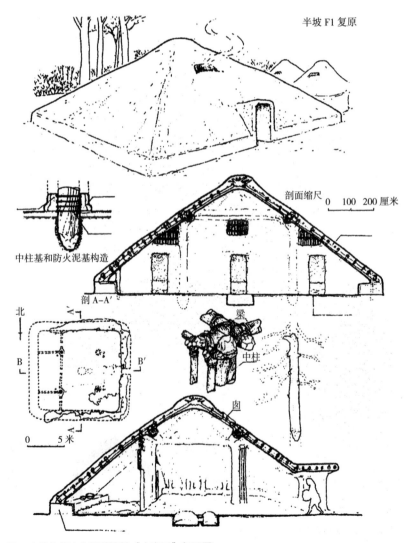

图2-8-10　半坡仰韶文化聚落遗址"大房子"复原图

第9章　夏商时期的室内设计

　　大约距今 4000 多年前，古代中国出现了历史上的第一个朝代——夏朝。夏朝大约建立于公元前 2070 年至前 1600 年间，历时 400 多年。夏朝的活动区域主要在黄河中下游地区，以今山西西南部、河南西北部为中心，逐步扩展至今河北、山东境内的广大区域内。

　　商代是古代中国的第二个朝代，也是奴隶制度的鼎盛时期。商人最早活动于今河北西北部境内，而后逐步发展至山东半岛及附近地区，随着势力的逐步壮大，灭夏而建立新的王朝，约自公元前 1600 年至前 1046 年，历时 600 多年。商王朝的国土疆域较夏朝有所扩大，西至今陕西、南至今湖北、东抵山东境内、北部大致在今河北境内。商代早期没有固定的国都，直到公元前 14 世纪时商王庚于安阳定都。

9.1　建筑的空间形态与装饰装修

　　夏商一般居民的居住条件十分简陋，但作为统治者的奴隶主阶层，已经开始营造相对高大宽敞的宫室建筑，来表达王权的威势和至高无上。商代出现的甲骨文，是我国最早的象形文字，其中不少字与当时的建筑相关，如"宫""高""宗""京""宅""家""贮"等，从中我们可以感受到当时建筑的情形。

　　据考古资料和文献材料，中国出现宫殿建筑最早的年代为商代前期。

　　据《考工记·匠人营国》中记载："夏后氏世室，堂修二七，广四修一，五室，三四步，四三尺，九阶，四旁两夹，窗，白盛，门堂三之二，室三之一。殷人重屋，堂修七寻，堂崇三尺，四阿重屋"。汉代的扬雄在《将作大匠箴》中写道："侃侃将作，经构宫室，墙以御风，余以蔽日寒暑攸除，鸟鼠攸去，王有宫殿，民有宅居，昔在帝世，茅茨土阶，厦卑宫现，在彼沟池，桀作瑶台，纣为璇室，人力不堪……"。

　　从上文中我们可以看出，商代以前的宫殿是"茅茨土阶""四阿重屋"的形式，说明当时的建筑是以草覆盖的坡屋顶。"四阿重屋"即四面落水的屋顶，也就是现在所说的重檐庑殿屋顶。夏桀时的宫殿开始追求华丽繁复的装饰和设计，只是没有实物留存下来能证明其豪华的程度和具体的样式。而商纣的宫殿似乎在规模和华丽程度上更进了一步。

目前发现最早的宫殿是河南偃师二里头宫殿遗址，它是晚夏时期的宫殿建筑。《竹书纪年》中写道："夏桀作琼宫瑶台，殚百姓之财"，描述的可能就是这个宫殿。二里头两座宫殿的遗址都是完整的庭院，都显赫地建造在高出原地表0.4~0.8m的夯土台基上。1号宫殿基址基本呈正方形，其边长约为108m×100m。庭院中的主殿建于北侧中部夯土台上，正面面阔8间，每间宽3.8m，共30.4m，进深3间，共11.4m，采用四阿屋顶。庭院的四周廊庑环绕，南面设门，中间是庭院。整个平面由堂、庑、庭、门等单位组合而成。主次分明、结构严谨（图2-9-1）。

这组建筑在廊庑环绕的庭院中只有这一座大型殿堂，应是夏王的宫殿，是办理统治事务和生活起居亦即朝、寝两用的建筑（图2-9-2）。《考工记·匠人营国》中有关于"夏后氏世室"的记载："夏后氏世室，堂修二七，广四修一，五室，三四步，四三尺，九阶，四旁两夹，窗，白盛门堂三之二，室三之一。"描述两宫殿建筑内部的基本情况。文献与遗址相对照，我们可以还原建筑内部的状况。宫殿的前部中面阔六间进深两间的部位是开场的"堂"，面积最大，是夏王处理政务、接见群臣和举行祭祀的地方；"五室"在堂后，作居室用；"四旁"在堂的左右，"两夹"在后部左右两角，都作附属功能空间。宫殿的内部空间格局很好地解决了在一栋建筑内处理国家事务的公共空间，以及帝王生活起居私人空间两大部分的要求（图2-9-3）。

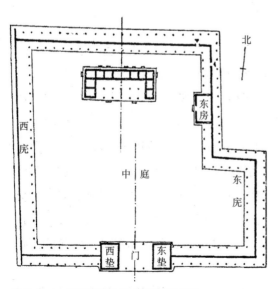

图2-9-1　二里头遗址F1复原总平面图

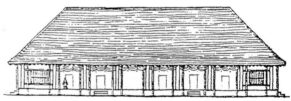

图2-9-2　二里头F1主体殿堂复原正立面图

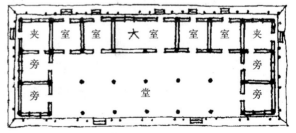

图2-9-3　二里头F1主体殿堂复原平面图

清代学者戴震的《考工记图》所绘宫室示意图，特别是其宗庙示意图与此颇为相近。根据今天的推测，二里头宫殿呈现了庭院式的格局，并有了"门""堂"的分别，是中国宫殿的初期形态"前堂后室"（前朝后寝）的最早实例，它的形制开创了中国古代宫殿的先河。同时证明了古代中国大型建筑在初期就已经采用了土木结合的构筑方式，是中国木构建筑体系的源头。宫殿建筑的墙体为具有承重功用的木骨泥墙，室内用来分隔空间的隔墙同样为木骨泥墙，但不具有承重的作用。

　　偃师商城遗址为商代早期遗址，位于河南省偃师市，大约公元前 1600 年～前 1400 年。《考工记》中强调殷商王朝主要宫殿的特征时说"殷人重屋"，也就是说殷商宫殿是两重屋檐的形式（图 2-9-4），相对前朝来说，"重屋"是殷人所特有的。中国古建筑的屋盖可以说是建筑的冠冕，甚至成为建筑等级的标志。自从殷商采用了"四阿重檐"（四面坡两重檐）形式的屋盖作为宫廷主体殿堂的冠冕以来，它便被奉为至尊形制，为历代统治者所沿袭使用，一直到封建社会的末期——清朝。

　　商朝初期的宫殿继承了夏朝木骨版筑墙的做法，进一步发展成为附加壁柱的版筑墙。

　　宫殿从夏代开始就形成了"前朝后寝"的格局，到了商代，"朝""寝"已经分立，不在一栋建筑当中。湖北省黄陂区盘龙城遗址中的商中期方国都城，宫殿遗迹 F1（寝宫）、F2（前殿）两座前后排列在南北中轴线上的殿堂，就是分立后的"前朝后寝"格局（图 2-9-5、图 2-9-6）。

图 2-9-4　安阳小屯殷离宫遗址乙二十复原建筑

F1是一座一列四室加上周匝外廊的建筑（图2-9-7、图2-9-8）。中间两室较大，两侧两室较小。四室门皆向南，中间两大室有后门，后门偏在一边，另一侧为后窗。后窗即古文所谓的"向"。后窗在夏季通风降温，冬季则如《诗经》所说："塞向墐户"以避寒风。这种习俗保留至今，许多地方的乡村旧民居，每到入冬时即将朝北的堂屋后门和左右两室的窗户封堵，来年开春时再拆除打开。

F2作为上朝的"堂"，为"当正向阳"的大空间敞厅，即前檐空敞，不设前檐装修，后来也只是悬挂帘幕之类，外围墙体可能仅有北墙和东、西墙的北半部。堂上大空间靠后部的东北角和西北角各分隔出一个小空间，作为帝王上朝前暂时休息的房间（图2-9-9、图2-9-10）。

从殷商铜器，例如小屯妇好墓出土的偶方彝屋形器（图2-9-11）来看，当时宫殿四阿顶的五条屋脊茅草的扎结交接缝隙，大约都是用木制的，并施以刻接和彩绘的屋脊压住。盘龙城和安阳殷商陵墓都发现了雕刻并彩绘的椁板印痕，雕刻和彩绘的题材主要是夔纹、蟠螭纹、饕餮纹、蝉纹等；彩绘所用的颜色主要是朱红与黑色。据此推测，宫殿建筑的主要部位都有类似的雕刻和彩绘。

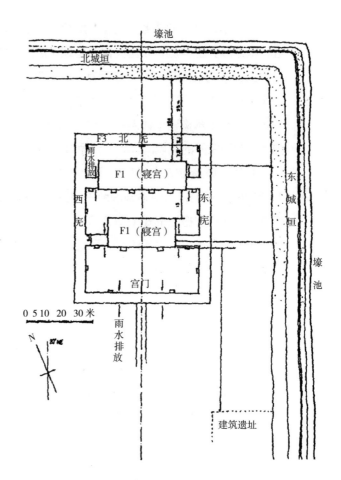

图2-9-5 盘龙城商方国宫殿遗址复原总平面图

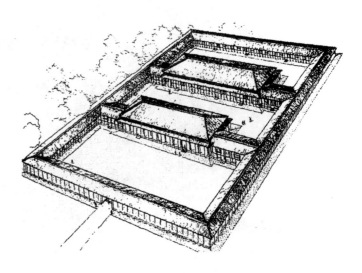

图2-9-6 盘龙城商方国宫殿遗址复原鸟瞰图

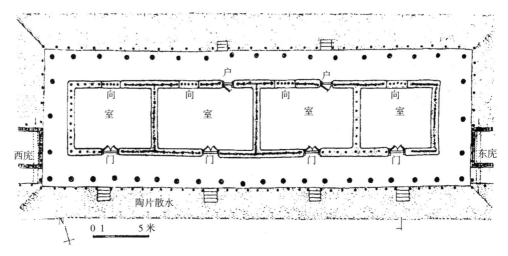

图 2-9-7 盘龙城商方国宫殿遗址 F1 复原平面图

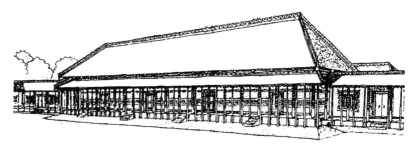

图 2-9-8 盘龙城商方国宫殿遗址 F1 复原透视图

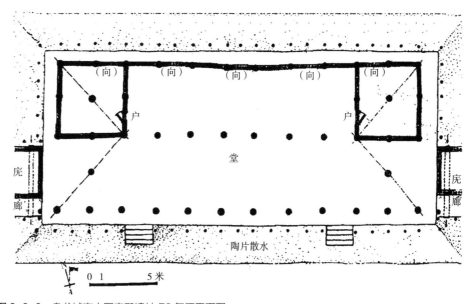

图 2-9-9 盘龙城商方国宫殿遗址 F2 复原平面图

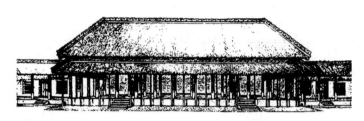

图 2-9-10　盘龙城商方国宫殿遗址 F21 复原透视图

图 2-9-11　妇好偶方彝

9.2　家具及陈设

夏、商时期，人们的生活习惯是席地而坐，甲骨文中的"席"和"宿"等文字很形象地说明了这一起居方式。茵席和床榻是室内的坐、卧类家具的主要形式。茵席是坐卧类家具的最初形式之一，它体轻质薄，可舒可卷，使用十分方便。茵席在宫室内的设置灵活，可直接铺于地上，也可与床榻一起使用。依据史籍文献，夏代的宫殿中就已经使用带有边缘装饰花纹的茵席了。《韩非子·十过》中说："舜禅天下而传之于禹，禹作为祭器，墨漆其外而朱画其内，缦帛为茵，蒋席颇缘，觞酌有采，而尊俎有饰。此弥侈矣，而国之不服者三十三。夏后氏没，殷人受之，作为大路，而建九旒。食器雕琢，觞酌刻镂，四壁垩墀，茵席雕文。此弥侈矣，而国之不服者五十三。"这段话反映了夏商宫室内器具与装饰的奢侈情况：舜得天下而禅位给禹，禹制作了一批祭器，其中有外黑内红的漆器，有丝帛织就的茵席，装饰着华美纹样的祭祀用俎等。到了殷代时的宫殿，墙壁都刷着洁白的颜色，茵席上编饰着复杂的花纹。可见当时就已经通过宫殿室内装饰来满足礼仪的需要。

由出土的青铜器物来看，当时已经出现了案、俎、"禁"等器物。

第 10 章　西周及春秋战国时期的室内设计

商纣王暴虐荒淫无度，周武王联合各地诸侯对其进行讨伐。周人原是我国西北羌人的一支，至新石器时代中晚期迁徙至渭河流域，开始农耕定居生活，之后南迁至土地肥沃更加适合农耕作业的岐下周原一带，位于今陕西省岐山县境内。从武王姬发建立周朝到秦昭襄王嬴则灭周，周朝历时 700 多年，分西周（公元前 1046 年~前 771 年）和东周（公元前 770 年~前 256 年）两个时期，东周又分为春秋（公元前 770 年~前 477 年）和战国（公元前 476 年~前 256 年）两段。从春秋末年，古中国开始向封建社会转变，到战国时期封建制度逐步确立。因而春秋和战国时期是中国社会发生巨大变动的时期，这种社会发展的状况必然导致建筑在形式、技术等各个方面的进步。

周代实行分封制，等级制度十分森严。以周王室为中心，四周地域分封其亲族以及功臣为不同等级的诸侯国，外围另有自商延续下来的拥戴周的各地方国，形成一个以周为核心，以血缘和文化联系为纽带的松散的联合体。随着诸侯势力的不断扩大，到了战国初期就已经形成了各个诸侯分立割据称王的局面。

依据文献和考古资料，我们知道周代的建筑活动十分活跃，所涉包括城邑、宫殿、庙坛、陵墓、园林、民居、水利设施等。

10.1　西周时期

无论从建筑的范围和建筑特色上都很丰富。由于民居的用料和结构都很简陋，所以遗留下来的遗址几乎没有，缺乏代表性，因此文中讨论的以宫室建筑和贵族宅第为主。

西周时的宫殿制度已经相当完备，并形成了由多座单位建筑组成的四面围合的宫室居住环境。从陕西周代宫殿建筑基址上可以看出当时帝王活动场所的有关情况。

西周宫室建筑遗址保护较为完整的当属陕西扶风召陈村周原西周宫室遗址，召陈村遗址区发现西周早期遗址 2 处，中期遗址 13 处。从考古资料和复原图中，我们可

以看出这个时期的宫室建筑基本上延续
了夏商时期的传统，在厚夯土台基上建
造单层建筑，属土木混合结构，但在规
模和施工技术上有了很大的进步，木骨
版筑墙的使用更为普遍（图2-10-1）。
在解决屋檐出挑上，除了沿用商代已盛
行的擎檐柱以外，开始在柱上施用斗栱
这一形式。在西周初年铸造的铜器足部
所置的栌斗上，我们可以看到斗栱最早
的实体形象（图2-10-2）。

　　西周礼制建筑，以陕西岐山凤雏村
祭祀建筑——宗庙遗址为代表。

　　此建筑基址计有1469m²，采用南
北中轴线对称的布局，有影壁、门房（大
门的两侧为东塾和西塾）、前院（中庭）、
正殿（堂）、后院（庭）、檐廊、后室；
东西两侧是对称的厢房，各有8间。整
个宫室布局严整，呈中轴对称式"日"
字形的排布形式（图2-10-3）。门道古
称"隧"，宽3m，进深6m。门两侧的
房间即所谓的"塾"，按其与门的位置关
系，称为"东塾""西塾"或"左塾""右塾"。
整个院落中，以占地面积最大的堂为主
体，中院沿东、西、北三面建筑环设檐廊、
台阶。前院空间开敞，东西长18.5m，
南北宽12m，是用来举行公共活动的场
所。前院北边有三个台阶通向正殿。前
院正对着的是一座面阔6间，进深3间
的建筑，建筑室内的柱子排列整齐有规
律。偶数的开间数目说明当时还没有严
格的以奇数为阳数的概念，因此也就无
法形成一个轴心空间。正殿的前檐空敞，
仅三面砌墙，是一个半封闭的没有前檐

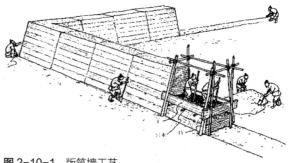

图2-10-1　版筑墙工艺

图2-10-2　西周青铜器上表现的建筑构件

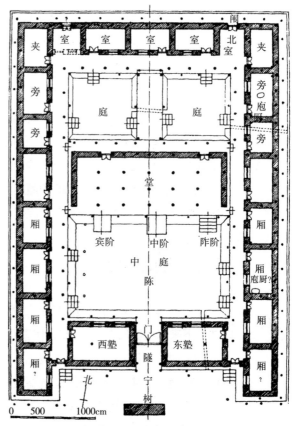

图2-10-3　岐山甲组建筑遗址复原平面图

墙的明亮的建筑空间。堂的前檐开敞，可以在前檐柱间悬挂帷幕，在汉画像石（砖）上有这样的图形。堂的室内空间在整个宫室中最大，应该是处理公务、举行仪式的地方。

这里登堂有三个台阶——左阶、中阶和右阶。这个时期，正屋的台阶是有等级规定的："天子九阶，诸侯七阶，大夫五阶，士三阶"。

后室位于最北端，是封闭性的起居空间。进深3.1m，每间各有一扇南向的门。东西两厢各有八间，进深均为2.6m，但面阔不完全相同。从房间的主次大小来推断，房间的使用者的地位等级会有所不同。整个宫殿建筑群的布局结构正符合周代"前朝后寝"的设计思想，是当时礼制思想的物化形式（图2-10-4）。

在凤雏邦君宗庙和召陈瓦屋建筑群之间的沟东扶风县一侧，还有一片建筑遗址。其中，分别位于云塘和齐镇的两座西周晚期贵族住宅的遗址，可以为我们还原当时的贵族住宅状况。从云塘西周住宅遗址中我们可以看出，这是一个三合院，有门塾、东西厢房和正屋。正屋堂内有东西对称的两根柱子，与文献上所说的"堂之上，东、西有楹"相一致。这两根柱子是个标志，许多礼仪活动都与柱子所限定的空间有关。这个堂上的中心空间是严肃的地方，一般情况下，不能从堂的两楹之间进入到这个中心部位。除了会客外，一切礼仪活动均在两楹之间的空间里进行。堂后，相对堂的宽度，大约排列三室，中间一个大室、两侧各有一小室，堂的左右两侧分隔出来的房间称为"旁"或"夹"（图2-10-5）。

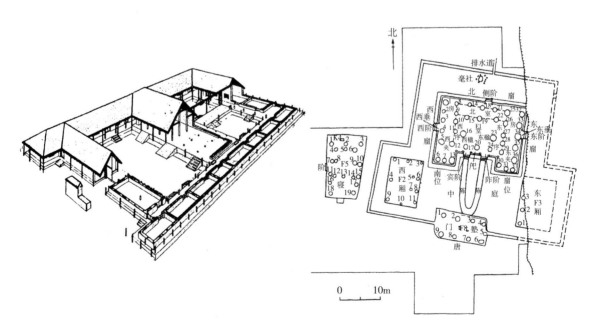

图2-10-4（左） 岐山甲组建筑遗址复原鸟瞰剖视图

图2-10-5（右） 云塘西周住宅遗址复原平面图

10.2 春秋战国时期

春秋战国时期，建筑的功能越趋丰富，平面日趋多样化。光是居住建筑就有圆形、双圆相套、方形、矩形、亚字形、回字形和"一堂二内"的。宫殿庙宇的平面比平民住宅复杂得多。

章华台遗址位于湖北省潜江市西南 26.5km 处，是春秋时期楚灵王所建，位于近畿地方的一个风景区"云梦泽"的离宫中。章华台构筑得富丽堂皇，曲栏拾阶而上，中途得休息三次才能到达顶点，故又称"三休台"。这座离宫由于章华台的建造，便叫做"章华宫"。从遗址中可以看出，章华台的建筑构图自由，不是对称格局。主体大台平面呈"L"形，即 25m 见方而缺西北一角，西北部为天井（图 2-10-6）。章华台四层高，外表使用了华丽的木装修，从而产生特别奢华的效果（图 2-10-7）。建筑的功能复杂，有楚王的卧室、浴室，后宫嫔妃和侍者们的居所，以及供楚王消遣享受的宴乐宫室等。室内的地面使用了架空木地板，由此其室内装饰的华丽可见一斑。

陕西省咸阳市东郊凤翔马家庄秦故都咸阳城发掘出的春秋战国时期的宗庙建筑群遗址，其中的太祖庙（1 号宫殿）平面就是凹形的。1 号宫殿应是战国时期秦国的宫殿，整体平面"凹"字形呈中轴对称（图 2-10-8、图 2-10-9）。建筑平面功能复杂，出现了新的功能空间，譬如有用来沐浴的盥洗室、储藏食物的冷藏库等。遗址中还发现了专门的取暖设施和排水管道，由此可见建筑技术取得了很大的进步（图 2-10-10、图 2-10-11）。宫殿中宫室的墙面除了沿袭前朝的做法外，有的墙面还使用壁画来装饰美化，遗址中卧室墙面上残存的壁画证实了这一点。有的房间的地面质感颇似菱苦土，表面呈朱红色并有光泽，印证了文献中所载王宫"肜地"的说法。

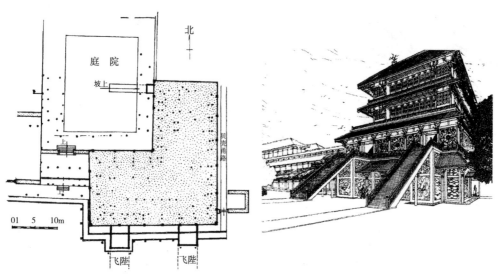

图 2-10-6 潜江龙湾楚章华台主体复原底层平面图　**图 2-10-7** 潜江龙湾楚章华台主体复原底层透视图

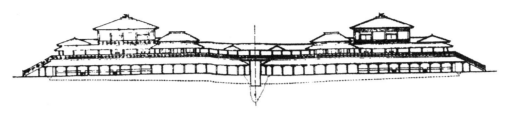

图 2-10-8　咸阳宫 1 号遗址复原立面图

图 2-10-9　咸阳宫 1 号遗址复原透视图

图 2-10-10　咸阳宫 1 号遗址秦王浴室复原透视图　图 2-10-11　咸阳宫 1 号遗址秦王浴室构造示意图

　　先秦宫殿中的主要宫室仍沿袭商、周旧制，采用四阿顶，中有都柱。都柱与屋架的交接情况可以沂南古墓（约为东汉时期）为例（图 2-10-12）。该墓中室内有石造都柱，柱头设有——栌，即大斗；上置栾，即初始的拱；栾的两侧有刻作龙形的石雕斜撑，上承托大梁——宋瘤。木构件上多采用雕刻或彩绘的方法来加以装饰。

　　战国时期，宫殿建筑多用栌、栾，建筑技术的发展使得宫室的空间变大，更加恢弘气派（图 2-10-13、图 2-10-14）。

　　春秋战国时期，住宅中已经出现了"一堂二室"格局的雏形。所谓"堂"，就是住宅前半部的开敞空间，相当于现在的堂屋，所谓"内"，就是住宅两侧或后部的私用部分，相当于现在的卧室。

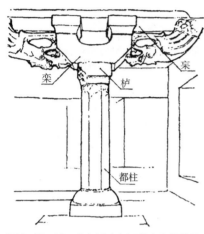

图 2-10-12　山东沂南东汉墓中室都柱示意图

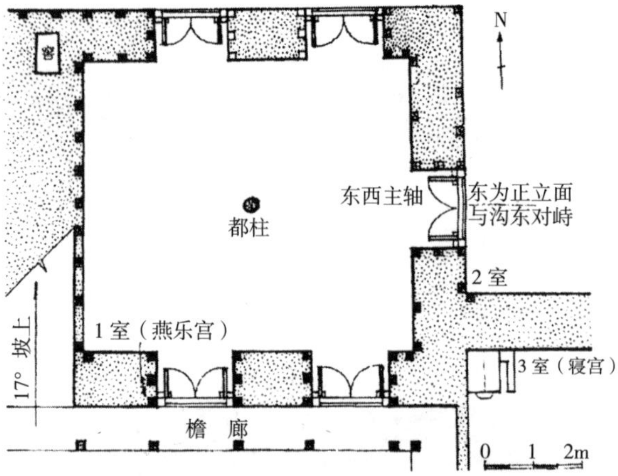

图 2-10-13　咸阳宫 1 号遗址 1 室燕乐宫复原平面图

图 2-10-14　咸阳宫 1 号遗址 1 室燕乐宫复原透视图

　　在山东临淄郎家庄一号东周墓出土的漆画中表现了 4 座建筑形象，均为 3 间 4 柱的形式（图 2-10-15）。住宅的明间敞开，左、右次间装窗，应为当时一般民居的样式。另外，北京故宫博物院收藏的战国采桑猎钫上也有两层民房的样子，这样应该是一栋比较高级的住宅。而普通大众的居住条件依然十分简陋，往往一室多用，以实用为主。

　　这个时期，建筑技术又有新的发展。斗栱的应用更为普遍，战国漆器上描绘的宫室建筑上使用了斗栱，河北平山县中山国王墓中出土的龙凤座铜案上的 45° 斜置一斗二升斗栱，将栌斗、小斗、令栱和斗下短柱等各种建筑构件等形象，体现得更加细致和完善（图 2-10-16）。建筑装饰更为华美，土坯墙和版筑墙的技术更为成熟，宫殿建筑的屋顶几乎全部用瓦。

图2-10-15 山东临淄战国漆盘上所绘宫室

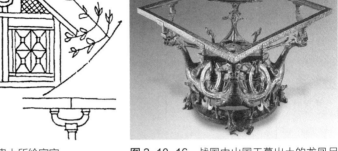

图2-10-16 战国中山国王墓出土的龙凤足座铜案

10.3 室内环境的界面

陶砖的应用约始于西周晚期，用来铺地与包砌壁体。陶砖首先起到隔潮的作用，其次增加了地面的耐磨强度，同时起到很好的装饰美化室内环境的作用。宫室坛庙等高级建筑地面使用模印花砖铺砌的做法，陕西岐山凤雏遗址中发现若干砌叠于厅堂北面台基处的土坯砖，之后周代建筑遗址中又发现了模印花纹的陶砖，分为方形、矩形等形式，其花纹主要有斜方格、菱形、回纹等，这种使用陶砖铺地的传统一直沿袭到唐代。

从遗址中我们可以看到，宫殿和宗庙建筑使用的是内有木柱的版筑墙，称为木骨版筑墙，是高级宫殿建筑墙体通行的做法。此外，还有素夯土墙、木骨泥墙、草泥墙，木骨泥墙一般为承重墙，多用于建筑的外墙和内墙，素夯土墙和草泥墙多用作室内隔断墙，是非承重墙。室内墙体的表面处理延续了前朝的墐涂、垩饰的做法。建筑内墙使用砂土掺杂少量的石灰质材料抹平。面层厚约1cm，表面再使用白垩刷白，称为垩饰。室内、走廊及大门过道的地面与墙面做法基本相同，都是用砂（地面用粗砂）、黄土与石灰质材料加水混合的灰浆涂抹，厚约2~3cm。周代室内墙面处理与前朝不同的是出现了金属构件——金釭的使用，因为这个时期的建筑为土木结构，为了使墙体耐压，一般会用木构件在墙体的转角处、衔接处和容易破坏的地方进行加固，实际上是用木框架拢住土墙，竖向的木构件称为壁柱，水平向的木构件称为壁带。木构件之间通过榫卯连接，我们都知道，一般构件的连接处最为薄弱，容易受外力破坏，为了加固用来加固墙体的木框架，在木构件的连接处用铜制的金属构件进行加固，于是出现了"金釭"。一般认为金釭的形象源于古代的车辆，《广雅·释器》中说："凡铁之中空而受者，谓之'釭'"。而后金釭这种构件被用于室内的梁、柱、椽、枋等几乎所有木构件的连接处（图2-10-17）。金釭除了结构上的加固作用外，还起到了装饰和美

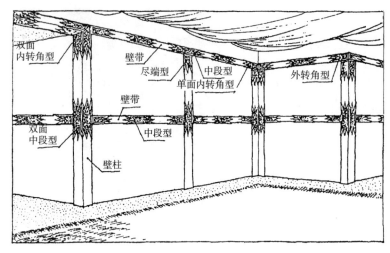

图2-10-17 金缸的
安装部位及木构件结合

化的作用。同时，金缸的表面还可以铸造出各种精美的花饰纹样，成为周代室内环境
营造中的神来之笔，成为一种集使用功能和装饰功用于一体的构件。今天我们能见到
的最为完整的金缸实物是春秋时期秦都雍城遗址出土的（图2-10-18~图2-10-20）。
随着建筑技术的进步，金缸逐渐由实用构件转化为纯粹的装饰构件，后世的室内环境
中装饰有一些由此产生而来的变体形式，就拿中国古建筑中的彩画来说，无论从装饰
的部位上还是装饰的形式上，我们都会从直觉上认为二者之间必然存在着一定的联系。

经夏、商至周，木结构技术获得了很大的进步，如河北平山战国时期中山王陵出
土的铜方案，显示有45°斜置的一斗二升斗栱，应该是中国传统木构架发展的重要
突破。尤其是春秋战国以来，木构架结构构件逐步成为装饰的重点，并被列入了礼乐
制度的范畴之用。如《礼记》中有："楹，天子丹；诸侯黝；士（黄主）。丹楹，非礼也"，
说明天子使用红色的柱子，诸侯黑色，士大夫黄色。

图2-10-18 金缸（一）

图2-10-19 金缸（二）

图2-10-20 金缸（三）

在陕西岐山凤雏村祭祀建筑遗址中，特别是在前檐一带，出土有大量小型石、蚌雕饰，有的带有构造小孔，可能是缀于帐幕上的饰物。出于保暖的需求，冬季常于堂上设帐（帷幄），现已发现的先秦、两汉的青铜帐钩，有的就是用于堂上帷幄的。

10.4　家具及陈设

先秦时期，人们保持着一直以来"席地而坐"的起居方式。人的行为方式决定了使用器具的形式，因此席地而坐的行为模式必然会对家具的形式产生重大影响，由此而衍生出一系列与起居方式相适应的室内家具形式和陈设方式。

周代宫殿室内家具品种有限。大致有扆、几、案、箱、席等。黼扆严格地用在前堂中，其他的品种则根据生活的需要设在宫室内。几，是当时长者和尊者凭依的器具，可设在身体的左右。案，从祭器中的俎发展而来，并逐步完成了生活化的过程，演化成为承托类家具。

1. 黼扆

周继夏商之后，礼乐和文物典籍方面都达到了很高的成就，而所有这些都服务于它森严的等级制度。宫殿室内器皿的造型、图案和材质等都有着不可逾越的等级规定。如前堂室内设计要突出天子的威严，为天子营造出一种威严庄重的背景装饰来威慑身处其间的臣子。黼扆，在营造前堂权力空间中发挥了重要作用。屏风在当时就叫做"邸"或"扆"。《周礼·天官·掌次》谓："设皇邸"，即指设在宫殿中的屏风，"黼扆"是指饰有斧纹的屏风，为天子所专用。《三礼图》卷八"司几筵"曰："凡大朝觐、大飨射，凡封国、命诸侯，王位设黼扆"。其制以木为框，糊以绛帛，上画斧纹，近刃处为白色，近銎处为墨色，名为金斧，取金斧断割之义。斧纹屏风的大小为八尺见方，表面所绘无柄的斧形，取设而不用之意。风行后世的中国家具的典型代表——屏风，作为装饰用的礼用家具，自周代就已经出现在宫室之中（图2-10-21）。

图2-10-21　江陵望山1号楚墓透雕彩漆小屏风

2. 寝具

周代的宫室中把明堂作为明政教化的地方。聂崇义在《三礼图》中曾这样记载它的平面布局和使用功能："燕寝在后，分为王室，春秋居东北之室，夏居东南，冬居西北，秋居西南，季夏居中央。"根据一年四季光照条件的不同而随时更换寝室，表现出人对自然条件的主动适应。但从设计的角度考虑，卧室的频繁变更说明室内空间的功用并没有作出严格的区分，当时室内的寝具也不会十分复杂。席成为室内起居方式中使用最为普遍的家具之一，其他与之相适应的矮型家具以席为主体进行陈设布置。

席，坐卧兼用，种类非常丰富（图2-10-22）。《周礼注疏·司几筵》卷二十中记载："掌五几、五席之名物变其用与其位"。郑玄注云："五席，莞、藻、次、蒲、熊，用位所设之席及其处"。根据文献解读，周代根据不同季节使用不同性质的席，称五席之制。这五席分别是莞席、藻席、次席、蒲席、熊席。织五席的材料有竹、草或动物的毛皮。其室内用席的分类恰与四季游走的明堂寝宫暗合，根据不同场合铺设不同的席。这足以说明，席是当时极为重要的寝宫家具。《礼记·内则》中也说："古人枕席之具，夜则设之，晓则敛之，不以私亵之用示人"，也说明当时的寝具收放容易的特性，而席恰恰能够满足这样的需要。

床到底何时出现，目前还没有实物可考。但春秋战国时期肯定已经开始使用矮足床具，《诗经·小雅·斯干》中记载："乃生男子，载寝之床"。战国时，床被当做贵重的礼物馈赠，《战国策·齐策三》："孟尝君出行国，至楚，献象床。"（鲍彪注：象齿为床。）床与当时的坐卧具——茵席有相似的功能，即都是满足人身体休息要求的器具。但是床不能像茵席那样随用随设，它在室内的位置相对要固定得多。可以作这样的假设，一旦一个房间使用了床，那床所依存的室内空间便极容易地变成固定的卧

图2-10-22　孔子讲学图

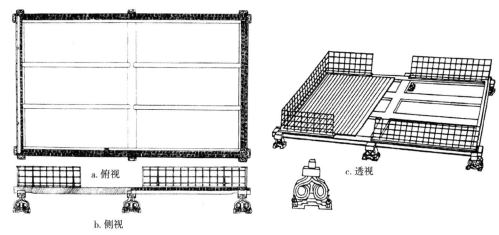

a. 俯视

b. 侧视

c. 透视

图 2-10-23 长台关 1 号楚墓出土的彩绘漆木床

室。在起居空间的功能定位伊始，床有着其他家具所不能替代的关键作用。床具具有不容易收放的相对固定的特性，使得床上的寝具也不必再夜设晓敛。1957 年河南信阳长台关 1 号楚墓出土的战国中期的黑漆彩绘大木床，是最早的一件实物。复原后，床的全长为 225cm，宽 139cm，通高 44cm，足高 19cm，是这个席地而坐时期具有代表性的典型矮足之床（图 2-10-23）。

礼制对设计的制约虽然严格，但人的主观生理和心理要求仍然是推动设计发展的最大动力。床，这种最终让人离开冰冷潮湿地面的家具，还是冲破礼制的限制，势不可挡地产生了，并且首先服务在宫室居住环境中。《战国策》中提到，齐国孟尝君出行五国，到楚国时，曾向楚王献奉象牙床。从此床以象牙为材料来看，床在当时已受到上层社会的喜爱与重视。从河南信阳长台关战国墓出土的彩漆木床可以看到当时床的基本形象（图 2-10-24）：它由六个敦实的矮木足支撑床体，四边设有方棂格子床围，前后各留一口以供上下使用。从出入口的对称设置可知，这类床绝非靠近墙壁摆设，而是放在室内空旷之处。曾有学者认为当时的床并不是专门的卧具，可能兼有大型坐具的功能，供会客座谈使用。从侧面也反映出当时的室内空间及陈设并不作严格区分，具有兼容性较强的特点。

3. 坐具、屏具、架几凳

此时，除了卧具以外，其他类型的家具在这个时期也有了长足的发展和进步，如坐具、屏具、架几凳。据《考工记》记载，有书写简牍之用的书案和供餐饮之用的食案当时就已经出现，凭具凭几类家具也逐渐丰富起来。凭具凭几类家具是席地而坐或倚靠的低型家具，"几"字甲骨文作"∏"形，上有倚衡，下有两腿，属直形凭几，河南信阳长台关 2 号楚墓中出土的雕花木几就是其中的典型代表。几面端窄中间宽，

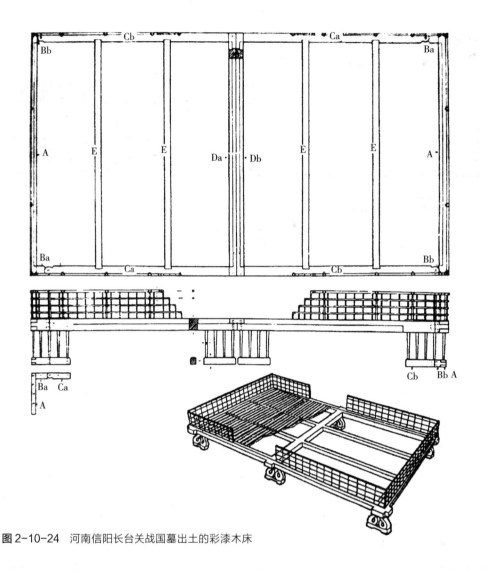

图 2-10-24 河南信阳长台关战国墓出土的彩漆木床

全几黑漆底上彩绘几何纹样，几体上镶嵌玉石，琢刻精细，图案生动，华丽大方（图 2-10-25）。湖北当阳与河南信阳发现的两件漆木俎，外形与构造都各具特色，表面纹饰或绘动物形象，或施几何图案，生动美观（图 2-10-26）。

随着建筑技术的提高，宫室室内空间逐渐增高加大。高大固然是宫殿建筑的基本要求，但对室内环境来说，过于高大的室内空间对人的生理和心理都会造成不良的影响。清代文人李渔就曾有过这样的论述："登贵人之堂，令人不寒而栗，虽势使之然，亦寥廓

图 2-10-25 河南信阳长台关 2 号楚墓中出土的雕花木几

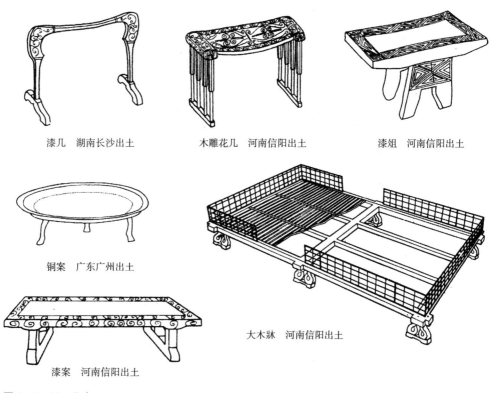

漆几　湖南长沙出土　　　　木雕花几　河南信阳出土　　　　漆俎　河南信阳出土

铜案　广东广州出土

大木牀　河南信阳出土

漆案　河南信阳出土

图2-10-26　几案

有以致之。"这里的"寥廓"正是使人"不寒而栗"的原因。其实人们很早就注意到了室内空间与人的关系。在宫殿室内环境中，除了举办礼仪的大殿以外，其他的寝殿都十分重视空间的围合分隔。《春秋·后雨》载："孟尝君屏风后，常有侍使记客语。"由此可见，当时已有屏风作为室内空间再限定的工具。"屏风"一词的正式使用是在春秋时期。此时的屏风形式与周天子背后的黼扆非常类似，但它的功能已经从单纯的用作背景衬托转向具有实用价值的作用，参与到人们的生活中来，从单纯的礼仪功能器具中分化出供人们日常生活使用的品种。宫殿室内空间在功能上定型化的进程也随着屏风、床等大型家具的使用而加快。

4. 灯具

作为日常生活必不可少的照明灯具，在周代墓葬中有若干发现。质地主要有陶、铜两种，造型多样（图2-10-27）。除常见的斗式灯外，又有以人物、动物作灯座或装饰的（图2-10-28），出现了双座灯和多枝灯（图2-10-29），以其精巧的造型和装饰在满足实用功能之外，在室内也起到了很好的装饰作用。

图 2-10-27（左上） 河北满城汉墓出土的朱雀衔盘灯

图 2-10-28（左下） 河北满城汉墓出土的长信宫灯

图 2-10-29（右） 战国时期的戏猴铜连枝灯

第 11 章　秦汉时期的室内设计

　　公元前 221 年秦王嬴政统一六国，结束了春秋战国长期以来分裂割据的局面，建立了中国历史上第一个中央集权的封建帝国，自封为始皇帝。国祚短促的秦朝在农民的起义声中被瓦解，后经 4 年楚汉之争，汉高祖刘邦于公元前 202 年建立汉朝，史称西汉（前汉）。其后有十余年的新莽代汉。公元 25 年刘秀重建汉朝，史称东汉（后汉），至公元 220 年亡于曹魏。秦汉王朝延续了 400 余年，这是一个政治统一、经济繁荣、多民族融合、文化多元交织发展的历史时代。

　　秦始皇推行中央集权的封建统治，强调皇权的至高无上；废除周代以来的分封制，实行郡县制，加强全国的统一管理，表现为皇权、郡县制和官僚制的三位一体。统一规范六国文字、度量衡、货币，全国实行"文同书、车同轨、度同制、行同伦、地同御"[①]的文化新政，解构了先秦时期的"天時异宙，车堡异轨，律令异法，衣冠异制，言语异声，文字异形"[②]的旧文化格局，有效地促进了不同地域之间的文化交流。在对外交流上，曾派张骞出使西域，派班超经西域，打通了中国通往西方的"丝绸之路"，对中西的经济发展和文化交流起到了极大的促进作用。西汉末年，佛教及其艺术由印度传入中国，对后来的中国文化产生了巨大的影响。

　　秦汉是中国建筑茁壮成长并逐渐走向成熟的时期，也是中国建筑发展史上第一个高峰期。

　　秦汉时期由于铁制工具的普遍应用，建筑材料的采伐和加工生产更能适合建筑营造技术的需要。对人工材料的加工，在重视加工技术的同时，开始重视对材料的装饰，甚至以材料为文化载体，对其雕刻图绘，如画像砖石，形成了这一时期特有的装饰文化现象。建筑的构造技术由以土筑为中心的土木混合结构，向以木构骨架为主的土木

---

① 冯天瑜，何晓明，周积明，著 . 中国文化史 [M]. 上海：上海人民出版社，2005：345-347.
② 范文澜，著 . 中国通史简编（修订本）（第二编）[M]. 上海：上海人民出版社，1978：11.

混合结构演变。至东汉，全木结构技术已经逐步成熟。建筑技术的进步，促进这一时期的建筑空间形态形成了方正、高敞、通透、连续、可自由分隔的特征。

11.1 秦朝时期

秦统一全国后，开始大兴土木，为自己营造规模宏大无比的宫殿、苑囿、陵墓，修筑长城。然而，上至城市宫室、下及村舍民宅的建筑实物皆已无存，因此难以对秦代建筑作出全面的描述，仅就文献中的记载来了解一下秦代的宫室建筑。阿房宫就是依山而建的宫殿群，集居住、办公、玩赏于一身，统治阶级以极大的财力和物力把想象力发挥到了极致。《史记》载阿房宫的规模谓："先作前殿阿房，东西五百步，南北五十丈，上可坐万人，下可以建五大旗，周驰为阁道，自殿下直抵南山。表南山之巅以为阙，为复道，自阿房渡渭，属之咸阳。"从这一段文字中可知，中国自秦代起就已经用"依山象形"来借助自然造化之功来表现人力的伟大。阿房宫开皇家园林之先河，把满足多种功能需求的建筑群组合在群山之中，其设计难度可想而知。它表达出来的设计思想往往容易被宏大、奢丽的外表所掩盖。它对空间的界定、营造、平面的布局组织，对装饰纹样的刻镂，都是史无前例的创造，无论是建筑还是室内均达到了出神入化的境地，宫殿不仅仅是为了满足生理功能，而且追求多方面的精神功能。很遗憾，项羽的一把火使后人无缘一睹阿房宫的真容，但这种皇家宫苑的设计方式却一直在后世延续。

"蜀山兀，阿房出"，宫殿群落"覆压三百余里，隔离天日……五步一楼，十步一阁。廊腰缦回，檐牙高啄。各抱地势，钩心斗角。盘盘焉，囷囷焉，蜂房水涡，矗不知乎几千万落"。如果说唐代诗人杜牧的这首《阿房宫赋》多少还带有文学家想象和夸张的成分，那么近年来，考古工作者在秦咸阳宫遗址发现的大批壁画，虽然未留下完整的实物，但仍为我们提供了确凿无疑的实证。咸阳宫一号宫址上层独柱厅内发现一块壁画残片，37cm×25cm，由矩形、菱形、三角、环形、圆形、旋涡形及S形曲线等多种图形组成，排列规整而有变化（图2-11-1）。色彩有黑、黄、赭、朱、青、绿等多种，其中以黑色所占比例最大，黄、赭次之，因为使用了钛铁矿、赤铁矿、朱砂、石青、石绿等非有机颜料，所以能够保持经久。这些宫室壁画"五彩缤纷，鲜艳夺目，规整而又多样化，风格雄健，具有相当高的造诣。"壁画所运用的颜

图2-11-1 咸阳宫壁画纹样摹本

图 2-11-2　秦代的花纹空心砖

色也十分丰富，计有"黑赭、黄、大红、朱红、石青、石绿等"[1]，其中以黑色占的比例为最大，黄、赭次之。宫室壁画线条流畅、气蕴生动，壁画的表现技艺已经相当的成熟老练。所选用的题材内容也极为丰富，有亭台楼榭、植物花卉、车马冠盖、乐舞宴饮等。建筑与室内设计是一个时代文化精神物化的产物，从殷代宫室四壁刷着洁白的颜色，到咸阳宫墙壁的纹彩闪烁，是宫殿室内装饰的一次飞跃。这种室内装饰的手法和题材对后世宫室、墓室、寺庙的室内装饰都产生了重大影响。

另外，出土的秦代的铺地方砖表面多模印纹饰，以几何纹样为主，也有印刻花纹的空心砖出土，内容有龙、凤、狩猎、宴乐、几何纹、门仪、玉璧等（图 2-11-2）。

11.2　汉朝时期

两汉有 400 余年的历史，国富民强，发展尤为迅速。汉代的宫室，虽不像秦代的阿房宫那样在设计上敢为天下先，但它豪奢宏大绝不逊于阿房。汉代刘歆《西京杂记》载："汉高帝七年，萧相国营未央宫，因龙首山制前殿建北阙未央宫。周回二十二里九十五步五尺，街道周回七十里，台殿四十三，其三十二在外，其十一在后。宫池十三、山六、池二、山一，亦在后宫，门闼凡九十五。武帝作昆明池，欲伐昆明夷，教习水战，因而于上游养鱼，池周四十里。"未央宫是大朝所在地，位于长安城的西南角，利用龙首山岗地，削成平台，作为宫殿的台基。未央宫以前殿为主体。前殿开间阔大，进深浅，呈狭长形，这是当时宫殿的特点。这种平面布置与室内环境所要求的采光条件相符。汉代的建筑技术已经相当的成熟，建造高大的宫室并不难，但对于南面开门窗的宫殿来说，过大的进深必会造成室内阴霾、黑暗，这当然不是统治者所追求的效果。所以，长方形的平面布局是必然的选择，它既满足了建筑正面外观上宏大的气魄，又为室内空间提供了充足的自然光线。

汉代在宫殿室内空间的营造上也独具匠心。未央宫前殿内部两侧隔出处理政务的两厢，这种在一个殿内划分出三个空间，来兼大朝、日朝的方法与周代前后排列三朝的制度有所不同，它是对宫殿室内空间的有效利用。汉代宫殿室内装饰承沿了秦代的传统，装饰性壁画盛行。

---

① 秦都咸阳第一号宫殿建筑遗址简报 [J]. 文物，1976（11）.

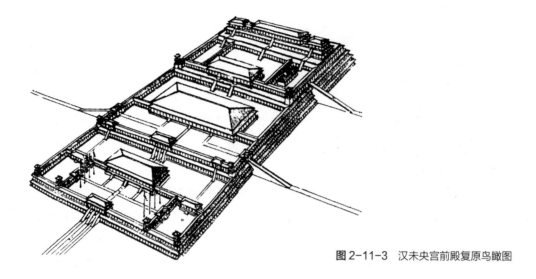

图 2-11-3　汉未央宫前殿复原鸟瞰图

汉高祖，建都长安，在渭水南岸兴建长乐宫和未央宫。

未央宫中前大殿部分分三段：中间为大朝时使用的主殿堂，左段为"东厢"，右段为"西厢"（图2-11-3）。中殿路寝为常朝。后殿宣室殿，是皇帝退朝后生活起居的地方，殿堂内有寝室，以及办理政务、宴会、娱乐的功能的厅堂，其巨大的空间仍是按照"前堂后室"的原则设计的。

长乐宫和未央宫的凿藻饰，愈趋华丽，《三辅荒土》中是这样描述它的室内装饰的，"以木栏为前缪，文杏为梁柱，金铺玉户，华榱琦壁，重轩楼槛，青锁丹墀，左碱右平，黄金为壁，间以和氏珍玉；风至其玲珑然也"。可见其辉煌华丽的一斑。

汉武帝时，进一步在长乐宫、未央宫的南侧修建上林苑，班固在《东西两都赋》中这样描写道："其宫室也，体象乎天地，经纬乎阴阳，据坤灵之正位，仿太紫之圆方，树中天之华阙，丰冠山之朱堂，因环材而究奇……雕玉积瑑以居楹，裁金璧以饰珰，发色之渥彩……"上林苑的室内金镶玉饰、五彩辉煌，玲珑的雕刻，实在耀人眼目。

至成帝、哀帝时所建造的宫室更趋华丽，室内除了用金玉为装饰材料外，翠羽、牙骨、雕漆都为所用。《西京杂记》对此有详细记载："赵飞燕娣住昭阳殿，中庭彤朱，而殿上丹漆，砌皆铜沓黄金涂，白玉阶，壁带往往为黄金缸，含蓝田璧，明珠翠羽饰之；上设九金龙，皆含九子金铃，五色流苏，带以绿文紫绶，金银花镊，每好风日，幡旄立影，照耀一殿，铃镊之声，惊动左右；中设木画屏风，文如蜘蛛丝缕，玉几玉床，白象牙簟，绿熊席，庶毛二尺余，人眠而拥毛直蔽，望之不能见，坐则没膝其中……"，又"哀帝为董贤起大弟于北阙下，重五殿，洞六门，柱壁皆画云气，华山、山灵、水怪。或缀从绨锦，或布以金玉。"由此可知当时的宫殿室内装饰穷尽华丽，特别是墙壁装饰，材料上有金、玉、绨锦，或彩绘或雕镂。室内家具有屏风和设置在它前面的床或

图 2-11-4　辽宁辽阳汉墓壁画中带屏风的床榻
（资料来源：刘敦桢 . 中国古代建筑史 [M]. 北京：中国建筑工业出版社，1984：53）

榻，几是室内空间的中心。这与汉画像石、砖，以及墓室壁画中描绘的陈设方式相符
（图 2-11-4）。汉代宫殿室内装饰艺术，已经相当的发达和丰富，可以算是我国室内
设计史上灿烂的时代，是中国席地而坐时代里装饰艺术的极致，为后代提供了范式。

　　汉代的民居建筑虽然没有任何地面上的建筑实例留存至今，但从当时建筑全面蓬
勃发展的态势来看，汉代民居必然处于一个繁荣兴盛的上升期。从出土的大量画像砖、
画像石、壁画、明器和金属模具上可以大致看出当时的结构和样式。汉代民居千姿百态，
类型丰富多彩，在结构类型、单体或组合平面的配置、立面的处理等方面，都已达到
相当成熟的地步。凭此我们可以想象民居的实际水平与成就肯定比这些简介物证要好
过多少倍。民居就其结构形式而言，大多是木架构。已知有抬梁（图 2-11-5）、穿斗
（图 2-11-6）、干阑（图 2-11-7）、井干（图 2-11-8）等数种。

图 2-11-5　抬梁式结构（河南荥阳汉墓明器）
（资料来源：刘敦桢 . 中国古代建筑史 [M]. 北京：中
国建筑工业出版社，1984：70）

图 2-11-6　穿斗式结构（广州汉墓明器）
（资料来源：刘敦桢 . 中国古代建筑史 [M]. 北京：中国
建筑工业出版社，1984：70）

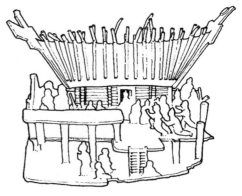

图 2-11-7 干阑式构造（广州汉墓明器）
（资料来源：刘敦桢.中国古代建筑史[M].北京：中国建筑工业出版社，1984：70）

图 2-11-8 井干式结构（云南晋宁石寨山铜器）
（资料来源：刘敦桢.中国古代建筑史[M].北京：中国建筑工业出版社，1984：70）

作为民宅的一部分，厕所常常与猪圈结合在一起，厕所为方形或矩形的架空小屋，其地面的高度与猪圈围墙的高度相当，有台阶或木梯登临。

11.3 建筑技术与材料

土木混合结构技术在春秋战国时期已普遍应用于各诸侯国的台榭式宫室建筑中。秦朝至西汉将这一技术主要用于宫殿、官署、辟雍等主要建筑（图2-11-9）。秦汉时期的土木混合结构与前代相比，结构形态发生了很大的变化，木结构占的比重愈来愈大。因此，建筑的室内空间也越来越高大宽敞。

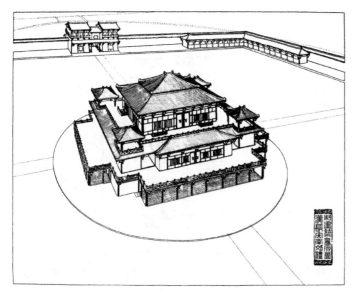

图 2-11-9 西汉长安南郊辟雍遗址中心建筑复原鸟瞰图
（资料来源：刘叙杰.中国古代建筑史（第一卷）[M].北京：中国建筑工业出版社，2002：431）

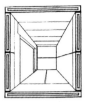

板梁式空心砖墓　　斜撑板梁式空心砖墓　　折线嵌楔形空心砖墓　　折线楔形空心砖墓　　折线楔形企口空心砖墓
河南洛阳　　　　　　河南洛阳　　　　　　　河南洛阳　　　　　　四川新繁　　　　　　四川成都

由空心砖到砖券穹窿的演变

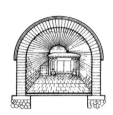
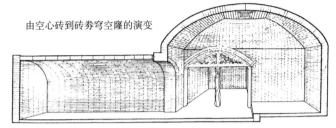

半圆弧形小砖券墓　　四川德阳　　　　　　　　穹隆顶小砖墓　　河南洛阳

图 2-11-10　战国和汉代墓室结构

（资料来源：刘敦桢. 中国古代建筑史 [M]. 北京：中国建筑工业出版社，1984：69）

全木结构体系形成，主要有穿斗式、抬梁式、井干式和干阑式。形成于东汉时期的穿斗式和抬梁式，是中国古代木结构建筑的主要结构体系，是这一历史时期的重大成就。

砖石结构技术在秦汉时期的进步，主要表现在砌筑技术的逐步成熟，这一技术主要被用在墓室结构中。首先，墙体砌筑方式的改进，不但丰富了墙体表面的几何图案，而且墙体砌筑的稳定性和牢固度也得到增强。其次，墓室顶部砖结构的进步巨大。先后出现了尖拱、折拱、圆拱、拱壳等形式，使得墓室等空间越来越大、越来越灵活，改变了墓室的空间形态和组织方式（图 2-11-10）。令人遗憾的是，这一砖石结构技术没有推广到地面建筑中。

11.4　建筑空间形态

首先，中国古代建筑室内空间主要的三个形态在秦汉时期都已经出现。一是土木混合结构都高台建筑，其室内空间是一种"聚合"状态，此形态的特点由若干个"小的矩形单元"以土台为中心聚合而成，盛于秦至西汉，衰于东汉。二是楼、阁、阙等多层建筑也有了新的发展（图 2-11-11），这种竖向维度等空间关系进一步丰富了该时期的建筑空间形态。三是东汉时期，全木框架结构体系技术日臻成熟，单体建筑已有"墙倒屋不塌"的特征。

图 2-11-11（左） 河南焦作市白庄 6 号东汉墓出土的陶楼
（资料来源：刘叙杰 . 中国古代建筑史（第一卷）. 北京：中国建筑工业出版社，2002：494）

图 2-11-12（右上） 江苏睢宁画像石中室内场景中的帷幕
（资料来源：刘敦桢 . 中国古代建筑史 [M]. 北京：中国建筑工业出版社，1984：74）

图 2-11-13（右下） 辽宁辽阳三道壕东汉末张君墓壁画中以榻为中心的场景
（资料来源：李文信 . 辽阳市发现的三座壁画古墓 [J]. 文物参考资料，1995（5））

其次，帷帐在秦汉以前，是一种用于军旅、狩猎、祭祀活动的临时性建筑。秦汉时期"高敞"的室内空间与低型的家具，在比例尺度上完全失调，帷帐在室内的使用便解决了这一问题。这种将"帷帐"与"房屋"两个空间由外而内进行"空间复合"的做法，可将较大的建筑室内空间根据使用的需要分隔成若干个较小的功能空间。帷帐运用形式多样，灵活多变，与其他日常起居家具组合应用，挂于壁上，置于顶上，张于架上，包裹梁柱等（图 2-11-12）。

再次，秦汉时期的"大一统"的社会格局，交通高度发达，多民族相互融合。汉地生活习俗受到影响，直接反映到室内家具的类型与陈设上。虽然沿袭了前朝的跪坐礼俗，在保持"席地而坐"的传统的同时，"居于床上"的生活方式被普遍接受，因此与床配套的家具得到发展。榻的出现，标志着坐卧具的分野。至此，"以床、榻为中心"的家具陈设方式开始流行（图 2-11-13）。置于床上的小家具也开始丰富流行起来，该时期以实用的漆木家具为主。

11.5　室内环境的界面

秦汉时期主要的大型建筑都是建在高台之上，高台有自然形成和人工夯筑两种。室内地面多是夯筑而成，上面抹灰泥找平后涂刷。西汉宫王莽辟雍遗址发掘让我们得以还原当时宫室地面的做法，前堂为方砖铺设地面，后室为墁涂地面，并饰以鲜艳的朱红色面层。即用墁草泥、谷壳泥、细泥找平，表面上加墁红色细泥。所以，宫殿建筑的地面被称之为"丹樨"。

从考古材料中可以看到，秦汉以后，用砖铺地的做法非常多见。宫殿、宗庙、官署等重要的空间场所等室内外地面都铺设方砖或条砖。砖的表面有各种纹样，但以几何纹样为主，有回纹、菱纹、平行纹、四瓣纹及小乳钉纹等（图2-11-14）。砖的铺设方式也多样多种，与砖自身的纹样一起，形成强烈的装饰效果（图2-11-15）。

秦汉时期建筑室内等墙壁装饰较为简洁，多采用在细泥抹墙上涂饰白灰或白土粉的方式，宫殿建筑的室内墙壁也有涂朱的做法。到了汉代，宫殿后宫的墙面有时用花椒水和泥涂抹，花椒散发出的淡淡气味能够驱赶蚊虫及恶气。

壁画是重要建筑物室内装饰的一种形式，用来装饰建筑室内的主要墙面，也是一种重要的营造室内环境氛围的手段。这一时期的壁画可以分为建筑壁画和墓室壁画。前者主要用在宫殿、官署、寺庙等官式建筑和达官显贵宅邸，后者用于陵墓建筑的地下部分，包括墓室和墓道。两汉的殿堂和寺观的壁画，至今尚未发现实物，但墓室内部空间壁画遗存较为丰富（图2-11-16）。

从文献记载看，秦汉时期的室内空间营造用壁画装饰的主要是高等级的建筑空间：一是帝王的宫殿建筑室内，二是衙署建筑室内，三是供人追思祭拜的寺庙室内，四是阙的内部空间。

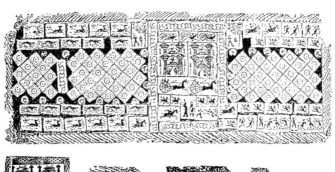

图2-11-14　汉代空心砖的花纹
（资料来源：刘叙杰.中国古代建筑史（第一卷）[M].北京：中国建筑工业出版社，2002：545）

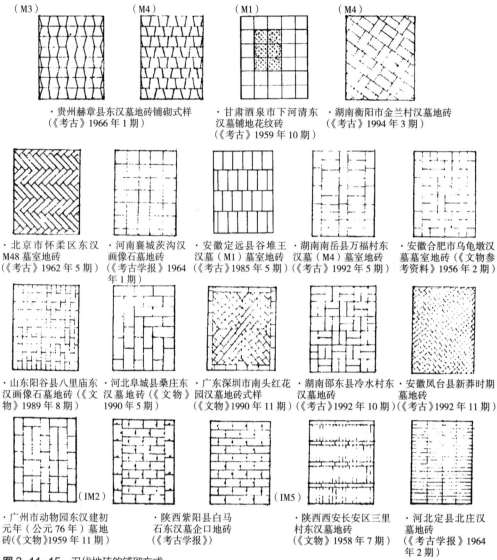

（M3）　　　　　　（M4）　　　　　　（M1）　　　　　　（M4）

· 贵州赫章县东汉墓地砖铺砌式样
（《考古》1966 年 1 期）

· 甘肃酒泉市下河清东
汉墓铺地花纹砖
（《考古》1959 年 10 期）

· 湖南衡阳市金兰村汉墓地砖
（《考古》1994 年 3 期）

· 北京市怀柔区东汉
M48 墓室地砖
（《考古》1962 年 5 期）

· 河南襄城茨沟汉
画像石墓地砖
（《考古学报》1964
年 1 期）

· 安徽定远县谷堆王
汉墓（M1）墓室地砖
（《考古》1985 年 5 期）

· 湖南南岳县万福村东
汉墓（M4）墓室地砖
（《考古》1992 年 5 期）

· 安徽合肥市乌龟墩汉
墓墓室地砖（《文物参
考资料》1956 年 2 期）

· 山东阳谷县八里庙东
汉画像石墓地砖（《文
物》1989 年 8 期）

· 河北阜城县桑庄东
汉墓地砖《文物》
1990 年 5 期）

· 广东深圳市南头红花
园汉墓地砖式样
（《文物》1990 年 11 期）

· 湖南邵东县冷水村东
汉墓地砖
（《考古》1992 年 10 期）

· 安徽凤台县新莽时期
墓地砖
（《考古》1992 年 11 期）

（IM2）　　　　　　　　　　　　　　　　（IM5）

· 广州市动物园东汉建初
元年（公元 76 年）墓地
砖（《文物》1959 年 11 期）

· 陕西紫阳县白马
石东汉墓企口地砖
（《考古学报》）

· 陕西西安长安区三里
村东汉墓地砖
（《文物》1958 年 7 期）

· 河北定县北庄汉
墓地砖
（《考古学报》1964
年 2 期）

图 2-11-15　汉代地砖的铺砌方式

（资料来源：刘叙杰 . 中国古代建筑史（第一卷）[M]. 北京：中国建筑工业出版社，2002：544）

图 2-11-16　汉墓壁画

1. 画像石、画像砖

汉代的画像石、画像砖是一种比较特殊的艺术形式，主要用于墓室的内部。画像石、画像砖是融绘画、雕刻、建筑为一体的综合艺术形式，具有很高的艺术价值和装饰效果（图 2-11-17）。

图 2-11-17　江苏睢宁画像石中室内场景中的帷幕
（资料来源：刘敦桢 . 中国古代建筑史 [M]. 北京：中国建筑工业出版社，1984：74）

图 2-11-18　辽宁辽阳三道壕东汉末张君墓壁画中以榻为中心的场景
（资料来源：李文信 . 辽阳市发现的三座壁画古墓 [J]. 文物参考资料，1995（5））

2. 帷帐

秦汉以降，帷帐在室内的使用开始普及。逐渐从天子、诸侯宫殿的室内扩大到贵族商贾大宅第的室内，家境较好的平常人家也使用帷帐来分隔和装饰室内空间。

当时的帷帐形制多样，室内陈设的方式比较丰富，但基本分为两大类：一类是由帷、幔、幕组成，一类是由幄、帐、帱组成。帷、幔、幕因没有配套的支撑框架系统，张设方式采用与建筑大木作结构结合，分别固定在梁、枋等大木作构件上（图 2-11-18）。可以对建筑室内垂直界面和水平界面进行补充和完善，将室内空间进行二次围合、分隔，进行功能空间的划分和组合。后一类组合因为有一套完整支撑框架而可以独立张设。在幄、帐、帱内配置低型家具，组合成一个独立、稳定、适体、私密的小空间。

11.6　家具及陈设

1. 屏风

秦汉时代的建筑技术已经达到较高水平，但席地而坐的生活方式还没有改变。因此，礼制要求下的宫室空间的进一步扩大与大空间造成人心理上的疏远感构成矛盾。这种矛盾在没有高型家具进行填充的情况下，只能通过室内墙壁装饰来调和。汉代屏风的广泛使用就是这种努力的产物。屏风作为当时室内少有的高型家具，受到人们的重视，对屏风本身的设计几乎是不遗余力，屏风走向了多样化发展的道路（图 2-11-19、图 2-11-20）。此时，除了木质漆屏风外，还出现了玉屏、陶屏、琉璃屏、绨素

图 2-11-19　长沙马王堆一号墓出土的龙纹漆屏风
（资料来源：陈振裕. 战国秦汉漆器群研究 [M]. 北京：文物出版社，2007：133）

屏、书画屏和石屏等。屏风的形制也多样化起来，出现了屏扆和折叠屏风。屏扆，也就是设置在矮足床、榻周围的屏风，实质上就是坐卧具与屏障具的组合。把休息区与周围环境分开，是汉代首创。折叠屏风也是当时的新形制，多扇组成，每扇宽狭长短不定，间或在某扇中设置门扇以供出入。可以想象，没有高大的室内空间，也就不可能使用这种屋中之

图 2-11-20　山东安丘东汉画像石上的 L 形屏风
（资料来源：山东省博物馆. 山东汉画像石选集 [M]. 济南：齐鲁书社，1982：540）

屋的家具形式。汉代的屏风不但起到美化和装饰室内环境的作用，另一重要的功能是屏风避寒，分割室内空间。它的使用，解决了高大空间与人的需求之间的矛盾，即精神需求和生理需求的矛盾。屏风已经成为宫室中不可或缺的组成部分。它的存在给帝王人性的那一面创造出相对轻松、自由、秘密的小环境。

2. 床榻类

席在秦汉时期仍然被广泛使用，上至公卿权贵，下至寻常百姓都离不开席（图2-11-21）。席的铺设方式有两种，一种是直接铺设在地面上，另一种是铺设在床榻上。

席，虽有坐具席和卧具席之分，但在高度上两者并没有区别。在席的使用上，高低之分是靠布席的层数多少来决定的，并有了"多重为贵"礼制。

秦汉时期，床在室内逐渐成为日常坐、卧用具。西汉时，床榻已经普及到一般家庭，不再是贵重的奢侈品（图 2-11-22）。但不同的社会阶层，对床、榻的应用是有明显的区别的：富庶人家，将卧床置于华美的帷帐和屏风之中，铺坐绣茵露床；中等人家的卧床也张设锦幛并施以彩绘，陈坐榻苑席。

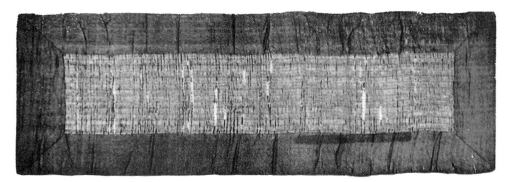

图2-11-21　长沙马王堆汉墓"锦缘莞席"

（资料来源：李宗山 . 中国家具史图说 [M]. 武汉：湖北美术出版社，2001：43）

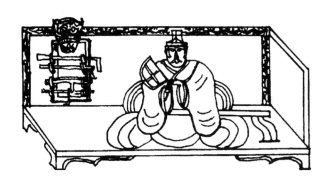

图2-11-22　屏风床

（资料来源：山东省博物馆 . 山东汉画像石选集 [M]. 济南：齐鲁书社，1982：540）

图2-11-23　山东嘉祥武梁祠画像石中的独坐榻

（资料来源：冯云鹏，冯云惋 . 山金石索 [M]. 北京：商务印书馆，1929）

　　榻与床同源，但形制不同（图2-11-23）。相对于床来说，榻"狭而卑"；构造上，榻一般以木板或石板为面。床的内部结构为框架结构，外形上榻与床相似。榻的出现，是家具发展史上的一次重要变革，之前的席虽有坐卧之分，但本质上没有区别。榻从床中分化出来并成为专门的坐具，标志着坐、卧具真正意义上的分野。从此，坐、卧具在室内的陈设开始了露"低足家具"的时代。

　　3. 几案类

　　早期的凭几一般为直几，其主要作用是为跪坐的人们提供凭伏或扶持，以减轻身体对腿足的压力（图2-11-24）。凭几的形制从战国时期到西汉没有发生大的变化，其平面呈"一"字形，几面则向下微曲，此外几面较窄，一般在20cm左右（图2-11-25）。汉魏之交，凭几的形制由早期的直线型演化为曲线的三足凭几（图2-11-26），更适合人体在跪坐时使用。

　　除凭几外，还有一类专用于庋物的几，在使用功能上基本上与案相同。秦汉时期的庋物几案，是在战国时期几案的基础上发展而来。从材质上看，漆木家具逐渐替代

图2-11-24　长沙马王堆1号汉墓出土的彩漆凭几

（资料来源：李宗山.中国家具史图说[M].武汉：湖北美术出版社，2001：36）

图2-11-25　古乐浪出土的屈膝凭几

（资料来源：孙机.汉代文物资料图说[M].上海：上海古籍出版社，2008：12）

图2-11-26　三足凭几

（资料来源：安徽省考古研究所，马鞍山市文化局.安徽马鞍山东吴朱然墓发掘简报[J].文物，1986（3））

图2-11-27　长沙马王堆1号汉墓出土的食案及陈设

（资料来源：李宗山.中国家具史图说[M].武汉：湖北美术出版社，2001：36）

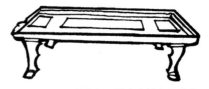

图2-11-28　江苏仪征胥浦出土的有足食案

（资料来源：王勤金，吴炜，徐良玉，印志华.江苏仪征胥浦101号西汉墓[J].文物，1987（1））

了铜器；从使用功能上看，东汉时期，家具以生活用器为主，一改秦至西汉多祭祀器的状况。庋物几案分为书案、食案（图2-11-27、图2-11-28）和用来放置其他生活用品的几案（图2-11-29），分为有足和无足两种。早期的书案和食案无足。有足的食案中，除案面为长方形以外，还有一种案面呈圆形的，这种圆形的小食案在画像中比较常见。从尺寸看，圆案的体形较小，属于小型庋物类几案。在室内陈设中这类小型庋物几案或置于地上，或置于床榻之上；而体形较大的几案，如条案、榠则直接放置在地上。

4. 厨柜类

秦汉时期，用来收纳储藏物品的家具有橱、柜等。与橱不同，柜是用来贮存较为重要的物品（图2-11-30、图2-11-31）。

图 2-11-29　广东德庆达辽山出土的铜案
（资料来源：广东省博物馆.广东德庆达辽山发现东汉文物 [J].考古，1981（4））

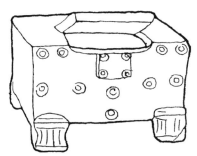

图 2-11-30　河南陕县刘家渠 1037 号汉墓出土的绿釉陶柜
（资料来源：黄河水库考古队.河南陕县刘家渠汉唐墓葬发掘简报 [J].考古通讯，1957（4））

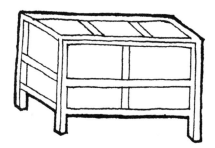

图 2-11-31　山东沂南汉画像石上的匮
（资料来源：山东省沂南汉墓博物馆.山东沂南汉墓画像石 [M].济南：齐鲁书社，2001）

5. 灯具

　　汉代灯具外形变化丰富，达到历史的最高峰，即便后人都难以企及。今天能够见到的秦汉时期灯具大多出自墓葬，以汉代的居多，秦代的罕见。其中既有明器，也有汉代人们日常生活中所用的实物。制作灯具的材料有陶、石、铜、铁等多种。一般来说，铜质的灯具大多构造精致，外观华美，为权贵阶层使用。陶质的灯具，形制简朴，多用于民间，因此数量最多。石质和铁质的灯具数量最少，实物很少见。

灯具的形式有人物灯（长信宫女灯、铜人双擎灯、当户灯）、兽畜灯（牛灯、羊灯、犀灯等）、禽鸟灯（凤灯、朱雀灯、雁鱼灯、雁足灯等）、器物灯（炉形灯、奁形灯、耳杯灯、豆形灯、槃灯等）、枝形灯、提灯、吊灯等。在造型和构造方面，特别是汉代的铜灯，表现出来的设计巧思、高超的技术和艺术水平让人叫绝。

众所周知的长信宫灯（图2-11-32），出土于河北满城西汉中山靖王刘胜墓。灯具为一个跪坐的年轻宫女，戴着帽子，穿着长衫。其左手在下握托灯之底座，右手高抬并以袖口罩套于灯的上端。灯为圆柱形，由灯座、灯盘与灯壁组成，宫女之右袖也是灯的排烟道。长信宫灯的设计极为巧妙，灯座、灯罩、灯壁及宫女头部和右臂均可拆卸，灯盘一侧有手柄，自此可将灯自女像手中取出。灯壁能转动开合，用来控制灯光的强弱与照射的方向。

图2-11-32　长信宫灯

第 12 章　魏晋南北朝时期的室内设计

魏晋南北朝时期，自曹操建安元年（公元 196 年）迎汉献帝至许昌起，至隋文帝杨坚开元九年（公元 589 年）灭陈止，前后共 394 年。

魏晋、南北朝历经近 400 年，是中国历史上战乱频发、社会动荡、政治混乱的时期，政权频繁更迭，先后有三十几个政治势力登上历史舞台。东汉末年进入到一个魏、蜀、吴三足鼎立的局面（公元 220~265 年），之后司马氏篡位废魏，自立统一全国，史称西晋。公元 316 年，北方匈奴贵族南下灭西晋，中国北方进入了所谓"五胡十六国"时期，开始了长达 130 多年的 16 国纷争，直至公元 439 年北魏政权建立，中国北方获得统一，史称北朝。

西晋覆亡后，部分贵族南下，琅琊王司马睿在南下渡江的世家大族拥戴下于公元 317 年重建政权，偏安于江南，在建康（今南京）建立了新的政权，史称东晋，至公元 420 年，刘裕废晋帝自立，改国号为宋，东晋被刘宋政权取代，进入到了南北朝之南朝时期。南朝先后经历了宋、齐、梁、陈四个时期。连年征战致使社会激烈动荡，社会政治、经济、文化制度均带来了极深刻的变化。在思想意识领域中，玄学兴起，冲破了汉末经济束缚，促进了逻辑思维和理论探索的开展。东吴、东晋、宋、齐、梁、陈六朝建都于建康，使之逐步发展成为当时的政治、经济、文化中心，社会相对比北方安定。出现了"六朝繁华"的景象，农业、手工业、文化艺术均有长足的发展，诗、书、文、画理论已建立。

北方地区，淝水之战后，公元 386 年道武帝拓跋珪重建代国，同年改国号为魏，史称北魏。公元 439 年，太武大帝拓跋焘灭北凉，统一了黄河流域，结束了北方持续 100 多年的分裂局面，与南朝政权形成南北对峙状态。而后北魏分裂成为高欢控制的东魏和宇文泰控制的西魏。公元 550 年，高洋废孝静帝，建立北齐。公元 557 年宇文觉废西魏建立北周。公元 581 年，北周外戚杨坚取代北周称帝，建立了隋朝，重新统一了中国。北魏、东魏、西魏、北齐、北周和灭陈以前的隋与南朝形成南北对峙的局面，史称北朝。

魏晋南北朝时期也是历史上从未有过的民族大激荡、大融合时期，内迁民族和沿边各族纷纷登上历史舞台，或在中原建立政权，或在边地进行割据，各族间的混居以及各民族政权的建立，促进了民族间的相互融合，许多显赫一时的民族纷纷走上解体的道路，与汉族融为一体。

在社会经济领域，由于政治、文化中心的逐步南移，有效促进了南方经济的发展，北魏统一北方后经济文化也有较大的发展，对外贸易频繁。另外，随着少数民族内迁建立政权，加剧了各民族文化的交流与融合，使得人们逐步在语言、服饰、生活起居、生活习俗、饮食习俗等领域互相渗透、互相影响，发生了很大的变化。佛教的普及使得佛教艺术大为兴盛，并与中国本土的儒、道融合演变，在一定程度上影响了汉地固有的传统文化与习俗。思想文化上，这又是一个宽容的时代，佛学、玄学、儒学、道学等相互竞争、相互吸收，出现了文化上的繁荣。同时，动乱之中的中国，并未中断与外界的经济、文化交流，而且当时中国尚未产生"天朝之大，无所不有"的心理，对待外来的先进技术与文化艺术都采取了兼收并蓄的态度，从而使魏晋南北朝时期的科学技术、文学艺术、音乐美术都取得了巨大的进步。本时期制度文化上的不断创新，是盛唐恢弘气象得以形成的源泉。

公元前6世纪，佛教发源于印度，初期流行于恒河中上游一带，至孔雀朝阿育王时代（公元前273年～前232年）佛教才开始向印度各地及周围国家传播。佛教何时传入中国，说法不一，一般认为是西汉末年传入中国，东汉开始在社会上层流行。佛教在中国的普及，始于魏晋南北朝时期。佛教在这一时期的发展，走上了本土化的道路，与儒、道相融合，逐渐演变成了中国式的佛教。

魏晋南北朝时期，虽然南北方政权都崇信佛法，但是由于南北方政治环境、文化背景的不同，再加上人的因素，佛教的传播方式出现不同的趋向。佛教的兴起，不仅推动了南北朝社会文化的发展，同时也极大地影响了当时的社会风俗。一方面，异域的风俗文化冲击了汉地固有的社会礼俗和社会风尚，影响了传统的生活方式。另一方面，促进了佛教艺术的兴盛，使本土的绘画、雕塑在题材、表达方式、技法上都表现出明显的时代新风，推动了建筑及室内装饰艺术的变革。

魏晋南北朝时期，中国虽然处于动乱和分裂的状态，但与外部世界的交往并没有中断，中外关系处于区域性发展的状况。

中外文化的交流，以自西向东的层进传播为特征：一方面，印度、希腊与罗马的文化艺术源源不断地向中国传来；另一方面，中国的文化艺术又大量地传向朝鲜、日本等地区。特别是希腊艺术与印度相结合的犍陀罗艺术东来，更给汉地早期艺术风格的演变带来了重大影响。

以丝绸之路为纽带的中西文化交流，以及佛教的东传和盛行，都为中国传统生活方式的变革提供了动力。

12.1　建筑技术的发展及新建筑类型的出现

魏晋南北朝近 400 年间，是中国古代建筑技术发生较大变化的时期。建筑艺术风格上，从质朴古拙的汉代风格向豪放华丽的唐代风格转变；在建筑技术上，单体建筑的支撑结构开始逐渐摆脱早期土木混合结构的束缚，向全木结构发展。

魏、西晋的宫室建筑多因袭汉代旧制，以土木混合结构的高台建筑为主，随着晋室南迁，中原文化一并向南传播，土木混合结构的高台建筑作为宫室建筑的正统形式被大量用于该时期的宫室建筑中。何晏所记曹魏许昌宫殿《景福殿赋》中描写景福殿的墙壁"墉垣砀基，其光昭昭。周制白盛，今也唯缥。洛带金缸，此焉二等。明珠翠羽，往往而在。"唐李善注曰："落带，壁带也。而交落之上，施金缸而为二等"，文意即指景福殿的白色墙壁以壁带金缸加固，上饰明珠翠羽，与汉代宫殿建筑如出一辙。赋文中还述及景福殿内"尔其结构，则修梁彩制，下褰上奇。桁梧复叠，势合形离"，则殿内梁架大木交贯，层层叠叠的景象跃然纸上。据此可知，景福殿是一座有夯土承重外墙，内部用木构梁架建造的土木混合结构殿堂。北魏孝文帝（公元 471~499 年）时，建筑结构由土木混合结构逐渐向屋身混合结构、外檐木结构和全木结构的结构体系演变。[①] 大同出土的北魏太和元年宋绍祖墓仿建筑样式的石椁，是这一过渡时期的重要例证。在北魏中后期，全木结构已经开始在建筑上应用，但建筑技术还处在新旧交替的过渡阶段。后期木构建筑技术趋于成熟，使得北魏宫殿、官署等大型建筑追求高敞内部空间的想法成为可能。

在建筑技术与室内设计方面，全木结构的成熟和普遍使用是这一时期的明显进步。木构建筑技术的发展成熟，使原有的土木混合结构体系逐步过渡到全木结构。当时建造了大量的木塔，洛阳永宁寺木塔是其中的代表（图 2-12-1、图 2-12-2）。永宁寺塔高 9 层，正方形，每面面阔 9 间。每面 3 门 6 窗，门漆成朱红色，门扉上有金环铺首及五行金钉，是北魏最宏伟的建筑之一，显示了木结构技术所达到的最高水平。魏晋南北朝时期，南方建筑技术的成就应该高于北方。南朝建筑技术中全木结构的佛塔建造比较普遍，而且已经达到相当高的技术水平。此外，据文献记载，南朝还兴起了多层木结构建筑——楼阁。楼阁建筑技术的发展，使人们的居住条件得到改善。楼阁

---

① 傅熹年，主编.中国古代建筑史——两晋、南北朝、隋唐、五代建筑 [M].北京：中国建筑工业出版社，2001：279-282.

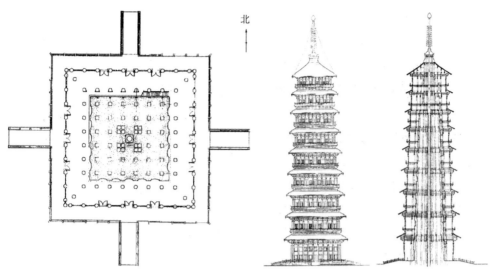

图 2-12-1　北魏洛阳永宁寺塔底层平面复原图
（资料来源：傅熹年.中国古代建筑史（第二卷)[M].北京：
中国建筑工业出版社，2002：188）

图 2-12-2　北魏洛阳永宁寺塔立面和剖面复原图
（资料来源：傅熹年.中国古代建筑史（第二卷）[M].
北京：中国建筑工业出版社，2002：188）

图 2-12-3　法国拉斯考克斯（lascaux）洞中的岩画

技术的成熟，使得人们追求更为开敞、复杂的室内空间成为可能。发达的南朝全木结构造船技术，对于楼阁的木结构运用产生了重要影响（图 2-12-3）。

　　佛教建筑的出现，促发了新的建筑类型。这些佛寺精美富丽，在诸类建筑中，成了仅次于宫殿建筑的类型。

　　佛塔是另一类佛教建筑，它源于印度的"窣堵坡"，是一种珍藏佛及其弟子的遗骨和遗物的建筑物。

　　石窟，也是来源于印度的佛教建筑。传至中国后，逐步中国化，其前部往往有中国式的人字坡，采用木椽的样式；有些洞窟顶做成藻井；有些檐廊，则像中国庑殿式建筑（图 2-12-4）。

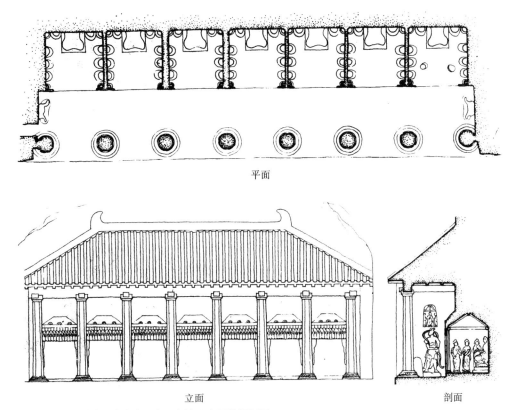

平面

立面

剖面

图2-12-4　甘肃天水市麦积山石窟第4窟原状想象图
（资料来源：刘敦桢，主编.中国古代建筑史 [M].北京：中国建筑工业出版社，1984：100）

12.2　建筑空间形态

随着魏晋南北朝时期建筑技术的不断发展和完善，至南北朝中、后期，全木结构建筑技术趋于成熟。原有夯土墙体作为主要的承重部件转变为辅助建筑稳定、构成建筑的外部围护体系。同时，木构架中的柱子全面负担起屋面的荷载，这种结构体系的改变，为新的建筑空间构成和宽敞的内部空间形成提供了可能与保障，也使得建筑内部有了自由空间的出现，为内部空间的二次组合创造了条件。这种全木构架建筑内部空间可以实现良好的连续性和通透性。

通过山西大同的云冈石窟、山西太原的天龙山石窟、河南洛阳的龙门石窟（图2-12-5）、甘肃天水的麦积山石窟以及敦煌莫高窟等地的北朝中后期的雕刻，"可以看到建筑结构体系由早期土木混合结构向全木结构过渡的趋势。在这个过渡阶段，建筑结构往往存在多种类型木构架构造方式并存的局面"[①]。由于全木结构技术的成熟，

① 赵琳，著.魏晋南北朝室内环境艺术设计 [M].南京：东南大学出版社，2005：19.

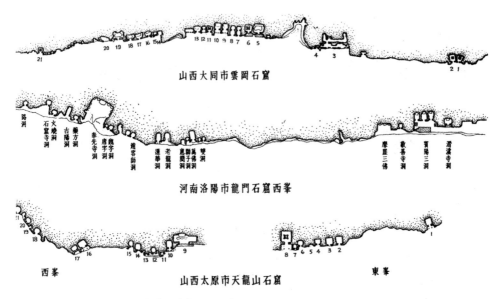

图 2-12-5　云冈、龙门、天龙山石窟总平面示意图
（资料来源：刘敦桢，主编．中国古代建筑史 [M]．北京：中国建筑工业出版社，1984：95）

通过木构架中的柱子成为支撑梁架体系的主要构件，结构面积得以减少，建筑柱网格局和空间组织形式也变得灵活，使得建筑进深方向的空间尺度都得到了延伸。这一时期建筑外部尺度的增大和内部空间的宏大宽敞都超过以往任何历史时期。

　　建筑结构体系的转变给魏晋时期带来了宏大规模的建筑空间，因此室内环境具有了高敞通透、纵横自由、开放与流动的空间特性。这种自由空间的出现，为室内空间的再度组织和塑造创造了前提条件。通过控制面阔和进深来调节建筑规模与内部空间的关系以满足功能的需求，在室内空间的功能划分和组织方面，完全脱离了前期建筑混合结构的约束。无论水平方向的空间界定与空间秩序，还是垂直维度的空间形成，都可以利用许多室内装饰手段来实现。在进行二次空间的区域组织时，可以运用帷幔、帐幄、屏障等非结构性、并可移动的灵活隔断来完成水平维度空间的开合组织（图 2-12-6）；在竖向空间组织上，通过藻井、平棋以及相对固定的小木装修等来实现，我们今天仍可以从那个时期的洞窟中见到精彩的小木作装修（图 2-12-7）。二次空间的形成可以满足人的不同活动需求，如将原来建筑结构提供的单一空间难以满足人们多重、细致使用的内容要求，安排到新的有秩序的空间系列中去。实现生活起居、会客、餐饮与娱乐等功能要求的空间细化（图 2-12-8）。

　　总之，这种二次空间的组织形式可以营造出宏大宽敞的大空间，也可以分隔出与功能相适应的次空间。随着室内空间层次的极大丰富，使得这一历史时期的建筑内部空间的再分配和二次空间的装饰形式更为发达（图 2-12-9）。

图2-12-6　北魏宁懋石室图中的帷幔

（资料来源：刘敦桢，主编．中国古代建筑史 [M]．北京：中国建筑工业出版社，1984：88）

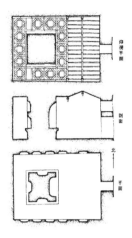

图2-12-7　甘肃敦煌莫高窟北魏第154窟实测图

（资料来源：傅熹年．中国古代建筑史（第二卷）[M]．北京：中国建筑工业出版社，2002：201）

图2-12-8　甘肃天水麦积山石窟第4窟北周壁画中的住宅

（资料来源：傅熹年．中国古代建筑史（第二卷）[M]．北京：中国建筑工业出版社，2002：141）

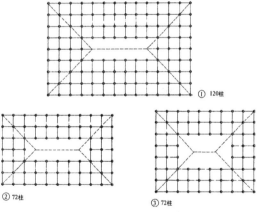

图2-12-9　东魏、北齐邺城南城宫殿殿宇柱网布置复原示意图

（资料来源：傅熹年．中国古代建筑史（第二卷）[M]．北京：中国建筑工业出版社，2002：116）

　　宫室的内部空间基本上沿袭了秦汉的形制。南朝建康宫殿的内廷部分，皇帝的住处东西并列三殿，俗称"中斋""东斋""西斋"。魏晋南北朝时期的宫殿的具体形象已不复存在，但其形象我们还可以在甘肃天水麦积山石窟第127窟西魏壁画和27窟北周壁画中看到（图2-12-10、图2-12-11）。

　　佛教建筑特别是石窟建筑，作为一种特殊的建筑类型，在内部空间的形式和组织方面有值得提及之处。

图 2-12-10　甘肃天水麦积山石窟
第 127 窟西魏壁画中的宫殿
（资料来源：傅熹年．中国古代建筑史
（第二卷）[M]．北京：中国建筑工业出
版社，2002：117）

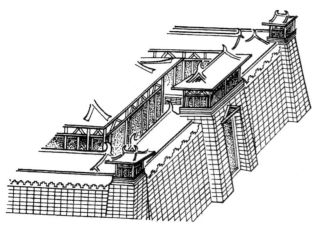

图 2-12-11　甘肃天水麦积山石窟
第 27 窟北周壁画中的宫殿
（资料来源：傅熹年．中国古代建筑史
（第二卷）[M]．北京：中国建筑工业出
版社，2002：117）

　　第一类，近似于印度的"支提窟"，可称为中心柱塔式。其特点是平面大体呈正
方形，中间偏后处是一个四方形的中心塔柱，起到支撑洞窟屋顶的作用。塔柱四周有
佛龛，内陈佛像。塔柱前部窟顶呈双坡屋顶形式，坡顶上刻出或画出木椽子，模仿木
结构的形式（图 2-12-12～ 图 2-12-14）。

　　第二类，是覆斗式石窟。这种洞窟平面呈方形或长方形，中间没有塔柱，左、
右、后三侧或后壁有壁龛。窟顶为覆斗式，也有少数为攒尖式。均模仿木结构的做法
（图 2-12-15～ 图 2-12-17）。

　　第三类，是毗诃罗式。其特点是平面大多为方形，前面为入口，左右有小室，后
壁上有佛龛。两侧的小室空间很小，仅能供一名僧人禅坐。毗诃罗式窟型很少，只见
于北朝，如敦煌莫高窟的第 285 号窟（图 2-12-18、图 2-12-19）。

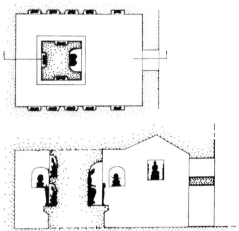

图 2-12-12（左） 北魏 254 窟

图 2-12-13（右上） 北魏 254 窟平面实测图

图 2-12-14（右下） 北魏 254 窟剖面实测图

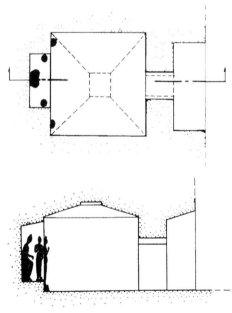

图 2-12-15（左） 北周 196 窟

图 2-12-16（右上） 北周 196 窟平面实测图

图 2-12-17（右下） 北周 196 窟剖面实测图

图2-12-18（左） 敦煌莫高窟西魏第285窟
图2-12-19（右） 敦煌莫高窟西魏第285窟实测图
（资料来源：傅熹年.中国古代建筑史（第二卷）[M].北京：中国建筑工业出版社，2002：201）

图2-12-20 北朝孝子石棺雕刻中的园林
（资料来源：傅熹年.中国古代建筑史（第二卷）[M].北京：中国建筑工业出版社，2002：151）

第四类，是有檐式。早期的洞窟多有木构窟檐，由于风吹、日晒、雨打，现已无存。

魏晋南北朝时期的住宅沿袭了汉以来民居的布局方式，在一些官宦人家或豪门望族的住宅中，整个院落分为前后二区，其前后各以厅事、后堂为中心，形成主庭院。前区用来接待客人，后区用于自家人住居生活。大府第前区的主建筑称作"厅事"，供主人起居和接待宾客使用，后区的建筑称为"斋"，比较精致，供主人休息使用。崔凯在《丧服节》中说："卿大夫为夏室，隔半以北为正室……正室，斋室也"。前后区又兴建大量的辅助性房屋形成不同的院落。住宅的正门建筑多用庑殿式屋顶并在正脊上设置鸱尾，这时的屋面逐渐由平面向凹曲面变化，屋檐也开始产生向两端翘起的曲线变化，这个时期中国特色的飞檐屋顶形象就开始形成了。这个时期的宅第还有另外一个发展，就是豪宅的主人们竞相在宅第中修建私家园林（图2-12-20）。

北方寒冷，住宅冬季需要取暖，南北朝时期基本上采用地炕和火炕的方式。《南史·梁南平元襄王伟传》中说到萧伟的府第"寒暑得宜，冬有笼炉，夏设饮扇"，可以得知南朝的贵族是采用笼炉来取暖的。

这时的住宅门窗，从少量北朝石刻图像来看，应是板门、直棂窗（图2-12-21），开敞的堂屋悬挂帷幄竹帘。

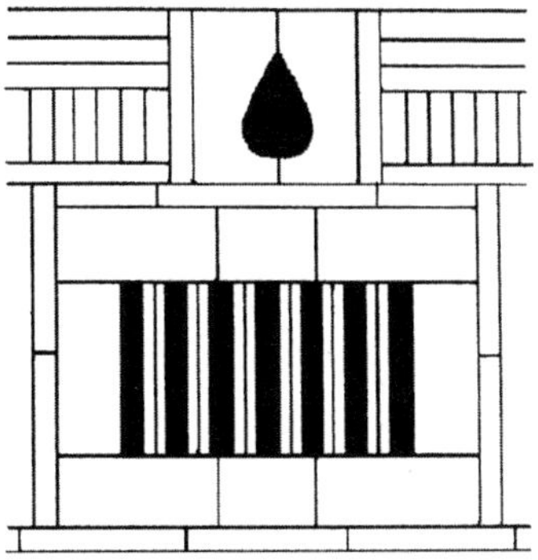

图2-12-21　南京西善桥墓室侧壁的砖砌直棂窗

（资料来源：傅熹年.中国古代建筑史（第二卷）[M].北京：中国建筑工业出版社，2002：261）

12.3　室内环境的界面

建筑高大宽敞的内部空间，促使人们对室内空间进行再组织，室内空间的层次大大丰富了，水平方向主要用帷幔、帐幄、屏障等可移动的灵活隔断来完成；而垂直方向，则主要通过藻井、平棊等固定的小木装修来完成。这些要素的使用，使得室内非结构性的装修形式十分发达，成为室内装修的主要手段。

魏晋南北朝时期，除了宫殿、官署等一些比较重要的建筑之外，大多数建筑的地面还是以粉刷为主。

南北方的地面处理与装饰手法有所不同，北方宫殿、衙署等建筑中多用砖、石材铺装。北方建筑地面的地砖尺度上有大小方砖，多为素面砖。用于铺地的砖和石材，都是需要专门加工的，具有较高的工艺水平。

一般民居以粉刷为主，多为白色。地面粉刷的色彩中，红色仅为皇家所用，普通人家的地面是不能使用的。已经发掘的北魏洛阳永宁寺塔基回廊内外地面上，就是铺设了一层厚1cm的白石灰，平整光洁[①]。

南朝时期，室内地面铺装方式较为统一，多以席簟荐地，墓室中多以小砖以席纹铺设，这大概是沿袭了汉代时汉人席地而坐的生活方式所致，因东晋、南朝统治者以汉族正朔自居，宫殿内也保留了汉代时地面施朱丹的做法。

此外，南北宫廷均出现了极为奢华的地面铺装，使用织物铺地，可见其华丽程度。北方宫廷内最早用色彩艳丽的席簟或锦褥等织物铺设地面，而后这种做法逐渐南下。这并不是汉族传统的做法，而是北方少数民族入主中原以后带来的新风格，是游牧民族文化的体现。游牧民族社会生活以畜牧为主，"衣皮革，被旃裘"，居于毡帐中。牧

---

① 中国社会科学院考古研究所.北魏洛阳永宁寺：1979–1994年考古发掘报告[J].北京：中国大百科全书出版社，1996：19.

民无论贫富，毡帐内地面都铺设毛皮或者织物。

此外，室内地面有满铺木板、四周做成床边框形的，也有铺席后设单人床的。

此时的建筑，多在墙上、柱上及斗栱上面作涂饰，流行的设色方法是"朱柱素壁""白壁丹楹"。这种设色方法背景平素、红柱鲜明，靓丽而不失古朴，温润明朗，明快素雅，所以这种做法一直为后世沿袭。《洛阳伽蓝记》中记载北魏洛阳胡统寺"朱柱素壁，甚为佳丽"，高阳王寺"白壁丹楹，窈窕连垣"。

室内墙面使用白色，除了可以达到在装饰风格上取得与建筑外观协调一致的目的以外，还有一个比较重要的原因，就是白色可以最有效地反射窗洞口投射进来的光线，提高室内的亮度，对于提高室内居住环境的质量是非常有效的手段。本时期的建筑墙壁，除了使用白色粉饰外，一些寺院、官署和贵族的宅邸建筑有使用朱壁的情况。朱壁，应该是一种奢华的装饰做法，西晋贵戚王恺与石崇斗富，"崇涂屋以椒，恺用赤石脂"。可见以赤石脂涂壁是其借以炫耀财富的手段。此外，南朝宫殿建筑中，还有在墙面上施青漆的做法，这是南北朝时期出现的一种新的建筑装饰风格。

南朝的大宅第和宫室的墙面除土壁外，也多用木板壁。宫室贵邸多喜欢用柏木建殿、堂、斋、屋，用作寝室。《南齐书》中记载：南齐武帝建风华、耀灵、寿昌三殿为寝宫，其中风华殿又称"柏殿""柏寝"，史称其"香柏文征，花梁绣柱，雕金按宝，颇用房帷。"可见其豪华精丽。

六朝时期，宫殿室内设计很注重色彩的搭配运用。晋武帝所建造的宫殿，室内设置铜柱十二根，表皮镀上黄金，又巧雕各种图案，再用串串明珠缀饰在铜柱上，极为华奢，后来赵石勒仿照汉宫殿建筑，建了一座太武殿，也是"窗为朱帘，殿柱楹梁，漆金银二色"。室内装饰在此时已走向细腻化，室内雕梁画栋已蔚成风气。也可以说，宫室室内装饰已经挣脱礼制的束缚开始向多样化、生活化的方向转变。更有石虎建造的豪华宫殿圣寿堂，堂上竟挂以八百块美玉、二万枚明镜，给人的视觉、听觉全新的刺激，真是听起来环珮叮珰，看上去光影灼目，营造出虚实相生的动感空间，显示了只有宫室室内装饰上才能实现的奇思妙想和无上奢华。

魏晋南北朝时期，建筑室内顶部的装修有三种做法：一是彻上露明造（图2-12-22），二是施藻井（图2-12-23），三是平棊（图2-12-24）。北朝时期，一般建筑以彻上露明造为主，而宫殿、佛寺、贵族宅邸等等级较高的建筑，室内空间相对高敞，所以需要吊顶来调整空间垂直高度上的尺度和层次，以获得最佳的效果和舒适度。吊顶主要有藻井和平棊两种。北朝早期，建筑室内顶棚的装饰，无论是使用彻上露明造，还是使用藻井和平棊，都普遍在木构表面施以彩画。北朝后期，彩画的绘制由繁变简。彻上露明造的椽、槫，逐渐由早期的绘制彩画，演变为只刷饰色彩。相应地，平棊枋上雕刻的纹样，也趋于简化。

图 2-12-22（左上） 敦煌莫高窟北魏 275 窟彻上明造顶

（资料来源：段文杰，樊锦诗，主编.中国敦煌壁画全集 -1[M].天津：天津人民美术出版社，2006：图 25）

图 2-12-23（右上） 敦煌莫高窟北魏 272 窟平棊顶

（资料来源：段文杰，樊锦诗，主编.中国敦煌壁画全集 -1[M].天津：天津人民美术出版社，2006：图 17）

图 2-12-24（下） 敦煌莫高窟北魏 272 窟平棊顶

（资料来源：段文杰，樊锦诗，主编.中国敦煌壁画全集 -1[M].天津：天津人民美术出版社，2006：图 25）

图 2-12-25 东魏天龙山石窟第 2 号窟北壁帐幕龛

　　帷帐，是魏晋南北朝时期室内各功能空间组织、划分最主要的手段。通过帷帐的分割、限定、围合，创造出了有别于建筑围护结构的室内环境。室内张设的帷幔，在建筑内部空间中担当组织各种功能空间的重要作用。通过层层帷幔的布置，建立起内外有别、尊卑有序、男女有别的极为细腻的空间关系，同时建立起一种空间秩序，满足了人们在心理上、生理上以及礼仪制度等各方面的需要。此外，大面积的织物张设，为室内空间的装饰提供了一个统一的色调，织物的质地、纹样、图案以及帷幔帐幄的构架缀饰，进一步丰富了塑造室内环境的语言（图 2-12-25）。

图 2-12-26 东晋朝鲜高句丽冬寿墓中的彩色帷帐

（资料来源：李宗山，著. 中国家具史图说 [M]. 武汉：湖北美术出版社，2001：图 42、图 43）

用于隔障室内空间的帷幔，一类比较厚实，完全可以遮蔽人们的视线；另一类比较清薄，帷幔是用纱等材料制成的，透光性能比较好，可以隐约透视。

作为室内轻质隔墙使用的帷幔，通常施设的位置，可能是沿进深方向与室内露明的梁栿相对应，但也有与面阔方向平行设置的。

帷幔的华丽程度是评判室内是否华丽的一个标志（图 2-12-26）。

帷帐禁止设在房间中间南向的地方，因为那是皇帝在宫殿中设帐的位置。

12.4　家具及陈设

魏晋南北朝的家具设计和该时期的室内设计一样，成为中国家具发展史上的一个转折性阶段。家具与社会生活方式紧密联系，佛教文化的东渐与魏晋玄学的兴起，特别是"胡人"的生活方式随少数民族入主中原所带来的影响，传统礼制也跟随人们信守的准则变化而出现了变化。文化发展所呈现的丰富多彩的局面，直接影响着生活方式走向多样化和自然化。在传统的跪坐生活方式中家具依旧承袭使用的同时，新的高型家具带来的垂足起居方式及礼俗开始出现，从而导致席地而居时期形成的跪坐礼俗（图 2-12-27）逐渐走向瓦解。这一时期的家具革命一直深刻影响着后来中国社会民众的生活起居及礼俗。

魏晋南北朝时期的北方地区，各民族杂居而处，生活习俗相互影响，尤其是周边少数民族的内迁以及少数民族入主中原建立政权，将游牧民族的社会习俗带入中原地区，称为"胡风"。随着南北朝各民族大融合局面的出现，以及住宅形式和布局的发展，人们的生活起居方式发生了巨大的变化。

北魏、北齐、北周的统治阶级都是鲜卑族，他们原是在荒原帐幕中生活的。到了中原，住进了更加舒适的宫室中，并很快适应并接受了这种建筑和室内设计，同时也带来了草原民族的高型家具——机凳，也就是胡床（图2-12-28）。胡床这类家具，早在汉代时就已经被中原王室所接受并使用。如《后汉书》中就载有："灵帝好胡服、胡帐、胡床、胡坐……京师贵戚皆竞为之。"但是高型家具从来都没有像此时那样流行。在固定居室内使用胡床这类的高型坐具有着在草原活动性帐幕中使用所不能比拟的重要意义，因为正是它的广泛使用改写了中国传统室内设计的历史，改变了人们的生活方式，影响了一系列与它相配套的家具的创新，从而开启了中国古典家具的先河。

　　具体在生活起居方面，则表现为"席地而坐"方式的瓦解，垂足而坐成为人们习惯的方式，高型家具出现在人们的生活中，高型坐具和卧具逐渐流行起来，使汉代以前那种席地而坐的传统起居习惯逐步向垂足而坐的方向转换，宫室内家具增高的势头兴起。南朝的坐具床与榻在规格上有所不同，床的地位高于榻。一般主人或地位较高之人坐床，其他人坐榻。床比较大，一般比较方正，可以在床上对弈、弹琴、读书、饮宴等。床的边上，再另单独设榻。榻有独榻（图2-12-29）和连榻两种，连

图2-12-27（左上） 西晋跪坐的陶俑

图2-12-28（右上） 敦煌莫高窟第257窟北魏壁画中的胡床

图2-12-29（下） 东晋画家顾恺之所画《洛神赋图》中的独榻

图 2-12-30 敦煌莫高 9 窟第 275 窟
北凉佛像的坐具——绳床
（资料来源：敦煌文物研究所，编著.中国
石窟莫高窟（第一卷）[M].北京：文物出
版社，1982.图 11、图 12）

图 2-12-31 东晋画家顾恺之所画《女
史箴图》中的床

榻供多人坐用。随着坐具的发展，魏晋南北朝时期出现了后世"椅"的雏形，如绳床
（图 2-12-30）、倚床。

　　室内的家具发生了巨大的变化。如晋画《女史箴图》中的宫中女官所坐的床
（图 2-12-31），其底部被增高，四面有壸门，不但在高度上适合垂足而坐，而且还
在上面加上仰尘（即在床上部加顶盖用来承接灰尘），四周挂幔帐，床面四沿置设低
矮可以折叠的床屏围挡。这件床具形象地说明了当时宫廷寝宫中已普遍使用这种复杂
华丽、围合作用极强的卧具了。

　　还有一种坐具称为"筌蹄"，即后来所称的绣墩，多见于佛教石窟寺壁画或雕刻中，
是佛、菩萨最常用的坐具。筌蹄的意思，按宋程大昌《演繁露·筌蹄笱》卷二释曰：
"蹄者，以绳为机縻系其蹄也。决蹢（兽足）者，知其縻系不可复解……筌者，鱼笱也。
笱者，以竹为器设逆须于其口，鱼可入不可出也。"由此可见，这种细腰坐具因其形似"鱼
笱"而得名为"筌蹄"。如敦煌莫高窟西魏第 285 窟壁画和洛阳龙门石窟北魏莲花洞
壁面雕刻（图 2-12-32、图 2-12-33），出土或传世的石刻佛座也常为筌蹄。这种
坐具至唐代仍称筌蹄，到了五代和宋代时改称绣墩。

　　一旦高型坐具的使用形成固定的习惯，那么原来席地而坐时代所使用的靠几与矮
案就失去了意义，而人在生活中仅有坐具用来休息是远远不够的，还要有高型桌案类
与之配套，所以高型桌案的产生也不会晚于魏晋。

图 2-12-32（左上） 北魏龙门石窟中的墩（一）
（资料来源：于伸，主编 . 木样年华 中国古代家具 [M]. 天津：百花文艺出版社，2006：图 5-3）

图 2-12-33（右上） 北魏龙门石窟中的墩（二）
（资料来源：于伸，主编 . 木样年华 中国古代家具 [M]. 天津：百花文艺出版社，2006：图 5-4）

在室内家具的组合与陈设上，依然以床榻为中心，几案类家具形制上仍然沿袭了汉代的样式，但在高度上都随着床榻高度的变化有所增加。

魏晋南北朝时期具有典型意义的要数三足抱腰式凭几（亦称三足曲几）的发展和隐囊的出现。根据使用的不同，书案、凭几、隐囊都置于床榻之上。书案多置于身前，且案面平整、较为宽大，案足多用曲栅，供读书、写字及处理公务等事务；隐囊多为织物，供倚靠之用而置于身体侧后方为常见；凭几则供人凭倚扶持。食案、庋物几，尤其是大型者则少见置于床榻之上而另行置放。

三足抱腰式凭几（图 2-12-34）是魏晋南北朝时期最具时代特征，也是颇为流行的几案类家具。"几身作扁圆半环形，两端与中间分别施一兽蹄形足，三足均外张，使着力重心落在了一个三角支撑点上，十分符合力学的形体稳定原理；凭靠时亦可以随时调整身体姿武，不至于产生疲惫感。这种几的初期形态可上溯到战国时期的楚式曲身凭几，但由两侧施足变为前面与两侧各施一足的形式却要晚到东汉末以后，体现了凭几发展趋于舒适、稳定的特点，另一方面也反映了这时坐靠凭依的新形式"[1]。据考证，这之前的凭几大多为直形两端设足。东晋南北朝后这种曲几已有了更多发现，基本源于长江流域下游的文物考古出土，多陶质，出土的地点大多位于墓室前部，一般与坐榻配套使用[2]。

---

① 李宗山，著 . 中国家具史图说 [M]. 武汉：湖北美术出版社，2001：192.
② 陈增弼 . 汉、魏、晋独坐式小榻初论 [J]. 文物，1979（9）.

另一新式且广受喜爱的几案类家具是隐囊，隐囊又称"倚枕""丹枕"。隐囊源于汉代，在魏晋时期渐趋流行，与凭几异曲同工。这种出现在床榻上倚靠的软质隐囊，形如球囊，内填棉絮、丝麻等物，外套以锦罩，以及绣上各种花纹图案，十分华美。虽然作为实物遗存的隐囊没有，但可通过一些石刻造像、墓室壁画和传世绘画中得到它们的形象。如云冈石窟北魏石刻造像《病维摩》中的隐囊、洛阳龙门石窟宾

图 2-12-34　安徽马鞍山东吴墓三足漆几
（资料来源：安徽省文物考古研究所，马鞍山市文化局，撰.安徽马鞍山东吴朱然墓发掘简报[J].文物，1986（3））

阳洞《维摩说法》石刻和传世《北方校书图》中的隐囊等。唐代慧琳的《一切经音义·卷十五·大宝积经第一百九卷》曰："倚枕者，以锦绮缯彩作囊盛软物，贵人置之左右，或倚或凭，名为倚枕也。"

魏晋南北朝时期的家具，继承了汉代以来家具工艺的优良传统，吸取了各个民族的文化艺术形式，并借鉴了外来的艺术形式，承前启后，形成了这一时期家具艺术特色的基调。它既不同于汉代的古拙浑朴，也有别于唐代的雍容丰满。总的来说，这个时期家具造型与装饰的特征是：淳朴而有生气。

家具在造型设计上比较重视使用功能，家具的造型美与实用功能相结合。而南北方的家具装饰风格，由于各自在社会文化背景、生活习惯、审美观上的差异，又呈现出各自独特的地域特色。

北方的家具，早期较为厚重古拙，随着家具设计及工艺水平的提高，家具造型逐渐轻巧起来。在色彩与装饰风格上，受到北方多元民族文化的影响，表现出中西合璧的特征。

魏晋时期，南朝家具保留的图像及实物资料较少。大体上看，南方的家具风格比较统一，一般造型比较轻盈柔婉，色彩素雅，装饰简洁。

另外，有些家具的造型虽然沿袭了汉代的样式，但在装饰风格上则全然不同于前代。家具的表面大量使用浮雕，这些装饰带有浓郁的异域风情。

由于技术的不断发展和思想观念的活跃，魏晋南北朝的室内陈设艺术也显得丰富而富有生气。既有建筑空间组织层面的帷帐、屏障；也有反映人们生活方式的家具；绘画层面的壁画、屏风画以及书法；还有生活用品类如陶器、织物、铜镜、灯具、地面铺设以及装饰图案纹样甚至色彩等，所有这些都显示了这一时期室内陈设的整体面貌。

魏晋北朝室内陈设艺术呈现出以秦汉遗风与佛教艺术融合，并由后者引领主流的局面。不仅图案纹样类型丰富，且趋于内容主题化，色彩的情绪表达性更为突出。强化了建筑室内空间、石窟内部空间、墓室内部空间的整体艺术氛围。

第 13 章　隋唐五代时期的室内设计

　　公元 581 年，杨坚代周自立，建立隋朝，号称隋文帝。开元九年（公元 589 年），隋文帝南下灭陈，至此，动乱了 400 多年的中国又一次进入统一时期。隋朝国祚短暂，只有文帝和炀帝两代 38 年。在文帝之世和炀帝前期，凭借全国统一的形势，发展经济、文化，建成强大的王朝。由于炀帝极度滥用民力，造成社会巨大灾难，隋王朝很快瓦解。

　　公元 618 年，李渊以禅让的方式代隋，建立唐朝，称为唐高祖。唐朝覆灭于公元 907 年，共 290 年，是中国古代极其强盛的阶段。自李渊立国至唐玄宗开元末年，政治清明，社会生产得以大力发展，国力日盛，社会经济空前繁荣，其商业活动已经远达日本、南洋、阿富汗、波斯、大食、拂菻（东罗马）等地。文化、科技等领域均取得辉煌的成就，达到了整个统治时期的极盛阶段。高宗至玄宗期间，开始了大规模的营建活动，达到了中国古代建筑史上的第二个高峰。极盛之后，公元 742~820 年之间，由于政治日益腐化，导致叛乱和割据，国力大为削弱。公元 821 年之后，中央政权内部出现了宦官与士族朝官的对立，唐朝统治日渐衰落。

　　公元 907 年，朱温代唐，建国为梁，史称后梁。此后，先后换了五个朝代（后梁、后唐、后晋、后汉、后周），史家总称五代。南方则在相近的时间出现了九个并列的割据政权，即前蜀、吴、吴越、楚、南汉、闽、南平、后蜀和南唐，这九个割据政权加上与后周建都太原的北汉，被称为"十国"。唐灭亡后，中国重新陷于分裂的局面。公元 960 年，赵匡胤陈桥兵变，夺取后周政权，建立了宋王朝，中国又一次恢复了统一的局面。

　　隋朝的历史只有不到 40 年，但在建筑方面取得的成就堪称辉煌。开凿大运河，形成了南至杭州，北至通县，西至西安，全长达 2000km 的水运体系。规划并建成了当时世界上规模最大的有完整规划、规模空前的两座伟大都城——大兴城（唐代改称长安）、东都（唐代改称洛阳）。隋大业年间建造的赵州安济桥，是世界上最早的敞肩拱桥。

隋唐是中国封建社会的鼎盛时期，也是中国古代建筑发展成熟的时期。由于对外的商业活动，中亚和欧洲等地的外来文化传入，包括宗教（祆教、景教、摩尼教、伊斯兰教）、音乐、舞蹈、绘画、器用、医术、习俗等，建筑当然也不例外。由于当时的中国建筑经统一后南北交流，已经发展到成熟阶段，并与国家的礼制、民间习俗密切结合，形成了完整的以木构架建筑为主体的体系，国内传统的夯土、砖石建筑退居次要地位已成定局，所以这些外来的土石建筑不可能动摇这个体系，只能成为点缀和标新立异的事物，但在装饰纹样、雕刻手法、色彩、工艺等其他方面丰富了中国建筑。所以，唐朝的建筑在继承两汉以来建筑成就的基础上，立足于本土，吸收了外来建筑的样式，逐渐形成了一个新的、强大的、有生命力的完整建筑体系。

13.1　建筑技术

隋唐建筑达到中国古代建筑史上的第二个高峰，不仅营造了规模空前的都市和众多地方城市，还建造了宏伟壮丽的宫殿、寺庙，豪华的宅邸和园林。其中，唐大明宫规模巨大，总面积约 3.11km^2，比现在的北京明清紫禁城还大 44 倍（图 2-13-1）。

隋唐 320 余年间是中国木结构建筑迅速发展、取得巨大进步的时期。随着隋唐统一全国，国势空前强盛，经济、文化、科学技术都得到前所未有的发展。在建筑方面，统一后的南北建筑技术交流，也取得新成就，在隋唐时期都城宫室建设中表现出来，在木构架方面取得的成就更为突出。

隋唐时期的全木结构技术基本趋于成熟，木构架建筑已进入定型化、设计模数化的成熟时期。传统的土木混合结构仍有延续，在北方地区的影响仍存，就连唐高宗龙朔二年（公元 662 年）所建的大明宫主殿含元殿（图 2-13-2）的殿身北、东、西三面也都用厚土墙，说明直到唐初。在长安地区，土木混合结构还有很大影响。

隋统一全国后，南北方的营造技术进行了有效的融合与交流，其中最重要的南北建筑技术交流当属隋大业二年（公元 606 年）隋炀帝营造东都之举。在洛阳所建正殿乾阳殿面阔 13 间，进深 29 架，柱径 20 围，是当时最大的全木构架建筑，吸收了南方的木构架建筑技术。此后，木构架技术逐渐成为这个时期大型建筑的主要结构形式，并得到很快的发展和普及。公元 663 年建造的唐麟德殿（图 2-13-3），全部采用木结构，仅仅在两端的 1 个开间的地方使用了夯土结构。

隋唐时期的砖石结构也获得了较大的发展，主要用于地上建筑中的佛塔、桥梁、闸坝，以及地下的墓室建筑，其中佛塔取得的成就比较突出。桥梁建设如隋炀帝大业年间名匠李春修建的位于河北赵县的安济桥（图 2-13-4、图 2-13-5），是世界上最早的敞肩券大石桥，代表了隋代砖石结构的突出成就。至唐、五代期间，砖石结构的

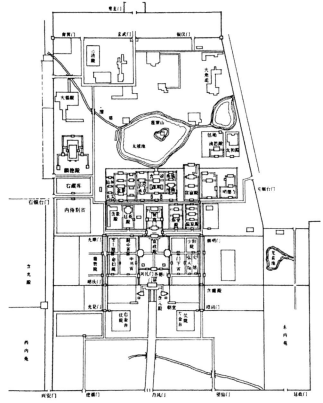

图 2-13-1　陕西长安堂长安大明宫平面复原图

（资料来源：傅熹年 . 中国古代建筑史（第二卷）[M]. 北京：中国建筑工业出版社，2002：379）

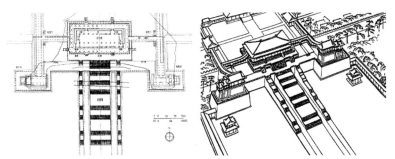

傅熹年 . 中国古代建筑史（第二卷）. 北京：
中国建筑工业出版社，2002：381

萧默主编 . 中国建筑艺术史 . 北京：文物出
版社，1999：322

傅熹年 . 中国古代建筑史（第二卷）. 北京：中国建筑工业出版社，2002：381

图 2-13-2　陕西长安唐长安大明宫含元殿复原图

应用逐步增加，如南方较大城市江陵、成都、苏州、福州等相继使用砖甃城。砖墓和砖塔更为常见，这个时期的砖石结构的成就和特点主要表现在佛塔上。此时的佛塔主要分单层、多层两类。多层塔中又分密檐塔和楼阁型塔两大类。塔的平面有四方、六角、八角、圆形等多种形式（图2-13-6）。石塔分为石块砌筑和石板拼叠两种，有的多层石块砌筑成的塔表面雕成塔基、塔身、塔檐、塔顶的形式。砖塔表面用预制型砖或砍砖、磨砖砌出须弥座、仰莲、柱、阑额、斗拱、门窗，秀美精致，表现出很高的砖饰面工艺技术。城墙、城门、建筑墩台等大多用砖包砌。居室内部的墙面与铺地也开始使用砖饰。

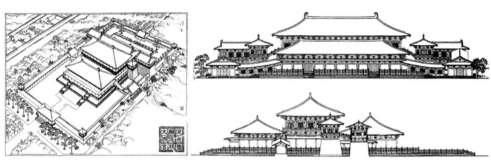

图2-13-3 陕西长安堂长安大明宫麟德殿复原图
（图片来源：刘敦桢主编.中国古代建筑史.北京：中国建筑工业出版社，1984. 第121页）

图2-13-4 安济桥

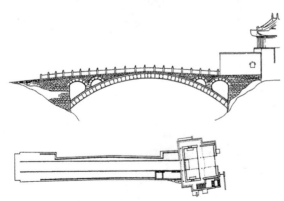

图2-13-5 安济桥平面图和立面图
（资料来源：傅熹年.中国古代建筑史（第二卷）[M].北京：中国建筑工业出版社，2002：548）

图2-13-6 浙江杭州南屏五代雷峰塔
（资料来源：傅熹年.中国古代建筑史（第二卷）[M].北京：中国建筑工业出版社，2002：664）

13.2 建筑空间形态

唐代木构建筑留存至今的只有4座，建于唐建中三年（公元782年）的山西五台山南禅寺正殿（图2-13-7），建于唐会昌年间的山西芮城五龙庙，建于唐大中十一年（公元857年）的山西五台山佛光寺大殿（图2-13-8）和可能建于晚唐的山西平顺天台庵大殿。隋唐时期没有技术术书流传下来，据宋代的《营造法式》记录的宋代前期的建筑做法，结合唐代遗存下来的建筑、发掘出来的宫殿和寺庙遗址、壁画、石刻等资料可以推知，木构架主要类型中的殿堂、厅堂、余屋、斗尖亭榭，在唐初已经形成，以殿堂型和厅堂型最为常见。由于建筑所采用的构架结构不同，因此带来了十分丰富的室内柱网结构与多变的室内空间格局。

殿堂型构架由柱网、铺作层、屋顶构架三部分组成，即内、外柱通高的柱子和柱顶间阑额组成的闭合的矩形柱网，以及斗栱、柱头枋、承接天花的明栿等纵横构件组成的铺作层，天花以上由若干层梁叠成三角形屋架，并在其间架檩、椽组成的屋顶构架这三层依次叠加而形成的建筑构架。殿堂型构架的柱网布置有固定格式，柱列之间架设阑额，不仅四周外檐柱连成一圈，内柱也自成一圈或与外檐柱相连，形成封闭的矩形框。《营造法式》对不同柱网各有专名，如日字形称单槽，目字形称双槽，回字形称斗底槽，并联田字形称分心斗底槽。殿堂型构架有上下两层梁架，室内装顶棚，顶棚以上梁架被封闭在内，称草栿，承接天花的梁架称明栿，即有上下二重梁架。殿堂型构架是木构架中最高等级的做法，只用于宫殿和寺庙、道观的主要殿宇（图2-13-9~图2-13-11）。

厅堂型构架是由若干道跨度、檩数相同而下部所用内柱数目、位置都可以不同的横向梁架并列，在柱、梁间分别用阑额、枋（襻间）连系，梁端架檩，檩上架椽形成的房屋构架。厅堂型构架可以通过选择通檐使用两柱、檐柱加中柱、檐柱加前金柱或后金柱、檐柱加前后金柱等不同形式的梁架加以组合，把内柱布置在所需要的位置

图2-13-7　五台山南禅寺

图2-13-8　山西五台山佛光寺大殿

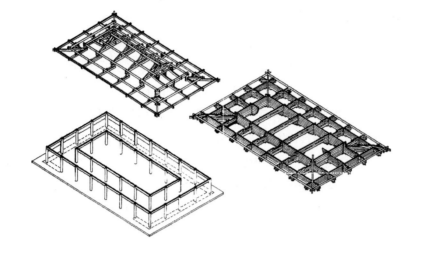

图 2-13-9　山西五台山
佛光寺大殿木构架（柱网、
铺作层和屋顶架构）

（资料来源：傅熹年.中国古
代建筑史（第二卷）[M].北
京：中国建筑工业出版社，
2002：630）

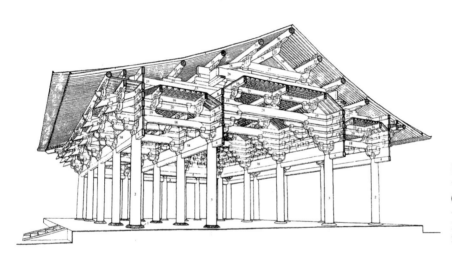

图 2-13-10　山西五台山
佛光寺大殿木构架透视图

（资料来源：傅熹年.中国古
代建筑史（第二卷）[M].北
京：中国建筑工业出版社，
2002：633）

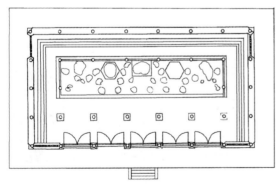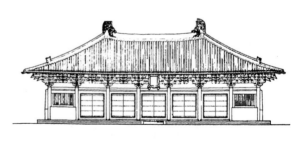

图 2-13-11　山西五台山佛光寺大殿平面图和立面图

（资料来源：傅熹年.中国古代建筑史（第二卷）[M].北京：中国建筑工业出版社，2002：497）

上，柱网布置有较大的自由，形成丰富多变的室内柱网形式与空间格局。厅堂型构架房屋只有一套梁架承接屋顶，称为明栿，室内没有天花，这种做法称为"彻上明造"（图 2-13-12）。厅堂型构架的等级和复杂程度低于殿堂型构架，用于官署的厅和宅第的堂。

隋朝立国时间不长，但在宫室建筑与室内方面却留下了许多杰作，特别是隋炀帝一生都陶醉在艺术的宫苑里。遗憾的是，隋朝国祚短暂，其两都宫殿都被国运长久的唐朝长期使用拆改得所剩无几，难以辨认了。

谈到隋朝的宫廷建筑，不能不提到当时的一位将作大匠宇文恺，他是一位造诣高深的建筑家。他所规划的隋朝东西两都——大兴城（长安）和东都城（洛阳），不仅在中国建筑史上，即使在世界建筑史上也是划时代的里程碑。宇文恺设计的宫廷建筑也都是高水准的作品，唯一留存下来的遗址是仁寿宫。他创作的地处大兴城近畿地方的避暑离宫仁寿宫（唐改称"九成宫"）遗址尚存，明显地显示出规划、设计及施工质量均达到极高的水准。

宋人无名氏的《炀帝迷楼记》中写道："炀帝晚年……顾谓近侍曰：'人生享天地之富，亦欲极富当年之乐，自快其意。今天下安，富无外事，此君得遂其乐也。今宫殿虽壮丽轩敞，若无曲房小室，幽轩短槛。若得此，则吾期老于其中也'。近侍高昌奏曰：'臣有友项升，浙人也。自言能构宫室。'翌日，召而问之。升曰：'臣先乞先进图本。'后数日，进图。帝披览，大悦。即日诏有司，供其材木。凡役夫数万，经岁而成。楼

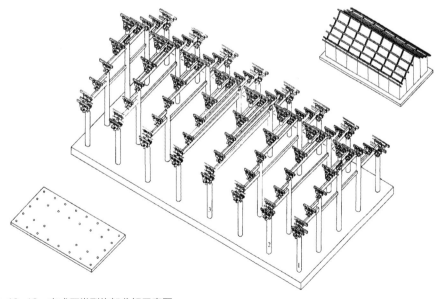

图 2-13-12　宋式厅堂型构架分解示意图
（资料来源：傅熹年 . 中国古代建筑史（第二卷）[M]. 北京：中国建筑工业出版社，2002：631）

阁高下，轩窗掩映。幽房曲室，玉栏朱楣，互相连属，回环四合，曲屋自通，千门万户，上下金碧。金虬伏于栋下，玉兽蹲乎户旁。壁砌生光，锁窗射日。工巧云极，自古无有也。费用金玉，帑库为之一虚。人误入者，虽终日不能出。"

隋炀帝已经意识到宫室室内虽然是广室高堂，但仍是"曲房小室，幽轩短槛"更舒适宜人。室内设计的人性化要求被明确地提出来，使空间的尺度和规模更近人。根据这个要求，设计师项升设计出了"迷宫"，使皇帝"大悦"。这座迷宫"幽房曲室，玉栏朱楣，互相连属，回环四合，曲屋自通，千门万户，上下金碧。"在空间处理上千回百绕，连绵不绝。可见曲中有直，通中有隔，直达妙境。室内空间的构成和组合十分丰富，富于变化，尺度宜人。室内装饰更是"金虬伏于栋下，玉兽蹲乎户旁，壁砌生光，锁窗射日。"这里的"金虬"与"玉兽"都是用石头雕刻而成的瑞兽，墙壁上描金嵌玉，熠熠有光。可见当时室内装饰的设计手法已经十分丰富，有雕刻、镶嵌、彩绘等。色彩也十分华丽，白色的栏杆、红色的门楣、金色的雕刻，熠熠生辉。

长安是隋唐两代的国都，它的营建规模宏大，错列有序，是当时世界上最大的城市之一。公元 634 年开始建造的大明宫位于长安城外东北的龙首原上，居高临下，可以俯瞰全城。宫殿有南北纵列的大朝含元殿、日朝宣政殿、常朝紫宸殿，它们为帝王准备了不同情况下的宣政之所，并处于同一轴线之上，其中以大朝最为宏丽。轴线两侧则辅以若干座殿阁楼台，构成服务区。后部是帝王后妃日常起居区域。北部有就势而造的太液池，池中建蓬莱山，池周围点缀有楼台亭榭，为皇室游玩的园林区。整个规划井然有序，功用明晰。为中国皇家宫室的营造提供了一个优秀的范例，并一直延续流传下来。

含元殿在龙首原高地上，高出平地 15.6m，雄踞于全城之上，"终南如指掌，坊市俯而可窥"（《两京新记》）。殿身面阔 11 间、大约 67.33m，进深 4 间、29.2m，与明清紫禁城太和殿相仿。整组建筑气魄宏大，人们面对此殿，"仰瞻玉座，如在霄汉"（《剧谈录》）。《含元殿赋》中描写道："如日之升，则曰大明。"含元殿性格辉煌而欢乐，却有如日之升的豪壮，是大明宫的点题建筑，开阔、明朗，充满自信，是盛唐时代精神的充分展现（图 2-13-13、图 2-13-14）。

大明宫中有一组华丽的宫殿——麟德殿，是皇帝举行大型宴会的地方，饮宴群臣和各国使节、观看杂技舞乐和作佛事的场所，从功能上来讲，相当于现在的礼堂。麟德殿位于大明宫西北的蓬莱池西的一座高地上，由前、中、后三座相互连接的大殿组成。前殿进深 4 间，中殿进深 5 间，中间隔以走道，面阔都是 11 间。中殿为二层楼阁，下层用隔墙分为 3 间。后殿面阔 9 间，进深 5 间。在中殿、后殿的东西侧各有亭和楼，都建在用砖包砌的夯土堆上。麟德殿的面积约等于明清太和殿的 3 倍，如此宏大的建筑规模令人瞠目（图 2-13-15）。

麟德殿规模巨大，数座殿堂高低错落结合在一起，每座殿堂仍符合一般尺度，所

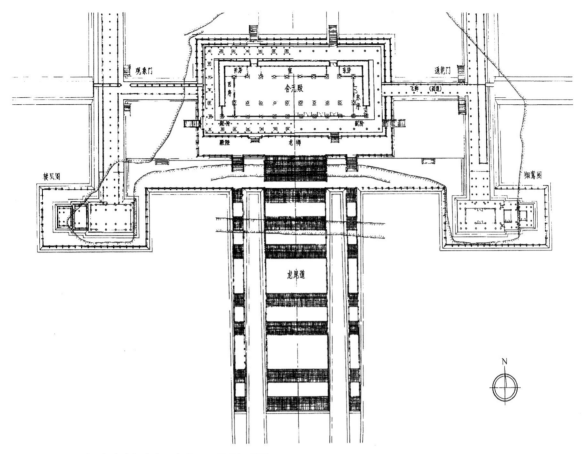

图 2-13-13　陕西长安堂长安大明宫含元殿平面复原图
（资料来源：傅熹年.中国古代建筑史（第二卷）[M].北京：中国建筑工业出版社，2002：381）

图 2-13-14　陕西长安堂长安大明宫含元殿剖面复原图
（资料来源：傅熹年.中国古代建筑史（第二卷）[M].北京：中国建筑工业出版社，2002：381）

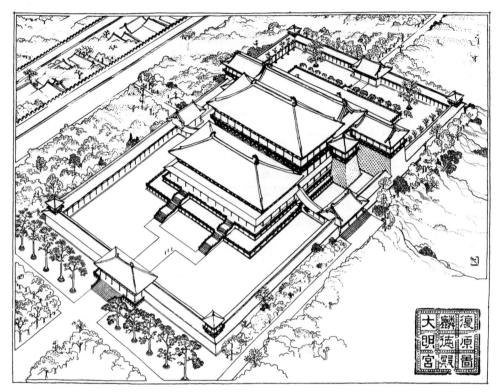

图 2-13-15 陕西长安堂长安大明宫麟德殿复原图

（资料来源：刘敦桢，主编.中国古代建筑史 [M].北京：中国建筑工业出版社，1984：121）

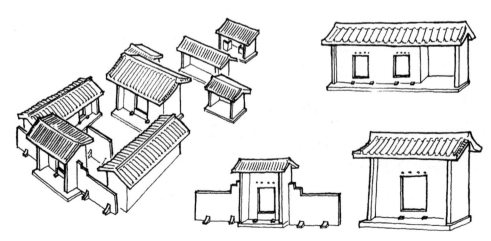

图 2-13-16 山西长治唐王休泰墓出土的明器住址

（资料来源：傅熹年.中国古代建筑史（第二卷）[M].北京：中国建筑工业出版社，2002：445）

以并不感觉笨重。东西的亭、楼体量甚小，造型也有变化，玲珑而丰富，更衬托出主体的壮丽。关于麟德殿室内的设计情况，如采光设施、空间分割、装饰手法和家具陈设，目前都无据可考。但如此这样的大空间的处理，对于设计者来说实在是一个严峻的挑战，事实说明当时在室内设计上已经突破了空间的限制，在处理的手段上达到前所未有的高度。我们可以根据今天的生活经验设想，宫殿的顶部一定设有采光的天窗，来满足大空间室内采光的要求，但天窗到底使用什么材料来封挡，却不得而知；另外，根据当时多种的使用功能，应该附有不同的辅助设施，这些是临时搭设，还是开辟固定的空间，也需考证。它反映了唐代综合性室内空间的情况，它那三殿合一的独特结构，创造了独一无二的奇特效果。

隋唐时期住宅建筑实物没有遗存，依据出土的明器、墓室、壁画、史料以及为数极少的遗址来看，就规模而言可以分为大型宅第和一般住宅（图 2-13-16、图 2-13-17）。

唐朝应该沿袭了隋代的规制。唐时期，王公等大贵族和三品以上官的第宅可以临大街在坊墙上开门，其他一般民宅的院门只能开设在巷或曲里。

隋唐大宅第初期讲究规模宏大，后来慢慢开始华侈精美。隋文帝时崇尚节俭，尽管宅第面积很大，但少有奢丽。隋文帝三子秦王杨俊，性奢侈，在并州总管时"盛治宫室，穷极侈丽……又为水殿，香涂粉壁，玉砌金堦，梁柱楣栋之间，周以明镜，间以宝珠，极荣饰之美。"[①]

图 2-13-17　甘肃敦煌莫高窟五代时期第 61 窟壁画中的民宅

唐代时，建豪华大宅第之风一波未止，一波又起。安史之乱之前，朝廷还有一定的控制力，虽宠臣骄奢，其宅第还受法度约束。世事之乱后，建宅已不受法律令限制。《杜阳杂编》中说权相元载有南北二第，南第在安仁坊，北第在大宁坊。南第造有芸辉堂，"芸辉，香草名也，出于阗国……春之为屑以涂其壁，故（堂）号芸辉焉。而更构沉檀为梁栋，饰金银为户牖，内设悬黎屏风、紫绡帐……芸辉（堂）之

---

① 隋书，卷 45，列传 10，文三子，秦孝王俊 [M]. 北京：中华书局点本：1240.

图 2-13-18　甘肃敦煌莫高窟盛唐时期第 172 窟壁画中的
民宅

图 2-13-19　甘肃敦煌莫高窟唐开元年间第
45 窟壁画中的民宅

图 2-13-20（左）江西庐山后人重建的白居易草堂

图 2-13-21（中）江西庐山后人重建的白居易草堂的榻扇

图 2-13-22（右）江西庐山后人重建的白居易草堂的直棂窗

前有池，悉以文石砌其岸"。

唐制规定，王公及三品以上官可以建面阔三间、进深五架的悬山屋顶大门。五品以上官可在宅门之外另建乌头门。

大宅第一般要分外宅和内宅，外宅为男人活动场所，内宅则处女眷。外宅最重要的建筑为堂，是男人接待宾客的场所。一些巨宅不止一堂，有前堂、中堂之分。"堂皇三重，皆象宫中小殿"，当时人都极力把宅中之堂建得雄壮豪华。堂之前还有中门，在宅门和堂之间。堂之后为寝，也成寝堂，是内宅主体建筑，女主人延接宾客之处，规模和堂相当或稍低（图 2-13-18、图 2-13-19）。

白居易贬官江州司马，于公元 817 年在庐山建草堂，草堂建成后成诗《草堂初成，偶题东壁》："五架三间新草堂，石阶桂柱竹编墙。南檐纳日冬天暖，北户迎风夏月凉。洒砌飞泉才有点，拂窗斜竹不成行。来春更葺东厢屋，纸阁芦帘著孟光。"草堂面阔三间，进深五架，只明间前檐用两根柱子。明间前檐敞开，后檐开一扇单门。两次间隔为室，前后檐均开窗。堂屋的木构部分为本色，室内墙壁表面直接抹草泥而不再作任何表面的修饰，窗间窗下墙为编竹抹泥墙，窗户纸糊。檐下的竹帘和室内所悬蔴布帷幕也与这简洁素朴的房屋相称。今天的庐山有一个根据当时的文献描述复建的草堂，可以在其中一窥白居易当年草堂的风貌（图 2-13-20~ 图 2-13-22），而且今天我们所见到的江南普通民居也大抵如此。

隋唐建筑随着全木构架结构的成熟与普及，出现了框架结构所带来的典型室内空间，室内空间变得更加高大宽敞，具有很强的灵活性，满足人们对各种功能性空间的需要。这个时期室内空间组织既承袭了之前魏晋南北朝时期的方式，也有了进一步的发展。帷帐、屏风作为室内空间组织的两大要素的利用，有效地对室内空间进行划分和组织，呈现出空间的连续性和通透性特征，通过这两大要素与家具的有机结合，从而形成功能明确和秩序化的室内空间组织系统。

13.3 室内环境的界面

隋唐时期建筑中的天花形式分为藻井、平暗、平棋、彻上明造等几种。天花的使用与建筑物的使用性质及结构方式关系很大。一般说来，只有采用殿堂型结构的建筑中才可设置天花，而厅堂结构的建筑，即便是宫中的便殿，也不用天花，而是用彻上明造的做法。

唐代藻井没有实物遗存，根据石窟中叠涩天井的形式推测，仍以斗四或斗八的传统形式为主。藻井一般设置在殿内明间中依间广作方井。其余部分及次梢间，皆应作平棋或平暗。佛殿中也有依主像数量及位置设置多个藻井的做法。

平暗方 1 尺左右，方椽细格，椽距与旁侧的峻脚椽相同，上面覆板，山西五台山佛光寺大殿（图2-13-23、图 2-13-24）就是这种做法，椽条搭接处绘白色交叉纹；另外，敦煌唐代洞窟中佛龛顶部以及西安唐永泰公主、懿德太子墓墓道的过洞顶部，都绘有平暗（图2-13-25），板上以间色绘团花，周

图 2-13-23　山西五台山佛光寺大殿

边的峻脚椽板上则绘折枝花草或佛、菩萨立像。平棋分格较宽大，平板上贴花或彩绘。

隋唐时期的地面做法十分丰富，简单的依旧因循汉制，表面进行涂色。此外，还有木、砖、石等铺装做法。大明宫中，前殿为"丹墀"（红色），后殿为"玄墀"（黑色）。麟德殿的前、中、后三殿中，前殿、中殿与通道的地面大部分采用表面磨光的石材铺砌，这是比较讲究的做法。其他空间的地面用黑色或灰色素面砖铺砌。达官显贵的宅第中，室内地面一般铺方砖或花砖（图 2-13-26、图 2-13-27），更为讲究的用磨光文石铺地，以锦文石为柱础，这和大明宫麟德殿地面的做法一样。

最为高级的做法就是满铺地衣，类似于今天的地毯，仅见于宫殿、寺庙等特殊场所中。唐代宫室习惯在地面铺设华丽的地毯，常满殿铺就。白居易在《红线毯》一诗

图 2-13-24（左）　山西五台山佛光寺大殿内景

图 2-13-25（中）　陕西西安唐永泰公主墓墓道的过洞顶部绘有平暗

图 2-13-26（右）　甘肃敦煌莫高窟唐开元年间第 45 窟壁画中的纹砖

图 2-13-27　甘肃敦煌莫高窟初唐第 71 窟壁画中的地面纹砖
（资料来源：傅熹年 . 中国古代建筑史（第二卷）[M]. 北京：中国建筑工业出版社，2002：445）

中就有这样的描写："红线毯，择茧缲丝清水煮，拣丝拣线红蓝染。染为红线红于蓝，织作披香殿上毯。披香殿广十丈余，红线织成可殿铺。"这样的效果则是"彩丝茸茸香拂拂，线软花虚不胜物。美人踏上歌舞来，罗袜绣鞋随步没。太原毯涩毛缕硬，蜀都褥薄锦花冷；不如此毯温且柔……"可见此毯是室内设计中的重要物品。

室内部分多以高级木料为梁柱装修，多用文柏或文杏为梁柱，应是取其纹理之美，柏木还可以取其香气。以柏木建屋是南北朝以来的传统，南朝有柏斋，北朝有柏堂，都是级别比较高的建筑，唐代时仍沿用这个传统。文献中记载的"文柏贴柱"则属于包镶一类的工艺技术，是一种比较豪华奢侈的做法，比如武则天时期的宠臣张易之的府邸中就采用了这种装饰工艺。唐代流行贴薄木片或拼小木块为图案来装饰梁柱、家具、器物等的表面，选用沉香、檀木等具有特殊香味的名贵木材，或者选用表面纹理优美的曲柳、柏木等。这种做法属于高级手工艺技术，实物国内无存，但尚可在日本正仓院遗宝中看到。这种工艺用在建筑装修上，应是极为豪华的做法。

建筑物的内墙，通常也是白色。大明宫含元殿遗址残存夯土墙以及重玄门附近殿庑残墙的内壁均为白色粉刷，靠近地面处有紫红色饰带，应为大明宫前期建筑的普遍做法。权贵的宅第中，仍采用南北朝流行的"红壁"做法，以朱砂、香料和红粉泥壁。佛寺中的墙面，多用来绘制壁画，有的还用琉璃、砖木雕刻等进行贴饰。自汉代以来，建筑物中还一直存在张挂织物于墙面的做法，这种做法一直因袭下来，称为"壁衣"。

隋唐门窗应该延续了魏晋以来的样式并有所发展，实物遗存不多见（图 2-13-28）。我们在壁画和明器中只见到版门和直棂窗（图 2-13-29），但唐石棺上已雕有在版门上部开直棂的形式（图 2-13-30），为宋代格子门的最初形态。锁纹窗汉代已有，所以唐代不可能只有直棂窗一种，文献中对安禄山的宅第的描述中有"绮疏诘屈"这样的词句，可见当时宅第应该有更为精致华美的门窗等装饰，可惜没有实物遗存。估计槅扇门的做法至迟在唐代晚期已然出现，并主要应用于居住建筑中。

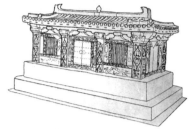

图 2-13-28（左上） 山西五台山佛光寺大殿的直棂窗

图 2-13-29（下） 陕西西安中堡唐墓出土的明器柱子

（资料来源：傅熹年.中国古代建筑史（第二卷）[M].北京：中国建筑工业出版社，2002：444）

图 2-13-30（右上） 陕西西安出土的隋李静训墓石棺

（资料来源：傅熹年.中国古代建筑史（第二卷）[M].北京：中国建筑工业出版社，2002：607）

隋唐木构建筑中窗的形式，以直棂窗和闪电窗为主。直棂窗又分破子棂、板棂两种，均为竖向立棂、棂间留空的做法，只是棂条的形式有所不同。

此外，雕刻、壁画在这个时期也取得了一定的成就。建筑物的台基、柱础等室内装饰，以及佛教建筑中的莲花须弥座（图 2-13-31）等，广泛采用雕饰。

13.4 家具及陈设

隋唐、五代时期，是席地坐向垂足坐转化的高潮时期。在这一时期内，社会上席地而坐和垂足而坐并存，室内家具的尺度在继续提高，促进了高型家具的发展，是中国古代家具发展史中重要的变革时期。唐代王室与西北少数民族关系厚密，从皇帝起就崇尚胡俗、胡物，所以室内家具的高型化必然先从宫室家具开始，同时新的家具品种也不断

图 2-13-31　甘肃敦煌莫高窟唐景福年间第 196 窟洞窟内景

涌现。除了汉末传入的胡床、束腰圆凳、方凳等高型坐具外，椅子和桌子等高型家具也开始出现。

到了隋唐，屏风的形制明显发生了变化，高、大了起来，制作也更为精美，作用也越来越多。除了遮挡风寒的作用以外，由于可以随时移动置放，还被用来分隔空间，同时也起到陈设和装饰的作用，用来强调主要空间和位置（图2-13-32）。

屏风多放在坐具之后，一般六扇，可以随意折叠，便于置用，这种使用方式在唐墓和敦煌壁画中都能看到。屏风也有和床连为一体的，1982年在甘肃天水唐墓中发现一石棺床，床四面雕壶门，床上左、右、后三面围以石板雕成屏风。屏床在敦煌壁画和佛坛中都可见到。有的画作深紫黑色，上缀小白花饰，表现的是紫檀螺钿做法。

唐代屏风的实物在日本正仓院中都还保存着，尽管多属日本古时仿制品，但还是可以了解唐屏风的具体形象和工艺特点。

隋唐、五代时期的床不仅是卧具，也是坐具（图2-13-33）。小床可以独坐，也可陈设物品。几多放在床前，放置生活器具，形制和汉晋以来无太大变化。

椅凳类家具是高型家具的典型代表，从现存的资料看，隋唐、五代时期已有扶手椅、圈椅、四出头官帽椅等形式，多为木制，结构体形拙朴厚重。在敦煌第217窟壁画中有室内床的使用（图2-13-34），第196窟中描绘了四出头扶手椅（图2-13-35）、长桌（图2-13-36），第473窟壁画中绘有条桌、条凳的形象，第85窟壁画中绘有两方桌，其高度适合一个人站立劳作（图2-13-37）。

除了坐卧具以外，桌案类、橱柜类家具也开始在宫室中使用，家具的品种逐渐丰富多样起来。在宫室中即使是地位较低的乐伎也开始使用桌、凳，如唐画《宫乐图》所描绘的那样，宫中乐伎会餐时，伎众围坐在一个大型的餐桌前，坐着圆形机凳（图2-13-38、图2-13-39）。由此可知桌子不但在宫室中极为普及，而且可以根据不同情况，将它的大小设计得十分灵活。同时，椅子的形式也十分多样，有靠背椅、圈椅、

图2-13-32 五代王奇勘书图中的屏风、案、桌、扶手椅

图2-13-33 甘肃敦煌莫高窟晚唐第138窟

图2-13-34 甘肃敦煌莫高窟唐景龙年间第217窟壁画中民宅室内的床

图2-13-35 甘肃敦煌莫高窟唐景福年间第196窟壁画中四出头的椅子

图2-13-36 敦煌莫高窟唐景福年间第196窟壁画中的长桌

竹椅，与宫室建筑的宏丽相呼应，家具大都宽大厚重，饱满华丽。无论是王者使用的高靠背扶手宝座，还是宫妇闲坐的月牙小凳，无不通体以细致的镶嵌和彩绘进行装饰。特别是宫妇使用的家具造型优美，曲线适宜，与体态丰满、雍容华贵的唐宫佳人的体貌正堪匹配。

与高型坐具相适应，桌、案、几类承具家具也变得高起来（图2-13-40），传统的矮足几、案越来越少，几、案的足部由曲栅横跗式变为直足式，高足几、案逐渐增多。这个时期的案主要有板足案、翘头案、撇脚案、曲足香案、箱形壶门案等，常见的几有高足（座）茶几、花几、香几和书几等。桌子的使用也开始流行起来，有方桌、葫芦腿桌、带托泥雕花桌、长桌等。

随着家具种类的丰富，隋唐时期的室内陈设也趋于丰富多样。豪华的厅堂室内陈设以帷幕、帘、帐幄、床、几、屏风等为主（图 2-13-41）。帘幕是居室的重要设施，檐下挂帘，室内多悬帷幕，这些可以从唐诗和壁画中得见。

此外，隋唐时期的工艺美术取得了很高的成就，丝织、金银、陶瓷、漆器等方面都极度繁荣。装饰的内容和题材除了前代的几何纹样和动物纹样，还大量采用人物、花卉、树石等纹样。就其风格而言，也逐步摆脱了前朝以来的古朴特色。

金银器的制作技术极为精湛，装饰技法多样（图 2-13-42~ 图 2-13-44）。陶瓷也得到很大的发展，以青瓷、白瓷、彩瓷和唐三彩成就最高。

图 2-13-37　甘肃敦煌莫高窟晚唐第 85 窟中的方桌

图 2-13-38　唐周昉《宫乐图》

图 2-13-39　唐周昉《宫乐图》（宋代摹本）
（资料来源：台北故宫博物院藏）

图 2-13-40　五代顾闳中《韩熙载夜宴图》中的家具

图2-13-41 甘肃敦煌莫高窟
第159窟壁画《维摩诘经变》
中的家具及陈设

图2-13-42（左） 唐法门寺
地宫银茶具（一）

图2-13-43（中） 唐法门寺
地宫银茶具（二）

图2-13-44（右） 唐法门寺
地宫银茶具（三）

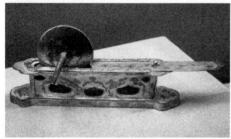

　　唐代的染织技术极为发达，不但在衣物上使用，也多用于室内和家具之上。室内主要用作幔帐、户帘；家具上则有床、屏、椅、凳，一方面起到美化作用，另一方面也有围合限定的功能。唐代染织品种类多不胜数，纹样光彩华丽，装饰室内，堪与大唐风格相匹配。

　　唐灭亡后，随之而来的是我国历史上又一次分裂与割据的时代——五代十国。在这半个世纪长的时间里，由于战乱频频，宫室建筑的成就很少，更无前代那样的气魄与风采，但是在这个史称残唐的时代里，延续着唐代的遗风，室内设计有所发展，并且在室内家具的设计上几乎形成体系。从五代时画家如顾闳中、周文矩、王其翰等留下的大量描绘五代贵族现实生活的画卷中，可以看到中国室内设计风格已经基本形成，它不如盛唐时期那样的豪华壮丽，但变浑圆为直简，化飞扬为含蓄，成为宋代中国高型家具最终定型的前奏。

第 14 章　宋辽金时期的室内设计

　　宋代分北宋（公元 960~1127 年）、南宋（1127~1279 年）两个时期，北宋定都汴梁（今开封），与辽（公元 916~1125 年）、西夏等少数民族政权并存。1127 年金兵南下，北宋都城失陷，长江以北的北方大部分版图被金侵占。宋王室仓促南渡，定都临安（今杭州），史称南宋。南宋时期与北方的金（1115~1234 年）长期对峙，金亡后，南宋与蒙古、元政权（1234~1279 年）对峙，直至 1279 年宋王朝全面沦陷。这个时期大约从公元 10 世纪绵延至 13 世纪末 300 多年的时间，这一时期中国基本上处于南北分裂的局面，多个政权并存、交替。但是与以往的大分裂不同的是，这期间的几大政权虽呈对峙的态势，但也创建了各自的灿烂文明，并相互吸收。这时地处中原地区的北宋虽然政治上比不上唐朝时的安定统一，但其经济、文化等方面与唐朝相比毫不逊色。基于农业、手工业和商业的繁荣，这期间的建筑艺术、营造技术水平在中国古代建筑史上处于最高阶段。"华夏民族之文化，历数千载之演进，造极于赵宋之世。"[①] "天水一朝，人智之活动，与文化之多方面，前之汉唐，后之元明，皆有不逮。"[②]

　　同时，其他民族的政权也在向宋朝先进文化学习和交流的同时，创造出了具有自己特色的建筑形式，其营造和设计经验也或多或少地被中原建筑所吸收采纳。所以说，中国古代建筑在这 300 多年间，不仅发展到了历史上的高峰期，同时也是不同风格建筑相互交融的历史阶段。但总的来说，外族建筑多数还是参照宋代汉制所建。

　　宋代建筑在风格上体现出了木构形式十分成熟的特色和地域特色。由于受这一时期的经济、文化和对外贸易的发展及建筑不同风格的影响，城市中兴建了大量的商铺、酒楼、茶肆以及娱乐等不同功能的新型建筑，而且有些建筑的规模比较大。同时，还出现了专门从事娱乐行业的场所——勾栏瓦舍，百戏技艺云集于此。《东京梦华录》

---

① 陈寅恪. 金明馆丛稿二编 [M]. 上海：上海古籍出版社，1980：245.
② 王国维. 宋代之金石学 [M]// 王国维遗书（第五册）. 上海：上海书店，1983：50.

中描写了瓦子的情形："街南桑家瓦子，近北则中瓦，次里瓦。其中大小勾栏五十余座。内中瓦子、莲花棚、里瓦子、夜叉棚、象棚最大，可容数千人"。[1]

宋代是我国室内设计史上的重要时期，是中华民族的起居方式由"席地而坐"最终转变到"垂足而坐"的重要时期。此时的建筑艺术发展达到一个新的高度，建筑形制、用料大小、彩绘、装修等都向制度化、标准化和模数化发展，出现了《营造法式》这本关于官式建筑的经典文献。

14.1 建筑技术

宋代宫殿、衙署等建筑放弃了唐代恢弘、健朗的气魄与风范，无论单体建筑还是建筑群体都没有唐代那种宏伟刚健的风格，整体上趋于精炼、细致，富于变化（图2-14-1~图2-14-3）。与唐代建筑追求气势宏大的特点不同的是，这一时期的建筑开始向秀丽、精致和富于变化的方向发展。当然，这也是建筑营造技术发展的体现。这一时期的建筑技术在总结了前人的经验并形成严密的定制后，开始强化结构的作用，以前在建筑中尺度比例很大的斗栱开始缩小。在建筑细节上，各小构件也有了新的发展，上至窗部的结构，下至装饰的色彩都向着多姿多彩和小巧细腻的方向发展。与前代相比，宋代营造技术的一大进步是木装修水平的提高，随着工艺技术的进步，建筑装饰手法细腻丰富。小木作技术形成成熟的手法，取代了长期以来在室内空间组织和划分中居统治地位的帷幔和帐幕。《营造法式》中介绍了诸如大木作、壕寨与石作、小木作、彩画作、瓦作、砖作、雕作与旋作等工种制度，其中"大木作"制度仅有2卷，而"小木作"制度达6卷之多，在各工种制度中所占比例最大。小木作所涉及的内容非常广泛：①一般建筑常有木装修，如门、窗、天花、照壁屏风、截间板帐、藻井、平暗等；②特殊建筑装修，如佛帐、道帐、壁藏、转轮藏等；③室外的一些小建筑如井亭、叉子、露篱等；④用于建筑的木装修如垂鱼惹草、胡梯、版引檐、地棚、撇帘杆等的实用性木装修。[2]《营造法式》中对各

图2-14-1 宋徽宗赵佶《瑞鹤图》中的东京宫城城门宣德楼

---

① 东京梦华录·东角楼街巷（卷一）[M].
② 参见：郭黛姮，主编.中国古代建筑史（第三卷）[M].北京：中国建筑工业出版社，2003：680.

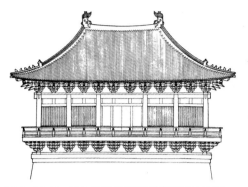

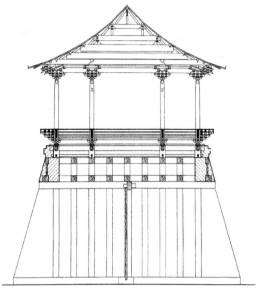

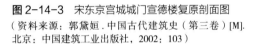

图 2-14-2 宋东京宫城城门宣德楼复原立面图
（资料来源：郭黛姮．中国古代建筑史（第三卷）[M]．
北京：中国建筑工业出版社，2002：104）

图 2-14-3 宋东京宫城城门宣德楼复原剖面图
（资料来源：郭黛姮．中国古代建筑史（第三卷）[M]．
北京：中国建筑工业出版社，2002：103）

种装修的形制和总体尺度均作了规定，并对每一种装修的细部构造作了说明，面对复杂的现实情况，应用了百分比的尺度控制法，以协调各处的比例以及尺寸，人们可以通过这些换算方法得出实际使用中的尺寸大小。

《营造法式》中的木装修多涉及古代木结构建筑的内檐装修，也即今天所说的室内界面的处理范围。《营造法式》为后世研究中国古代建筑的门窗、天花、照壁屏风、截间板帐、藻井等提供了非常精细和清晰的依据。其卷六、卷七记载的门有版门、合版软门、格子门、乌头门，其中最为精致的要数格子门。窗有破子棂窗、版棂窗、闪电窗、栏槛钩窗等，其中栏槛钩窗是唯一可以自由启闭的窗户。天花有藻井、平棋、平暗三种具体形制与做法。用于室内分隔空间的木隔断用量很大，在宋代较为普遍，《营造法式》中有截间板帐、截间格子两种。此外，《营造法式》中还有对室内彩画的记载，如五彩遍装、碾玉装，并对彩画的配色和施工作了具体规定。

如上述可知，宋代的室内装修装饰手法已经相当丰富，技艺精湛。通过不同的尺度要求，可达到多种变化，适应不同的建筑需求。同时，由于小木作技艺的进步，大大推动了室内装修和装饰。如窗，宋代之前的窗户多为直棂窗，不可启闭，尺度较小，多用于通风而非采光。宋时窗的尺度变大，并且出现了可以自由启闭的栏槛钩窗，人们可以倚栏而坐，欣赏室外风景，大大改善了室内外的沟通。再如门，门在宋代出现了巨大变革的是格子门的应用，于檐下柱间构成一道灵活美观的木构幕墙，可冬设夏除，冬季封闭保温，夏季摘下通风，这无论在使用上还是空间结构上都是一种新的体验，同时极大地丰富了建筑空间的形式。同时，格子门上部装有格心，格心除了具有通风采光的作用外，其精美的格心图案，在檐下柱间形成了一道极具装饰意味的幕墙，人们无论处于室内还是立于庭院，配合着格心花纹带来的光影效果，应该是一种满足实用性之外的审美享受。木构件可雕刻亦可彩绘，给装饰带来了很大的便利，这也是小木作技艺的进步为室内装修带来的新局面。

中国传统建筑墙体多不承重，室内由柱网构成隐形的隔间，可在柱子间设幕帘等分隔物以达到空间使用的目的。宋代随着小木作技艺的进步，截间板帐、截间格子等可装可卸，自由灵活的木构件开始取代传统的帷帐大量应用于室内空间的分隔上。屏风在此时也用于室内临时空间的分隔与围合上，这些小木作技艺的大量使用，使得之前大量应用的帷幄和幕帘，除私密空间的帐幔外，其余逐步衰落并退出历史舞台。

14.2 建筑空间形态

宋代建筑以木构架为主体框架，官式建筑以柱梁式木构架为主，南方兼有穿斗式。《营造法式》中记载有宋代建筑的主要构架类型：殿堂（殿阁）、厅堂、余屋（柱梁作）、斗尖亭榭四种，在现存宋代建筑中仅见"殿堂"和"厅堂"两种，同时也有该两种构架形式相混合的新形式。殿堂型构架主要用在殿宇等重要的建筑物上，是等级最高的构架形式，由下层柱网、中层铺作层和上层屋顶草架三部分构成（图2-14-4）。《营造法式》又将殿堂式构架分为"单槽""双槽""分心斗底槽""金厢斗底槽"四种地盘分槽的柱网形式。不同的室内柱网结构，带来不同的室内空间格局。厅堂型构架是由若干道位于房屋分间处的垂直构架并列拼合而成，柱子上接檩、椽等结构构件形成屋顶。相对殿堂型构架来说，厅堂型构架的内柱分布更加灵活。根据所用梁的跨度和柱子数量的不同，其内部柱网格局也更加丰富（图2-14-5）。

在一些大型的宫殿、佛寺以及商业建筑中，需要高大宽敞的室内空间以营造功能场所需要的环境氛围，为了获得更为宽阔与高大的室内空间，宋、辽、金时期通过"减柱""移柱"的手法，有效地解决了柱网结构本身与使用功能之间的冲突，获得前所未有的高大宽敞的室内空间（图2-14-6、图2-14-7）。

遗存至今的宋、辽、金时期的建筑多为宗教建筑，北宋时期的有山西太原晋祠圣母殿、河南登封少林寺初祖庵、宁波保国寺大殿；南宋时期的有苏州玄妙观三清殿；辽代时期的有河北蓟县独乐寺观音殿、独乐寺山门、义县奉国寺大殿、山西大同下华严寺薄伽教藏殿、下华严寺海会殿、山西应县佛宫寺释迦塔；金代的有山西五台山佛光寺文殊殿、山西朔州崇福寺大殿、山西大同善化寺大殿及山门等。

宋、辽、金时期的宫殿都未能保存下来。宋代宫室建筑，虽不及唐代那样宏伟壮丽，但它更富于雅丽、精致的特点。特别在内部装修和装饰、色彩运用、雕饰纹饰等方面都趋于精巧秀丽。延福殿是设于开封的新宫，是新建宫殿中气派最大的一个。它

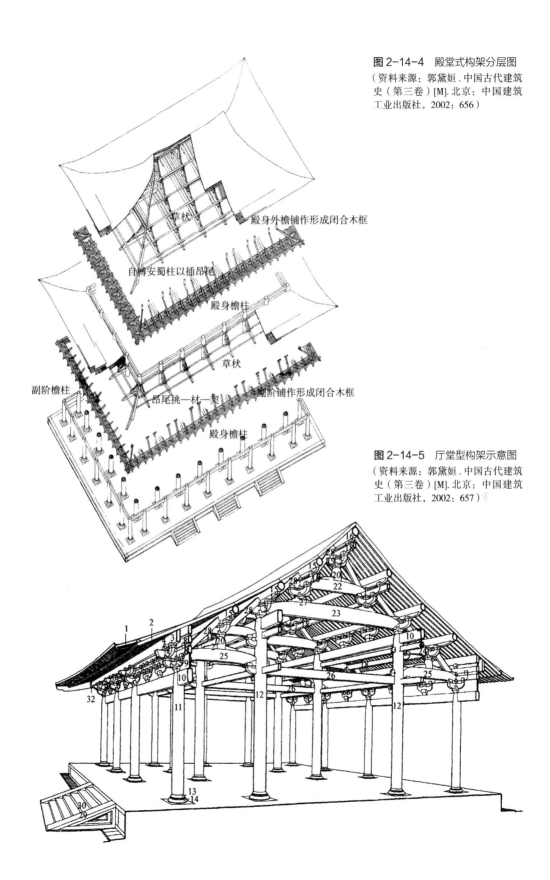

图 2-14-4 殿堂式构架分层图
（资料来源：郭黛姮．中国古代建筑史（第三卷）[M]．北京：中国建筑工业出版社，2002：656）

草栿
殿身外檐铺作形成闭合木框
自槫安蜀柱以插昂尾
殿身檐柱
草栿
副阶檐柱
副阶铺作形成闭合木框
昂尾挑—栿—槫
殿身檐柱

图 2-14-5 厅堂型构架示意图
（资料来源：郭黛姮．中国古代建筑史（第三卷）[M]．北京：中国建筑工业出版社，2002：657）

图 2-14-6　天津蓟县独乐寺

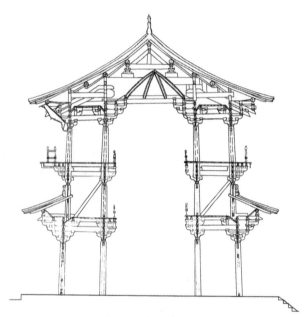

图 2-14-7　天津蓟县独乐寺剖面图
（资料来源：郭黛姮 . 中国古代建筑史（第三卷）[M]. 北京：中国
建筑工业出版社，2002：275）

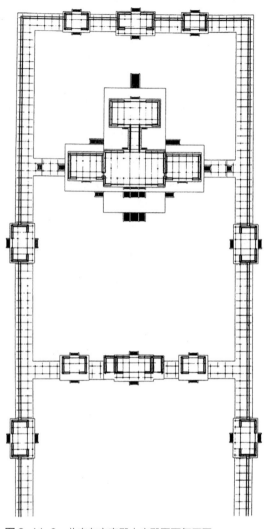

图 2-14-8　北宋东京宫殿大庆殿平面复原图
（资料来源：郭黛姮 . 中国古代建筑史（第三卷）[M]. 北京：
中国建筑工业出版社，2002：101）

的东、西、南、北分布着大大小小的殿堂。覆茅草为亭，竹榭成阳，宫苑内各式景色
俱备。因徽宗擅长丹青，工于设计，其室内装饰陈设自然雅致不俗。

　　除了一般的单体建筑外，宋代的大型建筑盛行在主体建筑四周加建体量小于主体
的附加建筑，形成外部造型与内部空间更为复杂的建筑复合体。主体建筑四周附加的
建筑起到烘托主体的作用。建筑的内部，以主体建筑的室内空间为核心，形成了一个
多个空间组合的复杂空间，室内空间复杂多变，满足了人们对多种功能的需求。譬如
北宋东京的大庆殿（图 2-14-8），中央为大殿，大殿左右带有挟殿，殿后有阁。

在这个由多个单体建筑组织而成的群落中，不同的建筑空间担当着不同的功能。或者说，由多种不同功能的单体建筑空间，按照自古固有的规则组合起来，形成了中国传统的院落式空间组织形式。在这个组织形式中，除了满足人们日常生活起居的实际需求外，建筑空间组织还在更大程度上体现着中国古代的礼教制度。

宋朝的民间居住建筑是中国封建社会时期处于较高位置的一个历史阶段。这种情况仅限于宋的统治区域内，在辽、金和西夏地区的民间住宅还存在较大的差距。宋代民居只能通过文献记载和绘画作品了解，其中绘画作品最为直接形象。如《清明上河图》《千里江山图》《文姬归汉图》《中兴祯应图》《江山秋色图》《四景山水图》《荷亭对弈图》等作品中都表现了不少当时的建筑形象和整体平面布局。民居有移动型和定居型两类，在中原汉人聚居地区以定居型为主。单体建筑的构造形式主要有抬梁式、穿斗式、干阑式、井干式、穴居式等。民居建筑的整体平面布局除了传统的庭院式布局外，还有一字形、工字形、口字形、王字形等（图2-14-9、图2-14-10）。

图2-14-9 清明上河图中的住宅

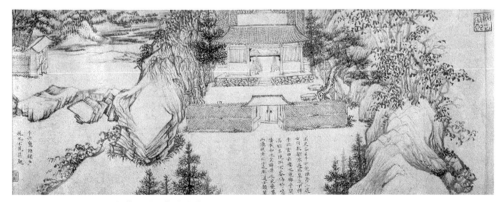

图2-14-10 宋乔仲常《赤壁图》卷之九
（资料来源：美国奈尔逊·艾特金斯博物馆藏）

宋代住宅建筑的等级制度，在当时的官颁文书中作了明确规定，对建筑的装修、色彩、斗栱的使用规定"凡庶民家不得施重拱藻井，及五色文采为饰，仍不得四铺飞檐。"除上述等级制度外，对建筑规模和体量也有要求，"庶人舍屋许五架，门一间两厦而已。"从宋画中可以看出住宅有明显的等级制度，官宦住宅大都采用多进院落式，有独立的门屋，主要厅堂与门屋间形成轴线。建筑物使用斗栱、月梁、瓦屋面。有些住宅后部还带有园林。《文姬归汉图》中所绘北方官邸住宅（图2-14-11），为多进式院落，有大门和二门，大门为"断砌造"。大门两侧是围墙，没有廊庑，门内正对有照壁。和大门正对的是堂屋，堂前有阶，堂屋左右为东西厢房，和大门一侧的院墙一起围合成一个四方庭院，由于画面限制，堂屋后面的建筑没有表现出来。《中兴祯应图》中有一座王府（图2-14-12），大门为"断砌造"，门屋两侧为院墙，大门正对着堂，堂前出面阔三间的抱厦，左右应有东西厢房，画面中没有完整表现。

宋代的庭院式传统布局方式非常普遍，在这个内向聚合的院落中，形成了室内空间之间的分隔与沟通。首先以大门为界，分隔了以院落为整体的组群空间对外的联系，形成了一个功能完备的内部空间组织。院落中的主体空间居于中轴线上，一般为堂的所在，其所承担的功能大多是待客、议事等公共活动空间，堂后便是较为私密的生活起居空间——室，也即"前堂后室"制度。中轴线两侧的建筑多称为东

图2-14-11 《文姬归汉图》中的宅邸

图2-14-12 《中兴祯应图》中的王府
（资料来源：刘敦桢，主编.中国古代建筑史[M].北京：中国建筑工业出版社，2005：186）

西"厢"或东西"庑"，围合于其间的便是庭院。由空间的使用功能来看，庭院最为开放，其次是堂，再次是室。而相对于建筑室内的空间而言，庭院属于室外，而相对于整体院落而言，庭院则属于一个四面围合而无顶棚的室内空间，最后壁便是周围建筑的门窗和墙体。由此可见，院落式的室内空间组织形成了室内外交融、虚实相生的局面，在使用上层层递进，井然有序。宋代，官僚贵族的宅第前堂后寝式的住宅格局已经定型。一个完整的住宅包括有独立的门屋、多进的院落和宅后配套的园林。宋代的住宅形制和形式被之后的元明清三个朝代承袭下来，后来的民宅并没有多大的改变。

随着新型城市规模的不断发展，与商业贸易、娱乐、文教活动相适应的新的建筑形式层出不穷，《清明上河图》中就描绘了大量的商业店铺、旅店、酒楼等建筑形象（图2-14-13）。从功能安排来看，既有满足单一商业贸易活动的商铺，也有与"作坊"相结合的组合。从空间安排上看，既有临街设立的，也有院落或花园式的形式。就空间形态而言，打破了唐代以前城市形态的水平化特征。宋代城市出现了二层、三层甚至更高的酒楼等楼房，建筑的多样化形式使空间布局出现了极其丰富的变化。娱乐活动的繁荣又促成了"戏台""舞亭""舞楼"等新建筑形式的出现。随着城市人口的增加，市民的生活开始变得丰富多彩。北宋崇宁、大观年间，都城中出现了供市民娱乐的专门空间场所——瓦子、勾栏。瓦子是集中的娱乐场所，勾栏是百戏杂耍等演出的场所或者戏台（图2-14-14）。同时，乡村经济的发展使得传统乡野民居也取得了一定的进步，一般根据土地形势及成本费用情况，灵活布局，使空间形式更加丰富多样。

图2-14-13 《清明上河图》中的繁华的街道与阁楼式商业建筑

图 2-14-14 《清明上河图》中的瓦子、勾栏

14.3　室内环境的界面

　　宋代建筑室内顶棚的做法主要沿用唐代，以平暗、平棋、藻井（图 2-14-15）三种形式为主，一般用于殿、阁、亭三种建筑物中。宋《营造法式·小木作制度》中有对天花做法的详细要求和解释，将天花分为"平棋""斗八藻井"和"小斗八藻井"三部分。在《梦粱录》中，有"仰尘"一说，大概为民间对顶棚的称呼，沿用至今。

　　平棋造型多样，平面有方形、圆形、六角形、八角形等；截面有平顶式、平顶加峻脚、尖顶形、蝼蝈形等。平棋为方形或长方形格子，做法是先在平棋枋上置桯，方位与平棋枋垂直，再于桯上置贴，方位与桯垂直，这样便构成方格，方格四周施小木条——难子，再于其上装背板，即天花板（图 2-14-16）。宋代建筑中的平棋天花做法已经很难见到全貌，仅存的几座建筑遗构中或可看到当时顶棚做法的一些例证，如山西大同华严寺薄伽教藏殿平棋，薄伽教藏殿除了三间后部的一大一小藻井外，其余都作平棋（图 2-14-17）。平棋上彩画牡丹以及周围杂饰宝相花，另在阑额上还出现一种类似团花的彩画，可以推测属辽代原物，其中一些平棋壁板上的花卉和人物有重描痕迹，所以确切年代还有待考证。

　　平暗其实是最简单的一种顶棚做法，在宋《营造法式》中，将平暗归为属于平棋的一种。即用木椽做成较小的格眼网骨架，架于桯枋上，再铺以木板。一般都刷成单色（通常为土红色），无木雕花纹装饰。

这个时期的多数大殿都没有天花，梁架完全暴露，显现出结构之美。也有设天花者，一般用在佛座或宝座之上。随着建筑风格渐趋繁丽，宋代的彩画有了长足的发展，改变了唐以前建筑彩画比较质朴的面貌，为明清彩画的发展高峰做好了充分的准备。

宋《营造法式》里所称的"地面"，一般包括殿堂、廊舍、台基、散水等地面。依据文献记载、现存的建筑及遗址、绘画作品、墓室壁画等资料，常见的地面主要用砖、石、木、灰土等材料铺成，较为讲究和高级的做法是地面铺设"地衣"。

灰土地面经济适用，多用于民间建筑。宋画中的素夯土地面出现较多，如张择端《清明上河图》中的多数建筑均为素土地面（图2-14-18），尤其是沿街的各类店铺店面，清楚可见其室内地面多为素土地面，为了满足使用上的需求，应该是经过特殊的灰土处理，使其隔潮耐磨损，并达到卫生整洁的目的。

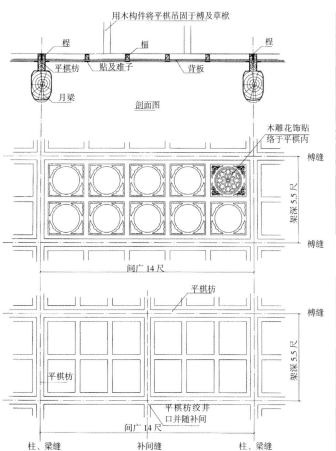

图2-14-16　平棋分布隔截两例

（资料来源：潘谷西，何建中.营造法式（解读）[M].南京：东南大学出版社，2005：125）

图2-14-15　金代山西应县净土寺天花藻井

图2-14-17　辽代山西大同华严寺薄伽教藏殿平棋天花

图 2-14-18 《清明上河图》房屋中的地面与户外是一样的素土地面

图 2-14-19 南宋画《女孝经图》

图 2-14-20 南宋画轴《柳枝观音图》

图 2-14-21 南宋赵伯骕《荷亭对弈图》中室内是木地板地面

图 2-14-22 宋画《孝经图》中的地面局部使用地毯

宋《营造法式》中对砖的使用有详细的记载和说明，砖作为一种耐磨、防水的材质，多用来作为铺盖材料和装饰材料，用于阶基、铺地面（图 2-14-19）、墙下隔减（土墙墙裙）、踏道、慢道（坡道）、须弥座、露墙、露道、城壁水道、涵洞、接甑口（灶膛及灶面）、马台（上马用的登台）、马槽、井、透空气眼等 15 个项目，一般宫殿和民居等建筑的墙体并不用砖砌。宋代时，一些富有人家也有在地面上铺设釉砖的例子（图 2-14-20），如宋周密《癸辛杂识》[①]中有富贵人家在地上铺设着釉砖并在其上镂以花草图案的记载。

宋画中所表现的楼阁、台榭等底部架空的建筑中，地面铺装大多使用的是木板。如《荷亭对弈图》（图 2-14-21）中，画面前方的荷亭建在水面上，画家用均匀的长线条沿着建筑进深方向表现其地面，而画面后方的厅堂中，地面被绘成方砖正纹铺设的形象，这两处地面表现手法的不同，应该不是画家故意所为，而是地面铺设手法上差异的现实表现，画面前方的荷亭地面，应该为木板铺设而成。

① 周密. 癸辛杂识·续集下·黑漆船兰 [M]// 谢和耐. 蒙元入侵前夜的中国日常生活 [M]. 北京：北京大学出版社，2008：102.

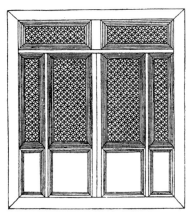

图 2-14-23　截间格子
（资料来源：郭黛姮.中国古代建筑史（第三卷）[M].北京：中国建筑工业出版社，2002：696）

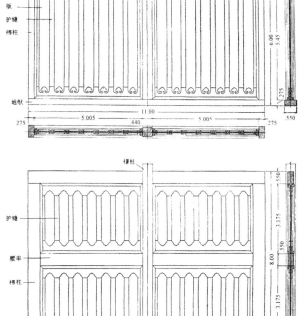

图 2-14-24　板帐
（资料来源：郭黛姮.中国古代建筑史（第三卷）[M].北京：中国建筑工业出版社，2002：695）

两宋时期，贵族和富人家中还流行使用"地衣"铺设地面，以显示高贵的身份和华丽的环境，追求舒适安逸的生活（图 2-14-22）。"地衣"也就是今天的地毯，实物早已无存。欧阳修的"金花盏面红烟透，舞急香茵随步皱"（《玉春楼》）和柳永的"蜀锦地衣丝步障"（《浪淘沙令》）中的"香茵"和"蜀锦"就是对"地衣"的描写。宋周密《癸辛杂识》中记有吴妓徐兰家的奢华精致景象："其家虽不甚大，然堂馆曲折华丽，亭榭园池，无不具。至以锦缬为地衣，乾红四紧纱为单衾，销金帐幔，侍婢执乐音十余辈，金银宝玉器玩、名人书画、饮食受用之类，莫不精妙，遂为三吴之冠。"[①]

到了宋代，小木作技艺获得了一次飞跃发展，极大地影响了室内的装修和装饰。首先表现为室内划分手法的变化，由以帷幔为主转向以格子门和室内隔截空间的截间格子（图 2-14-23）、截间板帐（图 2-14-24）、板壁等手段为主，帐幔逐步退为小木作的辅助手段。截间格子上还可以另外安装有启闭功能的格子门，以便于室内空间的沟通（图 2-14-25）。

---

① 周密.癸辛杂识·续集下·吴妓徐兰 [M]：86.

宋代建筑的门窗多为单扇或双扇板门，双扇门扇常有铺首。重要建筑物的板门上饰以成列成行的门钉，据《营造法式》中记载，五代宋时期开始出现格子门，门上部有透光木格子，木格子可以采用精巧而多样的样式，既能采光，也能起到装饰的作用（图2-14-26）。

《营造法式》中记载了宋代主要的几种门，大致分为板门、软门、格子门和乌头门。板门之后，出现了较为轻巧、形制多样的"软门"（图2-14-27），应该是木作技术进步带来的变化，软门由木框镶嵌薄板制成，宋代的软门有牙头护缝软门、合版软门等形制。软门多注重装饰，追求精巧和细致的效果。乌头门多安装在围墙上，是宋代较为流行的一种标准官家大门（图2-14-28）。门的两侧有两根高柱，称为挟门柱，该柱子断面为方形，下部栽入地下，柱头套有陶缶为乌头，可防止木柱头年久雨淋而损坏。

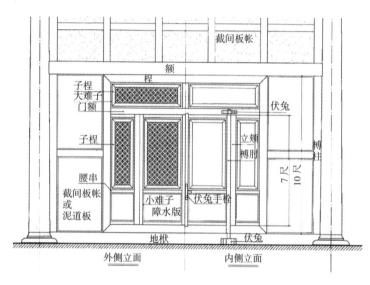

图 2-14-25 开门的截间格子

（资料来源：潘谷西，何建中.营造法式（解读）[M].南京：东南大学出版社，2005：122）

图 2-14-26 四斜毬纹格子门

（资料来源：郭黛姮.中国古代建筑史（第三卷）[M].北京：中国建筑工业出版社，2002：683）

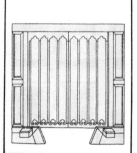

图 2-14-27 牙头护缝软门和合版软门

（资料来源：郭黛姮.中国古代建筑史（第三卷）[M].北京：中国建筑工业出版社，2002：683）

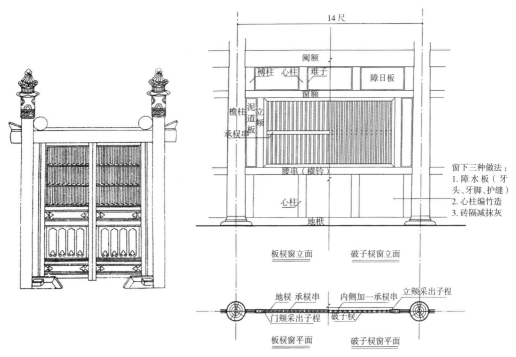

图2-14-28（左）乌头门

（资料来源：郭黛姮.中国古代建筑史（第三卷）[M].北京：中国建筑工业出版社，2002：621）

图2-14-29（右）直棂窗

（资料来源：潘谷西，何建中.营造法式（解读）[M].南京：东南大学出版社，2005：119）

　　宋代窗的形制大为丰富，《营造法式》中记载了破子棂窗、版棂窗、闪电窗、栏槛钩窗等。安装这些窗首先有一个位于柱间的窗框，窗框间安装窗棂。直窗棂（图2-14-29）用矩形断面木条制成的叫做"版棂窗"；用等腰三角形断面的（正方形木条对角斜破而成）窗棂结构称"破子棂窗"。"闪电窗"和"水纹窗"多设在建筑的高处，其窗棂棂条弯曲，光线照入时，运动中的人们似乎感觉到棂条间光线闪烁，犹如闪电；水纹窗也是如此。以上几种窗都为死扇，不可开合，只有"栏槛钩窗"具有启闭的功能，栏槛钩窗是将栏杆和槛窗组合在一起进行设计的（图2-14-30）。其形制主要是在房屋面向庭院或天井一侧设约半人高的槛墙，槛墙上的窗台板叫做"槛面板"，槛面板之上另加窗框，宋时称"腰串"，窗框中安装窗格，这种窗也称为槛窗，在宋代建筑实物以及绘画中多见。槛窗外设勾栏，结合在一起称为栏槛钩窗。这种窗的出现引起了中国古代建筑窗户的革命，从此，直棂窗逐步被可开启的窗所替代。《荷亭对弈图》中，两人临窗而坐，槛墙很低，上设长长的窗扇，由于时值夏季，大部分窗扇已经卸下，人们居于一个四壁几乎开敞的室内，槛墙槛面可坐，外有勾栏依凭，室外风景一览无余。

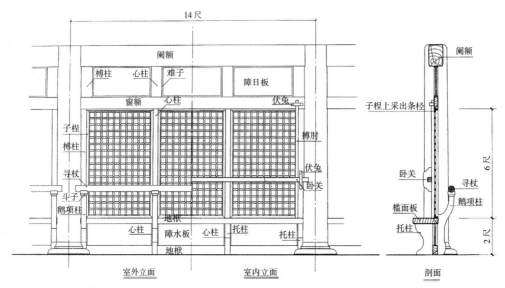

图 2-14-30 栏槛钩窗

（资料来源：潘谷西，何建中．营造法式（解读）[M]．南京：东南大学出版社，2005：120）

14.4 家具及陈设

宋、辽、金时期，起居方式的变化使中国古代家具的发展进入到高型家具发展完备的时期，垂足而坐的起居方式，到两宋时期已经完全普及到民间。椅凳桌案类家具的大量使用，是起居方式转变的一个重要表现，也是宋代高型家具广泛普及的标志。家具已经完全摆脱跪坐式的形式，转变为垂足而坐的形式。随着家具由低型到高型的转变，家具的造型和结构也发生了变化，无论从技术层面，还是到造型装饰层面，都达到很高的水平。首先是家具已采用框架式结构替代了壸门的箱式结构，其次在家具的装饰上也更加丰富，如桌椅的四条腿的断面形式出现除方形和圆形之外的马蹄形，桌子上出现了束腰的形象等。与从粗犷走向华美和精致的宋朝建筑相反，宋朝的家具反而走向简约和洗练，这些特征成为明式家具发展的基础。随着家具高度的增加，相应地在室内的摆放位置也随之有了变化，除书房与卧室外，家具的摆放位置逐步形成了一定的格局样式。

与唐代相比，宋代的家具不仅功能区分明确，而且种类齐全，从品类到形制都不断完善，各类高型家具基本定型。宋代是中国家具史中空前发展的时期，也是家具空前普及的时期。此期间，桌椅的形制基本定型，条案、交椅、桌、凉床、柜等高型家具流行起来，并走向寻常市井百姓之家。此外，还有一些新类型的家具出现，如圆形和方形的高几、琴桌、炕桌，以及专供私塾使用的儿童桌、椅、凳、案和宴会使用的长桌和连排椅。

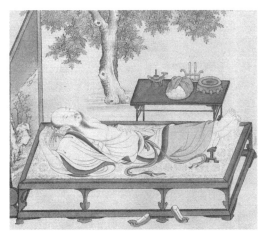

图 2-14-31 南宋《槐荫消夏图》局部

1. 床榻类

床的形制虽然在唐代就有，但功能和名称很不确定，属于模糊的过渡阶段。在唐代，有"坐床""眠床""绳床""酒床""食床"等，"唐代是低型家具与高型家具并行，也是跪坐、盘腿坐与垂足坐并行的时代"。"这一时代中一个很特殊的现象，是作为家具的床，其概念变得格外宽泛。凡上有面板、下有足撑者，不论置物、坐人，或用来睡卧，它似乎都可以名之曰床。"[①] 由于尚处由低型家具向高型家具过渡的时期，所以不仅床与榻、桌与案没有严格的界限，就连床和榻的功能也没有明确的区分。到了宋代，家具功能的区分日益明晰，加上高型家具配套齐全，从名称到家具的功能、范围、甚至时间都相应固定下来。比如床、榻在宋代就区别开来，这一点特别体现在榻的设计和使用上。榻的形制和用途比较自由灵活，可供睡眠，也可供临时休息，摆放位置自由（图 2-14-31、图 2-14-32）。

由于宋代室内布局灵活实用，加之截间格子和板帐等小木作技术的普及，专供卧室中使用的卧床已经出现。由于宋代文人崇尚山林雅趣，不屑描绘寝卧之境，加之卧床实物没有传世至今，我们只有从宋画中能看到宋代卧床。《韩熙载夜宴图》围屏榻后面有卧床一张，三面装有矮围屏，屏心绘有山水，清晰可见床帐通过床四角的帐杆罩于其上（图 2-14-33）。这张卧床说明在宋代无论从功能还是形式都行当完备，这种床经过演化发展成为明代的架子床，到了清代演变为拔步床。

2. 柜架类

柜架类家具，最初用于满足于储物功能，到宋代就不再仅仅满足储物功能，发展为室内重要的陈设器物。

宋代已经形成用柜架存放物品的习惯，柜子多放置在桌上。如在宋画《五学士图》（图 2-14-34）中出现柜门冲前，做工考究的柜子，《蚕织图》中也有形制相当成熟的柜子，是现存为数不多关于宋代柜子的描绘。另外《蚕织图》（图 2-14-35）中还描绘了若干种大小各异的储物架子，也足以得见宋代柜架家具的普及程度。

箱即宋人所谓的"匣"，是一种收藏日常生活用品、文具或衣物的方形家具，河北宣化下八里辽墓壁画中桌上就放置了一个小巧的用来储藏书斋文具的木箱（图 2-14-36）。

---

① 扬之水. 家具史发展史中若干细节的考证 [J]. 故宫学刊，2005：（2）.

图 2-14-32 宋画《女孝经图》中的榻

图 2-14-33 《韩熙载夜宴图》中的床

图 2-14-34 宋画《五学士图》中的柜橱　图 2-14-35 宋画《蚕织图》中的柜橱

图2-14-36　河北宣化下八里辽墓中的桌 图2-14-37　河北宣化下八里辽代张世卿墓壁画中的柜子
子及桌上小巧的用来储藏书斋文具的木箱

木、皮、竹是主要制作原料，但都必须配备铜制或铁制的饰件，宋代以木制为主。与柜橱相比，箱有体积小、提拿方便的特点，式样也较为丰富。近年在江苏武进县村南南宋墓中发现镜箱，顶上开盖，下有平屉，屉内有可以支起并放下的铜镜支架，平屉下设抽屉两具，形制与官皮箱很接近。另外，河北宣化下八里辽代张世卿墓壁画中的是一个带盖的由五层盛放食物的匣子叠起来的家具，这里也可称为箱（图2-14-37）。

3. 几案类

高型桌子出现在宋代，与椅子的组合搭配也是从宋代开始的。桌相对于案，一是与椅凳有密切的组合搭配关系；二是多用于日常生活方面，具有简洁实用的特点。而案则相反，一是案与椅凳没有固定的组合搭配关系；二是多用于祭祀、公务、书画等正式的场所或有精神性要求的场所，案追求古意，强调造型和装饰，突出陈设性。

桌子以实用为主，随着使用功能的增强，发展非常迅速，在宋代就已经成为承具的主体式样。从《清明上河图》可以看到，市井生活中桌子的使用非常普遍，而且与椅凳等其他家具的组合搭配也相当成熟。在《清明上河图》（图2-14-38）、河北宣化辽墓壁画中（图2-14-39），我们能够看到桌子在豪宅、酒楼、茶肆、商铺、作坊甚至船上使用。宋代桌子的式样很多，有方桌、长方桌、交足式的折叠桌等。

无论从工艺、造型还是功能上来说，宋代的案都达到很高的水平。从宋文人画中来看案的使用，大都在重要的场所、场合或者是文人士大夫阶层寄托情怀之处。所以，案的设计较为考究，细节装饰丰富，功能性和艺术性并重（图2-14-40）。

宋画中的几有茶几、香几两大类，形状有圆形和方形两种，方形的居多，或清雅秀美，或端庄华美，形制丰富（图2-14-41）。宋代几的使用应是历史上最兴盛的时期，从宋

图2-14-38（**左上**）《清明上河图》茶肆中的桌子和长凳

图2-14-39（**左下**） 河北宣化下八里辽墓壁画中的桌子和箱子

图2-14-40（**右**） 南宋《十八学士图》中的案子

图2-14-41（**左**）《秋庭婴戏图》中的方几

图2-14-42（**右**） 南宋《十八学士图》中的方形茶几

图2-14-43 宋画《女孝经图》中的香几

画及壁画的描绘中可见一斑,宋画《十八学士图》中的茶几（图2-14-42）和《女孝经图》中的香几（图2-14-43）是比较有代表性的。宋代文人焚香燕居盛行，吟咏焚香的诗词不计其数，从传世和出土的精美香炉便知一二，因此香几是比较流行的一类几。

4. 椅凳类

椅凳类家具的大量应用和普及，是垂足而坐的高坐高起时代全面到来的标志。由于椅凳类与桌案类属于配套家具，二者同步发展。

宋代的椅子分为靠背椅、扶手椅、圈椅、交椅等多种形式。靠背椅大多无扶手，靠背由两侧两根立材、居中的靠背板以及一根"搭脑"组成，座面下均有牙条、牙头起加固和平衡作用（图2-14-44）。靠背椅的靠背形式多种多样，有的还用织物覆盖（图2-14-45）。南宋《宋仁宗皇后像》中的靠背椅，纹样华美的织物覆盖在椅背和座面上，造型优雅，雕刻精美，华丽精致（图2-14-46）。扶手椅有靠背以及扶手，宋画中的扶手椅靠背多低矮，带有脚踏（图2-14-47）。《宋太祖赵匡胤像》中的扶手椅也称宝座，造型疏朗大气，色彩浓艳，富贵华丽（图2-14-48）。圈椅在宋代称为"栲栳椅"（图2-14-49），交椅由胡床发展而来（图2-14-50）。

图2-14-44　南宋《十八学士图》中的靠背椅

图2-14-45　河南禹县白沙宋墓壁画中的桌椅

图2-14-46　《宋仁宗皇后像》中的靠背椅

图2-14-47　南宋《十八学士图》中的扶手椅

图2-14-48　宋画《宋太祖赵匡胤像》中的扶手椅

图2-14-49　南宋《十八学士图》中带脚踏的圈椅

图2-14-50 宋画《蕉荫击球图》中的交椅

图2-14-51 宋画《村童闹学图》中的桌凳

图2-14-52 《秋庭婴戏图》中的墩

图2-14-53 南宋《十八学士图》中的绣墩

　　凳是一种没有靠背的坐具。凳早期称杌，杌是胡床的别名，俗称交杌，后来泛指方凳。在由低坐向高坐发展的过程中，凳扮演了重要的角色，由于其结构简单，制作方便，使用自由，所以其形制成熟较早。凳既可供人坐憩，也可用于摆放物品。摆放物品的凳，与香几、茶几的作用相近。宋代凳类家具有长凳、方凳、圆凳等多种形式（图2-14-51）。杌凳在充当坐具的同时，由于体积小、分量轻、移动方便，经常被用来登高够物或充当马杌子。坐墩则是一种更为文雅的无靠背式小型坐具（图2-14-52）。在宋代，不论室内外，在文人士大夫阶层，墩的使用已相当普遍（图2-14-53）。从制作、装饰和使用阶层来看，坐墩的格调远胜于杌凳。

　　宋代工艺美术的成就以陶瓷为首。不论从规模，还是从技术和艺术水平上看，宋代的陶瓷都达到了极高的水平。宋代瓷窑遍及全国，除供应宫廷贵族的生产陶瓷制品

图2-14-54 辽代的陶瓷

图2-14-55 南宋朱漆戗金莲瓣形花卉纹奁

的官窑外，还有很多水平很高的民窑。一般人们常把定窑、汝窑、官窑、哥窑和钧窑称为宋代的五大名窑。此外，流行于民间的磁州窑、吉州窑等，也以独特的、清新质朴的产品风格占有重要地位。宋代瓷窑按地域可分为南北两大系统，北方窑以汝、定、钧、官、耀州、磁州等窑最为著名，南方窑以龙泉、景德镇、吉州和建窑最为优秀，它们的产品各具特色，在具有时代风格的基础上，又形成了南北不同、异彩纷呈的局面（图2-14-54）。宋、辽、金的陶瓷技术相当成熟，从技法上看，有印花、刻花、剔花、贴花、镂花等多种；从纹饰上看，除传统纹样外，还有宋代吉窑特有的木叶纹，辽瓷中最具民族特色的龙鱼纹以及用于边口和脚部的边脚纹，用作边饰的曲带纹，一把一束的"把莲纹"，用于器物颈、肩、足等部位的弦纹以及各式各样的花鸟纹。宋代铜器制作技术也有提高，日用器中多为杯子、盘、罐、壶、盆、炉、镜等。宋代的铜镜有圆形、方形、亚形、钟形和葵花形等多种样式，有的铜镜带有手柄，镜胎与唐代相比较薄。花纹已少用前代之离心式、对称式，而流行旋转式。图案为缠枝花草，与定窑瓷的图案近似。金银器中以酒具居多，此外还有瓶、执壶、尊、杯、炉、盆及茶托等。宋代的漆器也很发达，多为奁、盒、盘、盆、盂等日常生活常用器皿。漆器的总体风格与宋瓷一样，以造型取胜，着重表现器物的结构比例和韵律，朴素无华而较少繁缛装饰。漆器的颜色大多是黑色或酱红色，也有内黑外红或外红内黑的（图2-14-55）。宋代的灯具以陶瓷灯具为主，类型丰富，其他还有铜、铁、银等金属灯和石灯。宋代的织染工艺发达，织物多种多样，纹饰活泼，不仅用于服饰，还大量用于室内陈设。

第 15 章　元朝时期的室内设计

　　1271 年，元世祖忽必烈建立元朝，定都北京。1279 年，蒙古人终于在灭掉南宋政权之后统一了中国，至 1368 年被大明王朝代替。元朝统治者造成了中国文明发展史上的大倒退，但统一后的多源流民族文化，给中国打开了广阔的交流空间，有着与生俱来的开放性。元朝统治者先后实施了一系列的移民政策。多民族长期杂居通婚，人们的生活观念和风俗习惯悄然发生着变化，加之元代社会的主体意识继续维持着宋代以来的伦理和道德观念，这种民族迁移实质上成为一种逐渐汉化的过程。北方地区各民族在元以前曾长期处于辽、金和蒙古人的接替统治之下，汉族与契丹族、女真族、蒙古族的生活习俗相互杂糅，日趋接近。

　　随着手工业生产和商业贸易的恢复和发展，政令与货币统一，驿站体系不断扩展与完善，国际贸易渠道随之畅通，使元大都迅速成为当时全球性的商业中心，各种肤色的商队、使团纷至沓来。在水、陆交通繁忙的沿线出现了许多商业都会，譬如长江沿岸的扬州、集庆（南京）、平江（苏州）和杭州等，促进了南北经济和文化的交流。沿海的广州、泉州、福州、温州以及庆元（宁波）等处成为重要的外贸港口。内陆也形成了以京兆（西安）、太原、涿州、中定（济南）等为中心的商业辐射区。商业的高度发展，使得城市街道遍布商铺、酒楼、戏台、娱乐等服务性建筑。

　　元朝统治者一方面提倡儒学，儒家思想体系仍是社会的主体意识。蒙古人原先信奉萨满教，进入中原后开始接受佛教，从忽必烈始，元朝统治者推崇藏传佛教（喇嘛教）为国教。元朝极为宽松的宗教政策，使佛教、道教、伊斯兰教、基督教、犹太教等各宗教文化自由发展，对建筑领域产生了一定的影响。

　　在建筑技艺方面，中国历史上前所未有的民族大交流和错杂居住的现象，使各民族建筑相互影响。成吉思汗打通了东亚和欧洲之间的陆上通道，东至日本、朝鲜，西至波斯湾、非洲、欧洲，都有贸易往来，这些举措推动了东西方经济和文化的交流。建筑文化的交流比以往任何时候都要活跃，其中以西域伊斯兰建筑文化的东进最为突出。中亚一代的建筑文化，除了各种图案纹样装饰外，中亚和波斯的拱券技术出现在杭州、泉州、定县等地，这些地方建造了圆穹顶的清真寺。

15.1 建筑技术

元代从营建元大都到徐达攻占大都约有 100 余年的时间里，建筑技术与工艺的变化甚大，南北技术与艺术的差异扩大，在梁架体系、斗栱用材、翼角做法等方面出现较大突破。风格上从简去华，建筑的结构和装饰构件的分野日趋明显。元代建筑技术的进步体现在新材料、新结构与构造技巧等方面，建筑的类型、形制、设计、施工方法与工艺都有所突破，特别是砖材的大量运用，促成了拱券结构技术和砖砌体技术的巨大发展。同时，琉璃被广泛使用。

元代建筑，尤其是北方的建筑，其变化的规模、范围和幅度相对来说都是巨大的，少数民族及域外文化为建筑技术的发展提供了推动力。在抬梁式建筑通行的地区，宋代以前形成的三种结构形式——殿堂式（层叠式）、厅堂式（混合式）和余屋（柱梁作）的地位发生了转变。在宋代及宋以前，殿堂式主要用于殿阁，柱梁作用于简陋的房屋，厅堂式则用于介于二者之间的较为次要的正规建筑。到了元代尤其是中后期，更多的庙宇中的殿阁使用宋代尚不普遍的厅堂式做法。元以前的"减柱法"通过使用大内额与托架减少内柱的数量，元代不但继承了这种减柱法，而且还将其用在檐柱上，将大檐额置于柱头之上，呈连续梁栿。陕西韩城禹王庙大殿，前檐用 16m、高 30cm 的大额连跨通面阔五间，但前檐却用四柱，呈三开间形式（图 2-15-1）。这种木构做法虽然在风格上显得粗犷草率，但显示了元代工匠在实践中把握连续梁力学性能的技巧。

元代时期建筑的一大特点是砖石建筑技术水平进步极大，给传统建筑技术注入了新的因素。由于统治者建筑观念的不同，宗教的影响，域外工匠的流入和基于防卫、

图 2-15-1 陕西韩城禹王庙大殿

图 2-15-2　故宫武英殿浴德堂　　图 2-15-3　北京妙应寺白塔

防火等实用的需求，地面上砖石建筑开始兴起。据考证，元上都的主要宫殿就是一组砖券建筑。一些伊斯兰教礼拜寺，由于受教义的影响和主持营建的多为域外工匠，其中的后殿往往是中亚地区常见的穹隆顶形式。如杭州凤凰寺大殿，由砖砌的三个并列穹隆组成，是回族人阿老丁所建。此外，还有河北定县清真寺后殿、河南开封延庆观玉皇阁、故宫武英殿浴德堂（图 2-15-2）等。元代还修建了不少砖构喇嘛塔，最著名的就是由尼泊尔匠师阿尼哥设计的北京妙应寺白塔（图 2-15-3），全部砖造，外部抹石灰，精确优美的外形体现了当时较高的砌筑水平。元代的砖拱券与穹隆顶结构技术得到长足的发展，元以前的拱券跨度较小，很少有超过 3m 的，而此时即便是一般城门洞的拱券跨度都要在 4~5m，在建筑里的会更大。元代的穹隆顶建筑与汉唐地下墓室使用的结顶形式有很大不同，基本上是属于西域系统的。

15.2　建筑空间形态

元代时期营造了中都、大都两座都城，城内修建了大型的宫殿和寺庙，在建筑结构上简化了宋代殿堂型构架的某些特点。民间建筑，尤其是江南地区的建筑，在南宋营造成就的基础上有所突破和创新。元代的建筑遗存罕见，目前能看到的有山西芮城永乐宫三清殿、纯阳殿，河北曲阳北岳庙大殿以及北京文庙大门。

蒙古帝王的宫殿有两种形式，一种是活动式宫殿，另一种是固定式宫殿。

活动式宫殿一般搭建在草原上，或者在宫殿建筑群中间搭建一些纯粹蒙古族特色的帐幕建筑。这些帐幕规模大，装饰豪华，称为"帐殿""幄殿""毡殿"（蒙古语称

图 2-15-4 《元人秋猎图》中的斡耳朵

图 2-15-5 西洋画中蒙古部落正在迁徙过程中的斡耳朵

"斡尔朵"),"斡尔朵"[①] 制度使蒙古宫殿形成特有的风貌（图 2-15-4、图 2-15-5）。成吉思汗有四大斡尔朵，分属四个皇后。"宫殿之外别有殿帐，名斡尔朵，金碧辉煌，层层结构，棕毳与锦绣相错，高敞帡幪，可庇千人，每帐殿所费巨万。"[②]

活动式宫殿活动性大，临时性强，很难长久地保存下来，只能通过文献了解其室内装饰和陈设。英国人道森在《出使蒙古记》中这样写道："拔都的宫廷十分壮丽……他甚至和他的一个妻子坐在一块高起的地方，像坐在皇帝宝座上一样。其他的人，包括他的弟兄们和儿子们以及其他地位较低的人，坐得较低，坐在帐幕中央的一条长凳上；至于其余的人，则坐在他们后面的地上，男人们坐在右边，妇女们坐在左边……在帐幕中央近门处，放着一张桌子，桌上放着盛有饮料的金壶和银壶。"[③]蒙古首领宫室内的陈设十分简单，是游牧生活习惯使然。接着又描述了宫廷的装饰："这座帐幕，他们称之为金斡尔朵……这座帐幕的帐柱贴以金箔，帐柱与其他木梁连接处，以金钉钉之，在帐幕里面，帐顶与四壁覆以织锦，不过，帐幕外面则覆以其他材料"。从中可知，软质装饰材料较多，是可移动宫殿最多的装饰材料，与固定式宫廷有所不同。高台则以金、银装饰，"甚为华丽，在高台上面，有一个伞盖。""（高台）有四道阶梯，以供上下高台之用。其中三道阶梯是在高台前面，当中的阶梯，只有皇帝才能上下行走，两边的两道阶梯，则供贵族们和地位较低的人行走。第四道阶梯，在高台后面，是供皇帝的母亲、妻子和家属上下高台的"。

活动帐幕式宫殿门的设置有一定的规定："昔剌斡尔朵有三个像门一样的进口"。当中的一个进口，比两边的进口大得多，经常开着，无人守卫，因为只有皇帝能从这个进口出入。门及帐内的柱子皆以金箔包裹装饰，因而也被称为"金帐"，是可汗与

---

① 斡耳朵，又称斡鲁朵、斡里朵、兀鲁朵、窝里陀、斡尔朵、鄂尔多等，意为宫帐或宫殿，是突厥、蒙古、契丹等游牧民族的皇家住所和后宫管理、继承单位。最早见于唐代古突厥文的碑铭。

② （清）魏源，著.元史新编[M].第四版.南京：江苏广陵古籍刻印社，1990.

③ （英）道森，编.出使蒙古记[M].吕浦，译.北京：中国社会科学出版社，1983.

众臣商议国家大事和会见重要客人的庄重场合。金帐大门朝南，进入帐内的正北面是金银雕饰的高大木台，台上安放着宽大而金光灿灿的大汗宝座。宫廷中最重要的家具是皇帝的宝座，它设于帐中的高台之上，帐内的高台和宝座是整座宫廷的中心，宝座用象牙雕刻而成，镶嵌着金银珠宝，与高台一起衬托着皇上至高无上的地位，营造出一个权力空间。拾级而登的高台与固定式宫殿内部登上宝座的高台，在功能上相似，表现出上下等级关系。殿内其他坐具的档次与高度却降了下来，在宝座前面和侧面，放着若干长凳，首领们坐在放在帐幕中央较低的长凳上，而其余的人则坐在他们后面的地毯上，男右女左。另外，在帐四周设有几个枷皮的小柜来摆设碗碟等餐具。受空间的限制，帐幕式宫殿的家具偏低矮，当然宝座除外。从家具体量、装饰、排列的位置上可以清楚地分出远近、亲疏、上下、等级，这是受儒家文化影响的表现。

蒙古族活动式寝宫的室内设计同样也很有特点。皇帝的每一位妻子都有自己的帐幕。每当他们新到一处水草丰美之地安营扎寨时，正妻把她的帐幕安置在最西边，在她之后，其他的妻子按照她们的地位依次安置帐幕。因此，地位最低的妻子把帐幕安置在了最东边。一个妻子与另一个妻子的帐幕之间的距离约为"一掷石"远，她们帐幕的平面布局是：门朝向南方，主人的床榻安置在帐内的北边。妇女的地方总是在东边，男人的地方在西边。这与汉族男左女右、左尊右卑的习俗不同。除床榻外，最重要的家具是用细长的劈开的树枝编成的方形的大箱子，它的顶盖也是由树枝编成的圆顶，在箱子前面做成一个小门，用在牛油或羊奶里浸过的黑毛毡覆盖在箱子上面，以便防雨，在黑毛毡上又用多种颜色的图案作装饰。这个牢固美观的箱子里面放着她们的寝具和贵重的物品。这些箱子被捆绑在小车子上（每个妻子都有自己用来运输的小车子），并且从来不从车子上搬下来。当固定好帐幕以后，把装着箱子的小车排列在两边，距离帐幕"半掷石"远。因此，仿佛两道围墙把帐子屏蔽在中间。

元代固定式宫殿——元大都宫殿是大都城中的主要建筑，宫城有前后左右四座门，四角并建有角楼。宫城内有以大明殿、延春阁为主的两组宫殿，这两组宫殿的主要建筑都建在全城的南北轴线上，其他殿堂则建在这两条轴线的两侧，构成左右对称的格局。宫殿多由前后两组殿堂组成，每组各有独立的院落，而每一座殿堂又分前后两部分，中间用穿廊连为工字形殿，前为朝堂，后为寝殿，殿后往往有香阁。

大都宫殿穷极奢华，使用了许多贵重材料，如紫檀、琉璃等，如大明殿左右的文思、紫檀两座寝宫，《辍耕录》说它"皆以紫檀、香木为之，镂花龙涎香间白玉饰壁，草色髹绿其皮为地衣"。室内装修用紫檀、香木等高贵木材，镶嵌镂空雕花的龙涎香和玉饰，地上铺着草绿色地衣，可见尚有草原文化的遗存。宫殿室内装饰喜用动物皮毛做壁幛、帷幄、地衣。"内寝屏障重覆，帷幄而裹以银鼠，席地皆编细箪，上加红黄厚毯，重覆茸单"①，大殿"黄猫皮壁幛黑豹褥，香阁则银鼠皮壁幛，黑豹暖帐"②。元宫主殿大明殿"文石地，上藉重茵"。延春阁、兴圣殿、隆福宫天光殿等皆"文石甃地，藉以毳裀"③。即先以刻有花纹的石材铺地，上面再铺设地毯。诸殿地面所用石材"皆用泸州花版石之，磨以核桃，光彩若镜"，宫殿内"席地皆编细篾，上加红黄厚毯，重复，至寝处床座，没用裀褥，必重数叠，然后上盖纳失失，再加金花贴熏异香"④。

《故宫遗录》对这两处宫殿进一步描述："中仍金红小平床，上仰皆为实研龙骨方楣，缀从彩云龙凤，通壁皆冒绢素，画以金碧山水。"从这里，我们可以看出宫殿的色彩以金黄色调为主；朱红色的大柱子上有"起伏金龙云……绕其上"，壁上饰黄猫皮壁幛，地上的"重茵"是与之相协调的色调，再加上"藻井间金绘……中盘黄金双龙"，更增加了气氛，效果可谓金碧辉煌，华贵而隆重。

宫殿室内墙壁上有"小双扉，内贮裳衣"，采用的是西北常用的壁柜来存放衣物。壁柜的产生是由于西北地区寒冷干燥的气候条件下，居住环境的墙体必然要求厚重，以便于遮挡风寒，再加上室内多用实体墙来作空间分隔，少有南方居住环境中惯用的隔断，故为了有效利用有限的室内空间，形成了在厚墙上开辟壁橱的特有设计手法。不但有衣橱，还有碗橱、被橱都可根据实际需要嵌入墙体中，有的设门，有的不设门。元大都宫殿中出现这样的壁橱，说明这一类型的室内设计已经被蒙古族上层社会所接受，并形成了固定的习惯，这一点在活动式的蒙古包中是绝对不会出现的，是北方各民族长期混居、相互影响的结果。此二寝宫的窗式设计亦十分华丽："前皆金红推窗，间贴金花，夹以玉版明花油纸，外笼黄油绢幕，至冬则代以油皮"。从《故宫遗录》对窗的描述可知其寝宫建筑的窗式基本上是宋、金宫式的延续，窗为外推式，涂鲜艳的朱红色，加有金边装饰，在无玻璃作装饰材料的情况下，使用透明性较佳的桐油纸和防水处理过的黄绢。

元代民居是自宋、辽、金到明、清住宅发展的过渡环节。首先，元代对住宅礼制的约束较为宽松，普通人家住宅的空间形态、功能设置大都是对官式住宅的模仿或缩放，因而起到对前朝住宅文化的沿袭或整合作用。其次，元大都对街区的规范化设计，大规模的统一安置，使城市民居的空间形态在短期内很快形成模式，并逐步发展成为我国华北乃至北方地区民居院落的母本，也对我国后期民居院落的发展产生了深远的影响。因此，在形式上，北方的住宅（图2-15-6）较多地受元大都住宅的影响，而南方住宅则在原宋制的基调上渐变。少数民族的住宅形式呈现出

---

① 王士点. 禁扁 [M].
② 陶宗仪. 辍耕录 [M].
③ 陶宗仪. 辍耕录 [M].
④ 故宫遗录 [M].

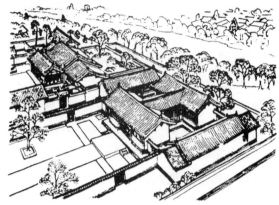

图 2-15-6 山西芮城县永乐宫纯阳殿的
元代壁画中的住宅

图 2-15-7 北京后英房元代住宅遗址复原图

十分丰富多彩的面貌。

元代住宅的遗址不多，其中位于北京西直门内后英房的居住遗址是其中的典型代表。后英房胡同遗址（图 2-15-7）是一处占地 8 亩的大型四合院住宅，横向分三院，主院正房前出轩廊配有基座，两侧有耳房，后接抱厦。东院正房与后屋通过沿轴线的穿廊相连，在建筑平面上呈现出"工"字形空间形式，这是一种在宋辽金时期比较常见的形式。所有建筑均建在台基之上，台基的高低根据建筑的主次和规模呈现出高低的级差关系。房屋之间采用台阶、甬道贯通，正房前配月台，主甬道高出地面。整体院落由主房与厢房围合为主，以院墙过渡连接为辅助而成，横向院落之间用过门作跨院处理。在装修和室内布置方面，在东院工字厅内发现有木板门和格子门，格子门用于前厅前檐，为四直方格眼双腰串造，有的还装有铜饰片——看叶。室内布置的最大特点是沿墙砌条形的窄土炕。在中院的主厅后壁、耳房前檐及山面，以及东院工字厅明间、厢房前檐及山面、后壁等处均有。炕是用土坯砌成，炕面前沿有木制炕沿。

15.3　室内环境的界面

在中国历史上首度作为统治者的游牧民贵族，虽然在建筑空间的形制上基本采用了汉地文化的传统理念，但也将长期习惯于"斡耳朵"生活的帐篷内涵带进了木构建筑的宫殿，使传统的宫殿室内环境从格调上发生了突变，洋溢出浓厚的斡耳朵情节。一是毛毡、绒制品、珍贵的织锦，以及兽皮之类生活在斡耳朵里常用的物品成为元代宫殿和贵族家庭室内装饰大量使用的时尚性材料（图 2-15-8、图 2-15-9）。正如元代陶宗仪在《辍耕录》和萧洵的《故宫遗录》中对元大都宫殿内部装修情况所作的描述那样，夏季的大明殿和大安阁殿壁"通用绢素冒之，画以龙凤"；冬季"大殿则黄

图 2-15-8　蒙古包内层次丰富的毛毡和绒制品

图 2-15-9　波斯史学家拉施特丁《史记》中伊利汗国的白底蓝色纹样的斡耳朵插图（藏于德国柏林）

鼬皮壁幛，黑貂褥；香阁则银鼠皮壁幛，黑貂暖帐"。至于寝室地面一般为"席地皆编细簟，上加红黄厚毯"，即在竹编席上再铺厚地毯。受西亚建筑影响，元代宫殿已开始使用大理石铺装地面，但他们还是在石材铺设的地板上又铺数层地毯。二是蒙古民族的色彩喜好和民族图案成为元代宫殿室内环境营造的重要元素，充斥着浓厚的草原文化的气氛。

元代自由的宗教信仰使建筑的类型也丰富了起来，如喇嘛塔、盔形屋顶、清真寺、天主教堂等建筑形式的出现。元代社会由于大量吸收外来文化，使用外来工匠和技术人员，必然带来新的形式和装修技术。杭州凤凰寺是我国东南沿海四大清真寺之一，主体建筑礼拜殿为砖砌无梁窑殿，横向三间并列，做法有着将外来伊斯兰建筑的穹顶技术中式化的明显倾向，而明晰的结构逻辑和真实的建筑本身形成了独特的室内装饰效果（图 2-15-10）。西藏地区的萨迦寺不仅继承了藏族碉房建筑的传统做法，而且因为大量采用内地汉族工匠，使少数民族地区的室内装修在继承地域性传统的基础上又融进了汉地室内环境营造的要素和技艺（图 2-15-11）。

图 2-15-10　杭州凤凰寺无梁式建筑大殿内部

元代的宫殿、寝阁内出现了如紫檀、楠木、五彩琉璃等境外建筑材料，同时引进大理石装修等新技术和施工工艺。其中，有一种来自波斯的"纳失石"绣金锦缎（后来可在国内批量生产），这种波斯织锦是在丝织物中加金丝或者在毛织物中加金丝，异常富丽和华

图 2-15-11（左） 元代
萨迦寺室内汉式木装修
图 2-15-12（右） 元代
广胜寺壁画表现宫廷生活
的华丽的织锦

贵，蒙古贵族及百官纷纷用其做衣帽，朝廷先是规定三品以上官吏只允许做幔帐，后是喇嘛和传教士被允许做袈裟。最终，这种织锦逐渐成为贵族家庭室内装饰的各种幕帐或障蔽的常见物品。此外，来自西方诸国的工艺美术品也纷纷成为上流社会家庭竞相攀比的陈设器物（图 2-15-12）。

元代宫殿式建筑的室内顶部装修，从现存的元代建筑中可以看出，一般采取大面积的"平棋"和关键部位的"藻井"相结合的做法，再施以蓝绿相间或黑白相衬的彩画。立面与顶的交接常为三挑的小斗栱而形成微妙的过渡（图 2-15-13）。山西芮城永乐宫三清殿的藻井结构可算作元代室内木装修的经典之作。永乐宫藻井呈方形分三层向上递进，第四周交圈；第二层为八角形，在每个角内再用斗栱会合，每朵五跳；第三层重做圆形，再分割成 10 个斜梁作支撑，在 10 条斜梁底面全部做斗栱，一直交到藻井顶部，井底最终再雕刻出二龙戏珠的图形（图 2-15-14）。

元代木装修基本沿袭了宋、辽、金时期的样式，厅堂多用较为讲究的格子门、格子窗，夏季门窗悬挂竹编卷帘。直棂支摘窗一直使用，如永乐宫壁画《瑞应永乐》中的堂屋（图 2-15-15）。受自由奔放的草原文化性格影响，元代建筑常常直接使用圆木、弯料或未经加工的木料，显得粗犷质朴。元代文人的书斋茅舍到普通百姓的四合院，甚至于官式的大木构建筑也大胆使用未经加工的木质材料。

元代壁画盛行，统治者本身对宗教的痴迷和允许多元宗教文化的并存，带来了宗教题材壁画的兴旺（图 2-15-16）。然而，元代宗教建筑壁画已从传统的神话故事、帝王和达官贵人的生前事迹发展到了世俗生活，甚至于杂剧故事。如山西永乐宫壁画中再现了接生、郎中治病等的普通人生活的内容（图 2-15-17）；广胜寺水神庙的壁画里还描绘了元代杂剧、渔夫卖鱼等日常生活的情景；陕西浦城县洞耳村元代墓室壁

图 2-15-13　山西芮城永乐宫三清殿平棋顶、壁画墙与斗栱的关系

图 2-15-14　元代山西芮城永乐宫三清殿藻井

图 2-15-15　山西芮城县永乐宫壁画

图 2-15-16　元代山西芮城永乐宫重阳殿的壁画

图 2-15-17　元代山西芮城永乐宫重阳殿的壁画

画生动展示了主人生前的家庭生活场景。非常值得一提的是，元代壁画以山西永乐宫和广胜寺最为精彩，人物造型在继承唐宋遗风的基础上，生动写实，饱满洒脱，大有吴带当风之气势，其绘画和制作水平达到了前所未有的高度。

15.4　家具及陈设

透过《营造法式》我们可以这样认为，宋人崇尚秩序和严谨的规范之美，他们在梳理和界定自唐以来中国家具类型的基础上，使家具的组合和搭配逐步系统化，这与元代人讲求便捷而散漫的马背生活和自由奔放为格调的草原游牧文化显得格格不入。元代统治者必然会把自己对生活的认识和审美意识融入到家具中去，形成自己的独特风貌。元代家具整体风格受唐风的影响，但呈现出一种体块厚重的风格特征，除此之外，更注重夸张的曲线和华丽的装饰。

由于元代历时较短，以汉式风格为代表的主流家具没有更多的创新，呈现出一定的过渡性。从家具的类型、形制、加工工艺以及室内配置等方面来看，元代家具承袭了唐宋家具风格，以实用为主，新的造型不多见，用材、设计和装饰工艺上与典型的明式家具还有较大的差别。元代家具形式与前朝相比变化不大，但在某些方面还是有一定的发展，譬如鼓腿膨牙带屉桌的出现，三弯腿、罗汉腿形式的增多，罗锅枨结构的采用等，尤其在髹漆、雕花、填嵌和雕漆等工艺制作技术上，元代家具取得了很大的成就。

元代在宋代家具梁柱结构的基础上继承了唐宋家具与建筑上一贯采取的"侧角"和"收分"规则，使家具形态呈现出一种稳健和挺拔之势，这种结构范式又被后来的明清家具所继承。始建于元代的广州番禺区沙湾镇"留耕堂"里有张条形供桌（图2-15-18），其侧角和收分，甚至倒垂的"如意云"牙板与陕西浦城县洞耳村元墓出土的壁画《夫妻对坐图》中的长方桌（图2-15-19）出奇地相似，说明侧角与收分的做法在元代家具中比较普遍。

元代家具在继续完善宋以来的以柱（腿）为支，以梁（枨）为架的结构模式的基础上，使宋代出现的双层罗锅枨结构更为合理，造型更加优美，更符合人的生理特征和坐姿习惯。从宋辽时期的绘画和壁画里描绘的家具中可以看出，双层直枨在辽宋以前已较为流行；南宋《梧阴清闲图》画面的左上方有一张双层罗锅枨的方桌（图2-15-20），说明宋人对双层罗锅枨已有探索。山西洪洞县广胜寺明英王殿的元代壁画《王宫赏食图》和《卖鱼图》中的方桌都采用了双层罗锅枨的形式（图2-15-21、图2-15-22）。罗锅枨的使用在元代更为广泛流行，造型和工艺更为成熟。

元代家具的一大特征是大体量、厚重而饱满。与宋代家具严谨的尺度比例，外观挺秀刚直，与南宋家具结构轻巧、文雅清秀的风格，形成了鲜明的对比。元代家具在适应蒙古人坐姿习惯的过程中，配置不到位，形制和尺度还有待调整。元刊《事林广记》的插图中描绘了一张硕大宽松的围栏床，床上两人单腿盘坐，一只脚搁置在脚踏上，专心博弈，呈现出一种悠闲自得的神态。然而，一张宽大的棋盘从床沿远远地悬挑而出，人与家具之间显得笨拙憋气，极不谐调（图2-15-23）。

元代家具在承具方面作了两个方面的探索：一是对桌面不探头；二是首创双屉鼓腿、膨牙托泥式方桌。

桌面不探头讲究高束腰，桌面不但不伸出，桌腿的根部反而向外鼓出，部件结合棱角鲜明，刚劲洒脱，但其结构极度严谨，工艺太过复杂，明代家具没能继承下来。这种桌子可以在元刻版《金刚经》、元代画家刘贯道的《消夏图》和山西大同冯道真元墓室的壁画中见到（图2-15-24、图2-15-25）。

双屉方桌见于山西文水北峪口元墓室壁画（图2-15-26），桌面以下置双屉，约占通体高度的三分之一，抽屉之下支撑一对独特的三弯腿，腿部上端雕刻券门花牙子，兽蹄足下带托泥，抽屉面部的四周雕花边，配金属拉环，为增强其稳定性而在两腿之

图 2-15-18（上左） 番禺区沙湾镇留耕堂中的供桌

图 2-15-19（上中） 元墓壁画《夫妻对坐图》

图 2-15-20（下左） 南宋《梧阴清闲图》中一张双层罗锅枨的方桌

图 2-15-21（上右） 山西洪洞县广胜寺明英王殿的元代壁画《王宫赏食图》中的双层罗锅枨方桌

图 2-15-22（下右） 山西洪洞县广胜寺明英王殿的元代壁画《卖鱼图》中的双层罗锅枨方桌

图 2-15-23 元刻本《事林广记》插图

图 2-15-24 元代冯道真壁画《童子侍茶图》

间加横枨。双屉方桌造型新颖,确系元代首创,被明清继承。

元代交椅在设计上有所改进,更为人性化,工匠们巧妙地将一长条形足承设置在交椅前面的落地横枨之上,影响到后来的家具设计（图2-15-27）。交椅的历史可追溯于南北朝时期,是从席地而坐向垂足而坐转变过程中的产物。交椅早期被称为胡床,其结构为前后双腿交叉于一横轴,可折合,便于携带。交椅在进化中的次生坐具品种较多,不带靠背的称"交杌",也称"马扎儿"。交椅在宋代人家常常被看做是主人身份的象征,同时也洋溢着一种文人情调的浪漫,因而还有"逍遥椅"的雅称（图2-15-28）。同样,交椅在元代家具中也承袭了宋代家具依据其材料和形制的不同来表述高低尊卑关系的世俗观念。在山西永乐宫壁画中西王母所坐的一把豪华高背交椅,除靠背顶端华丽的华盖之外,双层搭脑的末端还有飞起的龙吻。高直靠背,扶手末端向外翻卷,脚蹬足承（图2-15-29）;内蒙古赤峰市元宝山元墓壁画《夫妻对坐图》中,男主人坐在一把竹质圆形靠背交椅上,脚踏足承（图2-15-30）;而在永乐宫另一壁画《治疗眼疾》的画面中,一妇人在磨坊旁坐一把交杌,正在接受郎中治疗眼疾（图2-15-31）。

元代统一设立行业管理的官方机构和大量的官办作坊,促进了金属、珐琅、陶瓷、纺织、漆器等工艺美术领域的发展。

蒙古族酷爱金银器,宫廷用的金银酒器、碗、盘、瓮等制造精美。江南地区的金银器多为日常生活用品,以文房用具、梳妆用具、日用器皿最富特色。元代金银工艺品制作技术迅速提高,金属工艺品的观赏性与实用功能得到很好的结合。珐琅器约在元代自阿拉伯世界的大食国传入中国,元代人称其为"大食窑"或"鬼国嵌"。14世纪末,中国工匠逐渐掌握了源自波斯的铜胎掐丝珐琅工艺,并在造型和装饰纹样上逐步实现民族化,创造出了景泰蓝。

元代陶瓷一方面继承了宋瓷传统,另一方面还引进了西亚伊斯兰新材料、新技术,创造出了青花、釉里红、钴蓝釉、卵白釉等新品种,结束了中国陶瓷长达3000年的

图2-15-25 刘贯道《消夏图》中不探头的方桌

图2-15-26 山西文水北峪口元墓壁画中的双屉方桌

图2-15-27 现存唯一的元代交椅实物（上海博物馆藏）

图 2-15-28 《春游晚归图》中的交椅

图 2-15-29 元代山西芮城永乐宫壁画《朝元图》中西王母坐的交椅

图 2-15-30 内蒙古赤峰市元宝山元墓壁画《夫妻对坐图》

图 2-15-31 元代山西芮城永乐宫壁画《治疗眼疾》

青瓷时代,开辟了中国陶瓷以彩绘和颜色釉为主的新时代。元代初期,朝廷在景德镇设立了全国唯一的官办瓷窑作坊——浮梁瓷局,专门烧制皇室用瓷,其中的青花、釉里红、卵白釉、蓝釉以及红釉等颜色瓷器脱颖而出,特别是青花、釉里红代表了元代瓷器工艺的最高水准。后来随着产量的提高,景德镇瓷器远销世界诸多地区,开发出了品种丰富的出口型瓷器。

元代的织物最具特色,毛织品本是蒙古族最为传统常用的织物,传统的技艺与汉族和西域的纺织技艺相结合,创造出了很多新品种和白、青、红、黑、绿等各种颜色,其中最名贵的织物是在丝织物中织入金银线。传统的丝帛织品不断精进,出口到国外。元代的刺绣工艺也很发达。元朝的织物在室内环境中应用的范围比较广泛,主要有帐幕、地毯、挂毯、屏风、挂画等。

第 16 章　明朝时期的室内设计

　　1368年,明太祖朱元璋在南京建国,同年攻占大都,元代灭亡。明朝(1368~1664年)的建立,结束了自宋代以来长达300余年的分裂对峙,以及蒙元近100年的非汉族政权统治的局面,成为自唐代以来又一个由汉族为主建立的统一全国的政权,在中国历史上又一次出现了强大而统一的多民族国家。洪武、永乐两朝,国势之强,幅员之广,不减汉唐。明代立国初期,气象振奋,在传统汉文化的基础上重建一代制度,恢复生产、发展经济,逐步建立了继汉、唐以来的第三个强盛王朝。尤其是明代中期时,已经出现了资本主义的萌芽,经济发达、国力强盛。明朝末年政局腐败,引发了大规模的农民起义。1664年,以李自成为首的起义军攻破北京,明代最后一个皇帝朱由检于煤山自缢身亡,历时276年的明政权就此瓦解。随后李自成军迅速腐化,又被乘虚而入的清军击溃。

　　朱元璋上台伊始便宣布恢复被元代中断的传统思想,在政治上建立君主集权专制制度,在思想领域推行文化专制主义。朱元璋崇尚简朴,明正德以前,"纤俭、稚质、安卑、守成仍是当时社会风尚的最大特质"。[①]明中叶后,宦官擅权乱政,廷臣倾轧,边境纷扰,海防懈怠,明政局陷入内外交困的境地。相反,工商业高度发达,商品经济繁荣,社会风气日趋奢靡,市镇居民奢侈浪费之风兴起,逾制越礼,藐视礼法,追求个人性情,及时行乐。社会思想活跃,文学、艺术、科学、技术呈现出新的发展势头。

　　明初奖励垦荒,大力推行屯田制,大规模兴修水利,促进了农业生产的恢复和发展。永乐年间,又开凿疏通了淤塞多年的南北大运河,密切了南北经济和文化交流。造船业、纺织业、矿冶业、制瓷业等手工业迅速发展起来。同时,明代还加强了海外的开拓,郑和七次下西洋,扩大了中外经济和文化的交流。明中期以后商品经济等发展使商业

---

① 陈宝良,王熹.中国风俗通史·明代卷[M].上海:上海文艺出版社,2005:65.

城市遍布全国，江南的工商业城镇尤为发达，其中不少是新兴城镇，资本主义也在这些地区萌芽。

16.1　建筑技术

　　明初的统治者为标榜自己的正统性和实现他们的文治武功，再次借助传统的力量，他们认为元朝"揆之于古，固有可议"，又崇唐抑宋，追慕古风。因而组织名儒考定古制，逐渐颁布制度，对包括建筑开间、色彩、屋顶形式、纹样等在内的亲王以下的宫室制度作出规定，以礼制的形式强化了建筑中的封建等级制度。建筑制度与艺术表现的秩序化逐渐成形，尤其是明官式建筑成为对元代建筑的一次否定。[①]

　　明代的南方建筑除了受时代风尚的影响外，更多地继承了宋元旧法，在结构与工艺方面达到了极高的水平。明代官式大木作技艺取得了重要成就，建筑的柱梁体系进一步简化并改进，向着加强构架整体性、斗栱装饰化、简化施工三个方向发展。

　　随着砖材的普及，明代出现了混合结构的探索。有些建筑开始使用砖墙承重，使用木过梁和木斗栱来解决简支和悬臂问题。随着明代长城工程的开展，出于军事上防火的目的及便于施工，不少敌楼以砖墙承重，以木屋盖结顶，呈硬山式。在徽州的弘治年间所建的司谏第（图2-16-1~图2-16-3），后墙无木柱，梁枋均插入砖砌体内。在徽州大观亭（明始建，清重修），底层阑额与普柏枋置于砖墙上，仅以斗栱与底层檐柱相连（图2-16-4、图2-16-5）。这种做法到了清代已经比较普遍，在绍兴称为"搁墙造"。就营造技术而言，明代的砖技术尤为突出，南方还创造出了空斗砖墙。由于砖墙的普及，不需要挑檐来保护外墙，为硬山建筑的出现创造了条件，于是出现了一种新的屋顶形式——硬山屋顶。硬山屋顶的出现使建筑的平面设计增加了灵活性，不同高度的房子可以直接山墙相连，正房和厢房之间也可以对角对接。随着砖技术的进步，其装修、装饰作用也得以发挥，江南一带出现了精细加工的砖贴面与砖线脚。砖雕装饰构件也在住宅、祠堂、塔等建筑中广泛运用。

　　从明代开始，拱券都采用券栿相间的构造技术，使拱券自身的拉结强度得到增强，其构造规律一般为：荷载越大，券、栿数越多，反之越少（图2-16-6~图2-16-8）。明代鼎龙穹隆建筑继承了元代的技术，仍属于西域系统。

　　除了砖和粘结材料外，明代的琉璃制作技术大为提高，坯料坚实，釉面光洁，色彩丰富多样，图案精美；设计、烧制、安装技术均有很大进步。

---

① 潘谷西，主编. 中国古代建筑史（第四卷）[M]. 第二版. 北京：中国建筑工业出版社，2009：454.

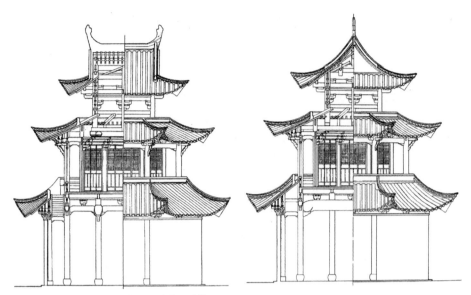

图 2-16-1　徽州的弘治年间所建的司谏第

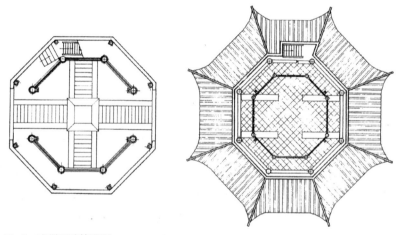

图 2-16-2　安徽司谏第平面

（资料来源：朱永春 . 安徽古建筑 [M]. 北京：中国建筑工业出版社，2015：170）

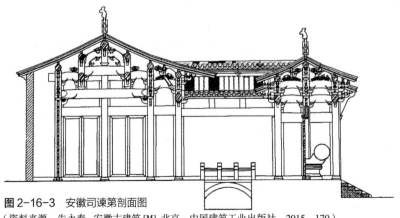

图 2-16-3　安徽司谏第剖面图

（资料来源：朱永春 . 安徽古建筑 [M]. 北京：中国建筑工业出版社，2015：170）

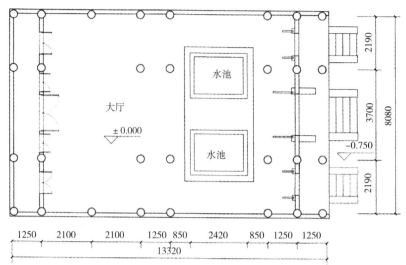

图 2-16-4 安徽徽州许村大观亭
平面图
（资料来源：潘谷西.中国古代建筑史
（第四卷）[M].北京：中国建筑工业出
版社，2009：456）

图 2-16-5 安徽徽州许村大观亭剖立面图
（资料来源：潘谷西.中国古代建筑史（第四卷）[M].北京：中国
建筑工业出版社，2009：456）

图 2-16-6 北京皇史宬平面图

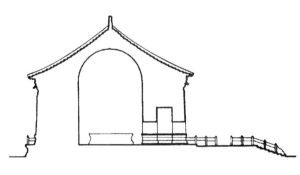

图 2-16-7 北京皇史宬剖面图

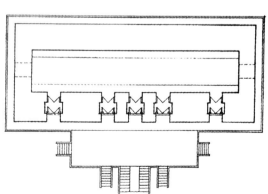

图 2-16-8 北京皇史宬侧面

16.2　建筑空间形态

　　明代的大木结构，从官式建筑来看，构架的整体性明显加强，无论殿、阁，构架体系明确，节点简单牢固。明代的建筑木构架进一步简化，形成了自己的特点，已经达到高度标准化、定型化，其柱网整体性、稳定性加强，梁架体系代替斗栱起到支撑挑檐的作用，使斗栱失去了原有的结构功能作用而逐步演化成为装饰构件。

　　明代是中国砖石建筑发展的又一高潮，由于元代的开拓，地面上砖石建筑逐渐被人们所接受，并在实践中体会到这类建筑的优点。传统的砖石建筑技术得到广泛采用，外来的技术被逐步融合。由于砖、粘结材料的发展，拱券的跨度进一步突破，超过了11m。这类建筑注意了砖、石、木等材料的结合，塑造了新的建筑形象。明万历年间在砖石建筑技术上的突出成就是营造了一批砖拱结构、仿木建筑的无梁殿，现存的实物有五处八殿，其中最具代表的是南京灵谷寺无梁殿。在采用传统拱券的技术实践基础上，已开始对拱券构造有进一步的认识，探究结构受力的合理性，变明初的半圆形圆拱为双心拱或三心圆式筒拱，但这种拱的样式与西亚装饰性较强的双心圆尖券、马蹄形券、火焰式券等明显不同，不是呈简单的尖券状而是一条比较圆滑的起拱曲线，这种形式对清代的建筑有很大的影响。其承重墙体变薄，室内多设龛，并有变承重墙向集中承重柱发展的趋势，以利于扩大这类建筑的室内空间。

　　自明代开始，各地住宅（图2-16-9~图2-16-11）、祠堂（图2-16-12、图2-16-13）等建筑普遍发展，现存的民居建筑实物渐多，从中我们可以看出明代民居的一些特色，在历代政府规定的居住用房等规定中，以明代最为详尽。它包括了各级房屋的间架、屋面形式、屋脊用兽、可否用斗栱、梁栋及斗栱檐桷用彩制度、门窗油饰颜色、大门用兽面锡环等各个方面。除亲王府制以外，将官员及庶民分为公侯、一品二品、三品至五品、六品至九品官员、庶民等五个等级，依次按规建造，所谓"贵贱各有等第，上可以兼下，下不可以僭上"。明初上至王公品官，下至庶民百姓，住宅形态无不深受制度的严格束缚，这就造成了住宅单体建筑的形式单一和群体组合的严谨规整。即便是有资财的大户的正厅也不能过三间五架，所以只能在院落、装饰以及宅园方面下功夫。

　　而到了明代中后期，对住宅的禁限有所变通，准许民间建大进深大面积的住屋。大进深的房屋可以产生阁楼轩廊及重檐式的内檐天花，开拓了内檐空间的变化。经济的发展使民间有一定的财力投入到住宅的装修和装饰上，如门楼、照壁的砖雕、楼居挑栏的木雕、月梁的使用、南方民居厅堂的彩绘、室内隔断式的板壁及槅扇、厅堂联匾、字画，特别是明式硬木家具的制造，更使明代民居的室内环境有了鲜明的改观。从现存的苏、浙、皖、赣、闽等地遗留下来的明代中晚期住宅来看，屋宇日趋高敞华丽，

图 2-16-9　甘肃天水明代民居

图 2-16-11　山西襄汾丁村 2 号院民居正房
（资料来源：孙大章 . 诗意栖居——中国民居艺术 [M]. 北京：中国建筑工业出版社，2015：32）

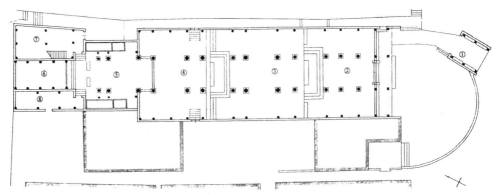

图 2-16-10　山西襄汾丁村 2 号院民居平面
（资料来源：孙大章 . 诗意栖居——中国民居艺术 [M]. 北京：中国建筑工业出版社，2015：32）

明初所规定的百官庶民第宅制度，已然失去约束力，逾制现象十分普遍。住宅特点也有了新的发展，主要表现在以下几点[①]：

明初尚处于经济恢复期，崇尚简朴的风俗使住宅的装饰得不到充分发展，随着明中后期经济上的富庶，民间风俗变得崇尚奢侈，精美的雕饰便成了住宅的一大特色（图 2-16-14）。当时雕饰的主要部位是门楼、照壁、梁架、额顶等处。雕饰的题材远比彩绘丰富，单色的雕饰有一种淡雅的书卷气。明代的住宅雕饰仅在重点部位采用，它不但改善了单体简约、单一的形象，而且没有过于繁琐的匠气。

明代住宅制度从间、架严格限制发展到架多不禁，从而厅堂的进深不断加大，这样的做法满足了礼仪等活动所需要的空间深度。然而，作为普通百姓的住宅，它并不需要像宗教寺庙与皇家宫殿那样需要超人的尺度以显示其神圣与权势，而明代木结构中的轩（卷）和草架技术使原先因制度原因不准使用藻井的缺陷得到一定程度上的弥

---

① 潘谷西，主编 . 中国古代建筑史（第四卷）[M]. 第二版 . 北京：中国建筑工业出版社，2009：252-253.

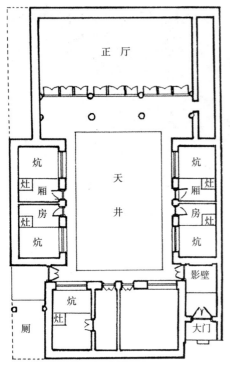

图 2-16-12（左） 诸葛村大公堂平面图

（资料来源：陈志华，楼庆西，李秋香.诸葛村 [M]. 重庆：重庆出版社，1999：59）

图 2-16-13（右上） 诸葛村大公堂

图 2-16-14（右下） 安徽歙县潜口民宅方文泰宅木装修

补，室内空间因此保持宜人的尺度而不受架多脊高的影响，更是丰富了室内空间的形象（图 2-16-15）。

山墙高出屋顶的形式使纵向多轴线的大型住宅出现横向自由布局，空间组合更加丰富。硬山顶，作为一种新型屋顶形式，早期可能仅流行于庶民住宅，但它那远比悬山顶强得多的耐火能力，应该是南方权贵宅邸接受硬山顶的重要原因。早期的硬山顶尚保留着模仿悬山的做法，因此理当比马头墙出现为早。马头墙的出现未见文献记载，弘治年间徽州何韵创造五家为伍的火墙是为了拒火[1]，万历年间王士性所著《广志绎》中有："南中造屋，两山墙需高起梁栋五尺余，如城堞，然其近墙处不盖瓦，唯以砖甃成路，亦如梯状，余问何故，云近海多盗，此夜登之以瞭望守御也。"[2] 这表明，形式的产生首先从实用的功利出发。因为悬山顶住宅在横向并联时，只能采用挟屋、抱

① 歙县新安碑园.徽郡太守何君德政碑记 [Z].

② （明）王士性.广志绎（卷之四）[M].北京：中华书局，1981：103.

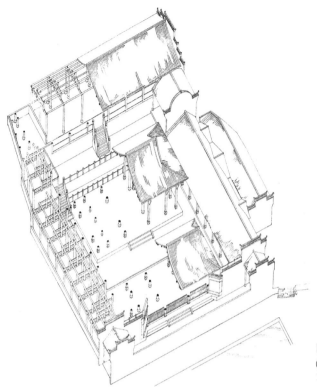

图 2-16-15　诸葛村丞相祠轴测图
（资料来源：陈志华，楼庆西，李秋香.诸葛村 [M]. 重庆：重庆出版社，1999：64）

图 2-16-16　浙江衢州车塘吴氏宗祠
（资料来源：杨新平.浙江古建筑 [M]. 北京：中国建筑工业出版社，2015：124）

厦的方式，无法解决进深、层高交叉的屋面处理问题，而当隔墙采用马头墙形式时，这些问题迎刃而解。加上马头墙形式在外墙使用时又有十分优美的韵律感，因此在南方的中小住宅中得到广泛采用（图 2-16-16）。

　　明初由于太祖遗训的约束，在宅邸中建造亭榭的倾向趋于低谷。随着明中后期的制度松弛，建造私家园林的人越来越多，其主要类型已不再是宋代那种以游息宴集为主的游乐园，当时除了一些富豪之家造大型园林之外，大量的是在尊卑有序的住宅中作局部园林化处理，其布局有前宅后院和庭院空间园林化两种处理手法，后者主要在书斋庭院与后楼庭院，明代中后期的住宅同时又兼容道家崇尚自然的色彩，使明代住宅成为反映中国古代文化的丰富载体。

16.3 室内环境的界面

明代官式建筑的内外檐装修形式在宋元传统的基础上趋于适用、舒适，小木装修向更为精工的方向发展。地面、墙面和天花的材料和做法在继承前朝的基础上有所拓展，更为丰富多样。

大门仍多用板门，板门的构造基本未变，其门环、门钉的形式、数量反映等级差异。只有皇宫门钉可用9路、5路之数，门环均用鎏金；一般房屋只能用近于黑色铁质门钉、门环。皇宫可涂朱漆，一般人只能涂黑漆。房屋多用格子门（槅扇）、槛窗，唐宋时的直棂窗只偶然在寺庙中使用。格子门一般明间可用至6扇，次间一般用4扇，园林建筑多至8扇。每扇格子门视其高度和房屋用抹头，4~6抹不等，抹头增多，格子门的坚固性得到加强，槅扇边梃的线脚在宋代的基础上无大变化。出于防寒需要，整体构件趋于粗壮厚重。由于木工工具与技术的发展，槅心的做法也向更为工细、豪华的方向发展。格子门的图案变化很多，式样极其丰富，最简单的是方格、柳条格和斜方格，其次是菱花格和拐子格，官式建筑以菱花格最为常见。菱花格的基本图案是由圆形、六角形、八角形组成，形成雪花纹、龟锦纹、双交四椀、三交六椀、三交灯球六椀等丰富多彩的纹样。建于明正统八年（1443年）的北京智化寺中已经出现棂四直毬纹、四斜毬纹，其梃条两侧往外凸出，形成近似于如意头形饰，并构成四直、四斜和更为复杂的三向60°角相交的簇六菱花格心的形式。格子门的裙板也是重点装饰的地方，皇家建筑多以龙凤为题材，用整板雕刻，民间则以飞禽走兽、花卉盆景为装饰主题，但很多采用素面，仅在裙板的四周起线脚。

屏门是由宋代的照壁屏发展而来的。照壁屏是固定的，用纸或布裱糊，可在屏风上作画。屏门可开启，用木板覆面，表面光平，背面用木框，用于大门后的檐柱之间。江苏吴中区东山的明代民居厅堂内也多采用屏门，前设几案桌椅，平时关闭，遇有重大活动时可以打开，以扩大厅堂活动空间。屏门的表面作"披麻捉灰"，施以油漆。明代晚期已开始在屏门两面使用夹板并加以装饰，这种两面观瞻俱佳的屏门，俗称"鼓门"。[①]

风门也是明代常见的一种格门，在内宅使用，常做单扇，扇内为槅心，宽约三尺，高六七尺，向外开启。

槛窗在明代有了很大变化，虽然直棂窗在庙宇和民居中仍然有使用，但由于无法开启，采光量小，因而渐受冷落。槛窗以四抹头形式居多。槛窗以下部分，北方为砖砌槛墙（图2-16-17），南方多用木板做墙裙（图2-16-18）。支摘窗，分上下两扇，

---

① （明）计成.园冶[M].南京：江苏凤凰文艺出版社，2015：169.

图 2-16-17（左） 山西襄汾丁村 2 号院民居厢房
（资料来源：孙大章 . 诗意栖居——中国民居艺术 [M]. 北京：中国建筑工业出版社，2015：33）

图 2-16-18（右） 江西桃墅汪宅天井上部
（资料来源：姚赯，蔡晴 . 江西古建筑 [M]. 北京：中国建筑工业出版社，2015：158）

上扇支起，下扇摘下，南方民居经常使用，多为方格窗心。推窗，从山西新绛稷益庙正殿的明代壁画中可以清楚地看到这种窗的形式，有内外两层，外层是直棂窗格，里面有一层木板，既可以保温，也可以防盗。横披窗，位于门、窗的中槛和上槛之间，常见的窗心有方格、斜方格、菱花等图案。风窗是窗格子外侧防风的保护窗。窗棂稀疏，做成横的半截或上下两截开关，《园冶》中收录了 9 种风窗样式。

　　室内隔断，最常见的是板壁，即在正房明间的前后柱间立框，满装木板（图 2-16-19）。苏州东山明代住宅的隔断做成屏门形式，可以拆装，这是宋代截间板帐的继承和发展。此外，也用格子门作室内隔断，其形式与外檐格子门相同，只是加工更为精细。罩也是一种分隔室内空间的木装修，有几腿罩、落地照、栏杆罩、花罩等。除了以上几种，还用太师壁、书架等作室内隔断，这些内檐装修与室内家具陈设相配合，形成了典雅的环境。

　　天花在明代又称仰尘，它与唐宋的平棋在构造上有所不同，即用支条做成方格，每一方格内用一块天花板，尺寸减小，规格一致，加工安装方便，较之宋代用大片木板做平棋的方法有了明显改进。板上画上飞禽走兽、草树花卉等图案。"或画木纹，或锦，或糊纸"[1]。苏州的住宅往往在明间的楼板搁栅下面钉上木板，做成平顶天花。

　　在宋代斗八藻井和小斗八藻井的基础上，元明的藻井有了较大的变化，首先是角蝉数目增加，宋式斗八藻井的角蝉为四，元明的角蝉成倍增加。其次是由阳马构成的穹顶被半栱承托的彩绘浮雕并心所代替。有的藻井斗八部分几乎全部由斗栱组合而成，无数的小斗栱做成的螺旋或圆形的藻井产生了视觉上丰富的变化。最具代表性和精美

---

① （明）计成 . 园冶 [M]. 南京：江苏凤凰文艺出版社，2015：170.

图 2-16-19 江苏吴中区东山镇杨湾村明善堂正厅
（资料来源：孙大章 . 诗意栖居——中国民居艺术 [M]. 北京：中国建筑工业出版社，2015：36）

图 2-16-20 浙江东阳卢宅肃雍堂大堂梁架
（资料来源：孙大章 . 诗意栖居——中国民居艺术 [M]. 北京：中国建筑工业出版社，2015：78）

的是北京智化寺万寿阁和智华阁内的斗八楠木贴金藻井。

"卷"是另一种形式的天花，卷或称为轩，用于厅堂前后檐部的廊下，用弯曲椽子形成木架，上施望砖，下有二重轩梁，施以雕刻。轩的形式有多种，在南方民居和园林建筑的厅堂中广泛使用（图 2-16-20）。

16.4 家具及陈设

明代家具继承和发扬了唐宋时期家具的传统，唐宋时期的家具重宏观而不重微观，风格恢弘、豪迈、开朗，而明式家具，重视微观，更加讲究做工的细腻，使中国的家具达到一个前所未有的水平。明代家具是中国传统家具的高峰期。

明代家具使用的材料多为我国南方出产的和海外进口的优质木材，常用的有紫檀、花梨、铁力木、杞梓木、红木（酸枝）、乌木、鸡翅木等。

明式家具的造型有束腰和无束腰两类，大都采用榫卯结构，榫卯形式有龙凤榫加穿带、攒边打槽穿板、楔钉榫、抱肩榫、燕尾榫、夹头榫和走马榫等。

明式家具功能上实用，形式上简洁，结构上严谨合理。主要有以下几个特点：

造型上，明式家具注重形体的收分起伏和线脚变化，不虚饰、不夸耀、不越礼，方方正正，方中带圆，比例匀称协调，自然得体，简练大方，外观上讲求秀雅疏朗，不拖泥带水，注重形体的稳重和格调的高雅。

结构上，明式家具不用一根铁钉，完全靠合理的榫卯结构连接。把优美的外观造型与传统木结构的力学平衡原理融合为一体。各部位的有机组合既提炼到简单明确，合乎力学原理，又十分重视实用与美观。材料的使用上，力求不悖其本性，擅长展显其长而隐避其短。明式家具的结构精炼合理，实用美观。

装饰上，明式家具的装饰极有节制，材料包括玉石、大理石、竹材、螺钿、珐琅等，装饰手法以雕刻、镶嵌为多。装饰节制得体，繁简适当，恰到好处。"材美工巧"这一原则充分体现在明式家具的装饰上，"清水出芙蓉，天然去雕饰"，充分利用木材本色，以显示材料本身渗透出的自然美。

材料上，考究的明式家具多用紫檀、花梨、铁力木、红木等这样贵重的硬性木材。大都质地致密坚实，色泽沉穆雅静，花纹生动瑰丽。有的硬度稍差，但其纹理仍甚美观。譬如有些家具也采用了榆木、柏木、榉木、楠木、樟木等这样的非硬性木材。但不管怎样，明式家具用材精心考究，使木材的自然特质得到充分的展示，渗透自然美。紫檀的色泽深沉古雅，纹理稠密；黄花梨色如琥珀，纹理如花狸斑纹。

工艺上，明式家具在制作方面形成了一丝不苟的优良传统。从选材设计到开料加工均经过深思熟虑，反复推敲，无论是整体造型还是局部结构或是每一个部件，都遵照严格的尺寸和比例进行制作，真可谓增一分则长，减一分则短。明式家具的榫卯工艺高度发达、科学合理。

类型上，明式家具器种丰富，功能齐全。

按其使用功能，明式家具大致分为五类。

第一类为床榻类，包括架子床（图2-16-21）、罗汉床（图2-16-22）。架子床比较普遍，做法是四角立柱，顶部加盖，俗称"承尘"，顶盖四周装倒挂楣板和倒挂牙子，床板后面和两侧设围子。

第二类为桌案类，包括高桌、矮桌、几、案、架几种。明式高桌有方桌（图2-16-23）、长方桌、圆桌、多边桌和组拼桌等多种形式，圆桌传世不多，半圆

图2-16-21（左） 黄花梨架子床
（资料来源：故宫博物院，编.明清宫廷家具[M].
北京：紫禁城出版社，2008：41）

图2-16-22（右） 黄花梨独板围子罗汉床
（资料来源：故宫博物院，编.明清宫廷家具[M].
北京：紫禁城出版社，2008：23）

桌也称月牙桌，以直边靠墙摆设，两个月牙桌可以拼成圆桌。矮桌高在30cm上下，包括炕桌、炕案、炕几、榻几和榻桌。多边桌常见的有六角桌、八角桌，也有由两个半桌拼组的，比较灵活。组拼桌是一种带有文玩性质的家具，由七种不同造型的桌组成，应是从《燕几图》演变而来，传世很少。案的特征是面板呈长方形，有的甚至是长条形。案足不在案面的四角，而是从两端向内缩进一段距离。前后两腿之间，大都镶嵌雕刻的板心或圈口。案足有两种做法，一种是案足不直接着地，而是落在托泥之上；另一种是不带托泥，直接落地，接地部分向外撇。案有高、低两种类型，低型案主要用于床头、炕边，以平头案居多。高型案多用作书案、画案和陈设案，有平头案和翘头案之分（图2-16-24、图2-16-25）。

第三类为椅凳类，包括椅、凳、墩。明椅类型极多，常用的有宝椅、交椅（图2-16-26）、圈椅（图2-16-27）、官帽椅和玫瑰椅（图2-16-28）。宝椅比普通椅大，用于宫廷，为皇帝、后妃专用，也称宝座。座面取榻的做法，并多用腿膨牙、内翻马蹄的做法。交椅即折叠椅，座面多用软屉。有直背、圆背之分，没有靠背者为马扎。圈椅椅背呈弧形，造型圆润，表面光素者居多。如有雕饰，仅见于背板的上部。官帽椅有两种类型，即南官帽椅（图2-16-29）和四出头官帽椅（图2-16-30）。前者搭脑和扶手均不出头，后者搭脑向两侧出挑，左右扶手各自向前出挑，故称"四出头"。两种椅的屉面常以藤木制作，前两腿之间常饰以牙板，扶手下面有一个曲线支杆，俗称"镰把棍"。靠背椅不设扶手，体形比官帽椅略小。搭脑两端可呈软圆角，也可出挑，出挑者常向上微翘，形如挑灯杆，故这种靠背椅又被称为"灯挂椅"。玫瑰椅在宋代绘画中已显形象，主要特点是椅背较低，和扶手椅相差无几。靠背的框内常装三面券口牙板，两侧落于一根横撑上，撑下设短柱卡子花。玫瑰椅造型别致，常常靠窗并列数把。明式凳子有方圆两种，以方者居多（图2-16-31）。按构造又分为有束腰和无束腰两类。束腰凳凳腿大多是方的，圆的极少，外形常呈弧形或三弯状，足端均为内翻或外翻马蹄形。无束腰凳凳腿有方有圆，全为直腿，足端不作装饰。凳子的面板有木的、藤的和云石的，制造讲究。凳高因用途不同而异，小凳高在30cm之下，杌凳、条凳、春凳高在40cm左右。条凳多用于民间。春凳多用于闺房卧室，凳面较宽，常用攒边做法，棕藤屉面。有些春凳，形如炕桌，可供两三人同坐。墩，也是一种坐具。总体上说呈两头小中间大的鼓形，但因造型和材料不同，又可细分为鼓墩、瓜棱墩、海棠墩、六角墩、八角墩和树根墩、藤墩及石墩。木墩多用名贵木材制作，以深色居多，有的还采用雕漆、彩漆描金等装饰。在宫廷中，常在鼓墩之上置棉垫并外罩棉袱，有人又将这种鼓墩称为绣墩（图2-16-32）。

第四类为箱柜类。箱柜类家具极多，常见的有抽屉柜、圆角柜（图2-16-33）、方角柜。闷户橱，形似桌案，案面之下有抽屉两到四个，分别称为连二橱、连三橱

图 2-16-23　紫檀方桌
（资料来源：故宫博物院，编.明清宫廷家具 [M].北京：紫禁城出版社，2008：130）

图 2-16-24　榉木平头案
（资料来源：故宫博物院，编.明清宫廷家具 [M].北京：紫禁城出版社，2008：197）

图 2-16-25　黄花梨翘头案
（资料来源：故宫博物院，编.明清宫廷家具 [M].北京：紫禁城出版社，2008：207）

图 2-16-26　黄花梨交椅
（资料来源：故宫博物院，编.明清宫廷家具 [M].北京：紫禁城出版社，2008：78）

图 2-16-27　黄花梨圈椅
（资料来源：故宫博物院，编.明清宫廷家具 [M].北京：紫禁城出版社，2008：80）

图 2-16-28　黄花梨玫瑰椅
（资料来源：故宫博物院，编.明清宫廷家具 [M].北京：紫禁城出版社，2008：96）

图 2-16-29　黄花梨南官帽椅
（资料来源：故宫博物院，编.明清宫廷家具 [M].北京：紫禁城出版社，2008：86）

图 2-16-30　黄花梨四出头官帽椅
（资料来源：故宫博物院，编.明清宫廷家具 [M].北京：紫禁城出版社，2008：22）

图 2-16-31　紫檀方杌
（资料来源：故宫博物院，编.明清宫廷家具 [M].北京：紫禁城出版社，2008：86）

（图2-16-34）和连四橱，统称闷户橱。这种橱与桌的不同之处是抽屉下面有闷仓，拉出抽屉后，闷仓也可存杂物。柜，形体较高，外有两门对开，内有数层搁板，两门间有立栓，柜门和立栓均有铜件。圆角柜的特点是四边与足腿全用一木做成，并且为圆料，截面粗壮，收分明显，两门的活动处不用铰链而用门轴。方角柜的特点是柜体没有收分，柜顶不外伸，两门使用明铰链。柜橱，兼有柜、橱两种功能。高度大致如桌，板面之下设抽屉，抽屉之下为柜门。有一种顶竖柜，属组合家具（图2-16-35）。由上部小柜和下部大柜组成。由于常常成对布置，又称"四件柜"。书房中常用亮格柜，即下部为柜子，上部呈亮格，以陈放古董和书籍（图2-16-36）。

　　第五类为屏风类。屏风分为落地屏风和带座屏风两大类。落地屏风即多扇折叠屏风，也叫软屏风，其扇多为偶数，有两扇至十数扇不等。扇框多为木制，屏心或纸

图2-16-32　三彩陶瓷绣墩
（资料来源：故宫博物院，编. 明清宫廷家具 [M].
北京：紫禁城出版社，2008：116）

图2-16-33　圆角柜
（资料来源：王世襄. 明式家具研究 [M]. 香港：三联
书店（香港）有限公司，1989：151）

图2-16-34　黄花梨连三柜橱
（资料来源：故宫博物院，编. 明
清宫廷家具 [M]. 北京：紫禁城出
版社，2008：130）

或绢，上以书法、绘画装饰，扇以铰链连接。带座屏风也叫硬屏风或简称座屏。屏面多为单数（单扇或三、五、七扇不等）。屏面与屏面用走马销连接。屏座多用双座墩，墩上有立柱，两边设站牙。屏顶大都雕花，豪华的还采用嵌石、嵌玉、彩漆、雕漆等工艺装饰。有一种置于炕上的座屏，体量较小，称"炕屏"。此外，还有一些小型家具，如衣架、盆架、镜架、灯架、火盆架及脚踏等。

明代时期陈设品的种类主要有陶瓷、织物、金属制品、漆器、小型雕刻、插花、盆景、绘画、书法等。

陶瓷到了明代进入到一个新的阶段。明代之前的陶瓷釉色以青瓷为主，明代之后则主要是白瓷。白瓷的发展为陶瓷工艺的装饰开辟了广阔的天地。唐宋时期流行的刻花、划花、印花等方法渐渐衰落，画花的装饰手法成为主流，青花（图2-16-37）、五彩等成为主要的装饰手法。

明代染织的材料除了传统的丝、麻、毛外，棉花的生产和织造已经替代了丝、麻的地位，成为人们服饰的主要原料。织物的种类繁多，丝织品主要有锦、缎、绸、罗、纱、绢、绉，棉品主要有标布、扣布、稀布、番布、丁娘子布、尤墩布、衲布、云布、锦布、斜纹布、紫花布等，麻品主要有麻布、苎布、葛布、蕉布等。

图2-16-35　黄花梨嵌百宝嵌玉石顶竖柜
（资料来源：故宫博物院，编.明清宫廷家具[M].北京：紫禁城出版社，2008：222）

图2-16-36　黄花梨亮格柜
（资料来源：故宫博物院，编.明清宫廷家具[M].北京：紫禁城出版社，2008：227）

图 2-16-38　明宣德炉

图 2-16-37　出口到欧洲的明万历年间的景德镇
青花水禽纹盘

图 2-16-39　明景泰蓝

　　明代的金属工艺品比前代有较大的发展，其中最有名的莫过于宣德炉和景泰蓝。宣德炉是明宣宗三年，工部为适应宫廷和寺庙作祭祀或熏衣之用的需要，利用从南洋所得风磨铜铸造的一批小型铜器。宣德炉制作精巧，有的素朴，有的华丽。因其品种多为香炉式，故以炉名之（图 2-16-38）。其造型多参照古代铜器和瓷器样式，加以变化创造，丰富多彩，可谓集各式造型之大成。景泰蓝是明代著名的一种综合性金属工艺，正式的学名应为铜胎掐丝珐琅。珐琅的历史悠久，只不过由于各种原因而未能持续发展，到了明代才进入到繁荣阶段。明代景泰蓝器物类型很多，小型的有盒、花插、烛台和脸盆等，大型的有花觚、鼎、尊等，其中以景泰年间制作的最为精良、最为著名（图 2-16-39）。

　　明代的漆器除了宫廷所设的官方作坊外，民间漆器生产遍及南北各地，出现了很多闻名的漆器艺人。苏州和宁波的金漆漆器、扬州的百宝漆器（螺钿和百宝嵌）、山西的漆器家具、云南的雕漆，都是明代著名的产品。明代著名制漆家黄大成在《髹饰录》中总结了漆艺生产和创作的经验。

　　明代的小品雕刻十分发达，使用的材料十分丰富，有玉、石、牙、角、竹、木、核、匏等。

明代的插花与盆花，在元代几近停滞之后，再度兴盛起来，技术理论已成完整的体系。此时的插花，不求刻板的形式，不求富丽的场面，而是更重内涵，更讲寓意。明初期，以中立式堂花为主，有富丽庄重的倾向。中期，倾向简洁，常常加入如意、珊瑚等物，更加讲究花与花瓶、几案的搭配。晚期，理论上趋于成熟，出现了袁宏道的《瓶史》、张谦德的《瓶花谱》等经典著作。

大约从明嘉靖以后，奢靡之风盛行，明人范濂说："兼之嘉靖以来，豪门贵室，导奢导淫。"在民间，凡是有钱的人家几乎都讲究室内陈设，成于万历年间的《金瓶梅词话》记载了郑氏姐妹的内室陈设，正面是一张黑漆镂金床，旁设提红小几，上设博山小篆炉，前设两张绣钿矮椅和一对鲛绡锦巾兑云母屏，楼壁上嵌锦囊象窑瓶。西门庆书房的陈设也极尽奢华，地平上设一张大理石黑漆镂金凉床，挂着青纱幔帐，两边为彩漆描金书橱，里面堆满了送礼的书帕、尺头以及几席文具书籍等，绿纱窗下，设一张黑漆琴桌和一张螺钿交椅。

据明人孙承泽《春明梦余录》记载：皇宫北门玄武门每逢四开市，凡宫廷御制的宣德铜器、成化窑器、永乐果园厂髹器、景泰珐琅等皆可出售，四方好事者争相以重价购买。同时，民间之奇珍异宝亦通过内市交易进入宫廷。

细木家具也开始流行，甚至连奴隶快甲之家亦用细器，而纨绔豪奢之辈室内所用床橱几桌等皆用花梨木、癭木、乌木、相思木和黄杨木等制作，价格昂贵，范濂在《云间据目抄》中叹曰："亦俗之一糜也。"

第 17 章　清朝时期的室内设计

　　清代是以少数民族统治人数众多的汉族及广大地域的一个历史时期；是版图扩展，人口急剧增加的历史时期；也是封建经济经历了最后的繁荣，然后走向瓦解，资本主义经济逐渐发展的历史时期。清朝的统治者与元代的不同，在入关之初便高度认同了汉民族的封建文化，一切"仿古制行之"。随着农业经济的逐步恢复和工商业的再次抬头，经济领域又一次出现了近代化（资本主义）的势头，康乾盛世的形成并没有将社会拉回到那种小国寡民、自给自足的村社经济中去，而是再次回向晚明时期的以都市为中心的生动活泼的社会格局。尽管清初呈现出积极的开放状态，但清中期以后，政府对外实行闭关锁国的政策，驱赶传教士，封锁海关，固守天朝无所不有的观念，拒绝与国外进行接触和交流。这一切举措都使清代的文化面貌整体上呈现出浓重的保守色彩。

　　在清代民族文化大融合中，宗教，特别是喇嘛教——藏传佛教扮演了一个重要的角色。在清政府的强劲推动下，以喇嘛教为中介，一条具有宗教色彩的意识形态纽带，将满、蒙、藏族与汉族，将青藏高原、蒙古草原与中原地区牢固地联系在一起，清代文化呈现出一种以汉文化为主体、多民族文化融合的态势。

　　明末西学的传播和交流，多在士大夫阶层进行。清初则不同，传教士的活动场所多在宫廷，皇帝本人便是推广西学、主持中西文化交流的东道主。康熙后期发生的"礼仪之争"，由于罗马教廷的粗暴干涉，直接导致了以利玛窦为代表的西学东渐运动的失败，也激发和强化了中国文化中本就具有的封闭保守心理倾向，导致了中国大门对外部世界日益关闭。但自从 16 世纪以来，随着在多方面交往的不断深入，西方的艺术品和工艺饰品开始大量传入我国并开始在民间使用。在民间，由于缺乏对西方世界的了解，对于普通的中国百姓来讲，西方文化完全是一种陌生而又新奇的文化。西方人把他们自己原有的生活方式全盘搬到中国来，西方的城市环境、建筑物、家具以及其他各种器物，还有他们所营造出来的居习和生活方式，成为当时的一种时尚，完全被复制到上海及其他开埠城市（如天津、武汉、广州等）。

17.1 建筑技术

就建筑营造技术而言，清代在前朝已经取得的成就的基础上得以延续和发展：一方面继承并发展了中国的传统木结构的营造技术（图2-17-1），另一方面，西方的砖（石）木结构、砖混结构（图2-17-2），乃至更为现代的钢筋混凝土结构（图2-17-3）和钢结构（图2-17-4）的营造技术已经传入并得到一定程度的发展。尤其是在清末的开放口岸城市（如上海、青岛、广州等地），几乎与国外同时期的营造同步，为清末室内环境的营造带来了巨大的变化。

中国传统的木结构营造技术在清代虽然有一定的进步和发展，在建筑的营造上超越了前代，但在某些方面也呈现出僵化和不合理的倾向。设计更加规范化、程式化；

图2-17-1 北京故宫中和殿内景
（资料来源：故宫博物院，编.紫禁城[M].北京：紫禁城出版社，1994）

图2-17-2 上海吉祥里（早期石库门里弄住宅）
（资料来源：蔡育天，主编.回眸——上海优秀近现代保护建筑[M].上海：上海人民出版社，2001：168）

图2-17-3 上海华俄道胜银行室内
（资料来源：蔡育天，主编.回眸——上海优秀近现代保护建筑[M].上海：上海人民出版社，2001：30）

图2-17-4 上海福新面粉厂办公楼内院采用了金属结构玻璃顶棚
（资料来源：蔡育天，主编.回眸——上海优秀近现代保护建筑[M].上海：上海人民出版社，2001：361）

大木构件力学功能减退；斗栱功能减弱；侧脚、生起逐渐减小或消失；木构件砍割手法简化；木构件的修饰从传统的技术美学转向装饰美学；内外檐开始分开设计；拼合梁柱结构技术高度发达；多层楼阁结构得以完善；大体量建筑的建造成为可能；墙体开始承重。[①]

清代的工艺美术十分繁荣。尽管在艺术水平上，清代工艺美术缺乏较高的审美境界，但在设计和制作中把艺术和技术等同起来的做法，使得技艺精绝，相应的工艺技术也达到了前所未有的高度。

伴随着清政府的被迫开放，西方文化和科学技术迅速被复制到中国的商埠城市，建筑及室内环境营造直接照搬国外同时期的各种样式，营造中也直接引入外来技术和材料。

采用新结构形式：首先是承重体系由木构架为主逐渐变为砖墙与木屋架共同承重的混合型结构，墙体的结构作用明显加强。而后，新的结构技术如钢筋混凝土框架、钢结构、大跨度结构和水电技术逐渐被引入中国。

采用新的建筑装修材料和工艺：在建筑室外装修材料的使用上，开始采用外来的材料和做法。在建筑的室内装修中所使用的材料和做法更是前所未见，欧美国家常见的风格和样式同时出现在中国，同时也就带来了最新的材料和做法。国外建筑中常用的大理石拼花地面和墙面、木装修墙面、木地板、马赛克、玻璃、吊灯、壁灯、铁艺、石膏雕饰、彩色玻璃窗和天花等在上海等商埠城市的商业、娱乐和旅馆建筑中大量使用，国外使用的材料和工艺在同时期的上海、广州等地都有使用（图2-17-5）。

图2-17-5　上海永年人寿保险公司门厅爱奥尼式柱头

（资料来源：蔡育天，主编．回眸——上海优秀近现代保护建筑 [M]．上海：上海人民出版社，2001：33）

采用新的建筑设备：清末兴建的建筑采用了当时最新的营造技术、卫生和取暖设备，有的还装有供水系统和消防系统。石材、玻璃、地毯、浴缸、抽水马桶以及新式家具的出现，使得中国传统室内某些重要的元素逐渐过时，人们开始用一种全新的审美取向来评价室内的装修与陈设。

① 中国科学院自然科学史研究所，主编．中国古代建筑技术史 [M]．北京：中国科学出版社，1985：123-130.

17.2 建筑空间形态

营造技术的进步，为清代室内空间的营造带来了前所未有的境地，清代建筑的室内空间无论是在群体的组合上，还是单体内的营造上，都远超前代。

清代的宫廷建筑、其他官式建筑，以及达官显贵的宅邸中常将功能不同或功能相近的建筑单体以不同方式组合成群体（图 2-17-6），方便往来、利于活动。将不同单体建筑的室内空间通过连廊等手段联系在一起，形成多重复合式空间，大致有三种形式。第一种是最简单的做法，将院落的建筑单体用廊子连接起来，免去经过庭院的露天往来。第二种是将功能不同的建筑单体结合在一起，通过室内往来，完全免去室外交通。第三种是既有独立单体建筑之间的连接，又有不同功能建筑之间的结合，室内空间形式更为复杂多变。

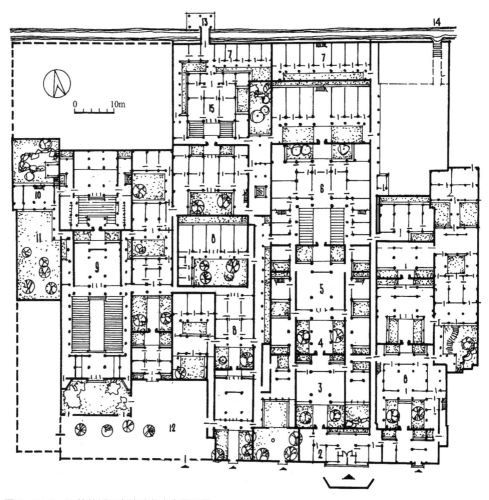

图 2-17-6 江苏苏州天官坊陆润庠宅平面图
（资料来源：孙大章，著 . 中国民居研究 [M]. 北京：中国建筑工业出版社，2004：239）

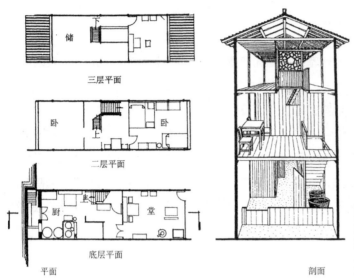

三层平面

二层平面

储
下
卧　　　卧
上
厨　　　堂

底层平面

平面　　　　　　　　　　　　　　　　剖面

图 2-17-7 浙江绍兴下大路陈宅

（资料来源：孙大章，著.中国民居研究 [M].北京：中国建筑工业出版社，2004：214）

随着人们的生活日益丰富，建筑内的功能逐渐丰富和多样化，从最早在一个空间里解决多种功能的状况逐渐演化为一个单体建筑内多种功能空间的组合（图 2-17-7）。而即使在一个居室空间内，也远非仅靠一具床榻、一张座椅所能满足的，需要根据不同的活动内容提供不同功能的空间。因此，出现了新的空间类型，塑造室内空间的手段。

1. 仙楼空间

仙楼，是清代一种高档的内檐装修形式，清人李斗在《扬州画舫录》第十七卷之《工段营造录》中写道："大屋中施小屋，小屋上架小楼，谓之仙楼。"[①] 仙楼的出现是由于高大的室内空间与一些实用的几、案、床、榻等家具尺度差别非常大，难以协调，为了使两者协调起来，于是在大空间中分隔出一些尺度接近于人的小空间，作为私密性较强的场所使用，同时也适应人的活动及家具的尺度。而小屋之上的空间，还可进一步加以利用。这就构成了"仙楼"，类似于今天的复式空间或阁楼空间。仙楼基本由上、下两层组成，下层可以设有床罩、博古架之类的装修。上层则由朝天栏杆和飞罩或碧纱橱组成，一般在上、下层之间安装一条长长的木枋，枋外饰挂檐板，栏杆立于其上。飞罩往往紧贴上部天花板安置，中间设有立柱，使飞罩与栏杆连成一体（图 2-17-8）。

2. 碧纱橱

清人参考和借鉴了汉人室内装修的方式和做法，于围屏的顶部增设横楣，同时安装上下槛，左右添加立柱来加以固定，档心则以绿纱糊饰，逐渐演化成为兼具隔间与隔断功能的室内可移动装饰构件——"槅扇"，多扇槅扇一起围合成一个相对独立的

---

① （清）李斗，著.扬州画舫录 [M].周春东，注.济南：山东友谊出版社，2001：472.

图 2-17-8 乾清宫内仙楼

（资料来源：故宫博物院古建管理处，编.故宫建筑内檐装修 [M].北京：紫禁城出版社，2007：178）

图 2-17-9 清嘉庆二十年蟾波阁本《红楼梦》插图中林黛玉的居室

（资料来源：洪振快，编.红楼梦古画录 [M].北京：人民文学出版社，2007：106）

小空间，这个小空间因槅扇档心用绿纱糊饰而被时人称为"碧纱橱"，是康熙时期建筑内檐装修中产生的一个新的装修形式。碧纱橱是利用糊有碧纱的槅扇间隔出来的小空间，也就是"屋中屋"，并非是今人在文章和著述中谈及的"槅扇"，而是用槅扇在室内分隔出来的、具有隔而不断性质的"房间"，是在建筑的大空间中划分出来的小空间。碧纱橱这种装修形式从康熙年间开始在宫廷和达官显贵的宅第或府邸中开始大量使用，直接影响到当时上层社会家庭的室内环境营造（图 2-17-9）。

3. 多层楼阁空间

多层楼阁空间是指在一个大的封闭室内空间中包含着一个或若干个小空间，类似于我们今天意义上的共享空间。大小空间没有绝对的分割，两者之间很容易产生视觉上空间的连续性，是空间二次分割形成的大的功能空间中包容小的空间的结构。构成这种空间的手法很多，有时是在大空间的实体中划分出小空间，有的则以虚拟象征的手法形成屋中屋、楼中楼的空间格局。这样既不脱离大空间的功能，又令小空间相对独立，满足使用上的要求，同时又丰富了空间层次。这样的空间存在于多层楼阁建筑或大体量的建筑中，譬如宫殿建筑、宗教建筑，以及酒楼（图 2-17-10）、茶肆、戏园、会馆等商业或公共建筑。

清代以来隔断的形式不断创新，层出不穷，千变万化，由此把中国传统室内空间的分隔方式发挥到了极致。室内丰富的分隔，带来清代建筑内檐装修的兴盛发展，使室内空间丰富多变，装饰美观，成为清代室内环境营造风格的显著特点。

1. 砖墙与木板壁

清代宫廷中的砖墙墙壁多刷黄色的包金土或贴金花纸、银花纸，或在墙上裱糊贴络。宫廷中

图 2-17-10 清画
《月明楼》中的酒楼
（资料来源：张家骥，
著.中国建筑论[M].太
原：山西人民出版社，
2003：267）

也用预制的木格框，裱糊夏布、毛纸。粉刷成白色，然后固定在墙壁毛面上，称"白堂箅子"，是一种高级的预制墙面。北方民居以砖墙做隔墙，表面为麻刀白灰抹面，或清水砖做细，或做壁画。农户住宅墙体多土坯墙，其面层为稻壳泥，刷白灰水罩面，有的还在面层上裱糊大白纸一层。南方民居多用木板壁或编竹夹泥壁作为隔断墙，富裕人家的编竹夹泥墙做法考究，面层抹纸筋灰粉白，甚至有用夏布罩面、抹灰粉白者。另外，四川、西北青海藏居也喜欢用木板壁隔墙。木板壁表面或涂饰油漆，或施彩绘，具有很强的装饰性。广东一带喜欢用清水砖墙直接面向室内，取其阴凉宜人之感。新疆南疆民居多用石膏花饰装饰夯土内墙面，极具少数民族地方特色。

2. 榻扇

榻扇，也叫碧纱橱，是一种极具灵活性的活动隔断，满间安装，一般用6扇、8扇等双数在进深方向排布。因实际使用的变化需要对空间重新划分的时候，榻扇可以随时拆卸搬移，在固定使用时，通常它的中间两扇像房门一样可以自由开关，并以此来决定室内空间联通与否（图2-17-11）。

隔断的榻扇心往往做成双层，两面可看。棂格疏朗，以灯笼框图案最常用。棂格心糊纸或纱，称夹堂或夹纱，并在纸上、纱上书写诗词、绘制图画，成为室内有书卷气的装饰品，多用于厅堂或书房内（图2-17-12）。

南方的榻扇门又称屏门，多做成实心板的榻扇心，上面裱贴整幅字画或在心板上阴刻字画，填描石绿颜色，文化气息更为浓厚。广东和云南等地的屏门心板多为木雕制品。

3. 博古架和书架

博古架也称"多宝格"、"百宝架"，这种在清朝出现的新型家具（或称隔断）在清代十分盛行。就其本身来说，它的功能是陈列众多文玩珍宝的格式框架，但因其形式的通透性，尺寸的灵活性及作为整体所形成的极强的装饰性，可以根据室内空间环

图 2-17-11（上左） 北京故宫养心殿紫檀透雕绳纹嵌玉夹纱灯笼框槅心槅扇
（资料来源：故宫博物院古建管理处，编.故宫建筑内檐装修[M].北京：紫禁城出版社，2007：157）

图 2-17-12（上右） 苏州拙政园玉壶冰碧纱橱
（资料来源：庄裕光，胡石，主编.中国古代建筑装饰——装修[M].南京：江苏美术出版社，2007：235）

图 2-17-13（下） 北京故宫养性殿宝座间
（资料来源：胡德生，著.明清宫廷家具大观[M].北京：紫禁城出版社，2006：692）

境的变化而作出适当的调整，在清代，它已成为分割室内空间的一种隔断形式。宫廷及大宅中往往将整个开间置放博古架或书架，既可以摆放陈设品和书籍，也能起到隔断的作用（图 2-17-13）。

　　书架作为分隔的方式与博古架有共同之处，都具有实用性的特点，不同之处，是书架在设计上更加注重整体性，以书籍为主要装饰和陈设对象，体现的是内在风雅而非表面的阔绰。书架往往也可整间布置，形成隔断墙。书架外表可露明，亦可悬挂罩布或装木板门扇。书架多用于书房、琴室等房间内。

　　4. 罩

　　到了清代，"罩"成为室内环境营造中颇为重要和流行的设施，甚至在更小的空间分隔上也常常用罩，如炕罩、床罩等。罩类构件多安置在大型厅堂之内，作为分间的手法；或安装在厅堂后金柱之间，以便把后檐墙面上的装饰强调出来。罩不像槅扇式隔断那样可以开启闭合、拆卸自如,而是一种固定封闭式的装修构造。罩,对空间的划分是真正意义上的象征性、心理(感觉)上的限定,而并不是真正围合一定的空间。罩的形式有许多,如天弯罩、几腿罩(图2-17-14)、落地罩(图2-17-15)、栏杆罩(图2-17-16)、花罩(图2-17-17)、炕罩(图2-17-18)等,它们的共同点是有三面围合,即上与顶棚连接,左右与柱式墙连接,虚其中而余其下。

　　5. 屏风

　　屏风是一种最灵活单纯的隔断(图2-17-19)。屏风形式的发展经过了立屏、折屏、围屏、挂屏、小观赏屏、微屏的过程。"屏"的观念已经逐渐减弱,因为室内

图2-17-14　几腿罩
(资料来源:故宫博物院古建管理处,编.故宫建筑内檐装修[M].北京:紫禁城出版社,2007:189)

图2-17-15　河北承德避暑山庄如意州延薰山馆落地罩
(资料来源:庄裕光,胡石,主编.中国古代建筑装饰——装修[M].南京:江苏美术出版社,2007:251)

图2-17-16　北京故宫漱芳斋栏杆罩
(资料来源:故宫博物院古建管理处,编.故宫建筑内檐装修[M].北京:紫禁城出版社,2007:267)

图2-17-17　苏州狮子林古五松园芭蕉罩
(资料来源:苏州民族建筑学会,苏州园林发展股份有限公司,编著.苏州古典园林营造录[M].北京:中国建筑工业出版社,2003:154)

图 2-17-18　炕罩
（资料来源：庄裕光, 胡石, 主编. 中国古代建筑装饰——装修 [M]. 南京：
江苏美术出版社，2007，244）

图 2-17-19　北京故宫养性殿中的
屏风
（资料来源：故宫博物院古建管理处,
编. 故宫建筑内檐装修 [M]. 北京：紫禁
城出版社，2007：169）

其他隔断设施已逐渐丰富起来。各种罩、槅扇等较为固定的隔断的出现，已经替代了屏风的功能和位置。用在室内是屏风，用在室外是照壁。

6. 太师壁

太师壁多用于南方民居的厅堂中，装在明堂后檐的金柱间。在厅堂后壁中央做出板壁，上面悬挂字画、中堂或安置供奉先祖的壁龛，也有的在板壁上装饰以雕刻团龙凤纹样的木雕或用双数槅扇组合而成，而在壁两侧靠墙处各开设一小门，通往厅堂后间或楼梯间。太师壁前设条案及八仙桌和太师椅。这种处理方式已经成为清代民居厅堂陈设艺术的固定模式（图 2-17-20）。

7. 屏门

屏门是在门框架内正面满镶木板的槅扇，多扇屏门拼成一道可以开启的屏壁。屏门一般多设在堂屋明间室内的后金柱之间，起到屏风的作用，转过屏门可由房屋的后檐门出去。屏壁一般由 4~6 扇屏门组成，平时不开，仅在举行婚丧大事时才启用。一般屏门表面为白色髹漆镜面做法。但在园林建筑和有些南方民居的室内空间中也做成槅扇的形式，或在大漆板门上刻线画等，以增加美感和观赏趣味。屏门往往在室内空间组织中起到视觉中心的作用（图 2-17-21）。

8. 轻质隔墙

一般农户多用苇席、竹篾编织成墙作为隔断，高仅一人左右，且随意变动，对空间的组合十分自由。这种分隔空间的方式至今在中国偏远地区的民宅中依然使用，譬如，有些云南地区的少数民族的传统住宅中，还在使用这种传统的方式。

图2-17-20　胡适故居中的太师壁
（资料来源：刘森林，著.中华陈设——传统民居室内设计 [M].上海：上海大学出版社，2006，96）

图2-17-21　苏州网师园集虚斋中的屏门
（资料来源：苏州民族建筑学会，苏州园林发展股份有限公司，编著.苏州古典园林营造录 [M].北京：中国建筑工业出版社，2003：55）

17.3　室内环境的界面

清代时期不同于以往，对各民族建筑都给予发展的空间，从不歧视民族建筑。除了对满族、藏族、蒙古族建筑要素的吸纳外，对回族等其他民族的建筑也兼收并蓄。再加上地域、民族、文化和风俗的不同，以及经济条件的不平衡必然产生差异，清代建筑发展可谓异彩纷呈，在室内的装修上也是丰富多彩、样式繁多。

在中国古代建筑中室内空间的界面主要分为顶棚、墙面、柱面、地面、门、窗六大类。

1. 顶棚

1）藻井

藻井是天花中级别最高、最尊贵的做法，一般用于寺庙的主体建筑佛（神）像的顶部和宫殿建筑中宝座的上方，有斗四、斗八和圆形多种。清代藻井的样式复杂细腻，技术和艺术水平远远高于前代（图2-17-22）。首先，藻井中的雕饰明显增多，龙凤、云气遍布井内，尤其是中央明镜部位多以复杂姿势的蟠龙结束，而且口衔宝珠，倒悬圆井，使藻井构图中心更为突出，繁简对比明显。其次，就是用金量大增，不仅宫廷建筑藻井普遍贴金饰，即便一般会馆、祠堂也大量用金，使藻井在室内装修中地位突出。最后，在民间藻井中多不受斗栱形制的约束。南方的一些宅第中，也有用木方子支搭而成的藻井。

2）井口天花

井口天花也叫平棋，主要用于宫殿、寺庙等大型建筑中。清式做法就是用支条以榫卯结构做成方格，上面置放与方格内口大小相匹配的木板，在木板上或者直接描绘

图 2-17-22　山东曲阜孔庙大成殿内
天花与匾额
（资料来源：黄明山，主编.礼制建筑——
坛庙祭祀 [M].北京：中国建筑工业出版
社，1992：45）

图 2-17-23　河北承德避暑山庄澹泊敬承殿（正殿）
（资料来源：乔云，等，编著.中国古代建筑 [M].北京：新世界出版社，
2002：256）

彩画，或者施以木雕，或者裱糊预先用纸印好或画好的彩画。每一块方格板的尺寸基本相同，方便安装和摘取（图 2-17-23）。

3）海漫天花

海漫天花又称软天花，属于一般的顶棚。宫廷建筑的居住生活用房与官僚士绅的大宅邸中比较常用，其做法是用木条钉成方格网架，在方形架构木条下面，满糊苎布、棉榜纸或绢，再在其上绘制井口天花图案（图 2-17-24）。

4）纸顶

纸顶是一种简单的大式建筑做法，在方木条格构的下面直接裱糊呈文纸，作为底层，再在其上裱糊大白纸（白栾纸）或银花纸（一种蛤粉模印出花纹图案的裱糊用纸），作为面层（图 2-17-25）。纸顶更多的是用于一般的民宅，北方民居中的顶棚，是先用木方钉成大框，再钉小木条或秫秸，然后糊纸粉刷。南方的一些大住宅或祠堂，先在其楼下的搁栅上钉木板平顶，有时还拼成各种花纹，或描绘彩画。

5）其他

在一些造型比较自由的廊轩中，有时根本不做吊顶，而是故意将椽、瓦等暴露出来。这种做法更显质朴，称为彻上明造（图 2-17-26）。而在南方的一些少数民族地区，民居的天花直接暴露其木结构的框架，自然朴实（图 2-17-27）。

2. 墙面

清代建筑内墙面可以是清水的，即表面不抹灰，但更多的是在格间以上抹白灰，并保持白灰的白色（图 2-17-28）。

图 2-17-24　海漫天花

（资料来源：于倬云，主编 . 故宫建筑图典 [M]. 北京：紫禁城出版社，2007：179）

图 2-17-25　北京故宫养心殿后殿东次间的天花采用的就是纸顶的做法

（资料来源：胡德生，著 . 明清宫廷家具大观（下）. 北京：紫禁城出版社，2006：695）

图 2-17-26　彻上明造

图 2-17-27　云南少数民族民居的内景

图 2-17-28　山西灵石静升镇王家大院高崖敦厚宅西绣楼内景

（资料来源：庄裕光，胡石，主编 . 中国古代建筑装饰——装修 [M]. 南京：江苏美术出版社，2007：254）

图 2-17-29　北京故宫内裱糊的墙面

内墙面可以裱糊，小式建筑常用大白纸，称"四白落地"。大式建筑或比较讲究的小式建筑，面层糊饰银花纸，有"满室银花，四壁生辉"的意义（图 2-17-29）。

有些等级较高的建筑，特别是高级住宅，在墙壁的下部做护墙板，有的整面墙全部都做护墙板。护墙板的表面做木雕、刷油或裱锦缎。

在有些建筑中，墙体是用砖砌筑而成，在室内墙面的处理上，有时表面不作任何处理，保留砖墙的装饰特征，也称作清水砖墙（图 2-17-30）。

3. 柱面

柱子的表面大多做油饰，既是为了保护木材,也是为了美观。柱子的颜色十分讲究，京城一带尚红色，清中期之后，又逐渐按柱子的断面形式分色，圆柱多用红色，用于住宅及园林回廊的方柱则用绿色。其他民居的柱子的表面处理比较自由，颜色也多种多样，有的甚至是素色（图 2-17-31）。

4. 地面

1）砖墁地

清代官式建筑室内的地面大部分为砖墁地，大多用方砖和条砖铺设，从实物和绘画资料来看，以方砖居多，有平素的、也有模制带花的。按等级可分为金砖墁地、细墁地面、淌白地面和糙墁地面四种，主要表现在砖料加工磨制的粗细程度上的差异。最高等级的金砖墁地，多用于宫殿的主要殿堂。一般细墁砖须经磨制加工，灰缝很细，一般在官式建筑和达官显贵的宅第使用。淌白砖仅打磨砖的表面，侧面很少处理，灰缝一般较大。糙砌砖为不加工直接墁地，使用的范围比较广泛（图 2-17-32）。

图 2-17-30　广东番禺余荫山房深柳堂内景

（资料来源：庄裕光，胡石，主编 . 中国古代建筑装饰——装修 [M]. 南京：
江苏美术出版社，2007：273）

图 2-17-31　云南大理民居中的柱子多为黑色油漆饰面

2）木地板

在有楼层的建筑中，无论是官式建筑还是民居，由于建筑木结构自身的特点，楼层的地面基本上都是用木地板铺设而成的。有条件的在木地板表面用油漆处理，没有条件的就直接素面。

3）夯土地面

清代西北和东北干旱少雨地区的民居，有一些是用土建成的。晋中的窑洞、豫西的窑洞、陇东的窑洞、陕北的窑洞、察北的窑洞，以及吉林、黑龙江、青海等地的民居由于墙体都是用土砌筑的，地面大多采用夯土的形式。夯土地面有

图2-17-32　江苏扬州吴道台府客厅
（资料来源：庄裕光，胡石，主编. 中国古代建筑装饰——装修 [M]. 南京：江苏美术出版社，2007：278）

灰土地面和三合土地面等。在西藏的碉房中，取材十分原始，地面很少用砖和石材，而用当地藏民称为阿嘎的土打平。

4）地毯

地毯这种材料由来已久，在有些少数民族地区的住宅中使用得比较普遍，新疆维吾尔族的住宅、西藏藏民的碉房和蒙古族的毡房中有使用地毯的习俗和传统，在这些地区的富裕家庭，地毯是一种比较常见的铺地材料。尤其是到了晚清受到西方文化影响的时期，地毯的使用更为普遍。

5）其他地面

在民间使用的地面，除了地砖、木地板、夯土地面外，还有卵石地面、石板地面、片石地面，有的还掺杂瓦片、瓷片、片砖等材料拼成各种样式的花饰。

5. 门

清代的门可称集历史之大成，种类繁多，但概括起来仍不外乎不透光的板门与具有透光花棂格的槅扇门两大类。各种门窗都须在柱枋间安设上、中、下槛及抱框、间柱，以确定门窗大小尺寸及固定门窗扇之用。

1）板门

建筑的外门，全为木板造成（图2-17-33）。根据构造方法又分为棋盘大门及实榻大门。棋盘门扇是由框料组成。内部填板，外观显出框档。而实榻门是由数块厚料拼合而成，横向加设数根穿带木条，防卫作用更强。

2）槅扇门

自唐末五代出现槅扇门以后，南风北渐，因其能透光，并可摘卸的优点，逐渐

发展成为全国通用的门型。一般每间可用4扇、6扇、8扇，愈晚近的槅扇门比例愈高瘦。苏州一带称外檐槅扇门为长窗。门中最富于变化的是槅扇的槅心部分，图案变化繁多，不胜枚举。清代槅扇门的裙板、绦环板部位亦经过重点装饰，一般皆有雕刻（图2-17-34）。

3）屏门

屏门为一种类似槅扇门式的板门，一般为4~6扇。多用在北京四合院内院垂花门内以隔绝内外。屏门为绿色油饰，红地金字斗方，十分雅致。在南方有些民居中，亦在入口处安设屏门。

4）其他

地方上多变通处理各种门式，各有特色。如四川常用的三关六扇，即中为两扇板门，左右各两扇槅扇门。浙江的一门三吊榻，即是板门分为上下两部分，上部可支起，下部可开启。在南方尚通行腰门，即在正门外加一矮小的平开门，又称矮挞，或短扉，平时大门敞开。腰门关闭，隔而不死。广东潮州的栅栏门、广州的推笼门也是这个用意，有隔绝之效，又收通风观赏之功。四川成都的民居正厅往往做一樘不到顶的门窗，以为屏蔽，称抱厅门。有些民居还在板门上刻意装饰：如刻门对，钉铁钉，贴竹皮护面等，以加强美观效果。

图2-17-33 山西襄汾丁村民居大门
（资料来源：庄裕光，胡石，主编.中国古代建筑装饰——装修[M].南京：江苏美术出版社，2007：36）

图2-17-34 昆山清代民居中的槅扇门

6. 窗

清以前最为通用的死扇直棂窗在清代已经很少用，一般仅在库房、厨房、禽房等简易房中使用，应用最广泛的是槛窗。

1）槛窗

槛窗是立于砖槛墙上的窗（图2-17-35）。槛窗的构造和做法基本与槅扇门一样，只是把槅扇门的裙板部分去掉。槛窗的比例及棂格心与槅扇门需要整体考虑，进行统一的构图，成樘配套设置，保证统一协调的效果。每间房安装2~6扇。在南方则不用砖槛墙，而改用木板壁，称为提裙（图2-17-36）。槛窗及木板壁皆可拆下，将厅堂变为敞口厅，这种窗称半窗。园林中的半窗槛墙较低，外加靠背栏杆，可凭栏小坐，眺望窗外景物。

2）支摘窗

支摘窗是北京、华北一直到西北地区常用的民宅中的窗（图2-17-37）。这种窗型一般在槛墙上立柱分为两半，每半再分上下两段装窗，上段可支起，内部附有纱扇或卷纸扇，以达到通风换气的目的；下段可将外部油纸扇摘下，内部另有纸扇或玻璃扇，可用于照明，故称支摘窗。其棂窗图案大部为步步紧，也有灯笼框、盘肠、龟背锦等图式。而西北地区多几何形图案，民间多剪梅花纸窗花贴在窗棂格中央部位，作为装饰。山西大同地区则制作窗花，糊在窗上，增加民俗文化风味。江南的支摘窗又称和合窗。多装于民居次间，或亭阁、旱船等处。窗下装木栏杆，内钉裙板，栏杆花纹向外，栏杆上安捺槛，上立枨木两根，将窗户分成三排，每排上下又分三扇，上下两扇为固定扇，中扇可支起，便通风换气。和合窗扇呈扁长形，棂格图案亦多为矩形、八方式图案。

图2-17-35　北方的槛窗　　　图2-17-36　南方的槛窗

图 2-17-37 北京和敬公主府中的支摘窗

图 2-17-38 广州陈氏书院的满周窗
（资料来源：庄裕光，胡石，主编 . 中国古代建筑装饰——装修 [M]. 南京：江苏美术出版社，2007：140）

图 2-17-39 山西灵石静升镇王家大院高家崖敦厚宅横披窗
（资料来源：庄裕光，胡石主编 . 中国古代建筑装饰——装修 [M]. 南京：江苏美术出版社，2007：158）

3）满周窗

满周窗又叫做满洲窗，在广东民间普遍使用。窗的分格是规则地将窗户分为三列，上下三扇共合九扇。窗扇可上下推拉至任意位置，以调节室内小气候。这类窗扇棂格较自由，清晚期有的满周窗安装彩色玻璃作为装饰（图 2-17-38）。

4）横披窗

横披窗是安装在窗扇的上部，开设在上槛与中槛之间的横向固定窗。以补充整个装修立面，调整开启窗扇的大小。这种窗南北通用。其棂格多与下边的窗扇、门扇配套（图 2-17-39）。

5）花窗

花窗为四周有花式棂格边的固定窗。多用于园林建筑中，用以溶透室外景色，构成美妙画幅。如苏州网师园殿春簃的后檐三个大花窗，分别透出室外小院的独石、竹丛和芭蕉，形成三个画面，构思巧妙。花窗边框不仅可做成矩形，亦可六方、八方、圆形，还可在下部设窗栏、护栅。

6）其他窗形

园林中为增加廊庑的空透性，多设什锦灯窗。如东北地区为防盗在支摘窗内部设一扇木窗，俗称吊搭，白天吊起，晚上放下。西北地区多应用横向推拉的棂花格窗，推扇多设在外，白天推向两旁，形成华美的装饰壁面。云南大理民居有的安设圆形的大花窗。安徽歙县民居次间多在两扇槅扇窗外加设腰栅。有的地区还使用中旋的"翻天印"窗。新疆喀什、伊犁多使用双层窗，内扇为采光窗，外扇为木板窗，以应对一年内气候的剧变。

17.4　雕饰与彩画

1. 石雕

清代石雕，主要应用于大型建筑的台基、栏杆、石柱、漏窗，以及石碑等部位或要素的装饰。石雕方法齐全，如有线刻、减地阳平面兼勾阴线、浅浮雕、高浮雕、立体圆雕和透雕等。石雕方法及表现形式往往与石材建筑构件的样式及功能相结合，譬如：线刻及减地阳平面兼勾阴线多用于石碑和陵寝墓室墙壁装饰；浅浮雕及高浮雕用于建筑台基、栏杆和石柱等的装饰；立体圆雕用于建筑的转角处、柱头及柱础的装饰；而透雕则主要用于漏窗和槅扇等的装饰。

2. 砖雕

清代砖雕工艺区别于以往的画像砖，它不是在尚未烧制的砖坯上利用模印法印制纹样，而是在已烧成的砖面上雕刻纹样。由于烧成砖的材质粗硬，不同于石材，因此其雕刻风格也不同于石雕的细腻，而是粗犷大方、生动有力（图 2-17-40）。清代砖分为地面装饰用砖和墙面装饰用砖两类。铺地砖雕纹样的构图，有的是一砖一图，构成完整。地砖的雕刻纹样大量为几何纹样，此外，还有植物花卉、动物花鸟、人物风景和吉祥文字等题材。砖雕在园林及民宅建筑中则主要作为墙面装饰，而墙面装饰用砖是清代砖雕的主流，最能代表清代砖雕艺术风格及水平。这些用于墙面装饰的砖雕，与地砖相比，在建筑上的位置显著，装饰面积大，并与门头、花窗、影壁、山墙等建筑构件紧密结合（图 2-17-41）。

3. 木雕

木雕在清代建筑装饰中应用十分普遍，从室外的门窗、斗栱、额枋到室内的槅扇、屏风等建筑细部无所不施。木材不同于石材和砖材，易于雕刻，并且木雕与装饰墙面的石雕、砖雕的装饰部位与功能也不同，主要用于装饰与人近距离接触的门窗、槅扇等，因此又无施不巧，精雕细刻，其精美的程度超过石雕和砖雕。清代建筑木雕的雕刻手法多样，既有浅浮雕和高浮雕，也有透雕和圆雕。木雕纹样题材也十分丰富，有花卉植物、鸟兽动物、人物、风景、几何纹样等。木雕纹样的组织构图因装饰部位的不同，而又有单独式、独幅式、连续式等，既有小型的独花纹祥和花边纹样，也有大型的具有主题内容、故事情节，形象众多、构图复杂的独幅式纹样（图 2-17-42）。

4. 建筑彩画 [①]

建筑彩画在社会审美思潮的影响下，在清代达到高峰。艺术造诣高于前代，彩画的新品种不断出现，规范也更为严密，色调及装饰感大为增强，取得了非凡的艺术成就。

---

① 孙大章，编著. 中国古代建筑彩画 [M]. 北京：中国建筑工业出版社，2006：59-70.

图 2-17-40（左上） 杭州胡庆余堂的砖雕
（资料来源：张建庭，主编 . 胡雪岩故居 [M]. 北京：文物出版社，2003：23）

图 2-17-41（右） 杭州胡庆余堂门厅天井西墙砖雕
（资料来源：张建庭，主编 . 胡雪岩故居 [M]. 北京：文物出版社，2003：21）

图 2-17-42（左下） 江西景德镇通议大夫祠前厅额枋
（资料来源：庄裕光，胡石，主编 . 中国古代建筑装饰——雕刻 [M]. 南京：江苏美术出版社，2007：42）

1）宫廷建筑彩画

和玺彩画是宫廷建筑中最华贵的一种彩画，多用于宫殿、坛庙的正殿和殿门，形成于清初或更早。彩画的构图华美，设色浓重艳丽，用金量大。和玺彩画的构图框架仍保持了旋子彩画的格式，即将枋、檩或梁的正身分成找头、枋心、找头三大段。和玺彩画的三大特点：以龙凤为母题，用金量大，五彩缤纷，不求色调，造成该彩画的华贵辉煌的艺术面貌，所以是帝王宫殿及高规格建筑物的专用彩画种类（图 2-17-43）。

旋子彩画历史久远，历经元、明，至清代已完全形成"规矩活"的彩画，是继承明代宫廷旋子彩画进一步丰富演化而成，也是宫廷、庙宇、坛台、宫观所大量应用的一种彩画。旋子彩画的最大特点是其找头部分的图案完全由青绿旋瓣团花组成，整齐素雅，具有规整的图案装饰性，其变化重点在于枋心及盒子图案（图 2-17-44）。清代中后期的旋花已完全程式化。

苏式彩画多应用在小式建筑上，是源于江南苏州一带的南方彩画类别，它原来是以素雅的包袱锦纹为主题的彩画，很少用金。但传入北方宫廷以后，产生较大的变异，

图 2-17-43　山东曲阜孔庙大成殿外檐和玺彩画

（资料来源：孙大章，编著.中国古代建筑彩画[M].北京：中国建筑工业出版社，2006：214）

图 2-17-44　北京故宫御花园摛藻堂前东亭旋子彩画

（资料来源：孙大章，编著.中国古代建筑彩画[M].北京：中国建筑工业出版社，2006：252）

图 2-17-45　北京颐和园长廊苏式包袱彩画

（资料来源：孙大章，编著.中国古代建筑彩画[M].北京：中国建筑工业出版社，2006：226）

以适应北方木构形制及热烈华丽的艺术要求。虽仍以青绿色为主色，但也搭配了相当数量的红、黄、紫、香色等小色，以及贴金、片金工艺。根据彩画的构图可以分为枋心式、海墁式、包袱式三类。苏式彩画是一种写生意味更浓，题材更广，可读性更强的装饰彩画（图 2-17-45）。

　　海墁彩画即所有大木构件不分段落，甚至包括椽望及柱子，全部遍绘一种纹饰的彩画做法（图 2-17-46）。天花彩画在布局规划上有了一定的规律，即不再追求变化，

图 2-17-46　北京故宫漱芳斋戏台顶棚海墁式
彩画
（资料来源：孙大章，编著.中国古代建筑彩画 [M].
北京：中国建筑工业出版社，2006：230）

图 2-17-47　苏州忠王府大堂彩画
（资料来源：孙大章，编著.中国古代建筑彩画 [M].北京：
中国建筑工业出版社，2006：260）

各井口内的色彩、做法皆为一致的设计，艺术风格十分庄重、和谐，用以衬托出明间藻井的装饰效果。清代天花彩画的制作方法，一般为直接绘制在装修木板上，称为硬天花。还有一种画在纸上，然后裱糊张贴在天花板上，称为软天花。还有的是预制出纸制井口天花图案，然后裱糊在白樘篦子上的平顶天花上，以取得井口天花的效果。

2）清代的地方彩画

清代时期不同地区具有不同的风格特征，除了苏式彩画外，根据现存的建筑状况，地方彩画中比较有代表性的还有山西地区的彩画、辽宁地区的彩画、河南地区的寺庙建筑彩画、闽南地区的建筑彩画、藏传佛教建筑的彩画、新疆维吾尔族的建筑彩画、傣族庙宇的建筑彩画等（图 2-17-47）。

17.5　清代家具

清代前期继承了明代家具的传统，并继续发扬光大，形成了明代后期至清前期的明式家具完整的形式和结构体系。研究家具的人一般认为，以清代乾隆时期为分界线，之前的家具称为"明式家具"，之后的称为"清式家具"。

清式家具承袭和发展了明式家具的成就，但变化最大的是宫廷家具，而不是民间家具。从乾隆开始形成的家具风格统称为"清式家具"。尽管清式家具是从明式家具中发展演化而来的，但在艺术造型上它们之间的差异非常之大。清式家具以豪华繁缛为主要特征，充分发挥了雕刻、镶嵌、描绘等工艺，同时吸纳了来自西方国家家具的一些形式特征和加工工艺，在家具的外在形式上大胆创新，创造了花样多变的华丽家具样式，让人耳目一新（图 2-17-48）。

乾隆时期，吸收了西洋家具的纹样及装饰特点，形成了清代所特有的满雕部件，并且大量用于高档家具的表面装饰上，形成了清代家具厚重、饱满、追求繁琐、华丽的贵气与奢华之气，与明式家具的清丽、素雅、纤巧、脱俗之气大相径庭（图2-17-49）。清晚期，随着国力的衰微，家具的形式和格调也日渐衰落了，但民间家具依然有其勃勃兴旺的生机，能够沿袭世代的传统。

清代宫廷家具主要有三处重要的产地，即北京、苏州和广州，每一地生产和制作的家具逐渐具有了各自的独特风格，分别被称为"京式""苏式"和"广式"。京式和苏式较多地保留了中国家具的传统形式，广式家具因受到西方文化的影响较大，趋向于"西化"，形成了独树一帜的风格特征。除了上面三个主流的家具风格外，其他地区还有自己风格和特点的家具。清代的扬州也是家具制作中心之一，称"扬作"。扬州以漆木家具著称。扬州的漆器家具制作工艺精巧、华丽。工艺品种中有多宝嵌、骨石镶嵌、点螺、螺钿、刻漆、雕填、彩绘等。其中，

图2-17-48　清紫檀嵌珐琅云龙纹博古格
（资料来源：胡德生，著.明清宫廷家具大观[M].北京：紫禁城出版社，2006：323）

图2-17-49　清紫檀条案

多宝嵌漆器家具是我国家具工艺中别具一格的品种。宁波地区生产的家具——宁式家具，以彩漆家具和骨嵌家具为主。彩漆家具就是用各种颜色漆在光素的漆地上描画纹样的做法。彩漆工艺主要分为立体和平面两大类。彩漆家具给人一种光润、鲜丽的感觉。清代还流行竹器家具。主要场地分布于湖北、湖南、江西以及广东、四川、广西等地。清代后期上海开埠，后来也成为家具制作中心之一，称为"海作"。海作家具多用红木，喜用大花及浓烈的红色，有些家具受欧陆巴洛克式家具的影响。其他，福州的彩漆家具，江西的嵌竹家具，山东潍县的嵌金银家具，也名噪一时。总之，清代家具在材料、手法、工艺各方面都有巨大的进步，在"华丽、稳重"的总格调上，又创造出了各种独具特色的地方风格，代表着一个时代的丰富文化内涵。

清代家具按使用功能可以大致分为椅凳、桌案、床榻、柜橱、屏风、其他等几大类。

1. 椅凳类

在清代家具中，椅子是最有变化的家具品种之一。主要分为两类，即靠背椅和扶手椅。在结构上又分为有束腰和无束腰两种形式。凡没有扶手的椅子都称为靠背椅。椅子有宝座、交椅、圈椅、官帽椅、玫瑰式椅、靠背椅、背靠、太师椅等（图2-17-50、图2-17-51）。清代，太师椅成为椅子中单独的一种类型。

清代的凳子基本分为有束腰和无束腰两类。与明式凳子相比，清式凳子不但在装饰方面加大了装饰程度，而且在形式上也变化多端。凳子又可分杌凳、坐墩、交杌、长条凳、马扎、方杌、圆杌、花式杌、脚踏、绣墩等（图2-17-52、图2-17-53）。

图2-17-50　清中期紫檀嵌牙花卉宝座
（资料来源：故宫博物院，编.明清宫廷家具[M].北京：紫禁城出版社，2008：68）

图2-17-51　清中期罩金漆雕云龙纹交椅
（资料来源：故宫博物院，编.明清宫廷家具[M].北京：紫禁城出版社，2008：79）

图 2-17-52　清中期紫檀雕灵芝纹方机

（资料来源：故宫博物院，编.明清宫廷家具 [M]. 北京：
紫禁城出版社，2008：109）

图 2-17-53　清中期紫檀嵌珐琅绣墩

（资料来源：故宫博物院，编.明清宫廷家具 [M]. 北京：
紫禁城出版社，2008：121）

图 2-17-54　清中期彩漆描金圆转桌

（资料来源：故宫博物院，编.明清宫廷家具 [M]. 北京：
紫禁城出版社，2008：136）

图 2-17-55　清中期紫檀雕灵芝纹卷书式画案

（资料来源：故宫博物院，编.明清宫廷家具 [M]. 北京：
紫禁城出版社，2008：204）

图 2-17-56　清中期黑漆描金山水楼阁的炕几

（资料来源：故宫博物院，编.明清宫廷家具 [M]. 北京：紫禁城出版社，2008：192）

2. 桌案类

桌案类包括桌子、案、几。桌案在中国家具中占有很重要的地位，不但品种多，形式各异，还对人们生活习惯的改变产生过相当深刻的影响。桌有方桌、圆桌、半圆桌、长桌、八仙桌、炕桌、琴桌、棋牌桌等，种类繁多。基本分为有束腰和无束腰两类，造型有方形、圆形、长方形和一些特殊形状的桌子（图2-17-54）。

案是一种形似桌子的家具，只是腿足制作位置不同，通常把四腿在四角的称"桌"，而把四腿缩进一些的称"案"。案的种类很多，根据其用途的不同，分为书案、画案、经案、食案、奏案及香案等。根据造型又分为条案、翘头案、平头案等。根据制作材料分为陶案、铜案、漆案及木案等（图2-17-55）。

几类家具分为香几、茶几、蝶几。香几是为供奉或祭祀时置炉焚香用的一种几，也可陈设花瓶或花盆。茶几一般以方形或长方形居多，高度与扶手椅的扶手相当（图2-17-56）。蝶几又名"奇巧桌"或"七巧桌"。是根据七巧板的形状而做的，多由七件组成。

3. 床榻类

清代床榻结构基本承接明制，但是腿足和纹饰上有很大变化，有些架子床顶上加装有雕饰的飘檐。清代时的风气追求豪华，注重装饰，床榻类大型家具制作更是力求繁缛多饰，与明式床榻简明的结构和装饰形成鲜明的对比。功用方面也有些变化，有些架子床在床面下还增加抽屉，以便存放衣物，充分利用了床下的空间。在用料方面也比明代粗壮，形体高大，给人以恢弘壮观、威严华丽的感觉。工艺方面也比较复杂，将多种材料、各种手段，巧妙地运用到制作中，形成清代床榻的独特风格。床有架子床（图2-17-57）、拔步床（图2-17-58）、罗汉床（图2-17-59）三种类型。

图2-17-57 清代架子床
（资料来源：刘森林，著.中华陈设——传统民居室内设计 [M].上海：上海大学出版社，2006：68）

图2-17-58 杭州胡庆余堂中的拔步床
（资料来源：张建庭，主编.胡雪岩故居 [M].北京：文物出版社，2003：90）

4. 柜橱类（含箱子）

明代的橱形制上往往是上面设抽屉，抽屉下设闷仓，如将抽屉拉出，闷仓内也可存放物品。橱发展到清代，闷仓常以门代替，这样使用时更方便了，结构更合理。柜一般形体高大，可以存放大件衣物和物品。对开门，柜内装隔板，有的还装抽屉。橱柜是一种橱和柜两种功能兼而有之的家具。清代柜橱主要有顶竖柜、圆角柜、亮格柜（图 2-17-60）、面条柜（图 2-17-61）、橱（图 2-17-62）、橱柜、书格（图 2-17-63）、书橱（图 2-17-64）、博古格等。

图 2-17-59 清中期描金山水罗汉床
（资料来源：故宫博物院，编.明清宫廷家具[M].北京：紫禁城出版社，2007：51）

图 2-17-60 清中期紫檀雕山水人物亮格柜
（资料来源：故宫博物院，编.明清宫廷家具[M].北京：紫禁城出版社，2007：229）

图 2-17-61 清末紫檀雕暗八仙条柜
（资料来源：故宫博物院，编.明清宫廷家具[M].北京：紫禁城出版社，2007：231）

图 2-17-62　清中期佛龛橱
（资料来源：故宫博物院，编 . 明清宫廷家具 [M].
北京：紫禁城出版社，2007：233 ）

图 2-17-63（左）　清初黑漆嵌五彩螺钿山水
花卉书格
（资料来源：故宫博物院，编 . 明清宫廷家具 [M].
北京：紫禁城出版社，2007：238 ）

图 2-17-64（右）　清紫檀云龙纹书橱
（资料来源：故宫博物院，编 . 明清宫廷家具 [M].
北京：紫禁城出版社，2007：240 ）

5. 屏风类

　　明清时期的屏风，有带座屏风（图 2-17-65 ）、曲屏风（图 2-17-66 ）、插屏
（图 2-17-67 ）和挂屏等几种形式。在清初出现的挂屏，多替代画轴在墙壁上悬挂，
成为一个纯装饰品类，一般成对成套。如四扇一组称四扇屏，八扇一组称八扇屏，也
有中间挂一中堂，两边各挂一扇对联的。

　　除了上面的几大类之外，清式家具中还有箱类和架子类。箱类包括百宝箱、衣箱、
官皮箱、药箱等。架子类包括盆架（图 2-17-68 ）、衣架、鸟笼架、巾架等。

图 2-17-65　清中期紫檀边乾隆书董邦达画山水座屏风

（资料来源：胡德生，著.明清宫廷家具大观 [M].北京：紫禁城出版社，2006：337）

图 2-17-66　清初黑漆款彩八扇屏

（资料来源：胡德生，著.明清宫廷家具大观 [M].北京：紫禁城出版社，2006：345）

图 2-17-67（左） 清中期紫檀边鸡翅木嵌玉人插屏

（资料来源：胡德生，著 . 明清宫廷家具大观 [M]. 北京：紫禁城出版社，2006：362）

图 2-17-68（右） 清中期酸枝木雕花面盆架

（资料来源：故宫博物院，编 . 明清宫廷家具 [M]. 北京：紫禁城出版社，2007：314）

17.6 陈设艺术

清朝是中国历史上工艺品、陈设品全面发展的时期，室内陈设的丰富性和艺术性，以前的历朝历代都无法与之相提并论。清代中期以前，继承明代的传统，不论在生产技术或艺术创造方面，都有所发展。中期以后，工艺品的艺术创作方面与室内环境营造一起追求华美与繁缛，走向了繁琐堆饰，破坏了器物的整体感，格调不高，但工艺技术方面仍然取得了很大的进步，并影响到室内装修的做法和工艺，直接影响室内环境的营造。

陈设品可分为两大类：一类为仅供观赏品味的艺术品，如古玩、字画、盆景、盆花等。另一类为具有一定实用价值的高档工艺品，如炉、盘、瓶、屏、灯、扇、架、钟表等。

1. 供观赏品味的艺术品

1）书法

陈设在室内的书法内容多种多样，从内容上看，有诗词、文、赋，山水诗赋、山水散文、园记、楼记、堂记和亭记等；从陈设形式看，有屏刻、楹联、匾额以及与挂画相似的"字画"等。作为室内陈设的书法，均有鉴赏指引的功能：它可以传递环境信息，揭示环境内涵，点明环境主题，激励观者或用以自勉，还可从整体上参与空间环境的形式营造。

（1）屏刻

屏刻就是在屏壁上书写或雕刻文字，是一种与室内装修做法结合的形式，屏刻往往是它所在空间的视觉中心，类似于今天我们所谓的主题墙。这种做法在南方的住宅比较常见，譬如苏州狮子林的燕誉堂就是一个比较典型的例子。在鸳鸯厅中间分隔空间的屏壁朝向南厅的一侧正中，将《贝氏重修狮子林记》刻于八扇屏门组成的屏壁上，与楹联、牌匾等有机地结合在一起，内容和形式上交相呼应，浓郁了厅堂的文化意蕴（图2-17-69）。

（2）匾额

室内空间环境经常用匾额点题，尤其是在文人的宅第中，其内容多是寓意祥瑞、规戒自勉、寄志抒怀的。匾额在江南一带的私家园林中使用得更为普遍（图2-17-70）。李渔的《闲情偶寄·居室部》中就有章节专门谈到联匾，可知南方园林中使用的匾额花样甚多，如秋叶匾、虚白匾、册页匾、石光匾等。

（3）对联

对联的作用与匾额相似，实质都在发掘和阐述环境的意境。室内的对联，有三种展现方式，即当门、抱柱和补壁（图2-17-71）。中国传统建筑以木结构为基本体系，室内空间中柱子很多，这就为悬挂对联提供了极大的便利，所以在上述三种方式中，抱柱也是使用最多的展示方式。

图2-17-69 苏州狮子林燕誉堂
（资料来源：苏州民族建筑学会，苏州园林发展股份有限公司，编著．苏州古典园林营造录[M]．北京：中国建筑工业出版社，2003：39）

图2-17-70 苏州留园五峰仙馆内景
（资料来源：黄明山，主编．文人园林建筑——意境山水庭园院[M]．台北：光复书局，1992：59）

（4）字画

书法可以像绘画一样，经过装裱后悬挂于室内墙面上。书法自身纸面上的构成形式，它的浓淡、疏密、轻重、缓急、刚柔、静动，具有极大的审美价值。

2）绘画

清朝的画家之众、画派之多均超过前朝，尽管在画法创新上不尽人意，但也取得了很高的艺术成就。清代后期，中国逐渐沦为半殖民地半封建社会，文人画走向衰落。在辟为通商口岸的上海、广州等地出现了"海上画派"和"新岭南画派"。这些画派新颖活泼，题材更为丰富，为广大市民所喜爱，对开拓近现代画风起到了重要的作用。清初的时候，一些西洋画家来到中国，他们将西洋画法也带入中国。

自从书画与室内环境营造发生关联，双方就互为前提，兼具了双重的意义。书画艺术的介入无疑提升和增润了室内空间环境的艺术文化格调和氛围，而室内空间则为书画的展示提供了场所。明清时期的绘画，既流行于宫廷，也广泛用于民间，在室内悬挂书画的做法非常盛行。

此外，有些槅扇常在槅心的位置上镶嵌小幅书画，它们被称为"贴落画"（图2-17-72），是一种将诗文绘画融入装修的高雅方式。贴落画在使用的部位上比较灵活，形式上也有多种变体，有的与鸡腿罩、落地罩等结合在一起。

3）挂屏、座屏

明末清初出现了一种悬挂于墙面的挂屏。它的芯部可用各种材料做成，但最多的是纹理精美的云石，因为它们可以使人联想到自然界的山水、云雾、朝阳落日，形似绘画，实则天成。挂屏的芯部有方、有圆，它们均被镶嵌在一块木板上，四周则为一个优质木材制作的边框。挂屏大都成对布置，四扇一组的即称四扇屏。挂屏既可以布置在厅堂的正中，相当于中堂，也可以挂在中堂的两侧，占用对联的位置。进入清代后，

图2-17-71　山东曲阜孔府喜堂
（资料来源：庄裕光，胡石，主编.中国古代建筑装饰——装修 [M].南京：江苏美术出版社，2007：285）

图2-17-72　北京故宫符望阁中鸡腿罩上的臣工字画
（资料来源：故宫博物院古建管理处，编.故宫建筑内檐装修 [M].北京：紫禁城出版社，2007：195）

挂屏更是风行一时，不仅见于宫廷，也见于达官贵人乃至一般平民的住所。

座屏，本来是一种家具，明清时，有些人出于欣赏的目的，将其缩小，置于炕上或桌案上，于是便出现了专供欣赏的炕屏与桌屏（图2-17-73）。

4）年画

清代的年画的发展到了乾隆年间，已经普及大江南北，达到了全盛的阶段，以天津的杨柳青、江苏苏州的桃花坞和山东潍县的杨家埠年画最为著名。年画与一般绘画不同，它一年一换，是平民百姓家家都要张贴的画种。人们用它表达祝愿和希冀，并从中增长知识，得到美的享受。年画的题材有故事戏文、风土人情、美人娃娃、男耕女织、风景花鸟和神像等，大多寓意吉祥，因此，是居室，特别是农民住屋不可缺少的装饰品（图2-17-74）。

图2-17-73 清中期紫檀边座嵌牙点翠仙人楼阁插屏

（资料来源：胡德生，著.明清宫廷家具大观[M].北京：紫禁城出版社，2006：374）

图2-17-74 清代杨柳青以《红楼梦》为题材的年画（清杨柳青画师高荫章）

（资料来源：洪振快，编.红楼梦古画录[M].北京：人民文学出版社，2007：341）

5）插花、盆花与盆景

清代插花、赏花之风不亚于明代，只是欣赏角度有些变化，表现之一是由人格化向神化转化，往往把赏花作为精神上的一种寄托，表现之二是常常利用谐音等赋予插花以吉祥的含意，如用万年青、荷花、百合寓意"百年好合"，用苹果、百合、柿子、柏枝、灵芝寓意"百事如意"等。

清代盆景的类别形式更为多样，除山水盆景、旱盆景、水旱盆景外，还有带瀑布的盆景及枯艺盆景。由于年代久远，清代插花与盆花没有实物遗存，但诸多绘画中，均有插花、盆花的形象（图2-17-75）。清代盆景，以乾隆、嘉庆年间为最盛。

6）小型雕塑及工艺雕刻

为适应观赏需要，到清代出现了大量置于案头的小雕塑。这类小雕塑包括玉、石雕，牙、骨雕，竹、木雕，陶、瓷雕和泥塑等。有的雕刻还具有一定的使用功能（图2-17-76）。雕刻的内容丰富，样式繁多。而后出现了泥、陶、瓷塑，此时，雕塑已不再是皇帝、后妃们，以及权贵、商人、地主等专有的玩物，而是逐渐进入寻常百姓家，为大众所乐见（图2-17-77）。

图2-17-75（左）清代画家赵之谦笔下的插花

图2-17-76（右上）清无款钟馗挑耳图木雕笔筒
（资料来源：朱家溍、王世襄，主编.中国美术全集（卷46）（工艺美术篇）——竹木牙角器[M].北京：文物出版社，1987：10）

图2-17-77（右下）清泥塑"苏州姨娘"
（资料来源：曹振峰，主编.中国美术全集（卷47）（工艺美术篇）——民间玩具剪纸皮影[M].北京：人民美术出版社，2006：59）

2. 具有一定实用价值的工艺品

1）陶瓷

清代的陶瓷在制作和烧造工艺方面达到历史最高水平，但整体设计水平已经下降，审美格调显得平庸艳俗。清代主要瓷种有青花、釉里红、红蓝绿等色釉和各种釉上彩等，单色釉瓷器也比明代丰富得多。清代瓷器的主要成就是丰富了釉上彩的装饰技法，这个时期流行的新的装饰技法主要有康熙五彩、珐琅彩、粉彩等，都是康熙年间的成果；雍正年间在康熙制瓷工艺的基础上，达到了新的历史水平；到了乾隆时期更是达到"器则美备，工则良巧，色则精全；仿古清先，花样品式，咸月异岁不同矣。"[①] 清代的瓷器设计脱离实用，一味追求仿古复古和玩弄技巧。

从造型设计上看，清代瓷器基本上没有产生新的实验品种，日用器皿的造型大都沿用传统的样式，而陈设和玩赏品的品种大大增加，造型设计也越来越离奇怪异，成为纯粹的造型技巧的玩弄和制瓷技艺的炫耀。如模仿自然形态的像生瓷，把莲子、石榴、红枣等瓜果仿制得惟妙惟肖，却毫无实用价值。镂空套瓶和转心瓶，其造型设计如同走马灯，透过镂空的外瓶，可以窥视内瓶上转动的不同画面。此外，仿商周青铜器和宋、明时期瓷器的风气也十分盛行。

清代陶瓷制品种类很多，归纳起来主要有饮食器具、盛放器皿和日用品几大类。属于室内陈设和玩赏用的有瓶、花尊、花觚、壁瓶、插屏、花盆和花托等，此外，还有一些瓜果、动物像生瓷及陶瓷雕塑等。陶瓷文具既是日用品，又是陈设品，水盂、笔筒、笔架、印泥盒等，可以反映主人的文化素养和审美趣味，至于娱乐品则有陶瓷棋具等（图2-17-78、图2-17-79）。

清代，宜兴紫砂器的造型愈发丰富，制作日益精致，紫砂器不仅具有实用功能，还是人们的玩赏品，甚至还成了身价极高的宫廷贡品。紫砂器以壶居多，但式样各异，有方的、圆的、多角形的，还有仿生的。

2）织物

清代丝织品的早期图案多为繁复的几何纹，以小花为主，风格古朴典雅；中期受巴洛克和洛可可风格影响较大，倾向于豪华艳丽；晚期多用折枝花、大花朵，倾向于明快疏朗。丝织品除用于衣饰外，主要用作伞盖、佛幔、经盖和帷幕，在宫廷、王府、佛寺最常见（图2-17-80）。

清代印染工艺先进，蓝印花布、彩印花布及民族地区流行的蜡染是室内陈设中常用的素材，如蓝印花布常用作桌围、门帘和帐子等。

清代的刺绣已经形成了不同的体系，著名的有苏绣、粤绣、蜀绣、湘绣和京绣，

---

① （清）蓝浦，著. 景德镇陶录[M].

图2-17-78　康熙米色地五彩花鸟纹瓶
（资料来源：杨可扬，主编.中国美术全集（卷38）（工艺美术篇）——陶瓷（下）[M].上海：上海人民美术出版社，1988：150）

图2-17-79　雍正五彩人物笔筒
（资料来源：杨可扬，主编.中国美术全集（卷38）（工艺美术篇）——陶瓷（下）[M].上海：上海人民美术出版社，1988：169）

图2-17-80　清彩织极乐世界图轴
（资料来源：黄能馥，主编.中国美术全集（卷42）（工艺美术篇）——印染织绣（下）[M].北京：文物出版社，1987：162）

此外还有鲁绣和汴绣。清代绣品有欣赏品和日用品两类，前者包括各种壁饰，后者包括椅披、坐垫、桌围、帐檐、壶套和镜套等（图2-17-81）。

　　清代丝织工艺在明代的传统基础上，得到了极大的发展，并形成了不同的地方体系。清宫廷丝织工艺不但继承了古代丝织工艺，而且还汇集了全国各地的丝织工艺精华，丝织花色品种多，织造技术完善、成熟。其主要成就表现在织锦、刺绣和缂丝三种产品上。清代宫廷丝织工艺的高度发展，体现了我国丝织技术的高度成就。清末宫廷丝织业逐渐衰落，民间丝织工艺吸收宫廷丝织技术成就开始兴起。

　　清代丝织品有一种贵族化的倾向，主要表现在两个方面：①图必有意，意必吉祥的装饰题材；②繁缛精细，艳丽媚俗的设计风格。

图 2-17-81 清粤绣名片夹
（资料来源：黄能馥，主编.中国美术全集（卷 42）（工艺美术篇）——印染织绣（下）[M].北京：文物出版社，1987：145）

图 2-17-82（左） 清蓝玻璃刻花烛台
（资料来源：杨伯达，主编.中国美术全集（卷 45）（工艺美术篇）——金属玻璃珐琅器 [M].北京：文物出版社，1988：134）

图 2-17-83（右） 清绿玻璃杯渣斗
（资料来源：杨伯达，主编.中国美术全集（卷 45）（工艺美术篇）——金属玻璃珐琅器 [M].北京：文物出版社，1988：135）

3）玻璃器皿

清代玻璃的生产分南北两地，南方以广州为中心，北方以博山县为中心。康熙三十五年（1697 年），清政府在内廷设立玻璃厂，专门为皇室制造各种玻璃器皿。清代造办处玻璃厂生产的器物多种多样，主要有炉、瓶、壶、钵、杯、碗、尊及烟壶等，颜色丰富多彩，有涅白、黄、蓝、青、紫、红等 30 多种（图 2-17-82、图 2-17-83）。装饰方式也有许多种，如金星料、搅胎、套料、珐琅彩等，其中"套料"装饰艺术是清代的创新，它是在白玻璃胎上粘贴各种彩色玻璃的图案坯料，然后经碾琢而成，其风格精致华美。

4）金属制品

清代景泰蓝在继承明代传统的基础上，又有新创造。从品种上看，有炉、瓶、薰、筒、文具和烟壶等，小的小到笔床和印盒，大的大到桌椅、床榻、屏风和屏联。景泰蓝的色彩与明代相比更加丰富，除传统的蓝地外，还有白地和绿地等（图 2-17-84、图 2-17-85）。

清代出现了一种铁画，就是一种以铁片为材料，经剪花、锻打、焊接暹火、烘漆等工序制成的装饰画。其图案可为山水、松鹰与花卉。这种画常以白色墙面作衬底，

图 2-17-84（左） 清景泰蓝（也称掐丝珐琅）薰炉
（资料来源：杨伯达，主编 . 中国美术全集（卷 45）（工艺美术篇）——金属玻璃珐琅器 [M]. 北京：文物出版社，1988：207）

图 2-17-85（中） 清景泰蓝（也称掐丝珐琅）兽面纹尊
（资料来源：李久芳，主编 . 金属胎珐琅器 [M]. 上海：上海科学技术出版社，2001：119）

图 2-17-86（右） 清中期紫檀边嵌金桂树挂屏
（资料来源：胡德生，著 . 明清宫廷家具大观 [M]. 北京：紫禁城出版社，2006：378）

由于黑白实虚相对，更显清新、朴实，也更有立体感。现藏于北京故宫的《金桂月挂屏》边框是紫檀的，边框上雕刻有夔龙纹样。屏心上是以金捶打出奇秀的山石和高耸的桂树，盛开的桂花开满枝头。空中高悬一轮明月，朵朵白云飘然而过，描绘了一派金秋美景。左上角嵌金字楷书"御制咏桂"诗一首。精美典雅，制作精良，为捶錾工艺的代表作品（图 2-17-86）。

5）珐琅器

珐琅器是清代出现的新品种，是在明代景泰蓝传统的基础上进一步发展而来的，到乾隆时期，珐琅工艺水平达到顶峰。清代珐琅工艺的杰出成就就是引进西方珐琅技术并加以改造，采用中国传统青铜器、瓷器、漆器的器形与纹样，创造出中国自己独特的画珐琅与錾胎珐琅。画珐琅，即铜胎画珐琅，又称"烧瓷"，与瓷胎画珐琅一样，是康熙时从西方引进的，二者仅胎不同，一个是铜胎，一个是瓷胎，其他都非常相似。画珐琅有两大类，一类为实用品，如杯、碗、盒、盘、炉、瓶、罐、香炉、鼻烟壶等；一类为装饰类，多用于家具、钟表的镶嵌。錾胎珐琅，是在金属胎上捶打、錾刻，浮雕出纹样，然后填充珐琅药料，经焙烧、磨光、镀金而成（图 2-17-87）。

珐琅器器形厚重端庄，纹样精致典雅，色彩含蓄秀丽，具有浓厚的民族特色。珐琅釉色也有所增加，如粉红、翠绿、黑等色，使珐琅色彩更加丰富。

6）金银器

清代金银器工艺空前发展。其金工技术更加成熟，模铸、焊接、捶打、镂雕、鎏金、錾花、累丝、镶嵌珠玉等多种技术综合运用，尤其还出现了在金银器上点烧透明珐琅的新工艺，堪称一绝。清代金银器的产品小到金银首饰，大到佛塔供器，品种繁多，丰富多彩。宫廷用金银器更是遍及典章、祭祀、冠服、生活、鞍具、陈设和佛事等各个方面（图2-17-88）。

7）灯具

清代灯具比前代更为丰富，实用性和观赏性完美地结合在一起。清代灯有大量实物遗存，以北京故宫清皇帝的寝宫养心殿为例，仅天花板上就悬挂宫灯20盏。清代灯具造型别致，样式华美，与室内家具、陈设相互辉映，既是照明器具，又是艺术作品，极大地丰富了室内环境的内容。清代灯具有陶瓷灯、金属灯、玻璃灯和木制烛台，其功能、形式均列历代灯具之前，其中的宫灯尤其精美，充分表明，清代灯具已将中国古代灯具推至最高阶段。

到了清末，电灯开始出现在中国，最初在上海等商埠城市使用，而后宫廷，随后逐渐进入到寻常人家。电灯的出现改变了传统的照明方式，但在灯具的样式上并没有更多的创新。

（1）宫灯

清代宫灯由内务府造办处统筹管理。宫灯种类繁多，内涵丰富，从画图内容上看，有福字灯、双鱼灯、万寿无疆灯、普天同庆灯、天下太平灯、松鹤灯、百子灯等，均取祥瑞的题材。从造型看，有圆形、椭圆形、五角形、六角形、八角形，还有一些比较特殊的，如花篮形、葫芦形和亭台形。宫灯多以木材制骨架，骨架中安装玻璃、牛角或者裱绢纱，再在其上描绘山水、人物、花鸟、鱼

图2-17-87 清画珐琅绿地描金兽面方瓶
（资料来源：杨伯达，主编．中国美术全集（卷45）（工艺美术篇）——金属玻璃珐琅器 [M]．北京：文物出版社，1988：196）

图2-17-88 清金錾花高足白玉藏文盖碗
（资料来源：杨伯达，主编．中国美术全集（卷45）（工艺美术篇）——金属玻璃珐琅器 [M]．北京：文物出版社，1988：95）

图 2-17-89 北京故宫养心殿后殿皇帝寝宫中悬挂着典型的宫灯

（资料来源：故宫博物院，编．紫禁城 [M]．北京：紫禁城出版社，1994）

虫或故事。有些宫灯，在上部加华盖，在下边加垂饰，在四周加挂吉祥杂物和流苏，更显豪华和艳丽。制作宫灯，极讲工艺，名贵宫灯常用雕漆、镶嵌等技术（图 2-17-89）。

（2）陶瓷灯

清代的陶瓷灯造型多样，但基本构架相仿，主要由圆形碗底、灯柱和灯台构成。瓷灯的造型多取小壶形，壶直口，有圆形顶盖，壶底处连接一个圆柱体，柱下为一个带圈足的宽边圆形盘。灯芯从壶嘴插入壶中，灯高在 130mm 上下。陶瓷灯形态精巧雅致，装饰优美，具有实用、美观、省油、清洁的特点。清代白瓷工艺高超，能做成薄胎灯罩，其质地洁白光透，中含花纹，既可用于高级书灯，也可用于高级的宣灯，比玻璃罩更加耐看，更有艺术感。

（3）金属灯

金属灯包括银灯、铜灯、铁灯和锡灯，也包括铜胎镀金灯。北京故宫博物院金属灯具种类比较多，有一种明万历年间的烛台，铜胎镀金并采用了掐丝珐琅的工艺；清代还有了錾胎珐琅工艺的烛台（图 2-17-90）。清代铜灯的造型大多仿古，如鸵形、羊形、龟形和凤鸟形。

（4）玻璃灯

由于玻璃技术的发展，清代的玻璃制品已很流行，乾隆前后尤为兴盛。玻璃灯曾用于圆明园的西洋楼，一些西方传教士参与了灯具的设计和制作。

（5）桌灯

桌灯是指置于桌案几架上的灯具。北京故宫博物院有一个紫檀龙凤双喜玻璃方形桌灯，径约 195mm，高约 580mm，灯顶部安装毗卢帽，透雕西洋卷草纹。灯体上沿盝顶形，侧沿做出回纹框，中间镶透雕西番莲花纹；下部雕回纹；边框上下镶透雕拐子纹花牙，灯体四角用四根圆形立柱连接。中间为灯箱，光素紫檀木框，镶有龙凤加双喜字图案的玻璃片。灯体下有双层底座，中间饰以方瓶式立柱。做工考究，造型美观（图 2-17-91）。

（6）落地高型灯

落地高型灯，又称灯台、戳灯、蜡台，民间称为"灯杆"，南方部分地区也叫"满堂红"。架放在开敞、空旷的室内空间中，不需要另外的承托类家具来增加它的高度，而装饰精美的高型灯本身也成为室内一景，烘托室内气氛。从单体造型上看，它纤细、

图 2-17-90　清錾胎珐琅烛台

（资料来源：杨伯达，主编．中国美术全集（卷45）（工艺美术篇）——金属玻璃珐琅器[M]．北京：文物出版社，1988：202）

图 2-17-91　清中期紫檀龙凤双喜桌灯

（资料来源：胡德生，著．明清宫廷家具大观[M]．北京：紫禁城出版社，2006：391）

挺拔、底座稳定，有一种向上的庄穆感，与矮型灯架那浑朴的家居风格有别，正是"灯烛辉煌，宾筵之首事也"[①]。落地高型灯有固定式和升降式两种类型。升降式的优点在于可调节高度，便于修剪灯烛。高大的厅堂需要较高的灯架才能烘托出气氛，但是固定式过高的灯头往往会造成难于修剪。有的高型落地灯的高度为可调节型，在立架上用木楔子来调节，即便是较矮的家人也不至于被剪蜡烛所难倒（图 2-17-92）。

（7）悬灯

悬灯主要用于厅堂和室外庭院、门口，样式比较多，有的与宫灯在外观上类似（图 2-17-93）。李渔在《闲情偶寄》中曾记述厅堂中的悬灯造成的苦恼："大约场上之灯，高悬者多，卑立者少。剔卑灯易，剔高灯难。非以人就升而升之使高，即以灯就人而降之使卑，剔一次必须升降一次，是人与灯皆不胜其劳，而座客观之亦觉代为烦苦，常有畏难不剪，而听其昏黑者。"常剪灯芯才能使灯保持光亮。李渔创制了梁间放索法，来升降悬灯以便于剪烛，"灯之内柱外幕，分而为二，外幕系定于梁间，不使上下，内柱之索上跨轮盘。欲剪灯煤，则放内柱之索，使之卑以就人，剪毕复上，自投外幕之中，是外幕高悬不移，俨然以静待动。"[②]

---

①（清）李渔，著．闲情偶寄[M]．北京：作家出版社，1995：243.

②（清）李渔，著．闲情偶寄[M]．北京：作家出版社，1995：244.

图 2-17-92　山西榆次常氏庄园室内的落地高型灯
（资料来源：刘森林，著．中华陈设——传统民居室内设计 [M]．
上海：上海大学出版社，2006：47）

图 2-17-93　苏州网师园万卷堂的悬灯
（资料来源：苏州民族建筑学会，苏州园林发展股份有限公司，编著．苏
州古典园林营造录 [M]．北京：中国建筑工业出版社，2003：160）

（8）牛（羊）角灯

牛（羊）角灯是传统灯具中的一个特殊品种。造型一般为椭圆，此灯表面效果光润，灯壁薄如蝉翼，晶莹透明，尽管牛（羊）角灯看起来与玻璃灯极为相似，但它是用牛（羊）角这种特殊的材料经烧烫捶制而成，故而其分量要比玻璃灯轻许多。从实用性上来说，牛（羊）角灯的透光率除了玻璃和水晶以外是最高的。牛（羊）角灯的制造工艺复杂，灯架穿以华丽的彩珠璎珞，为传统灯具中的佳品，常用于厅堂或庭院中（图 2-17-94）。

8）钟表

清代的机械钟表最初是从西方引进，康熙年间宫中设立制作钟表的作坊，一批西洋传教士供职其间，亲自制作或指导工匠制作钟表。同时，广州的钟表业逐渐兴起，除了供奉朝廷外，钟表开始在民间少量流传。

清代的宫廷中，钟表的陈设到雍正年间已经相当普遍，举凡重要宫殿皆有钟表用以计时。乾隆时期中国的钟表制作达到鼎盛，几乎每处宫殿都有钟表陈设（图 2-17-95）。钟表在清代十分贵重，还是一种非常奢侈的物品，只为少数人所拥有。除了宫廷外，权臣和富商们的家里也开始使用钟表。

清代的钟表大多设计独特，造型别致，制作精良，常

图 2-17-94　清中期牛角座灯
（资料来源：胡德生，著．明清宫廷家具大观 [M]．北京：紫禁城出版社，2006：392）

常集铸造、雕刻、镶嵌等多种工艺于一身，水平极高。除了审美方面的功能外，还具有一定的机械科技价值和社会文化价值。

9）文具

书斋是中国传统文人修身养性、求学问道的场所，也是文人士大夫意念和理想寄托的所在。书房历来是文人居室中最具特色、也是为文人士大夫所独有、显示他们身份和地位的空间。书房中除了书架、书桌、画案等必要的家具外，还有其他诸如笔、墨、纸、砚、笔架、笔筒、笔洗、印泥盒、镇纸、文具盒等各种文具。所有这些都是文人士大夫基于文人文化所具有的身份的重要象征和符号。由于人们对文化的崇尚和文具本身所蕴含的文化意义，象征着文人身份的文具在清代成为一种时尚的陈设品（图2-17-96）。

清代室内家具和陈设品的配置往往根据空间功能和氛围的不同有一些固定的搭配，即有一定的选配定式，从而形成一些固定的陈设格局。清代室内陈设从布局上讲大致有两种：一是对称式（图2-17-97），常常用于比较郑重的场所，如宫殿、寺庙、祠堂及住宅的厅堂等；一为非对称式，常常用于民间以及虽为宫廷、府邸但又相对自由的场所，如燕寝场所、书房及庭园的某些休闲性建筑。

宫廷中殿堂、皇帝和后妃寝宫的明间，几乎毫无例外地采用对称式格局，目的是突出"皇权至上""为我尊贵"的主题，营造庄严、稳重、肃穆的氛围。一般做法是宝座之后设一较大的座屏，两边陈设香几、宫扇、香筒、蜡钎、仙鹤等器物。

官邸、王府的明间以及民居的堂屋也常用中轴对称的格局。还广泛运用方整、规爽直线的造型，并以尺度、色彩、装饰繁简等表现主次和秩序，体现"中正无邪、礼之质也"的传统观念，用来正父子、笃兄弟、明长幼贵贱、严内外男女。这一切充分表明陈设均受道家、儒家礼制和传统伦理观念的影响，为极强的理性所支配。

相对而言，卧室、书房、闺房的陈设要自由一些（图2-17-98、图2-17-99）。至于普通百姓的家庭，由于经济方面的原因，所受限制就更少。

在陈设的设计上，除了对各个单体陈设要素的关注外，还十分重视整个室内环境系统中各个层面和要素之间的协调和统一。家具、字画、器物等要与室内环境的氛围和意境相匹配（图2-17-100）。譬如，供清赏观玩的文玩清供要与承载其的家具相协调，陈设品之间也讲究"浓淡相宜""纵横得当"，不仅物与物之间，就连物与人之间也要匹配，气质相符。从另一种意义上讲，这就是陈设艺术设计中个性的追求。

清代建筑室内装修和器物的陈设除了把握其个性外，总的来说是要从室内环境系统整体性出发，在统一中求变化，即运用多样统一的形式规律，强化室内装修和陈设艺术的审美价值，使室内获得优美的艺术形象和独特的空间品质。

图 2-17-95　陈设在北京故宫太极殿西梢间的钟表

（资料来源：故宫博物院，编.明清宫廷家具 [M]. 北京：紫禁城出版社，2008：349）

图 2-17-96　杭州胡庆余堂书房的陈设

（资料来源：刘森林，著.中华陈设——传统民居室内设计 [M]. 上海：上海大学出版社，2006：45）

图 2-17-97　苏州耦园载酒堂

（资料来源：罗哲文，陈从周，主编.苏州古典园林 [M]. 苏州：古吴轩出版社，1999：261）

图 2-17-98　北京故宫养心殿三希堂

（资料来源：于倬云，主编.故宫建筑图典 [M]. 北京：紫禁城出版社，2007：93）

图 2-17-99　苏州艺圃南书斋

（资料来源：罗哲文，陈从周，主编.苏州古典园林 [M]. 苏州：古吴轩出版社，1999：240）

图 2-17-100　广州陈氏书院的书斋

（资料来源：刘森林，著.中华陈设——传统民居室内设计 [M]. 上海：上海大学出版社，2006：69）

第3篇　近现代室内设计

第18章 工艺美术运动和新艺术运动时期的室内设计

19世纪中叶以后，伴随着工业革命的蓬勃发展，建筑及室内设计领域进入一个崭新的时期。此时折中主义因缺乏全新的设计观念和功能技术上的创造，不能满足工业化社会的需要而自然退出历史舞台。另一方面，工业革命后建筑的发展，造成设计千篇一律、格调低俗，施工质量粗制滥造，对人们的居住和生活环境产生了恶劣影响。在这种情况下，设计形成一股强大的反动力，反对保守的折中主义，也反对工业化的不良影响，进而引发建筑室内设计领域的变革，而出现工艺美术运动和新艺术运动。

18.1 工艺美术运动时期的室内设计

在整个19世纪的各种建筑艺术流派中，对近代室内设计思想最具影响的是发生于19世纪中叶英国的工艺美术运动。19世纪中叶，无论欧洲还是美国，室内设计不可避免地趋于过分的矫揉造作，而工业化的大量生产使这种趋势愈发厉害。工艺美术运动是一批艺术家为了抵制工业化对传统建筑、传统手工业的威胁，通过建筑和产品设计体现民生思想而发起的设计运动。

在此期间有很多著名的学者和设计师，譬如约翰·拉斯金和奥古斯丁·威尔利·普金等，他们一起推动了新艺术运动。约翰·拉斯金是一位作家、理论家和评论家，他在哥特风格复兴的发展中影响深远，同时，他也是工艺美术运动思想的源泉。

英国诗人和艺术家威廉·莫里斯（1834~1896年）是这场运动中最为知名和最富影响力的人物，称得上是"现代设计之父"，他提倡艺术化的手工制品，反对机器产品强调古趣。1859年，他邀请原来哥特风格事务所的同事菲利普·韦伯（1831~1915年）为其设计位于伦敦近郊贝克斯利希斯的自用住宅——红屋，这是一个红色清水墙的住宅，红瓦屋顶，无装饰，设计简洁，融合了英国乡土风格及17世纪意大利风格。平面布局、外部形式，窗口和门的设置都遵循内部功能的需要，洞口上的尖券是用砖砌筑的。平面根据功能需要布置成 L 形，而没有采用古典的对称格局，力图创造安逸、舒适而不是庄重、刻板的室内气氛。正是在这样朴素的框架内，莫里斯才能充分展示自己设计的壁纸和纺织品。红屋为古典英国乡村或近郊住宅建立了一个样式（图 3-18-1）。

在工艺美术风格的室内设计中常充满许多细部，特别是当顶棚低矮时，这些细部有助于产生开敞和轻快的感觉。墙面通常用铅板镶嵌成墙裙，而檐壁或水平饰带是浅色调的，采用涂料或壁纸，同时引入水平元素，给人以开阔的感觉。

"红屋"之后，这种审美情趣的影响逐步扩大，使工艺美术运动蓬勃发展起来。1861 年莫里斯等人成立名为莫里斯·马歇尔·福克纳的设计事务所（后来简称莫里斯公司），专门从事手工艺染织、家具、地毯、壁纸等室内实用艺术品的设计与制作。他们在曼彻斯特展览会上展出了自己出产的家具和绣花纺织品，得到了广泛好评。莫里斯事务所设计的家具就采用拉斐尔前派爱用的暗绿色来代替赤褐色，壁纸织物设计成平面化的图案。他设计的织物和墙纸的清亮色彩和迷人简单图案在形式和色彩上都创造了一种崭新而轻快的气氛，1866 年莫里斯设计的 Cragside 卧室中使用了"石榴"墙纸（图 3-18-2）。室内装饰上，木制的中楣将墙划分成几个水平带，最上部有时用连续的石膏花作装饰，或是贴着鎏金的日本花木图案的壁纸。室内陈设上喜爱用具有东方情调的古扇、青瓷、挂盘等装饰。从一开始，莫里斯的社会主义理论和他的实践

图 3-18-1　莫里斯的红屋

图 3-18-2　莫里斯设计的 Cragside 卧室（1866 年）

图 3-18-3 斯坦福大学校园早期建筑

之间就存在着严重的脱节，设计家们严重脱离现实的日常生活。因此，莫里斯等人的学术思想虽然内涵深刻，然而由于工艺美术运动本身更多地关心手工艺趣味，渐渐地走上了唯美主义的道路。结果就是，这些设计师想要将良好的设计和工艺普及到人民大众中，但具有讽刺意味的是，他们最好的设计往往为富人所欣赏和使用。

工艺美术运动在美国得到进一步发展，并由此引发了美国的工匠运动。美国工匠运动的领袖是古斯塔夫·斯蒂克利，但影响力较大的是亨利·霍布森·理查德森（1838~1886年）。理查德森是第一位有国际影响的美国建筑师。他的第一个代表作是位于波士顿的圣三一教堂。建筑外观采用的是粗拙的工艺，但细部很精致。理查德森英年早逝，他的作品中表达了另外一种复古——罗马风，但已经简化，保留着精细的石工和作为主题的半圆形拱券。他设计的位于马萨诸塞州昆西的克兰图书馆是他最为出色的作品。位于加州的斯坦福大学校园里的早期建筑都是他和助手设计完成的（图3-18-3）。

18.2 新艺术运动时期的室内设计

出现在19世纪80年代开始于比利时布鲁塞尔的新艺术运动真正具有了现代的设计思想。新艺术运动不同于工艺美术运动的特点是，它并不完全抗拒工业时代，而是积极地运用工业时代所产生的新材料和新技术。新艺术运动主张艺术与艺术相结合，在室内设计上体现了追求适应工业时代精神的简化装饰。主要特点是装饰主题模仿自然界草本形态的流动曲线，并将这种线条的表现力发展到前所未有的程度，产生出非同一般的视觉效果。

新艺术运动，在德国被称作"青年风格派"，在奥地利是"分离风格派"，在意大利是"自由风格派"，在法国是"新艺术运动"。在不同的国家有不同的表现，更加华丽的表现一般是在拉丁国家，但它们都有一些共同的特点。

　　如果说工艺美术运动在英国发出了复古主义结束的信号并且在某些方面代表了一个转变阶段，那么新艺术运动则是与 1890 年紧紧相连的，是与一种新的概括了一个重大世纪最后几年逃避现实的艺术气氛相连的。新艺术运动的生命是短暂的，它从出现、发展到消失仅 10 余年的时间。

　　充分发挥新艺术风格特点进行住宅室内设计的第一位建筑师是贝尔根·维克多·霍塔（1861~1947 年）。他将建筑的外部与内部装饰结合起来，从而使他不仅仅只是个室内设计师，同时还是一位建筑师，并使他与这一时期的其他伟大设计师苏格兰的查尔斯·雷尼·麦金托什（1868~1928 年）和西班牙的安东尼·高迪（1852~1926 年）等齐名。

　　霍塔是新艺术风格的奠基人。他的住宅即霍塔住宅，是新艺术运动代表作品之一。空间整体流畅、生动、活泼，把不同属性的材料相互搭配，把不同语言的形式相互糅合在一起。埃特韦尔德公馆的圆顶沙龙是霍塔更为成熟的作品。室内是由八个金属支柱形成的环形拱券架起了一个金属柱玻璃圆顶，结构轻盈且具有很强的形式感，同时也为室内提供了明亮、柔和的光线。楼梯扶手、栏杆都是植物形的曲线，产生一种律动美感。整个空间华美、优雅而和谐，有音乐般的迷人效果（图 3-18-4）。另一个比较有代表性的作品是位于布鲁塞尔的塔塞尔宾馆，这所房子的室内设计是他最优秀的作品，门厅中著名的楼梯设计预示了所有他后来的设计特点。楼梯采用了曲线状的金属栏杆和支撑柱，铁饰物部分装饰在柱子和梁上，弯曲旋转成植物的卷须形式。这些饰物与墙上和顶棚上的绘画相呼应，并且也与霍塔用在几个房子里的镶嵌马赛克地面图案相呼应（图 3-18-5）。

　　霍塔的设计特色还不仅仅局限于活泼、动感的线型，他对现代室内空间的发展也颇有贡献。他的设计模仿植物的线条，把空间装饰成一个整体，他设计的空间具有通敞、开放的特点，与传统封闭式空间截然不同。另外，他在色彩处理上也轻快、响亮，蕴涵了现代主义设计的思想。

　　在欧洲低地国家有两位建筑设计师在某些有别于霍塔的方面形成了新艺术的其他特点。这便是 H·P·伯拉格（1856~1934 年）和亨利·凡·德·费尔德（1863~1957年）。伯拉格的家具设计是在阿姆斯特丹的工作室中完成的，他关注民间艺术和当地的建筑和装饰的传统。在某种程度上，伯拉格对某些国家的新艺术发展有着重要影响。凡·德·费尔德也对装饰设计有着更加功利的想法："为了美而追求美是很危险的。"在他自己住宅的设计中，他追求的一个原则是尽可能地摒弃装饰。这种无情的现代主

图 3-18-4　埃特韦尔德公馆

图 3-18-5　比利时布鲁塞尔塔塞尔宾馆楼梯

义使得一群深受他风格影响的艺术家和设计师也加入到他的行列。1899 年费尔德迁居到德国，他的思想建立在莫里斯的理论基础上，是包豪斯的理论基础。

　　这个阶段最伟大的室内设计师可以说是查尔斯·雷尼·麦金托什，他是一位不折不扣的天才苏格兰建筑师，他的影响是国际性的。麦金托什设计的室内、织物、广告招贴和家具迅速受到维也纳和慕尼黑等城市中的艺术家和知识分子圈中主要人士的欢迎，在设计中，他出色地将某些清教徒主义与一种强烈的知觉相结合的风格引起了这些人的共鸣。他最初在格拉斯哥的业绩是在格拉斯哥艺术学院的建筑设计上，并于此时（1896~1899 年）已显示出了他后来设计风格的萌芽（图 3-18-6）。极富幻想力的空间感显示他有一种对永恒空间的超凡理解力，从而使他鹤立鸡群。

　　在法国，新艺术设计（新艺术毕竟是法国名称，来自塞缪尔·宾在巴黎普罗旺斯街上的商店名称）总的来说是比欧洲的其他地方更加精细，特别在家具和室内装饰方面。如同英国的工艺美术运动一样，新艺术风格的室内是从在这样的商店中购买的物品，但也有许多设计师对整个室内的装饰陈设进行重新设计，最著名的是赫克托·吉马尔德（1867~1942 年）。吉马尔德以巴黎地铁站的完美铁饰品设计著称，在这里充分表现了他擅长的令人愉快的蜿蜒的植物风格（图 3-18-7）。

　　最富幻想力、独创性和抽象性的新艺术设计表现在高迪作品中，他几乎一生都在巴塞罗那工作。像麦金托什一样，高迪从当地的传统中吸取了多种元素，如哥特式和摩尔人的艺术；并且发展了一种有时是反复无常、梦幻似的、但始终是有独创力的风格。他是一位虔诚的教徒（他在巴塞罗那逝世后几乎被作为一位圣徒来举行葬礼），

图3-18-6　格拉斯哥艺术学校图书馆　　　　图3-18-7　巴黎地铁站入口

狂热的宗教因素贯彻于他所有的设计中，无论是外部设计还是内部设计，达到了强迫性的程度。同吉马尔德一样，高迪设计了公寓群，如巴特罗公寓和米拉公寓，然而，他的住宅平面图就像疯狂的蜜蜂蜂房，内部墙壁也与外部一样明显地毫无逻辑性，家具设计也具有同样的特征（图3-18-8、图3-18-9）。高迪以他的一些惊人建筑而闻名，如"圣家族"大教堂（Sagrada Familla Cathcdral），它们的实际价值要比他的室内逊色得多（图3-18-10、图3-18-11）。

　　三位缔造了维也纳新艺术分离派的设计师是奥托·瓦格纳（1841~1918年）、约瑟夫·马里亚·奥尔布里奇（1867~1908年）和约瑟夫·霍夫曼（1870~1955年）。在这里，麦金托什在室内装饰设计方面的影响是最重要的，因为维也纳人不喜欢比利时人和法国人采用的那种绵长无力的植物状风格。奥尔布里奇设计的维也纳分离派美术馆成为分离派运动的展示空间和总部。瓦格纳最著名的作品是奥地利邮政储蓄银行总部，室内大厅、楼梯以及走廊的金属构件、彩色玻璃都体现了风格派的装饰风格（图3-18-12）。尽管这是一件维也纳分离派的设计作品，同时也被看作是第一个真正的现代室内设计作品。阿道夫·路斯（1870~1933年）作为建筑师，曾一度与分离派密切相关，但他不再着迷于与他曾经认为是至高无上的分离派运动相关的表面装饰。1908年，路斯发表《装饰与罪恶》一文抨击那种大量运用装饰的风格，他的论述后来则逐渐发展成为现代主义的中心思想。

图 3-18-8（左） 高迪设计的巴特罗公寓
图 3-18-9（右） 高迪设计的椅子

图 3-18-10 圣家族教堂内景（一）

图 3-18-11 圣家族教堂内景（二）

图 3-18-12 奥地利
邮政储蓄银行总部

图 3-18-13 波士顿
圣三一教堂

　　美国的新艺术传播得到了众多人物的支持，其中有路易斯·康弗特·蒂凡尼
（1848~1933年）。华丽色彩的彩色玻璃窗是他室内设计最炫目的特点，理查德森设
计的波士顿圣三一教堂的彩色玻璃窗就是蒂凡尼设计制作的（图3-18-13）。路易斯·沙
利文（1856~1924年）在设计史上具有重要的地位，尽管这个地位非常复杂。沙利
文常被看作是现代主义的先驱，提出"形式随从功能"的口号，是美国最早的现代主
义建筑师。然而，沙利文并不反对使用装饰，他大多数的作品都运用了华丽的有其个
人风格的装饰。弗兰克·劳埃德·赖特是沙利文的学生，他早期的作品也具有新艺术
运动的风格特点。

工艺美术运动在英国的作用与新艺术运动在欧洲大陆的作用在很大程度上是相同的，它们都是在历史主义与现代运动之间起到"承上启下"的作用。如同英国的工艺美术运动一样，欧洲大陆的新艺术运动具有复兴手工艺与应用艺术的优点。毫无疑问，工艺美术运动在追求质量坚实可靠和形式简练朴素之外，还追求比新艺术运动更高的道德价值。工艺美术运动代表一种为社会尽职的行为，而新艺术运动在本质上是为艺术而艺术。这就是导致它最终失败的原因所在，并使那些优秀的艺术家们为了在前进中充分发挥自己的才能不得不把它放弃。然而，新艺术运动至少在一个方面比工艺美术运动走前一步，这就是它突出地反对向任何一个时代模仿或吸取灵感，而工艺美术运动则不然。

莫里斯无法欣赏新材料所能提供的种种好处，因为让他耿耿于怀的是工业革命带来的不良后果。他所看到的仅仅是那些被遗弃了的东西：工匠的技艺与令人愉快的劳动。但是，在人类文明的发展史上，从来没有一个新时期在它出现的开始阶段不伴随着种种价值观念的全面而激烈的变革，而这些阶段对当时人来说却会产生强烈的反感。

然而，另一方面，工程师们却专心于搞那些令人激动的发明创造，因而对他们周围社会上的不满情绪以及莫里斯的谆谆告诫竟然视而不见、听而不闻。由于这种对抗的存在，19世纪中两股最重要的具有新趋势的力量——艺术和建筑，却不能联合起来。工艺美术运动坚持它向往过去时代的态度，而工程师们却对艺术漠不关心。

新艺术运动的领导者们是首先了解这两方面的人。他们接受莫里斯传播的艺术见解，但他们也把我们的新时代看成是机器的时代。这就是他们的名声所以能垂之久远的原因之一。我们有必要把现代运动理解为莫里斯倡导的工艺美术运动、钢结构建筑的发展和新艺术运动的综合物。

现代运动并非只有一个根源，莫里斯与工艺美术运动是它们的主要根源之一；另一根源是新艺术运动。而19世纪的一批工程师们的作品则是我们现行风格的第三个根源，其力量之大与前两个根源不相上下。

新艺术及其各种分支为最折中的世纪提供了一个浪漫的结局。法国新艺术概括了几个传统风格，而麦金托什和维也纳人更是向前展望了20世纪的更具创造力的未来。也许它对室内设计最重要的贡献是对风格和室内设计的强调上。它的广泛传播——主要是展览会和期刊的有力宣传——在迅速传播现代主义和创立一种真正的国际风格方面也是一个重要的因素。

第 19 章　现代主义运动时期的室内设计

进入 20 世纪以来,欧美一些发达国家的工业技术发展迅速,新的技术、材料、设备、工具被不断发明和完善,极大地促进了生产力的发展,同时对社会结构和社会生活也带来了很大的冲击,在建筑及室内设计领域也发生了巨大的变化。重视功能和理性的现代主义设计风格成为室内设计的主流。

20 世纪初,在欧洲和美国相继出现了艺术领域的变革,这场运动的影响极其深远,它彻底地改变了视觉艺术的内容和形式,出现了诸如立体主义、构成主义、未来主义、超现实主义等一些反传统、富有个性的艺术风格,所有这些都对建筑及室内设计的变革产生了直接的激发作用。

现代主义建筑风格主张设计为大众服务,这一主张改变了数千年来设计只为少数人服务的状况,它的核心内容不是简单的几何形式,而是采用简洁的形式达到低造价、低成本的目的,从而使设计服务于最广泛的大众。现代主义设计先驱之一路斯在其著作《装饰与罪恶》中系统地剖析了装饰的起源和它在现代社会中的位置,并提出了自己反装饰的原则和立场。认为简单的内容和形式以及重视功能的设计作品才能符合现代文明,应大胆地抛弃繁琐的装饰。

19.1　沃尔特·格罗皮乌斯和包豪斯

1907 年,由一批有远见的生产商、官员、建筑师、艺术家和作家组成了一个小组,即德意志工业制造联盟,其目的在于鼓励采用良好的设计和工艺创造"一个有机整体"。包豪斯的创立是萨克森 – 魏玛大公重新建立魏玛艺术学校的结果,并且直到沃尔特·格罗皮乌斯(1883~1969 年)1928 年退休。在这期间,包豪斯一直保持着在所有领域都有前瞻性的设计状态。在最初阶段,格罗皮乌斯表明了"基于和表达一个完整社会和文化之上的一种普通设计风格的欲望"。从某些方面来说,将室内看成是建筑外观设计的延伸的观点普及开来的还是包豪斯。

在工业联盟中不断出现关于室内应该与强调机器生产联系在一起思考；尽管包豪斯的纲领是强调在石造物、地毯、金属制品、纺织品、结构技术、空间理论、色彩和设计等方面的一种平衡教育。当包豪斯 1925 年从魏玛搬到德绍（Dessau）时，一代新的教师被培养出来了，从这年起这个学校的许多我们现在很熟悉的产品开始流通，包括家具、纺织品和金属制品，所有这些改变了室内设计的面貌。

格罗皮乌斯出生在建筑师的家庭，在柏林和慕尼黑学习之后，于 1907 年进入彼得·贝伦斯（1868~1940 年）的设计室工作；很重要的一点是现代运动的另两位主要建筑师也在彼得·贝伦斯设计室工作过一段时间，他们是密斯·凡·德·罗和勒·柯布西耶。1914 年前，格罗皮乌斯的室内设计是保守的，看不出一点他后来的风格。在《新建筑和包豪斯》（1935 年）一书中，格罗皮乌斯写道："……建筑表达不能拒绝现代结构技术，这种表达要求采用空前的形式，我被这种信念迷惑住了。"虽然格罗皮乌斯在其工业建筑中充分表现了这些形式，钢铁和玻璃结构"灵化"了建筑（图 3-19-1），但他在住宅设计中似乎没有能够采用这种形式。1914 年的科隆展览会中，展出了著名德意志制造联盟展览会办公楼和外部装上玻璃的旋转楼梯，格罗皮乌斯充分地使用了钢铁和玻璃的建筑语言。1925 年包豪斯校舍本身的惊人的现代设计完成，"指导教师工作室"展示了早期包豪斯风格，采用单调的墙面，突出的管状灯灯光设置，管状灯通过细铅管用金属丝卷起，墙壁悬挂物由高沙·夏隆-斯托兹设计，采用黄、灰、棕、紫、白色的棉、羊毛和人造纤维纺织品。在德绍他的新建筑的办公室中出现了相当不同的风格，很少强调单个工艺片断，表面和细节流线化，增加固定家具，使房间有种年代不详的效果，这些都成为其他同时代的建筑师喜爱仿效的对象。

图 3-19-1　德国法古斯工厂
（格罗皮乌斯）

在实现建筑的机械化、合理化和标准化方面，格罗皮乌斯要求建筑师要面对现实，指出在生产中要以较低的造价和劳动来满足社会需要就要有机械化、合理化和标准化。机械化是指生产方面，合理化是指设计方面，两者的结果都是提高质量、降低造价，从而全面提高居民的社会生活水平。格罗皮乌斯本人于1927年德意志工业制造联盟在斯图加特举办的建筑展中试建了一幢预制装配的住宅。以后，即使是到了美国之后，他也从未中断过他对预制、装配和标准构件的研究。为了推广标准化，格罗皮乌斯认为标准化并不约束建筑师在设计中的自由，其结果应该是建筑构造上的最多标准化和形式上的最大变化的如意结合，这个论点从发展大规模建筑方面来看是有可取之处的。

19.2　风格派及其他

还应该提一提的另一种风格，就是荷兰的"风格派"。像包豪斯一样，风格派的设计师专注于创造有前瞻性的设计，拒绝与过去风格的任何联系。这一荷兰小组的主要成员是格雷特·里特维尔德（1888~1964年），他是一位结构主义者，将他的设计基于抽象的矩形形状上，用基本的红色、黄色和蓝色。"风格派"这一名称取自冠以该名称的杂志，他们信仰这些形式和色彩的哲学和灵魂精神特性；著名的"红蓝椅"由里特维尔德于1917年设计制作，有着严谨简洁的板块形状的座部和靠背，与20世纪50年代采用的平坦表面和强烈色彩有着相类似之处（图3-19-2）。从1924年起，里特维尔德在乌德勒支开始了他的建筑杰作设计，这就是著名的施罗德住宅，它的室内与室外实际上是可转换的；墙壁和顶棚表面没有任何模塑装饰品，板块似的整洁，而金属框架窗户以连续的水平线条直通向顶棚。整体效果是线条整齐利落，但无严厉之感，赖特的室内与室外的完全可转换性理想在这里用最少的方法得到了实现（图3-19-3）。在施罗德住宅，里特维尔德不仅预示了包豪斯的思想，而且也预告了后来在美国被称作国际主义的风格。

在论及现代两位最伟大的建筑师——密斯·凡·德·罗和勒·柯布西耶之前，我们有必要首先关注一下一群将国际风格放在显著地位的建筑师。埃里克·门德尔松（1887~1953年）以他的弯曲立面的特点而著名（图3-19-4）；1929年，他在哈韦尔湖东坡的格朗瓦尔德森林里设计了当时最重要的房子之一。这所房子室内的重要性在于各种固定家具的

图3-19-2　红蓝椅

图 3-19-3　施罗德住宅　　　　　　　　　　　　图 3-19-4　爱因斯坦天文台

广泛使用，从音乐柜到内置的收音机、电话和留声机。彼得·贝伦斯在陶奴斯山中他自己的住宅里将舒适的简洁发挥到了极致。

　　在英国，几位德国人的到来推动了现代建筑的发展，这几位德国人包括门德尔松、格罗皮乌斯和马歇尔·布鲁耶尔。"空间流动"的室内设计时髦起来，不是用玻璃划分空间，而是由低矮的书架或橱柜分隔不同的功能区域，这些固定家具根据房间的尺寸和形状而特意设计。包豪斯设计师用可以灵活组装的家具来分隔空间，这种家具在后来的现代室内设计中起到了重要的作用。最好的国际风格室内是一个良好设计的空间，比例比装饰起到了更重要的作用，在这样的空间里可以置入任何类型的家具、绘画，或其他没有改变室内空间的本质的物品。这样的简洁是欺骗性的，在一位普通的建筑师的手中会处理得很是平凡，而在一些非常具有天才的建筑师手中却会出现一些前所未有的最优秀的艺术成就。这样的建筑师之一便是路德维希·密斯·凡·德·罗（1886~1969 年）。

19.3　密斯·凡·德·罗

　　密斯把他的创作生命完全倾注在钢和玻璃的建筑中。他在第二次世界大战后的名作，范斯沃斯住宅、湖滨公寓、西格拉姆大厦、伊利诺伊工学院的校园规划与校舍设计以及西柏林的新国家美术馆等，都曾在建筑界中引起很大的反响。它们是当时那股以钢和玻璃来建造的热潮的催化剂，并是"技术的完美"和"形式的纯净"的典范。在理论上，密斯重新强调使"建筑成为我们时代的真正标志"和"少就是多"的基本理念，并进一步直截了当地指出"以结构的不变来应功能的万变"以及"技术实现了它的真正使命，它就升华为建筑艺术"的观点。这些明确地将建筑技术置于功能与艺术之上的观点反复出现在密斯的作品中；也是 20 世纪 50 年代和 60 年代中不少人的建筑教育与建筑实践方针。

密斯常引用的"简洁不是简单"和"少就是多"的名言为他的建筑的辉煌和美丽提供注脚，在结构和设计上，他的建筑也许比 20 世纪其他任何建筑师的建筑更加与其室内融合为一体。密斯加入到了包豪斯的行列之中，并在 1930 年成为领导者，这有助于根除他设计中的所有古典细节痕迹，确定了他对功能材料和沉静色彩的热爱。在 1927 年的斯图加特工业展览会上，他采用了黑色和白色的油漆地板，以及蚀刻装饰的透明灰色玻璃隔断。

1929 年，密斯在西班牙巴塞罗那国际展览上用他的德国馆创造了一个奢华国际风格室内的原形（图 3-19-5）。在这里，结构和空间元素被分离开来，在室外和室内空间之间达成了一种完美的流动和过渡。巴塞罗那馆（展览上的）没有实际的功能目的，建筑立在一片不高的基座上面，主厅部分有 8 根十字形断面的抛光钢柱，上面顶着一块薄薄的屋顶板，几块短短的玻璃或大理石夹墙纵横交错，它在分离的垂直和水平面之间构建了流动空间。在这些墙之间，建筑恰似舞台上的慢舞者。这是一个简洁设计的奇迹，室内完全依靠它们的超常比例和材料的精美——石灰墙、灰玻璃、绿色大理石、支撑屋顶的镀铬钢柱，以及两个反射水池和玻璃幕墙。唯一的"装饰性"艺术品是一件乔治·柯伯创作的女人体雕塑。馆内有密斯设计的椅子，即著名的"巴塞罗那椅"，密斯在其后设计的室内环境中一直都用这种椅子。巴塞罗那馆的革命性在于用最少的材料和组合部件创造了一种舒适的气氛，所有都在功能设计的范围之内。密斯的内部空间敞开流动设计的另一范例是 1928~1930 年间完成的捷克布尔诺的图根哈特住宅，十字形的镀铬柱子、石灰墙和一个弯曲的黑色和淡棕色旺加锡乌木隔断，特意为该住宅设计的家具和丝绸布帘完善了整体设计。

图 3-19-5 1929 年巴塞罗那博览会德国馆

图 3-19-6　范斯沃斯住宅　　　　　　　　　　　图 3-19-7　伊姆斯住宅

　　1937 年密斯移居到了美国，在美国他创造了 20 世纪的一些最重要的公共和私人建筑。最漂亮的房子之一是 1945 年到 1950 年间建造的在伊利诺伊州福克斯河边的范斯沃斯住宅，该建筑最大限度地打破了室内与其周围环境的界限（图 3-19-6）。尽管这不是一间能轻易居住的房子，但它在全世界还是有数不尽的仿制品，然而却没有一个能与它迷人的自信相匹敌。

　　在密斯到美国之前，一位奥地利建筑师理查德·诺伊特拉（1892~1970 年）就已经在美国实践了国际风格，他的 1927~1929 年设计的"健康和爱之屋"完全打破了赖特的传统。其他将这种风格持续到战后时期的具有国际威望的建筑师包括菲利普·约翰逊、查尔斯·伊姆斯（图 3-19-7）和埃罗·沙里宁等。

19.4　勒·柯布西耶

　　勒·柯布西耶（Le Corbusier）的室内处理，在某些程度上是在普遍的国际风格潮流之外。在他早期的旅游期间，在维也纳遇到了约瑟夫·霍夫曼，在巴黎，与最初有混凝土建筑意识的建筑师之一奥古斯丁·贝瑞（1874~1954 年）在一起学习。1910~1911 年，他在德国，主要与彼得·贝伦斯在一起，在 1911 年出游巴尔干半岛和小亚细亚，以及 1917 年定居巴黎之后，他参加了德意志工业制造同盟的展览。勒·柯布西耶在这个展览馆中把住宅说成是"居住的机器"，并在 1914 年的多米诺骨牌式房子的设计中展示了他清楚透明的设计原则。他和密斯正好是截然相反的（密斯未经过正规训练，他的个性一直到他去世都是高深莫测的），柯布西耶的开放和强有力的个性却是贯穿其室内设计的始终。

　　勒·柯布西耶是作家、画家、建筑师和城市规划师（图 3-19-8），在他的一些建筑物尚未建造以前，他对于促进建筑艺术和城市规划新思潮的出现已起到了重要的作用。每隔几年，他就以精确的格言和毫不妥协的态度推出一些设计和工程。在现代建筑上，他的影响最为深远，因此如果不理解勒·柯布西耶的作品，就必然难以理解现代建筑（图3-19-9）。

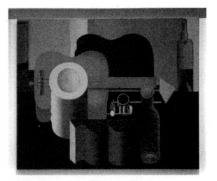

图3-19-8　柯布西耶的绘画作品

《走向新建筑》是勒·柯布西耶著作中最引人注意的一本。它出版于1923年，至今仍被认为是"现代建筑"的经典著作之一。在书中，勒·柯布西耶系统地提出了革新建筑的见解与方案。全书共七章：①工程师的美学与建筑；②建筑师的三项注意；③法线；④视若无睹；⑤建筑；⑥大量生产的住宅；⑦建筑还是革命。

然后，勒·柯布西耶提出了革新建筑的方向。他所要革新的主要是居住建筑，同时他对城市规划也很重视。他认为，社会上普遍存在着的恶劣的居住条件，不仅有损健康而且摧残着人们的心灵，并提出革新建筑首先要向先进的科学技术和现代工业产品——轮船、飞机与汽车看齐。他认为，"机器的意义不在于它所创造出来的形式……而在于它那主导的、使要求得到表达和被成功地体现出来的逻辑……我们从飞机上看到的不是一只鸟或一只蜻蜓，而是会飞的机器"。于是，勒·柯布西耶提出了他的惊人论点——"住宅是居住的机器"。

对于"住宅是居住的机器"这一观点，勒·柯布西耶的解释是：住宅不仅应像机器适应生产那样地适应居住要求，还要像生产飞机与汽车等机器那样能够大量生产，由于它的形象真实地表现了它的生产效能，因此是美的，住宅也应该如此。能满足居住要求的、卫生要求的居住环境有促进身体健康、"洁净精神"的作用，这也就为建筑的美奠定了基础。因而这句话既包含了住宅的功能要求，也包含了住宅的生产与美学要求。

图3-19-9　萨伏伊别墅

19.5 弗兰克·劳埃德·赖特

美国伴随着弗兰克·劳埃德·赖特（Frank Lloyd Wright，1869~1959 年）作品的出现，突然走在了世界建筑设计的前面。赖特曾是路易斯·沙利文（1856~1924 年）的学生，沙利文寻求的建筑是"良好的造型、动人、无装饰"的效果；赖特也深受亨利·霍布森·理查德森（1838~1886 年）的建筑影响，理查德森的开敞式平面布局对他的建筑有着重要的影响。赖特让他的建筑在"从不超越外围环境以与环境的状态条件相和谐"中发展。他在芝加哥附近的"草原住宅"与周围环境相统一，同英国的任何建筑都非常不同：特殊的美国特性表明它们是一种真正的建筑的独立开始。与美国一般的维多利亚风格的室内相比，赖特的室内设计具有令人吃惊的裸露特点，大胆地暴露内部砌砖结构，并将这种砌砖与仔细挑选出的木材结合，这种风格立即获得人们的欢迎。在 19 世纪 90 年代他设计的各种大大小小的住宅，如在伊利诺伊州的维斯罗房屋中，他采用条形窗户，其造型主宰了室内空间的形式；打破了远处的自然形象。赖特的室内与它们周围环境的关系是独特的，在他的许多房屋设计中最突出的特点之一是强调壁炉（对他既有象征意义又有功能作用）。出生在维多利亚时代的任何一位建筑师都无法想象赖特的做法，他将壁炉放置在最低点（地基），允许升进室内，这更进一步说明他比较喜欢打破室外和室内之间的分界（图 3-19-10）。赖特回顾设计实践，结合当时一般中小资产阶级有看破红尘、渴望世外桃源的心理，总结出以"草原式"住宅为基础的"有机建筑"。

什么是"有机建筑"，赖特从来没有把它说得很清楚。不过"有机"这个词，那时却相当流行。格罗皮乌斯在 20 世纪 20 年代时曾把自己的建筑说成是有机的；德国那时还有一些建筑师如夏隆等，虽然他们的作品格调同格罗皮乌斯不完全相同，但也把自己的建筑称之为有机。赖特对他自己的"有机建筑"的解释是："有机"二字不

图 3-19-10 汉娜别墅

是指自然的有机物，而是指事物所固有的本质；"有机建筑"是按着事物内部的自然本质从内到外地创造出来的建筑；"有机建筑"是从内而外的，因而是完整的；在"有机建筑"中，其局部对整体即如整体对局部一样，例如材料的本性，设计意图的本质，以及整个实施过程的内在联系，都像不可缺少的东西似的一目了然。赖特还用"有机建筑"这个词来指现代的一种新的具有生活本质和个性本质的建筑。在"个性"的问题上，赖特为了要以此同当时欧洲的现代派，即格罗皮乌斯、勒·柯布西耶等所强调的时代共性对抗，有意把它说成是美国所特有的。他说美国地大物博，思想上没有框框，人们的性格比较善变、浮夸和讲究民主，因此，正如社会上存在着各种各样不同的人一样，建筑也应该多种多样。由于上述名词大多是抽象的，赖特所遇到的业主又似乎都是一些肯出高价来购买创意不凡的建筑的一些人，因而赖特的"有机建筑"便随着他的丰富想象力和灵活手法而变化。

1936 年，赖特为富豪考夫曼设计了取名为"瀑布"（Falling water）的周末别墅（又名流水别墅）。这所住宅体态自然地坐落在一个小瀑布上；房屋结合岩石、瀑布、小溪和树丛而布局，从筑在下面岩基中的钢筋混凝土支撑上悬臂挑出。屋高三层，第一层直接临水，包括起居室、餐室、厨房等，起居室的阳台上有梯子下达水面，阳台是横向的；第二层是卧室，出挑的阳台部分纵向、部分横向地跨越于下面的阳台之上；第三层也是卧室，每个卧室都有阳台（图 3-19-11）。

流水别墅的起居室平面是不整齐的，它从主体空间向旁边与后面伸出几个分支，使室内可以不用屏障而形成几个既分又合的空间。室内部分墙面是用同外墙一样的粗石片砌成的；壁炉前面的地面是一大片磨光的天然岩石（图 3-19-12）。因此，流水

图 3-19-11　流水别墅（一）

图 3-19-12　流水别墅（二）

别墅不仅在外形上能同周围的自然环境融合在一起，其室内也到处存在着与自然的密切关系。别墅的形体高低前后错综复杂，毛石的垂直向墙面与光洁的水平向混凝土矮墙形成强烈的对比；各层的水平向悬臂阳台前后纵横交错，在构图上因垂直向上的毛石烟囱而得到了贯通。别墅的造型以结合自然为目的，一方面把室外的天然景色、水声、绿荫引进室内，另一方面把建筑空间穿插到自然中去，的确做到了"建筑装饰它周围的自然环境，而不是破坏它"。

有时，赖特的尖锐性接近野兽主义，但以低的角度环视室内，其空间的形状和相互之间的联系有时故意地模糊化，因而室内空间的整体效果还是轻松的。赖特的顾客能接受他的超前观念。他对顾客的关注反映在加利福尼亚斯坦福的汉娜别墅的卷宗中，在这里，一整套相应完整的档案使人们可以看到使建筑师和主人都满意的房子的每一阶段的进展状况。除了某些细节外，赖特的室内设计在 20 世纪的第一个 10 年中就已经出现了非常现代的特征，确实，他那特殊的质地结合使它们的魅力保持到现在而没有被密斯的奢华室内所取代。正是赖特普及了与房子同高度的或者与房屋墙壁同长度的狭窄壁架（如在伊利诺伊州河边的康利屋）的壁炉墙。虽然高度异质化，但他充分设计的室内很少采取装饰的特殊手法，像康利屋中的木嵌板顶棚边缘周围的椭圆形古怪图案描绘是比较少见的，赖特风格的男性化通过他在亚利桑那州西塔里埃森的学校得到了广泛的传播。赖特拒绝与装饰艺术等过去的风格潮流妥协，从而为自己确立了作为美国现代主义之父的不稳定的地位。

19.6　阿尔瓦·阿尔托

阿尔瓦·阿尔托是芬兰的著名建筑大师，他的职业生涯开始与浪漫主义、北欧的民族主义，以及新古典主义和青年风格派有着某种联系。他倡导人情化的设计理念，设计作品具有明显的个人特征，同时也反映了时代的要求和本民族的特点。阿尔托不回避现代技术，对技术和环境持平等的态度，尊重人性和地域文化。

1929 年阿尔托为土伦·圣诺马特——芬兰图尔库的一家报社设计的大楼是他第一件具有国际式风格的理性主义建筑。建筑外立面是用钢筋混凝土墙构筑成的一个白色盒子，墙上是不对称的带形窗，底层是巨大的玻璃窗。在印刷车间里，无梁楼板使结构的艺术表现力得到了充分发挥。钢筋混凝土柱子向内侧倾斜的弧形边缘和扩大了的柱头，使其向上舒缓地与上部顶棚相连的系列做法，创造了一个与众不同的空间，满足严格的实用功能。室内细部诸如照明设备、栏杆甚至门把手的设计都经过仔细研究，整体设计的理念贯穿始终。

阿尔托的国际声望是通过一所大型医院建筑的设计确立起来的，这就是帕米欧结

图 3-19-13　帕米欧结核病疗养院　　　　图 3-19-14　芬兰珊纳特塞罗市政厅

核病疗养院，建于 1930~1933 年之间。这座建筑长向的部分用作病房，所有的房间朝南以接收良好的日照，另外一侧是较短的部分，带有室外长廊，是一个中央入口门门以及用作公共餐厅和服务用房的建筑单元（图 3-19-13）。建筑内部空间开敞、简洁，并具逻辑性，但细部却格外精致。接待办公室、楼梯、电梯，以及一些小的元素，如照明和时钟都经过精确、细致的特别设计。

位于诺尔马库的玛利亚别墅是为古利申家族而设计的，这座建筑非常成功，它审慎地将国际式风格的思想逻辑和秩序融合在一起，几乎是浪漫地运用了自然材料和比较自由的形式。柱廊、工作室以及休闲空间采用随意和流动的方式布置，这样用起来比较灵活，空间看上去也不单调。

1939 年的纽约世界博览会上的芬兰馆像盒子一样的室内空间设计相当有趣，这是因为采用了流动的、自由形式的墙体。一道木板条墙体向上倾斜在主要展示空间中，从而在上面一层隔出一个附加的展示空间。一座平台餐厅结束了展馆，该餐厅还用于放映电影。波浪形木条构成的倾斜墙体以及挑台构成一处令人兴奋的空间，可以看见陈列在其中的芬兰的工业产品。展馆尽管体量不大，所处的位置也并不显著，但却为阿尔托赢来了高度的评价和国际声誉。

在室内设计方面，阿尔托很早就有了杰出的表现，结合他自己设计的家具、灯具，形式丰富，优美动人，体现了时代的特点。20 世纪 50 年代以后，阿尔托在室内设计方面又有进一步的发展，他充分利用了建筑结构的构件作为装饰，使结构与装饰的需要融为一体。此外，他也将室内的功能要素与装饰结合起来。1952 年建成的珊纳特塞罗市政厅就是这个时期的代表作品（图 3-19-14）。

19.7　装饰艺术

现代主义似乎在第一次世界大战之后不久就大获全胜，结果是任何其他的与它的生机勃勃的需求不符合的风格都一般被看作是落后的，但与现代建筑同时发展的是一种较为商业化、时新的现代派，也就是我们现在称之为"装饰艺术"的风格样式。

装饰艺术起源于第一次世界大战后的法国，在那里原始艺术、立体派绘画和雕塑与现代的主题如电力、无线电以及摩天大楼等结合在一起，形成巨大的影响。人们接受了装饰这一概念，装饰艺术得到推广与其说是理论上的原因，还不如说是商业化和时髦促成的。这种风格大多用在剧院和展览馆建筑中，而且也会用于办公大楼的外观和公寓的室内设计中。这种风格在英国也颇为流行，并且不同程度地影响到其他欧洲国家。

第一次世界大战对于决定法国建筑和装饰的发展方向是极其重要的。尽管有了新艺术和后来的贝瑞和戛涅尔的现代主义，但在 20 世纪最初 20 年期间的许多法国室内设计中还喜欢用衰落的路易十六风格。

装饰艺术可以说是 20 世纪最后的根源在过去风格中的"新"风格。至少在法国，它是新古典主义的最后一个产儿。法国 20 世纪 20 年代设计的最高峰是 1925 年在巴黎举办的装饰和工业艺术展览会。出于 1915 年展览构思的设计囊括了当时所有主要潮流，包括许多令人耳目一新的展馆，这些展馆的设计极其新潮，从这些设计的照片中，我们可以经常获得比实物更具象的装饰艺术室内设计的印象。雅克 - 伊麦尔·卢曼（1879~1933 年）是展览会中最突出的设计师。像大多数以室内设计师著称的同行们一样，他基本上是一位家具设计师。

像卢曼一样，安德尔·格罗特（1884~1967 年）成为 20 世纪 20 年代最受欢迎的室内设计师之一。他将 18 世纪的家具放入简洁的路易十六风格室内中，再加上大胆的当代特点。在装饰艺术中相当重要的是精致的铁饰品，特别是爱德加·布朗特设计的铁饰品，他将铸铁与青铜结合，采用广泛的题材，如图案化的鸟、云彩、光线、喷泉和受 20 世纪 20 年代设计师喜爱的抽象花束等。

装饰艺术在法国不失时机地悄悄混入现代主义中，部分是受立体主义影响所致，立体主义对室内装饰设计起了相当重要的作用。

20 世纪早期出现了有别于建筑师的室内设计师，许多社会妇女们投入到装饰设计行业中。在英国，有西瑞·毛姆、克勒法克斯女士和曼尼夫人；在美国，艾尔西·德·沃尔夫（Elsie de Wolfe）率领马里安·霍尔、艾尔西·柯柏·韦尔森和罗斯卡米等人进入装饰设计界。第二次世界大战延缓了他们以及建筑师、设计师的活动，并突然中断了自 20 世纪 20 年代以来持续的室内装饰设计的繁荣状态。英国将一种强烈的怀旧元素带入了室内设计界年轻设计师的思维中，与 20 世纪 30 和 40 年代电影的复兴趣味一起，威廉·莫里斯、新艺术和装饰艺术与维多利亚女王时代一起被"重新发现"（图 3-19-15）。美国这个时期的设计师有些是从欧洲移民过来的，因此把装饰艺术风格带到了美国，比如保罗·弗兰克尔、约瑟夫·厄本等。这个时期建成

图 3-19-15　伦敦《每日快报》大厦　　　　图 3-19-16　纽约帝国大厦大厅

的洛克菲勒中心、克莱斯勒大厦和帝国大厦的建筑和室内设计都具有装饰艺术风格的特征（图 3-19-16 ）。

　　第二次世界大战以来，室内设计已成为一种主要职业，然而将一个人的住宅委托给室内设计师设计的想法却常不被人理解，仿佛这种做法是 20 世纪的一个新鲜事。室内设计师像所有过去的设计学习借鉴，而且已经准备好并且能够去设计室内空间的每一部分。这导致如此多的现代室内设计都成为折中主义风格，室内设计师可以毫无顾忌地将许多不同时期的元素放在一起，创造一种与 19 世纪复古主义毫无瓜葛的风格。19 世纪或 20 世纪早期的有远见的设计师也许对这种行为很恐惧，认为这是没有倾向的设计，也是一种没有来由的行为。

第 20 章 第二次世界大战之后的室内设计

借助于 20 世纪两次世界大战所产生的转折之机，萌生了一种在概念上是国际性的建筑艺术，但在不同的国度里，明显地表现出个性和差异，这也是建筑师有幸在他们的作品上表现其个性的最后一次机会。在第二次世界大战的劫难之后，建筑和室内设计思潮的主要特点是"现代主义"设计原则的普及。

不论在欧洲还是美洲，功能主义建筑都适应了工业文明社会机械化生产的要求。因此，他们高举实用的大旗，也就是与建筑物的实用功能和所采用的技术相一致的旗号，提出了"为普通人建造住宅"这样的口号，这种住宅是标准化和无个性特征的。欧洲、美洲及东方进入了"国际主义"新阶段，此时的国际主义并非强调多样性，而是更多地强调千篇一律，具体表现为"国际风格"。尽管如此，在国际风格的主流下，仍然出现了一些不同的声音。建筑师们进行不同风格和样式的探索，现代主义有了不同的语言和表达方式，在一定程度上丰富了当时的建筑和室内设计。

20.1 国际主义时期的室内设计

20.1.1 理性主义

理性主义是指形成于两次世界大战之间的以格罗皮乌斯和他的包豪斯以及勒·柯布西耶等人为代表的欧洲"现代建筑"。现代主义似乎在第一次世界大战之后不久就大获全胜，结果是任何其他的与它的生机勃勃的需求不符合的风格都一般被看作是落后的，但与现代建筑同时发展的是法国的装饰艺术。

在两次世界大战之间，勒·柯布西耶自称为"功能主义"者。所谓功能主义，人们常以包豪斯学派的中坚德国建筑师 B·陶特的一句话"实用性成为美学的真正内容"作为解释。而柯布西耶所提倡的要摒弃个人情感、讲究建筑形式美的"住宅是居住的机器"，恰好就是这样的。柯布西耶还认为建筑形象必须是新的，必须具有时代性，必须同历史上的风格迥然不同。他说："因为我们自己的时代日复一日地决定着自己的样式。"他在两次世界大战之间的主要风格就是具有"纯净形式"的"功能主义"的"新建筑"。因此，功能主义建筑不论在何处均以方盒子、平屋顶、白粉墙、横向长窗的形式出现，也被称为"国际式"，最先流行于美国。人们常把以密斯为代表的纯净、透明与讲求技术精美的钢和玻璃方盒子作为这一时期的代表。第二次世界大战后，这种风格占有很重要的主导地位。

20.1.2　粗野主义

粗野主义是 20 世纪 50 年代下半期到 20 世纪 60 年代中期喧噪一时的建筑设计倾向，其美学根源是战前现代建筑中对材料与结构的"真实"表现，保留水泥表面模板痕迹，采用粗壮的结构，主要特征在于追求材质本身粗糙狂野的趣味（图 3-20-1）。

粗野主义最主要的代表人物是第二次世界大战后风格转变后的柯布西耶，马赛公寓可以被看作是这一风格的典型案例。马赛公寓不仅是一座居住建筑而是更像一个居住小区那样，独立与集中地包括有各种生活与福利设施的城市基本单位。它位于马赛港口附近，东西长 165m，进深 24m，高 56m，共有 17 层（不包括地面层与屋顶花园层）。其中，第 7、8 层为商店，其余 15 层均为居住用。它有 23 种不同类型的居住单元，可供从未婚到拥有 8 个孩子的家庭，共 337 户使用。它在布局上的特点是每 3 层作一组，只有中间一层有走廊，这样 15 个居住层中只有 5 条走廊，节约了交通面积。室内层高 2.4m，各居住单元占两层，内有小楼梯。起居室两层高，前有一绿化廊，其他房间均只有一层高。第七、八层的服务区有食品店、蔬菜市场、药房、理发店、邮局、酒吧、银行等。第十七层有幼儿园和托儿所，并有一条坡道一直到上面的屋顶花园。屋顶花园有室内运动场、茶室、日光室和一条 300m 的跑道。这里柯布西耶放弃了追求机器般完美、精致的纯粹主义设计观，直接将带有模板痕迹的混凝土粗犷表面暴露在外。

柯布西耶设计的印度昌迪加尔行政中心建筑群也是粗野主义的代表作品。

图 3-20-1　J·斯各特设计的富图那教堂内部祭坛

20.1.3 典雅主义

与粗野主义相对的就是典雅主义，它主要表现在美国。典雅主义致力于运用传统的美学法则通过现代的材料、结构和技术来产生规整、端庄与典雅的庄严感，讲究结构精细、构件纤巧和技术的精美。代表人物为美国的菲利普·约翰逊、爱德华·斯东和日裔建筑师雅马萨奇。雅马萨奇主张创造"亲切与文雅"的建筑，提出设计不但要满足实用功能，而且还要满足心理功能，通过秩序感等美的因素增加人们视觉的欢愉和生活的情趣。他的典雅主义建筑倾向于使用尖券和垂直的因素，在他的作品中我们能够感受到类似于哥特风格的高直美。代表作品有在"9·11"事件中损毁的纽约世界贸易中心和普林斯顿大学的会议中心等（图3-20-2）。

斯东的代表作品有美国驻印度大使馆、斯坦福大学早期的医院（图3-20-3）、1958年布鲁塞尔世界博览会的美国馆等。美国驻印度大使馆庄严、秀美、华丽、大方、典雅，集中体现了斯东"需要创造一种华丽、热情而又非常纯洁与新颖的建筑"的观念。主楼呈长方形，前面是一个圆形的水池，建筑外观端庄典雅，金碧辉煌。

图 3-20-2 普林斯顿大学会议中心

图 3-20-3 斯坦福大学医院

纽约林肯文化中心是约翰逊和其他两位建筑师共同完成的，三栋建筑围绕着中央广场布局，包括舞蹈与轻歌剧院、大都会歌剧院和爱乐音乐厅。舞蹈与轻歌剧院是约翰逊设计的（图3-20-4）。

这一时期国际风格占主导地位，同时建筑师们也进行了各种不同风格的探索和尝试。人们经常提到的功能主义者的公式"住宅是居住的机器"，它反映了将科学朴素而机械地理解为一种固定的、可作逻辑论证的、在数学上无可置疑的永恒真理。这是对科学的僵化和陈旧理解。在如今，已经被相对的、灵活的、更有表现力的概念所取代了。在美国，以赖特为代表的是有机建筑论，在欧洲以芬兰的阿尔瓦·阿尔托、瑞典的一些建筑师以及一些年轻的意大利建筑师为代表，力求满足更为复杂的需求和功能，不但在技术上和使用上是功能主义的，而且在人类心理方面，也要予以一定的关注和考虑。这些建筑师在功能主义之后，提出了建筑和设计的人性化任务。

如果说功能主义者从事于解决劳动群众的城市规划问题、为最低标准住宅、为建筑标准化和工业化进行了英勇的斗争，换句话说即功能主义者集中解决数量的问题，那么，有机建筑则看到人类是有尊严、有个性、有精神意图的，也认识到建筑既有数量问题也有质量问题。路易斯·康就是其中的一位，他的实践起到了承上启下的作用（图3-20-5）。

有机的空间充满着动感、方位的诱导性和透视感，以及生动和明朗的创造性。它的动感是有创造性的，因为其目的不在于追求炫目的视觉效果，而是寻求表现人们生活在其中的活动本身。有机建筑运动不仅仅是一种时尚，而是寻求创造一种不但本身美观而且能表现居住在其中的人们有机的活动方式的空间。

对现代建筑和室内设计作品的审美评价标准固然与对过去的没有什么不同，但现代建筑的艺术理想却是与它的社会环境分不开的。一片弯曲的墙面已经不再是纯粹某

图3-20-4　纽约林肯中心舞蹈与轻歌剧院

图3-20-5　路易斯·康设计的菲利普斯·埃克塞特学院图书馆

种幻想的产物，而是为了更加适应于一种运动，适应于人的一条行进路线。有机建筑所获得的装饰效果，产生于不同材料的搭配，新的色彩效果与功能主义的冰冷严峻形成鲜明的对比，新颖、活泼的效果是由更深藏的心理要求所决定的。人类活动和生活的多样性、物质和心理活动方面的需求、他的精神状态，总之，这个完整的人——肉体和精神结合为活的整体的人，正是后来的现代艺术和后现代主义及其他主义的源头。

20.2　后现代主义时期的室内设计

虽然很明显的是每一"风格"都会给建筑师和设计师强加一定的约束，但国际风格在个人表达上却不留空间，除了一些非常优秀的作品之外。在第二次世界大战之后不久，范斯沃斯住宅的主人在《美丽的房屋》一文中将他的房子摒弃为"圆滑的俗气"，一位评论者描述密斯的作品为"空空如也的优美大厦……与地点、气候隔离，功能或内部活动没有关联。"

20 世纪 60、70 年代突出的变化是，建筑师和评论家这两部分人都对"现代建筑运动"丧失了信心。这类评论家主要出现在 20 世纪 60 年代，不仅仅在英、美，而且遍布全世界。在人们心目中，其威望急剧下降的建筑有两类：即作为现代建筑运动主体和现代城市特征的大量性住宅和办公大楼。这场现代建筑运动的规模早已超出居住范围，伸向社会民主政治和追求城市中心的商业效益，它似乎是突然闯进城市的一个怪物。那些 20 世纪 60 年代曾把建筑师捧为社会救世主的批评家们现在则认为，实际上正是这些建筑师毁灭了城市，他们过于藐视人的精神和心理需求。这为后现代主义强烈自我的表达开辟了道路，后现代主义主要是针对现代主义、国际主义风格千篇一律、单调乏味的特点，主张以装饰的手法来达到视觉上的丰富，设计讲究历史文脉、引喻和装饰，提倡折中的处理，后现代主义在 20 世纪 70~80 年代得到全面发展，并产生了很大影响。

后现代主义这一称谓来自查尔斯·詹克斯，而理论基础则来自罗伯特·文丘里所著的《建筑的复杂性与矛盾性》。在这本书中，文丘里对现代主义的逻辑性、统一性和秩序提出质疑，道出了设计中的复杂性、矛盾性与模糊性。1972 年又出版了他的第二本书《向拉斯维加斯学习》，进一步发展了他的理论学说。

后现代主义由于运用装饰、讲究文脉而背离了忠实于功能美学原则的现代主义。这些传统符号的出现并不是简单地模仿古典的建筑样式，而是对历史的关联趋向于抽象、夸张、断裂、扭曲、组合、拼贴、重叠，利用和现代技术相适应的材料进行制作，通过隐喻、联想，给人以无穷的回味（图 3-20-6）。后现代主义极具丰富的创造

图3-20-6　文丘里母亲的住宅　　　　图3-20-7　胡应湘堂

力，使我们的现实生活变得多姿多彩。属于这个设计阵营的队伍颇为壮大，他们是罗伯特·文丘里、阿尔多·罗西、里卡尔多·波菲尔、迈克尔·格雷夫斯（波特兰市政厅）、矶崎新（筑波中心）、查尔斯·摩尔（新奥尔良意大利广场）、彼得·埃森曼（美国俄亥俄州立大学韦克斯纳视觉艺术中心）、屈米（巴黎拉维莱特公园）、菲利普·约翰逊（纽约电报电话大楼）、文丘里（普林斯顿大学巴特勒学院胡应湘堂）（图3-20-7）等。

美国建筑师斯特恩将一些后现代的建筑特征总结为"文脉主义""引喻主义"和"装饰主义"。虽然这些后现代建筑师大都不愿意被贴上后现代主义的标签，但他们的设计实践确实呈现出这样一些共同的特征：首先回归历史，喜欢用古典建筑元素；其次是追求隐喻的手法，以各种符号的广泛使用和装饰手段来强调建筑形式的含义和象征作用；再就是走向大众与通俗文化，戏谑地使用古典元素；最终，后现代主义的开放性使其并不排斥似乎也将成为历史的现代建筑。

尽管格雷夫斯不喜欢"后现代主义"这一提法，但他是最享盛誉的后现代主义的设计大师。他才华横溢、诙谐有趣的家具和室内设计已纷纷为其他项目所效仿。1980年他设计的波特兰市政厅成了建筑领域引起争论最多的一栋建筑。此后，他一直坚持自己的创作方向，优秀的作品层出不穷。长期以来一直坚持现代主义的菲利普·约翰逊，1984年他的美国电报电话大楼也转向了后现代主义（图3-20-8）。后现代主义有两种不同的创作方向：戏谑的古典主义和保守的古典主义复兴。前者采用的是即兴游戏式的创作态度，后者采用的则是比较端正和严肃的手法。

戏谑的古典主义是后现代主义影响最大的一种设计风格，它采用折中的、戏谑的、嘲讽的表现手法，运用部分的古典主义形式或符号，同时用各种刻意制造矛盾的手段，诸如变形、断裂、错位、扭曲等把传统构件组合在新的情境中，以期产生含混复杂的联想，在设计中充满一种调侃、游戏的色彩。被称为后现代主义室内设计典范作品的奥地利旅行社，是由汉斯·霍莱因于1978年设计的，采用了舞台布景式的设计，以很写实的手法布置了一组组风景片段，以唤起旅行者对异域风景的联想。旅行社营业

图3-20-8　纽约电话电报大楼

图3-20-9　维也纳奥地利旅行社营业厅

厅设在一楼，是一个独特的、饶有风味的中庭。中庭的上空是拱形的发光顶棚，它仅用一棵根植于已经断裂的古希腊柱式中的不锈钢柱支撑，这种寓意深刻的处理手法体现了设计师对历史的理解。钢柱的周围散布着九棵金属制成的摩洛哥棕榈树，象征着热带地区。透过宽大的棕榈树，可以望见具有浓郁印度风情的休息亭，使人产生一种对东方久远文明的向往（图3-20-9）。

由美国最有声望的后现代主义大师格雷夫斯为迪斯尼公司设计的建筑都带有明显的戏谑古典主义痕迹。佛罗里达州的迪斯尼世界天鹅旅馆和海豚旅馆，以及位于纽约的迪斯尼总部办公楼都属于这类作品（图3-20-10）。天鹅旅馆和海豚旅馆建筑的外观具有鲜明的标志性，巨大的天鹅和海豚雕塑被安置在旅馆的屋顶上，有些滑稽和夸张的设计向人们炫耀着不同寻常的童趣。内部设计风格更是同迪斯尼的"娱乐建筑"保持一致，格雷夫斯在室内使用了古怪的形式和艳丽的色彩。在这里古典的设计语汇仍然充斥其中，古典的线脚、拱券和灯具以及中世纪教堂建筑中的集束柱都非常和谐地存在于空间之中。

保守的古典主义复兴，其实也是狭义后现代主义风格的一种类型，是一种返回古典主义的倾向。它与戏谑的古典主义不同，没有明显的嘲讽，也不是对20世纪20和30年代折中主义特征作精确的复制。而是在古典原则的基础上力求创作出新作品，适当地采取古典的比例、尺度、符号特征作为创作的构思源泉，同时更注意细节的装饰，在设计语言上适度地进行夸张，并多采用折中主义手法，因而设计效果往往会更加丰富、奢华。帕拉第奥的设计理想、古典柱式、柱子和山花出现在这些作品中，它不是作为滑稽的插入，而是从历史中引用作为新设计的基础。

格雷夫斯设计的位于肯塔基州的休曼纳大厦，是他最有代表性的保守的古典主义复兴作品，该建筑作品内部设计更堪称后现代主义经典。朴实、凝重、有力的空间感觉与外观紧紧呼应。整个形象运用了现代的空间表现手法，没有明显的古典语汇，但通过引喻与暗示给人一种浓厚的传统氛围，显得高雅而华贵。位于日本福冈的凯悦酒

 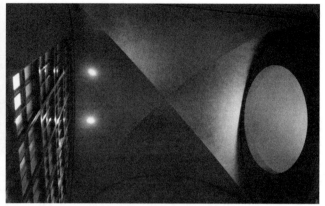

图 3-20-10 纽约迪斯尼总部餐厅　　图 3-20-11　纽约电话电报大楼顶棚

店与办公大楼的设计也出自于格雷夫斯之手，酒店部分是由一个 13 层高的圆筒体及两座 6 层高的附楼组成，圆筒体居中有明确的轴线对称关系，室内空间也是"高潮迭起"。

约翰逊的纽约 A.T.&T. 总部办公大楼顶部采用被人认为是基于齐彭代尔书橱顶部的山花形式，穿过大楼入口处的一个拱券形大门，进入到一座大理石门厅，其顶棚、墙面的细部和室内环境的光色都流露出中世纪的修道院的氛围（图 3-20-11）。门厅中央是一座大型雕像，体现了后现代主义的理念和 20 世纪 30 年代装饰艺术的风格。

后现代主义重新确立了历史传统的价值，承认建筑形式有其技术与功能逻辑之外独立存在的联想和象征的含义，恢复了装饰在建筑中的合理地位，并树立起了多元文化价值观，这从根本上弥补了现代建筑的一些不足。

后现代主义是从现代主义和国际风格中衍生出来并对其进行反思、批判、修正和超越的。然而，后现代主义在发展的过程中没有形成坚实的核心，在实践中基本停留在形式的层面上而没有更为深刻的内容。也没有出现明确的风格界限，有的只是各种流派风格特征。20 世纪 80 年代后期，这种思潮就已经开始大大降温。

第 21 章　多元化时期的室内设计

20 世纪 70 年代以来，由于科技和经济的飞速发展，人们的审美观念和精神需求也随之发生明显变化，世界建筑和室内设计领域呈现出新的多元化格局，设计思潮和表现手法更加多样，不同的设计流派仍在持续发展。尤其是室内设计逐渐与建筑设计分离，从而获得前所未有的充分发展。随着世界经济的发展所带来的观念更新，不可避免地产生新的文化思潮，其艺术形态也是多姿多彩的。室内设计领域也达到空前的繁荣，涌现出风格多样的室内设计风格与流派。

21.1　新现代主义

新现代主义也就是所谓的晚期现代主义，是诸多发展方向中最为保守的流派，该流派的设计牢固地建立在现代主义的基础之上，自始至终地坚持现代主义的设计原则。

如果说国际风格的特点是统一、千篇一律和简洁，那么后现代主义似乎是趋向于复杂和趣味，追求所谓的唤起历史的回忆（实际并非是准确的历史含义）和地方事件的来龙去脉。它发掘出建筑上的方言，欲使建筑物具有隐喻性，并创造出一种模糊空间，同时还运用多种风格的形式，甚至在一幢建筑物上使用多种风格，以达到比喻和象征的目的。但是为时不久，现代主义在发展的过程中，一直强调功能、结构和形式的完整性，而对设计中的人文因素和地域特征缺乏兴趣，而新现代主义在这些方面却给予很充分的关注。后来的现代建筑师不再寻求单一的真正现代主义风格或单一理想的解决方法，他们开始重视个性和多样化。新现代主义侧重民族文化表现，更注重地域民族的内在传统精神表达的一些探索性作品开始出现。他们要告别密斯·凡·德·罗，重新审视安东尼·高迪的米拉公寓和勒·柯布西耶的朗香教堂。他们中间有路易斯·康（Louis Kahn）、理查德·迈耶（Richard Meier）（法兰克福实用艺术博物馆、洛杉矶盖蒂艺术中心）（图 3-21-1）、查尔斯·格瓦斯梅（Charles Gwatehmey）、丹

图 3-21-1　洛杉矶盖蒂艺术中心　　　　　　　　　　　　图 3-21-2　吉隆坡双子塔大堂

下健三（东京都新市政厅大厦、东京代代木国立综合体育馆）、黑川纪章（日本名古屋市现代美术馆）、西萨·佩里（纽约世界金融中心及冬季花园、吉隆坡双子塔）（图 3-21-2）、KPF 事务所（芝加哥韦克大道 333 号大厦）、SOM 事务所（国家商业银行）等。他们同样沿着早期现代派所追求的方向发展，一直坚持现代派的宗旨。

　　华盛顿美国国家美术馆原建的新古典主义风格的西馆的设计由德国建筑师辛克尔完成于 1941 年，由于美术馆的收藏越来越多，特别是现代艺术品越来越多，因此展览空间越来越局促，于是政府计划投资兴建美术馆东馆。东馆的地点在美国国会大厦西北方向宾夕法尼亚大道西南侧的三角形狭长地带。这个项目具有很大的挑战性，它必须与新古典主义的西馆统一，又必须与新古典主义和折中主义风格的国会大厦建筑协调，同时还要与整个广场中的各种类型、建于不同时期的建筑具有协调关系，它还不得不符合那条非常不适应任何建筑的三角形狭长地带。贝聿铭先生在设计时充分考虑了这些因素，这些限制性因素反倒成就了一个史无前例的杰作的出现。东馆分为两个部分：一个等腰三角形的展览空间，一个直角三角形的研究中心，外墙使用与西馆相同的大理石材料，甚至与广场中间的华盛顿纪念碑保持关系，为了进一步强调与近在咫尺的旧馆协调统一的关系，他在新馆的设计上采用了同样的檐口高度。在内部贝聿铭采用了大玻璃天窗顶棚，三角形的符号反复在各个地方出现，强调建筑形式本身所具有的特征。展览大厅内有许多面积大小不一、空间高度变化不同的展室。这些展室由形状各异的台阶、电动扶梯、坡道和天桥连接。明媚的阳光可以从不同的角度倾泻而下，在展厅的墙壁和地面上形成丰富多变、美丽动人的光影图案。大厅上空装有轻若鸿毛的金属活动雕塑，随风摆动，凌空翱翔，形成轻快活泼、热情奔放的气氛，具有强烈的现代主义特色（图 3-21-3）。

图 3-21-3 华盛顿国家美术馆东馆

图 3-21-4 旧金山现代艺术博物馆

出生于瑞士的建筑师马里奥·博塔的作品装饰风格独特而简洁，既有地中海般的热情，又有瑞士钟表般的精确，旧金山现代艺术博物馆就是他的一个杰出的作品。建筑造型中最引人注目的就是由黑白条石构成的斜面塔式简体，而这里恰恰就是整个建筑的核心——中央大厅，黑白相间的水平装饰带再次延伸到室内，无论是地面、墙面还是柱础、接待台，都非常有节制地运用了这种既有韵律感又有逻辑性的语言，不仅增加视觉上的雅致和趣味，也使空间顿时流畅起来（图 3-21-4）。

日本的设计师在这方面的尝试比较多。其中，颇负盛名的安藤忠雄便是其中之一。他一直用现代主义的国际性语汇来表达特定的民族感受、美学意识和文化背景。日本传统的建筑就是亲近自然，而安藤一直努力把自然的因素引入作品中，积极地利用光、雨、风、雾等自然因素，并通过抽象写意的形式表达出来，即把自然抽象化而非写实地表达自然。安藤的"光的教堂"和"水的教堂"就是其代表作（图 3-21-5）。

图 3-21-5 日本大阪光之教堂

新现代主义讲究设计作品与历史文脉的统一性和联系性，有时虽采用古典风格，但并不直接使用古典语汇，而多用古典的比例和几何形式来达到与传统环境的和谐统一。

总之，随着社会的不断发展和科学技术的进步，新现代主义在肯定现代主义功能和技术结构体系的基础上，从不同的切入点去修正、完善和发展现代主义，使新现代主义呈现出多元的形式和风格向前发展。正是由于现代主义与社会发展相协调，因而，新现代主义的探索将会走上一个更高的发展阶段。

21.2　高技派风格

高技派更侧重于开发利用并优先展现科学进步和发展的成就，尤其侧重于先进的计算机、宇宙空间和工业领域中的自动化技术和材料等。早期现代派与技术紧密相连，但它的兴趣是在机器上以及意欲通过机器来创造出一种适合现代技术世界的设计表现形式。现在看来，过分地集兴趣于单一的机器已变得过时，把机器化设计视为解决一切问题的手段则显得天真、幼稚和浪漫。高技派设计已进入电子和空间开发利用的"后机器时代"，以便从这些领域中学到先进技术和从这些领域里的产品中寻找到一种新的美感。高技派风格在建筑及室内设计形式上主要突出工业化特色和技术细节。强调运用新技术手段反映建筑和室内的工业化风格，创造一种富于时代特色和个性的美学效果，具体风格有如下特征：

（1）内部结构外翻，显示内部构造和管道线路，强调工业技术特征。

（2）表现过程和程序，表现机械运行，如将电梯、自动扶梯的传送装置都作透明处理，让人们看到机械设备运行的状况。

（3）强调透明和半透明的空间效果。喜欢采用透明的玻璃、半透明的金属格子等分隔空间。

（4）高技派的设计方法强调系统设计和参数设计。

以充分暴露结构为特点的法国蓬皮杜国家艺术中心，坐落于巴黎市中心，是由英国建筑师理查德·罗杰斯和意大利建筑师伦佐·皮亚诺共同设计的。这栋建筑最引人注目的是它那与众不同的外观，像一个现代化的工厂（图 3-21-6）。蓬皮杜中心的柱、梁、楼板都是钢的，而且全部暴露在建筑物之外，在建筑物沿街的那一面上，漆成不同颜色的各种大型设备管道毫不掩饰地竖立在建筑的外侧，不同的颜色表示不同的功能。建筑物朝向广场那一侧的立面上，一条透明的玻璃圆管从地面蜿蜒而上，在圆管中的两列供人上下的自动扶梯输送着进出艺术中心的人们。室内空间中的所有结构管道和线路同样都成为空间构架的有机组成部分（图 3-21-7）。

西萨·佩里（Cesar Pelli）的纽约世界金融中心，作为对水晶宫明显的模仿，这座建筑提供了一个可以用作音乐厅、展览馆和其他特殊事务的大空间。当不作上述用途时，便成为一个中庭通行空间。其中，有通往周围商店的道路。色彩来自地面的图案、油漆的柱子和绿色树木。

图 3-21-6　巴黎蓬皮杜艺术中心外观　　　　　　　　图 3-21-7　巴黎蓬皮杜艺术中心内景

21.3　解构主义风格

解构主义作为一种设计风格形成于 20 世纪 80 年代后期，它是对具有正统原则与标准的现代主义与国际主义风格的否定与批判。它虽然运用现代主义语汇，但却从逻辑上否定传统的基本设计准则，而利用更加宽容、自由、多元的方式重新构建设计体系。其作品采用极度的扭曲、错位、变形、打碎、叠加、重组的手法，使建筑物及室内表现出无序、失稳、突变、动态的特征。解构主义的设计特征可归纳如下：

（1）刻意追求毫无关系的复杂性，无关联的片断与片断的叠加、重组，具有抽象的废墟般的形式和不和谐性。

（2）设计语言晦涩，片面强调和突出设计作品的表意功能，在作品和受众之间设置沟通的障碍。

（3）反对一切既有的设计规则，热衷于肢解理论，打破了过去建筑结构重视力学原理中强调的稳定感、坚固感和秩序感。

（4）无中心、无场所、无约束，具有设计因设计者而异的任意性。

解构主义的出现与流行也是因为社会不断发展，以满足人们日益高涨的对个性、自由的追求以及追新猎奇的心理。被认为是世界上第一个解构主义建筑设计家的弗兰克·盖里，早在 1978 年就对自己的住宅进行了解构主义尝试。在对住宅的扩建中，他大量使用了金属瓦楞板、钢丝网等工业建筑材料，表现出一种支离破碎、没有完工的特点。然而这种破碎的结构方式、相互对撞的形态只是停留在形式方面，而在物质性方面不可能真的解构，像厨房中操作台、橱柜等都是水平的，以致使各种保温、隔声、排水等功能也不能任意颠倒（图 3-21-8）。此后，盖里一发而不可收，设计了大量的类似风格的作品，譬如洛杉矶的迪斯尼音乐厅（图 3-21-9）、普林斯顿大学的图书馆（图 3-21-10）、西班牙毕尔巴鄂的古根海姆博物馆等。

图 3-21-8（左） 洛杉矶盖里住宅

图 3-21-9（右） 洛杉矶迪斯尼音乐厅

图 3-21-10 普林斯顿大学的路易斯图书馆

21.4 极简主义风格

极简主义流派是盛行于 20 世纪 60、70 年代的设计流派，是对现代主义的"少就是多"风格的进一步演绎和发展。极简主义抛弃在视觉上多余的元素，强调设计的空间形象及物体的单纯、抽象，采用简洁明晰的几何形式，使作品整体、有序而有力量。但常常会给人以过于理性，缺少人情味的感受（图 3-21-11）。极简并不是意味着简单，而是用最少的语言表达更多的含义，是另一种意义上的复杂。极简就是意蕴无限，极简就是新派奢华，极简是外在的表现，丰富的内涵才是主题。极简主义风格的室内设计特征归纳如下：

（1）重视空间设计，将室内的各种设计元素在视觉上精简到最少，大尺度、低限度地运用形体造型。

（2）重视比例关系，追求设计的几何性和秩序感。

（3）关注结构设计，注意材质与色彩的个性化运用，并充分考虑光与影在空间中所起的作用。

（4）重视材料选择，重视细部设计，做工精致仔细。

图 3-21-11（左） 纽约当代艺术博物馆

图 3-21-12（右） 法兰克福实用艺术博物馆

21.5　白色派

　　白色派是典型的现代主义风格。不论室内环境的造型要素的简单或丰富，在设计中大量运用白色，白色成为环境的主色调。由于白色给人以纯净、文雅的感觉，又增加了室内的亮度，而且在造型上又有独特的表现力，使人感到积极乐观或产生美的联想。在实际操作中又可以调和、点缀、装饰以其他的颜色，获得出众的效果（图 3-21-12）。白色派的室内设计特征可以归纳如下：

　　（1）空间和光线是白色派室内设计的重要因素，往往予以强调。

　　（2）室内墙面和顶棚一般均为白色材质，或带有一点色彩倾向但接近白色的颜色。通常在大面积使用白色的情况下，采用小面积的其他颜色进行对比、点缀或修饰。

　　（3）地面色彩不受白色的限制，因此在色彩和材料的选择上具有很大的自由度。各种颜色和图案的地毯、石材、地砖、地板等都可以使用。

　　（4）室内陈设上宜精美、简洁。选用简洁、精美和能够产生色彩或形式对比的灯具、家具等陈设品，风格既可统一也可对比。

21.6　新古典主义风格

　　新古典主义也被称为历史主义，设计师在设计中试图运用传统美学法则并通过现代材料与结构进行室内环境设计，追求一种规整、端庄、典雅、高贵的氛围，来满足现代人们的怀旧情绪，号召设计师们要到历史中去寻找美感（图3-21-13）。新古典主义在形式上的特征可以归纳如下：

（1）追求历史上的任何一种风格，但不是简单地摹写，而是追求神似。

（2）用现代材料和加工技术去追求传统风格样式的典型特点。

（3）对历史中的样式用简化的手法，且适度地进行一些创造。

（4）注重装饰效果，往往会去运用古代家具、灯具及其他有传统特征的陈设艺术品来营造或强化室内环境气氛。

21.7 新地方主义风格

与现代主义趋同的"国际式"相对立而言，新地方主义是一种强调地方特色或民俗风格的设计创作倾向，提倡因地制宜的乡土味和民族化的设计原则（图3-21-14）。新地方主义在形式上的特征可以归纳如下：

（1）由于地域特色的样式多样而丰富多彩，也就没有严格的、一成不变的规则和确定的设计模式。设计时发挥的自由度较大，以反映某个地区的风格样式和艺术特色为宗旨。

（2）设计中尽量使用地方材料、技术和做法，在某种程度上符合可持续的设计原则，因此在欠发达地区可以提倡。

（3）注意建筑室内与当地环境的融合，从传统的建筑和民居中汲取营养，由此具有浓郁的乡土风情。

（4）室内设备和设施一定是现代化的，保证其舒适性。

（5）室内陈设品一定要强调当地的民俗和风土特征。

图3-21-13　香港迪斯尼乐园酒店餐厅

图3-21-14　具有浓厚中国西北地方特征的窑洞室内环境

21.8　新表现主义风格

新表现主义的室内作品多用自然的形体，包括动物和人体等有机形体，运用一系列粗俗与优雅、变形与理性的相对范畴来表现这种风格。同时，以自由曲线、不等边三角形及半圆形为造型元素，并通过现代技术成果创造出前所未有的视觉空间效果（图3-21-15）。新表现主义的室内设计有如下特征：

（1）运用有机的、富有雕塑感的形体以及自由的界面处理。

（2）高新技术提供的造型语言与自然形态的对比。

（3）时常用一些隐喻、比拟等抽象的手法。

进入20世纪80年代以来，随着室内设计与建筑设计的逐步分离以及追求个性与特色的商业化要求，室内设计所特有的流派及手法已日趋丰富多彩，因而极大地拓展了室内空间环境的面貌。

21.9　光亮派

光亮派也称银色派。光亮派竭力追求丰富、夸张，富于戏剧性变化的室内环境气氛。在设计中强调利用现代科技的可能性，充分运用现代材料、工艺和结构，去创造一种光彩夺目、豪华绚丽、交相辉映的效果（图3-21-16）。光亮派室内设计一般有如下特点：

（1）设计时大量使用不锈钢、铝合金、钛金属、镜面玻璃、背漆玻璃、磨光石材或复合光滑的面板等具有高反射度的装饰材料。

图3-21-15　日本东京的Prada专卖店　　图3-21-16　北京威斯汀酒店二层过厅

（2）注重室内灯光照明效果。擅于用反射光照明或二次照明以丰富室内空间的氛围，加强丰富的效果。

（3）使用色彩鲜艳的地毯和款式新颖、别致的家具及陈设艺术品。

21.10　超现实主义风格

超现实主义在室内设计中营造一种超越现实的、充满离奇梦幻的场景，或充满童趣，或充满诗意，或光怪陆离。设计师力求通过别出心裁的、离奇的设计，在有限的空间中制造一种"无限空间"的感觉，创造"世界上不存在的世界"，甚至追求一种太空感和未来主义倾向。超现实主义室内设计手法离奇、大胆，因而产生出人意料的室内空间效果（图3-21-17）。超现实主义的特征可以归纳为：

（1）设计奇形怪状的，令人难以捉摸的内部空间形式。

（2）运用浓重、强烈的色彩及五光十色、变幻莫测的灯光效果。

（3）陈设或安置造型奇特的家具和设施。

图 3-21-17　餐馆的室内设计

21.11　孟菲斯派

1981年以索特萨斯为首的设计师们在意大利米兰结成了"孟菲斯集团"。孟菲斯的设计师们努力把设计变成大众的一部分，使人们生活得更舒适、更快乐。他们反对单调冷峻的现代主义，提倡装饰，强调用手工艺方法制作产品。并积极从波普艺术、东方艺术、非洲、拉丁美洲的传统艺术中寻求灵感。孟菲斯派对世界范围的设计界具有比较广泛的影响，尤其是对现代工业产品设计、商品包装、服装设计等方面都产生了很大的影响。孟菲斯派的室内设计一般有如下特征：

（1）室内设计平面布局不拘一格，具有任意性和展示性。

（2）常用新型材料、明亮的色彩和新奇的图案来改造一些传统的经典家具。

（3）在设计造型上打破横平竖直的线条，采用波形曲线、曲面和直线、平面的组合，来取得室内设计出其不意的效果。

（4）超越构件、界面的图案、色彩涂饰。

（5）常对室内界面进行表层涂饰，具有舞台布景般的非长久性特点。

21.12　超级平面美术

超级平面美术的室内设计就是一种蒙太奇式的设计。室内外设计要素互为借用，把外景引入室内，有时大胆运用色彩。超级平面美术这种简便的平面涂饰丰富了室内空间形象，创造出了特殊的环境气氛（图3-21-18）。这种涂饰不受构件限制而且易于更换，因此在室内设计中的运用越来越普及起来。超级平面美术的特征可以归纳如下：

（1）涂饰的方法使表皮独立，可以无限制发挥。

（2）具有尺度的自由性。打破常规的以人为准则的设计尺度把握，不受任何约束和限制。

（3）改变了原有建筑室内构件的意义，使其具有意外性和不确定性。

（4）具有简洁和快速的特点，很少的投资就能改变效果。

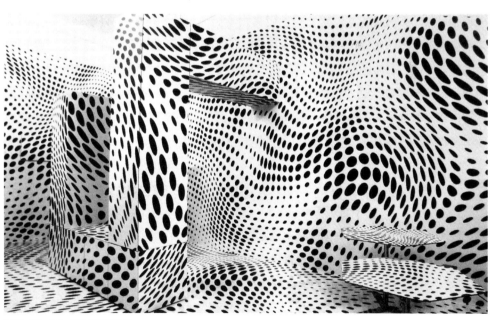

图3-21-18　超级平面设计

第 22 章　中国近代室内设计

从 1840 年鸦片战争开始,中国进入半殖民地半封建社会,中国建筑进入到转型期,室内设计开始了近代化的进程。

西方室内设计史在很大程度上是一部建筑风格的演变历史,各种风格"各领风骚数百年",构成一部丰富多彩的建筑史。进入 19 世纪以后的西方近现代室内设计史是现代建筑运动酝酿、产生与发展的历史。而中国近现代室内设计史却不是这样。由于受到西方文化的"压倒性"影响,使中国的室内环境营造呈现出非线性发展的态势,出现了一种"多元化"的趋势,开始了其发展历程上的"转型"。处于转型初期的清末民初的建筑是中国建筑和室内环境营造发展的历史中承上启下、中西交汇、新旧接替的过渡阶段。一方面是中国传统建筑文化的继续,另一方面是西方外来建筑文化的传播,这两种建筑活动的互相作用(碰撞、交叉和融合),使中国清末民初时期的建筑室内环境营造进入到一种错综复杂的时空,营造现象比同时期其他任何一个国家都要丰富和复杂,室内环境营造呈现出一种多元化的态势。

22.1　西方复古主义、折中主义风格的克隆与传播

中国近代建筑史发展兴盛期的前期与中期(1900~1927 年),建筑室内环境营造发展的主流趋势是西方复古主义(图 3-22-1)、折中主义风格(图 3-22-2)的克隆与传播,这种趋势直到 1927 年以后才有了根本性的改变。

中国近代建筑历史时期的西方复古主义风格与折中主义风格并没有很严格的界限,复古主义风格的作品并不纯正,或多或少,或有意识或无意识,以某种风格为主,往往掺杂了其他艺术风格的装饰形式构成要素,也可称为以某种艺术风格为主的局部折中主义的室内环境装饰特征,但这与有意识地将各种不同时期、不同风格的装饰形式构成要素混杂使用的折中主义风格不同,仍属复古主义风格范畴。如中国建筑师沈

图 3-22-1　天津安里甘教堂内景
（资料来源：吴延龙，主编 . 天津历史风貌建筑（公共建筑卷一）[M]. 天津：天津大学出版社，2010：116）

图 3-22-2　天津原丹麦领事馆门厅
（资料来源：吴延龙，主编 . 天津历史风貌建筑（公共建筑卷一）[M]. 天津：天津大学出版社，2010：224）

理源设计的天津盐业银行就将西方古典科林斯柱式的柱头按中国的回字形纹饰加以改造，但从整体上看盐业银行仍属以西方古典主义风格为原型的复古主义风格范畴。

　　西方复古主义与折中主义风格的室内环境设计与营造在中国的克隆并不纯正，对这些装修形式的识别应从整体效果着眼。中国著名建筑学家罗小未教授在论及上海外滩建筑风格时这样说道："总的来说，外滩建筑风格除了少数几座属早期现代式与现代式之外，绝大多数是复古主义、折中主义的。复古主义、折中主义是 19 世纪西方官方与大型公共建筑的流行样式，它们的特点是恢复与运用 19 世纪以前的建筑词汇、母题与比例进行创作。复古主义主要是起用古代希腊与罗马时期、中世纪罗马风与哥特时期、16~18 世纪文艺复兴时期、17~18 世纪古典主义时期的词汇与母题；而折中主义则有意在一座建筑中把不同时期的词汇（甚至是古埃及或东方的）并列在一起。由于复古主义所复的'古'范围很广，因而在识别时除了时期的区别外还经常会冠以什么地区什么国家的说明。例如，文艺复兴可有意大利文艺复兴或其他什么国家的文艺复兴；古典主义也可有法国古典主义或其他什么国家的古典主义等。由于复古主义、折中主义正如现代人用古文来写文章一样，除非有意以假乱真，否则是不会把自己囿于某一朝代的词汇上的，故在识别时常会有意见分歧，但分歧不等于不能识别，一般是先看总的综合效果，再看它的局部与细部。"[①]

西方复古主义和折中主义装饰风格的克隆与传播是中国近代室内环境营造发展兴盛期的前期与中期（1900~1927年）的主流发展趋势，但其影响也一直持续到发展兴盛期的后期（1927~1937年），但仍要强调1900~1910年的清末是西方复古主义和折中主义风格在中国克隆与传播的盛期。

22.2　现代主义的萌芽与传播

中国近代建筑史发展兴盛期的后期（1927~1937年），现代主义建筑运动的影响波及中国，使中国近代建筑产生向现代主义建筑过渡的趋势，并逐渐取代西方复古主义、折中主义建筑而成为民国时期建筑发展的主流趋势。

1. 现代主义思潮的传入

从20世纪20年代末开始，现代主义的建筑思想开始陆续传入我国。室内设计实践中，一种向国际式过渡的"装饰艺术"（Art-Deco）倾向的作品和地道的国际式作品也通过洋行建筑师的设计而纷纷出现。

现代设计的概念也在这个时期被逐步引入进来，最早进入中国的是来自日本的"工艺美术""图案"等现代设计概念。1929年，留学日本的美术家陈之佛参考日本的《表现派图案集》《图案与工艺》等刊物，在上海的《东方杂志》发表了《现代表现派之美术工艺》一文，介绍了欧洲现代艺术设计运动，其中，包括德国"包豪斯"的设计理论，这是国内较早对于现代主义建筑思想的介绍。

1933年年初，范文照建筑师事务所加入了一位美籍瑞典裔建筑师林朋（Carl Lindbohm），他曾受教于现代主义建筑大师勒·柯布西耶、格罗皮乌斯及赖特等人，竭力倡行"国际式"建筑新法，成为将"万国式"建筑思想带入中国的一个重要人物。林朋的到来不仅在中国建筑界，也在上海这个商业都市的大众传媒中掀起了现代主义建筑思潮。范文照专门召开记者招待会将他介绍给上海建筑界，当时的报纸《时事新报》《申报》对林朋及"国际式"主张以及范文照与林朋的工程设计进行了连续的报道。林朋曾这样评价当时上海流行的折中主义风格的室内装饰："艺术须有创造，亦须有变化。屋内之装饰，更不宜仿造陈旧样式，因其与吾人之日常生活，接触最多，故屋内之一切，须求要适宜生活之情形为最要。余日前曾参观一新建之银行，一切皆仿罗马古式之建筑，其建造时之困难费时，姑且勿论，其浪费之金钱，更闻可观，至于适用则无丝毫价值可言。且此银行开幕以后，其各部工作，皆将为最新式者，然此最新

---

① 罗小未. 建筑纵览 [M]// 上海百年掠影. 上海：上海人民美术出版社，1994：78.

式之工作，乃在一远过二千年前式样之房屋中，宁非笑谈。"设计，须据吾人之生活而定，绝非东抄西抄能够，更不可过作特异形巧，而忽其实用。余对屋内装修，及国际式建筑法，素有研究，余来海上工作之计划，乃力求新式建筑材料于新式之用途，使其适合于海上之生活。若银行、剧院、商店、住宅，及一切娱乐场所，其内部装饰，余皆乐为之设计，并建造，务使其尽善尽美，各部有各部之实用，以期简单美观及经济之目的，斯为余之所愿也。"[①]

1933年之后，当时的专业杂志《建筑月刊》《中国建筑》以及《申报》《时事新报》等报刊又陆续刊登了何立蒸的《现代建筑概述》、过元熙的《新中国建筑之商榷》、杨哲明的《现代美国的建筑作风》、影呆的《论万国式建筑》、影呆的《论现代建筑和室内布置》，以及柯布西耶著、卢毓骏译的《建筑的新曙光》等许多介绍现代主义理论的文章和译著。1936年商务印书馆出版了勒·柯布西耶著、卢毓骏译的《明日的城市》。当时，人们对于现代风格的建筑是这样评价的，"其作品除在体积与权衡上略有讲求外，装饰几于绝迹，房屋之正面侧面，内部外部皆无所偏重，力求其平面上之便利而已。彼等摒除国家观念而探求统一之形式，至有称为国际式。"[②]这充分表明，一方面，现代主义作为20世纪一种全新的建筑文化已经开始为中国社会所接受；另一方面，现代建筑运动所倡导的时代精神、真实表现结构与材料、真实反映内部功能的科学理性与功能理性精神得到了中国建筑师们的理解和认可。

在这种时代精神的熏陶下，中国建筑师逐渐摆脱了"祖宗之制不可改"的陈规，以坦然的心态接受了科学技术的普遍性和世界性带来的建筑文化国际化潮流，开始追随时代与科学的进步不断创新。

2. 现代主义建筑的探索

中国第一代建筑师尽管接受的是正统的学院派教育，并具有深厚的功底，他们从接受教育到成立事务所，始终处在一个高度开放的经济和文化环境中，他们始终与国际建筑思潮息息相通。但在时代潮流的影响下，他们响应了现代化的功能和时代精神的呼唤，在建筑实践和观念上从各自不同的立场转向了现代主义，其中的代表性人物是赵深、陈植、童寯、杨廷宝、范文照、梁思成、庄俊、沈理源、李锦沛、奚福泉、陆谦受、吴景奇等。

华盖建筑师事务所是20世纪30年代中国最著名的倡导现代主义建筑的设计机构。1930年，华盖的创始人赵深在上海独立开业，而后陈植、童寯加入，1932年更名为华盖建筑师事务所。童寯是中国最早接受现代主义思想的第一代建筑师之一，

---

① 林朋. 建筑师谈室内装饰. 申报. 1933–8–15（34）.
② 何立蒸. 现代建筑概述 [J]. 中国建筑，1934（6）.

他在写于东北大学的《建筑五式》一文中明确指出："科学之发明，交通之便利，思想之开展，成见之消灭，俱足使全世界建筑逐渐失去其历史与地理之特征。今后之建筑史，殆仅随机械之进步，而作体式之变迁，无复东西、中外之分。"[①]他预言："无需想象即可预见，钢和混凝土的国际式（或称现代主义）将很快得到普遍采用。"由华盖事务所设计、建于1933年的上海恒利银行是这一时期银行建筑中现代主义风格的先锋作品，它摆脱了银行建筑一贯的古典主义外衣，"屋内采用天然大理石和古色铜料装饰，外墙面贴深褐色面砖，并假以石面饰作垂直线条处理"（图3-22-3）。华盖事务所设计的大上海电影院与邬达克设计的大光明电影院同年建成，外立面底层入口采用

图3-22-3　上海恒利银行

黑色磨光大理石贴面，中部贯通到顶的八根霓虹灯玻璃柱，"夜间放射出柔和悠远的光芒"，内部观众厅设计采用流线型装饰，被当时舆论誉为"醒目绝伦""匠心独具"，可以与大光明电影院相媲美。天津华比银行由比商义品公司设计，1922年建成，混合结构三层楼房，平面功能设计得当，外立面为石材饰面，采用的是当时简约的现代主义建筑风格，简洁明快（图3-22-4、图3-22-5）。

庄俊是中国第一位留学美国学习建筑设计的留学生。1925年，他在上海创办了庄俊建筑师事务所，成为留学生中最早在上海开业的建筑师之一。庄俊的早期职业生涯是以纯正的西方古典主义风格为主导，代表作品有上海金城银行、汉口金城银行、大连交通银行、哈尔滨交通银行等。随着庄俊开始接受现代主义的主张，建筑风格发生了重大转变。1932年建成的上海四行储蓄会虹口分会公寓大楼，是他接受现代建筑思想、设计风格发生转向的标志。1935年建成的孙克基妇产科医院则已经完全从功能出发，具备了现代主义的本质特征，成为当时少有的"国际式"建筑。

沈理源是20世纪30年代华北地区著名的建筑师，他的职业生涯与庄俊一样，前期以西方古典主义风格而著称，而后逐渐转向简洁的现代主义建筑风格（图3-22-6、图3-22-7）。

匈牙利建筑师邬达克（Ladislans Edward Hudec）是20世纪30年代上海现代主义建筑的先锋人物，与同一时期欧洲的现代建筑相比，其作品带有强烈的商业时尚

---

① 童寯. 童寯文集・第一卷 [M]. 北京：中国建筑工业出版社，2000：2.

图 3-22-4（左） 天津原华比银行

（资料来源：吴延龙，主编 . 天津历史风貌建筑（公共建筑卷二）[M]. 天津：天津大学出版社，2010：112）

图 3-22-5（右） 天津原华比银行走廊

（资料来源：吴延龙，主编 . 天津历史风貌建筑（公共建筑卷二 [M]. 天津：天津大学出版社，2010：112）

图 3-22-6（左） 沈理源设计的天津民园西里建筑外观

（资料来源：吴延龙，主编 . 天津历史风貌建筑（居住建筑卷二）[M]. 天津：天津大学出版社，2010：183）

图 3-22-7（右） 沈理源设计的天津民园西里建筑楼梯间

（资料来源：吴延龙，主编 . 天津历史风貌建筑（居住建筑卷二）[M]. 天津：天津大学出版社，2010：185）

特征。1933 年落成的上海光明电影院，受地段限制，平面成不对称布局，建筑立面采用板片横竖交错的构图形式。建筑采用了先进的设备，创造了舒适的视听条件，再加上时尚新颖的建筑形式，大光明电影院当时号称"远东第一电影院"。

此时，现代主义风格的室内设计开始在上海、天津等地的花园住宅和高档公寓中出现，"国际式"风格的家居装饰一时之间成为时尚人群品位的象征。1926 年，开发商维克多·沙逊（Victor Sassoon，1881~1961年）在上海南京路外滩转角兴建了公和洋行设计的具有装饰艺术风格特征的沙逊大厦，钢框架结构，体形、构图与装饰细部都大幅简化，给人以清新挺拔的现代感（图3-22-8）。大厦内部还设有中国式、英国式、法国式、德国式、意大利式、西班牙式、印度式和日本式等不同装饰风格的客房。沙逊大厦（现名上海和平饭店）拉开了20世纪中国第一

图 3-22-8　沙逊大厦（右侧为中国银行总部）

次高层建筑兴建热潮的帷幕，同时也成为现代主义建筑在上海登陆的标志。

　　1937年建成的上海吴同文住宅（现为上海城市规划设计研究院办公楼）是邬达克设计的。整幢建筑高四层，为钢筋混凝土结构。表面为绿色面砖，立面采用流畅的曲面水平线条，大面积的玻璃窗和坡屋顶的透明日光房，造型简洁，是典型的现代主义风格的建筑（图3-22-9）。室内没有过多的装饰，其中像餐厅顶面、地面和顶棚的收口非常简洁，没有任何多余的线脚处理。家具的造型也非常简洁，体现了功能主义的设计原则（图3-22-10）。同时，建筑内部还安装有专为小舞厅配备的弹簧地板，以及空调、电梯等先进设备。

　　1940年建成的天津王占元宅是沈理源设计的。建筑采用了非对称的平面布局、轩敞明快的矩形与转角钢窗，二层上人屋顶平台和出挑的钢筋混凝土凉棚，是一个地道的现代风格建筑。

　　20世纪30年代，在商业文化的主导下，具有时尚特征、简洁明快的现代主义风

图 3-22-9　邬达克设计的上海吴同文住宅外观

图 3-22-10　邬达克设计的上海吴同文住宅室内

格建筑如雨后春笋般不断出现，给中国沿海、沿江开埠城市增添了现代气息，并有向内陆扩展的趋势，形成了中国第一次现代主义建筑实践的高潮，确立了中国建筑融入国际建筑历史发展潮流、走向现代化的大方向。

22.3　民族形式与"中国固有形式"

在当时重要的建筑发展趋势中还有第一代中国建筑师对中国建筑民族形式的探索和尝试。从而形成这一时期向现代主义过渡的趋势、西方复古主义和折中主义建筑克隆现象的继续，及中国民族形式建筑探索三者共存的多元化发展趋势。

1. 西方建筑师对中国民族形式的早期探索

20 世纪初，在室内设计领域，西方建筑体系的全面输入构成了这一时期中国室内设计的主流，在这种传统建筑全面衰退、洋风盛行的潮流下，西方建筑师开始了中国传统建筑形式与西方建筑体系相结合的尝试，这种尝试的动力来自在华西方教会的本土化运动，从而形成了教会主导下的传统建筑文化复兴。教堂建筑外观和内部装饰风格的中国化可以追溯到 17 世纪明末清初天主教耶稣会传教时期。然而，真正把教会建筑中国化推进为一种传统文化复兴运动的并非教堂建筑，而是教会兴办的教会大学建筑。

与天主教会相比，在华基督教会尤其致力于高等教育，兴建了多所教会大学：上海圣约翰大学（1879 年）、苏州东吴大学（1901 年）、广州岭南大学（1903 年）、长沙湘雅医学院（1906 年）、成都华西协和大学（1910 年）、南京金陵大学（1910 年）、南京金陵女子大学（1914 年）、杭州之江大学（1914 年）、济南齐鲁大学（1917 年）、福州福建协和大学（1918 年）、上海沪江大学（1918 年）、北京燕京大学（1919 年）、北京协和医学院（1919 年）等。属于天主教教会创办的有：上海震旦大学（1903 年）、天津工商学院（1923 年）、北京辅仁大学（1925 年）等。

1894 年建造的上海圣约翰大学（St. John's University，今华东政法大学）怀施堂可以称得上是这种风格转变的早期尝试。怀施堂由当时上海著名的建筑设计事务所通和洋行设计，是该校早期最大的教学楼。怀施堂不同于早期外国使用者在缺少建筑师的情况下而形成的那种不自觉的中西交融的混杂式风格，它所呈现出的是一种有意识的创造。这栋建筑以当时常见的殖民地外廊式作主体，两层砖木结构，上加歇山屋顶覆盖中国蝴蝶瓦，开创了教会大学校舍建筑向中式风格转变的先例（图 3-22-11）。以后，圣约翰大学采用相同的设计手法又相继建造了格致楼、思颜堂、思孟堂等类似风格的建筑。

南京金陵大学（现为南京大学）1921 年第一批校舍建成，至 1926 年形成规模。北大楼位于校园中轴线的最北端，为金陵大学主楼（图 3-22-12）。1917 年动工，

图 3-22-11　上海圣约翰大学怀施堂

图 3-22-12　金陵大学北大楼

图 3-22-13　金陵大学东大楼

图 3-22-14　金陵女子大学主楼

1919 年竣工，美国建筑师司马（A. G. Small）设计，完全采用清代官式建筑形制。礼拜堂 1918 年竣工，建筑形制模仿中国古代庙宇，屋顶主跨为歇山顶，附跨为硬山顶。此外，还有西大楼（司马设计）、东大楼（齐兆昌设计）（图 3-22-13）、图书馆等，这些建筑皆为砖木结构，青砖墙面，歇山顶，灰色筒瓦屋面，建筑造型严谨对称、稳重雄厚，体现出清代官式建筑的风格特征。

　　中国第一所女子大学——金陵女子大学（现为南京师范大学）1921 年开始建设，由美国建筑师墨菲（Henry Killam Murphy）主持，吕彦直协助设计，1922 年开工建设，1923 年建成 6 栋宫殿式的建筑，分别是主楼（图 3-22-14）、科学馆、文学馆及 3 栋学生宿舍。

　　由洛克菲勒基金会资助建设的北京协和医学院的一期工程由美国的沙特克—何西建筑师事务所（Shattuck & Hussey Architects）设计。何西按照美国最新医院的标准进行设计，依照功能将校园分成一系列院落，建筑群体组合融合了中国传统院落布局。建筑采用了北方官式建筑语汇和"宫殿式"大屋顶，建筑的墙身为灰色的清水砖，顶部覆绿色琉璃瓦庑殿顶，底层台基围以汉白玉望柱栏杆。入口作歇山顶抱厦门廊，大红柱身，梁枋彩绘。整座建筑被赋予了强烈的中式传统风格，与紫禁城周边的古建

图 3-22-15　北京协和医学院

图 3-22-16　燕京大学办公楼

图 3-22-17　燕园未名湖及未名塔

图 3-22-18　华西协和医科大学赫斐院

筑相得益彰（图 3-22-15）。协和医学院的室内也采用了传统的中式风格，学院办公楼入口大厅的顶棚设计，"完全仿照故宫太和殿天花板的图案，用照相法复制，团龙贴金，富丽堂皇。"[①]

　　1919 年，墨菲接受了燕京大学校长司徒雷登的邀请规划设计燕京大学（现为北京大学）校园，1926 年基本建成，成为"中国式"教会大学的代表作。墨菲在校园内设计了 6 栋钢筋混凝土的中式传统复兴风格的建筑，其中燕京大学办公楼以"宫殿式"大屋顶为蓝本（图 3-22-16），运用西方古典主义构图，形成了以歇山顶为主体、庑殿顶为两翼的主从三段式构图，这种手法在他早先设计南京金陵女子大学校舍时曾经使用过。此外，还有歇山顶的图书馆，庑殿顶的外文楼，四角攒尖顶的南北方阁，模仿清代府第门殿的大门以及坐落在未名湖末端的宝塔形的水塔（图 3-22-17）。

　　与协和医学院和燕京大学等具有北方官式建筑风格相比，华西协和医科大学更具有地域性和浪漫主义特征。1914~1928 年为华西协和医科大学的主要建设期，陆续修建了许多重要建筑，如贾会督纪念楼及亚克门纪念堂、华英学舍、事务所（怀德堂）、

① 张复合，著.北京近现代建筑史 [M].北京：清华大学出版社，2004：268.

赫斐院（图 3-22-18）、明德学舍、体育馆、生物楼（嘉德堂）、广益学舍（雅德堂）、钟塔（图 3-22-19）、图书馆（懋德堂）等 17 项。1926 年建成的懋德堂（图书馆）也是这一时期西方建筑师尝试中式风格的代表作品。懋德堂的初步方案由英国建筑师弗雷德·罗特易（Fred Rowntree）设计。懋德堂在室内

图 3-22-19　华西协和医科大学钟塔

空间的形式上采用了西式建筑的处理手法，但是在细部处理上使用了中国传统风格的栏杆、雀替和天花藻井等装饰语汇。它所采用的中庭形式，"可以把懋德堂（图书馆）称为中国近代建筑史上最早的中庭建筑。"[①]

　　西方建筑师对中国传统风格的尝试开创了近代中国探索建筑和室内设计民族形式的先河。这些出自外国建筑师之手的所谓"中国式"建筑虽然只是运用了中国传统风格的一些表面特征与细部符号，但正是这种中西结合的设计手法，为后来出现的"中国固有式"建筑的发展奠定了基础，具有初创之功。

　　2. 中国固有形式的探索与创新

　　1927 年南京国民政府成立，在建筑界体现为政府行为对"吾国固有之建筑形式"的倡导与支持。在这样一个大的社会背景下，自 1927 年开始，我国的建筑界也掀起了中国建筑民族形式的探索热潮，同时将"民族性"与"科学性"作为对新建筑的双重要求，希望通过西方物质文明与中国精神文明的结合，创造出一种融东西方建筑之特长的艺术形式。

　　1927 年冬，上海建筑师学会成立，并于 1928 年在国民政府工商部备案注册。

　　1931 年，"上海市建筑协会"成立，在协会成立大会的宣言中明确提出了"以西洋物质文明，发扬我国固有文艺之真精神，以创造适应时代要求之建筑形式"的主张。"融合东西建筑之特长，以发扬吾国建筑物之固有色彩"成为当时建筑界人士孜孜以求的理想和目标。

　　在这场探索中国建筑民族形式的热潮中，从海外留学归来的中国第一代建筑师扮演了最重要的角色。

　　从 20 世纪初开始，中国近代建筑专业的留学教育逐步展开，其中以留美的学生居多。在这些留学的学校中，又以美国宾夕法尼亚大学建筑系影响最大，毕业的学生

① 杨秉德，著. 中国近现代中西建筑文化交融史 [M]. 武汉：湖北教育出版社，2003：272.

也最多，他们之中的很多人成了中国近代建筑教育、建筑设计和建筑史学的奠基人和骨干力量。

尽管近代主流城市的大量重要建筑物仍由在华的西方建筑师承担设计，但这批留学归来的中国建筑师已经形成了一支颇具实力的本土建筑师队伍，他们成为探索中国近代建筑民族形式的中坚力量。

在"中国固有形式"的建筑实践中，中国建筑师群体探索了中国古典建筑在现代条件下的继承和发展，与20世纪初西方建筑师的"中国式"相比，中国第一代建筑师对传统建筑法式的掌握更为准确，手法更为纯熟，中国建筑师的探索与创新把基于传统文化的建筑创作推向一个新的历史高度。

南京中山陵是中国建筑师探索中国建筑民族形式的早期作品，也是最优秀的作品。1925年3月12日孙中山先生于北京病逝，按其生前遗嘱他的遗体下葬于南京紫金山麓。同年5月，中山陵开始征集陵墓设计方案并由葬事筹备处在报刊上公布《陵墓悬奖征求图案条例》。由于中山陵属于纯粹的纪念性建筑，因而当时称作是"征求图案"，建筑师与美术家都可以参加。《陵墓悬奖征求图案条例》规定建筑形式应是"中国古式而含有特殊与纪念性质者，或根据中国建筑精神创新风格亦可"。《条例》公布后共收到应征方案40多份，葬事筹备处聘请南洋大学校长土木工程师凌鸿勋、画家王一亭、雕刻家李金发和德国建筑师朴士作为评判顾问对方案进行评审。1925年9月20日，陵墓图案评选揭晓，吕彦直、范文照、杨锡宗三位中国建筑师的设计方案分获一、二、三等奖，另外还有7位建筑师（除赵深外，皆为外国建筑师）的方案获得名誉奖。

作为中山陵设计竞赛的获胜者，建筑师吕彦直站在了中国传统建筑复兴运动的最前沿，而这一建筑界的潮流刚好契合了当时的民族复兴运动即"新生活运动"。吕彦直毕业于美国康奈尔大学建筑系，回国后曾在墨菲的事务所工作，协助墨菲实地考察、整理北京故宫的建筑图，并参与了金陵女子文理学院和燕京大学的规划与建筑设计。

图3-22-20　南京中山陵

吕彦直设计的中山陵整体布局吸取了中国古代陵墓布局的特点，并沿着紫金山陡峭的山势设计了一系列具有强烈中国特色的带有蓝色琉璃瓦屋顶的牌坊、陵门、碑亭和祭堂，整个建筑群按照严格的轴线对称布局，通过广阔的台阶、平台和大片的绿地形成完整的空间序列，体现了传统中国式纪念建筑布局与设计的原则（图3-22-20）。

在祭堂建筑的设计中，吕彦直在建筑物的下半部分采用了创新的、中西交融的建筑形体，四个角墩切断了重檐歇山屋顶的下檐，加强了这部分的体量感。而上半部分则基本保持了传统建筑形制的重檐歇山顶的上檐，二者自然地融合成为了一个有机的整体，西方式的建筑体量组合形体与中国式的重檐歇山顶的完美组合，真正地体现了中西建筑文化交融的建筑构思。在细部处理上，吕彦直将中国传统建筑的壁柱、额枋、雀替、斗栱等结构部件运用钢筋混凝土与石材相结合的手法来制作，屋顶选用了与花岗石墙体十分协调的宝蓝色琉璃瓦，使得整个建筑格外庄重高雅。祭堂内部庄严肃穆，12 根柱子使用黑色石材饰面，四周墙面底部有近 3m 高的黑色石材护壁，东西两侧护壁的上方各有四扇窗牖，安装梅花空格的紫铜窗。孙中山雕像后面墙面的出口上方，采用了只有清代皇室才能使用的装饰构件——毗卢帽。祭堂的地面为白色大理石，顶部为素雅的方形藻井和斗栱彩绘。南京中山陵作为中国近代建筑史时期优秀的民族形式建筑作品，可以称作是中国建筑师探索民族形式建筑的开山之作（图 3-22-21、图 3-22-22）。

1926 年 4 月，广州中山纪念堂委员会开始登报悬奖征求图案，建筑师吕彦直的设计方案在设计竞赛中再次获得头奖。中山纪念堂在建筑形式以及细部的装饰处理上依然采用了中国传统的设计风格，翘起的蓝色琉璃屋顶和周边的石柱赋予了整座建筑以中国传统宫殿般的特色（图 3-22-23）。纪念堂的平面呈八边形，中部为观众厅（图 3-22-24），观众厅分上下两层，共有 4608 座。室内从观众厅首层地面至圆拱吊顶高度为 23m。中央大厅采用一个单檐八角形攒尖顶，入口抱厦为七间重檐歇山柱廊（图 3-22-25），东西两侧采用半个单檐十字脊屋顶。檐下为石制椽子、斗栱和彩绘。

建筑师林克明也对广州"中国固有形式"建筑的探索作出了贡献。他设计了广州中山图书馆、广州市府合署以及中山大学校舍二期工程。河南开封的河南大学大礼堂

图 3-22-21 南京中山陵祭堂内景

图 3-22-22 南京中山陵祭堂顶棚

建于 1931 年，采用钢屋架，歇山屋顶、四列双柱和三个垂花门构成了建筑的入口，建筑造型深厚凝重、构图错落有致。

西方在华建筑师也进行了民族形式的探索，如美国建筑师凯尔斯（F. H. Kales）在武汉大学校园规划与建筑设计中，对传统建筑样式进行了更为多元化的阐释与演绎。

纵观这一时期的建筑实践，在短短几年里，中国建筑师对中国建筑的民族形式作了三种不同趋势的尝试与探索：①"宫殿式"，套用中国传统宫殿建筑形式构成模式的整体仿古模式；②"混合式"，在建筑整体采用西方近代建筑体量组合设计手法的基础上局部增加中国传统建筑屋顶或楼阁的局部仿古模式；③"简约式"，建筑整体采用西方近代建筑体量组合设计手法局部施以中国传统建筑装饰的简约仿古模式。

"宫殿式"建筑是官方主导下的形式，1928 年，"中华民国"国民政府定鼎南京后，大兴土木作为新政权的象征，兴建了一批"宫殿式"建筑。在官方的主导下，以清代大屋顶来表现中国传统建筑文化的"宫殿式"作为一种官式建筑风格，在重要的纪念性、行政办公以及文化教育建筑中隆重登场，最典型的代表是江湾上海市政府大楼。江湾

图 3-22-23　广州中山纪念堂

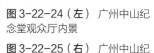

图 3-22-24（左）广州中山纪念堂观众厅内景

图 3-22-25（右）广州中山纪念堂柱廊

图 3-22-26　南京中央博物院

图 3-22-27　南京中央博物院改造后的室内环境保留了原来的一些元素

上海市政府大楼外观为仿清宫殿式，东西长 93m，立面分为中部和两翼三部分，中部屋面为歇山顶，两翼为庑殿顶，上铺琉璃瓦，清代建筑宫殿细部一应俱全。在《中国建筑》关于该建筑的专题介绍中，杂志编辑麟炳写道："上海市政府，为中外人士观瞻所系，故不厌其画栋雕梁，非敢踵事增华，欲坚社会之信仰也。""国事推搪民力艰，增华尚丽亦何堪，雕梁画栋难毁谤，要与洋人作样看。"正是出于"坚社会之信仰"的政治需要和"要与洋人作样看"的民族自尊心，上海市政府大楼把对传统建筑的模仿推向了非理性的极端程度。"宫殿式"建筑的代表作品还有上海协隆洋行俄国建筑师耶朗设计的南京国民政府交通部大楼，范文照设计的南京国民政府铁道部大楼，杨廷宝设计的国民党中央党史陈列馆，兴业建筑师事务所建筑师徐敬直设计的原南京中央博物院（图 3-22-26、图 3-22-27）等。

"混合式"是采用现代建筑与中国传统建筑相混合的样式，建筑大部分为平屋顶，局部采用大屋顶，代表作品如董大酉设计的上海市博物馆。

"简约式"就是"现代化的中国建筑"，还可以称为装饰艺术风格的变体，其特征为对称式几何体量、顶部阶梯状处理、檐口和窗间墙采用传统纹样装饰。代表作有李锦沛设计的上海中华基督教女青年会、杨廷宝设计的南京中央医院、公和洋行与陆谦受合作设计的上海中国银行总部、董大酉设计的上海江湾体育馆等。

22.4　兴亚式

1937 年"七七"事变爆发后，日本帝国主义悍然发动了全面的侵华战争，打断了中国近代工业化和现代化的进程。中国近代建筑业从空前繁荣，跌入了从 1937 年到 1949 年长达 12 年的衰退时期。西方在华的建筑师事务所纷纷停业，建筑师回国，如西方在华最大的设计机构公和洋行，1939 年关闭了在大陆所有的机构，中国的建筑活动整体上处于凋零与停滞的状态。但是在某些特定地区仍有局部的发展，其中，战时大后方西南、西北地区的建筑活动较为活跃。1941年太平洋战争爆发之前上海、天津租界的"孤岛时期"，也出现了短暂的繁荣。此外，日本侵略者在沦陷区和东北伪满洲国，出于殖民统治、军事侵略和经济掠夺的需要，也进行了一些建筑活动。

西南大后方，建筑师们（杨廷宝、童寯、徐中、唐璞等）投入到防空洞、地下工厂、军事工业设施的建设中。上海的公共租界与法租界，天津的英、法租界成为沦陷区的"孤岛"。租界"孤岛时期"建造了一些高级独院式花园洋房与新式里弄住宅，也建造了少量的公共建筑，代表性的有上海的上方花园（1938年）、美琪大戏院（1941年）、天津的利华大楼（1938年）等。上海的美琪大戏院（图3-22-28）是范文照设计的，建筑的入口为一圆形门厅，左右各有一个休息厅成曲尺形布置，左厅通向观众厅池座，右厅引向楼座。观众厅共设1640个座位。

这一时期比较有特点的是在日本占领区的伪满洲国国都长春建造了一批由日本建筑师设计的政府机关部门的建筑，采用了所谓的"兴亚式"风格。"兴亚式"是日本军国主义盘踞中国东北时期炮制的一种建筑风格，也是日本军国主义的"帝冠式"风格的变体。

帝冠式是昭和初期在日本流行的、以钢筋混凝土建造的日式大屋顶加现代建筑墙身，是一种和洋折中的建筑样式。帝冠样式是20世纪30年代在民族主义势力抬头的背景下为对抗近代主义建筑而在日本产生的一种建筑样式，在手法上是一种高度拼贴的集仿主义。代表作有冈田信一郎设计的东京歌舞伎座（1924年）、渡边仁设计的东京帝室博物馆（1937年）。"帝冠式"建筑还波及当时日本的殖民地朝鲜和我国台湾地区。

"兴亚式"建筑以长春伪满政府"八大部"建筑为代表，其中，伪满洲国行政办公楼多种建筑手法糅合，是"兴亚式"建筑的典型代表。该建筑1936年建成，建筑师是石井达郎。建筑主体4层，中轴对称构图，基座、墙身、屋顶三段式划分，中轴线上塔楼凸起，冠以重檐攒尖琉璃瓦顶，塔楼重檐下为附壁圆柱，与底层门廊呼应，入口门廊采用多立克柱式，与上部墙体形成虚实对比。伪满洲国高等法院1938年建成，屋顶为攒尖琉璃瓦顶（图3-22-29），入口楼梯间

图3-22-28　美琪大戏院

图 3-22-29 伪满洲国高等法院

图 3-22-30 伪满洲国高等法院内景

图 3-22-31 伪满洲国司法部

图 3-22-32 伪满洲国司法部门厅

及各转角作圆形处理，圆润厚重（图 3-22-30）。伪满洲国司法部（图 3-22-31、图 3-22-32）建于 1943 年，建筑师相贺兼介设计。伪满洲国交通部、军事部、中央银行建于 1938 年，西村好时事务所设计。

长春伪满洲国公共建筑的室内环境设计在总体上呈现多元化、兼收并蓄的状况，是一种"混合型"风格。运用中国传统的斗栱、雀替等元素，经过简化和抽象，与现代风格的界面相结合，营造出一种严谨、冷静、严肃的公共空间。室内布置中也有既趋于现代，又吸取传统的特征，在装饰与陈设中融古今、中西于一体。例如，中式传统的屏风、摆设和茶几，配以现代风格的墙面及门窗装修、沙发等。伪满洲国行政办公大楼是"兴亚式"建筑成功的案例，凭借建筑师石井达郎对中国传统建筑的理解，通过折中的设计手法，室内采用了大量的现代主义手法的同时，融入了简化了的中国传统建筑的符号。牧野正己设计的伪满洲国高等法院又将室内空间形式的处理向前推进了一步，既没有中式传统构件，也没有折中主义那沉重的表情。

第23章　中国现代室内设计（上）

1949 年，中华人民共和国宣告成立，中国的历史翻开了新的篇章，也标志着中国室内设计历史进入到了一个新的阶段。政权的更替并没有隔断中国近代、现代室内设计历史的延续和发展。新中国的成立，为现代室内设计的形成和发展提供了充分的条件，无论是"社会主义内容、民族形式"，还是现代主义建筑的自发延续，1949 年前后的中国近现代室内设计历史都表现出一定的历史延续性。由于室内设计的发展与政治、经济、文化、科技以及人们的生活状况密切相关，因此半个世纪以来，室内设计的发展不但表现出一定的连续性，还明显表现出阶段性。

23.1　第一时期（1949~1952年）——形成期

新中国成立初期，中国进入了一个国民经济全面恢复的时期，在这一时期中，尽管由于社会体制的转变使西方现代建筑运动的思想受到了一定程度的排斥，但是由于国家还没有及时制定出全新的建设方针与政策，同时原有的一些建筑事务所和营造商仍旧在继续执业，因此建筑师们便顺理成章地延续着新中国成立前的设计思想和方法，自发地设计出一批典型的现代建筑。重视满足室内功能，采用普通材料，精工细作，精打细算，造型朴实，很少装饰，这基本上符合当时的国家各项建设资金紧张、工期紧迫的需求。由于国民经济正处在恢复阶段，因此，当时的室内设计主要以满足基本的使用功能为原则。不少建筑师创造出与时代相适应的优秀建筑作品。

例如，北京的儿童医院、和平宾馆、上海同济大学文远楼（图 3-23-1）等都是这个时期具有代表性的建筑。当时的室内设计是由建筑师负责，除了在公共建筑的大厅、接待厅、会议室等做一些室内设计外，一般场所无非用些水磨石地面、木墙裙、油漆墙面等，其他房间均采用最为普通的建筑装修。

1953 年建成的北京和平宾馆由建筑师杨廷宝设计，是新中国成立后北京建造的一座宾馆。建筑的原方案为青年会式的"联合大饭店"，主要是为外地来京人员提供短暂的休息与住宿。在施工过程中，正值"亚洲与太平洋区域和平会议"拟在北京召开，中央政府决定宾馆建成后供"和平会议"使用，并对原设计的客房部分作了适当的修改。

和平宾馆的设计方案切合当时的社会经济情况，体现了功能主义与

图3-23-1 同济大学文远楼

结构主义的设计理念。建筑内部的房间依据现代主义的原则进行设计，联系所有房间的是一条位于建筑中部以长向布置的走廊，走廊的末端是消防楼梯。人们从室外可以清晰地看到楼梯的交错和暴露的混凝土结构框架，平整的混凝土立面上有规律的开窗突出了建筑的材料特性及其功能布局特点。建筑师在场地内保留了原有古树，在主体建筑西部与八角形多功能厅之间围合了一个具有完美尺度的庭院。宾馆的室内没有多余的装饰，所有的装修全部为功能服务。首层门厅合理地安排了服务台、衣帽间、电梯、楼梯以及小卖部的位置。休息厅位于门厅一角，大玻璃窗面对院内景色，内外空间浑然一体。餐厅设在主楼的西侧，满足了宴会厅、舞厅、演讲厅等多种功能的需要。主楼标准层以单间为主，同时设有少量的双套间客房，顶层为西餐厅和露天舞场。

23.2 第二时期（1953~1957年）——探索期

在新中国开始第一个五年计划建设的前夕，只有苏联及东欧社会主义国家愿意援助中国。新中国建筑界正式接触苏联的创作口号是在1953年，当时正在筹建中的中国建筑学会派代表参加了在华沙召开的波兰建筑师协会第一次全国代表大会。事实上，这是一次社会主义阵营的建筑集会，这次会议的主题是反对"结构主义"，主张"社会主义内容、民族形式"。

随着苏联援助中国的第一个五年计划建设项目的展开，苏联建筑专家以及苏联的建筑设计思想开始全面进入中国。"社会主义、现实主义的创作方法"也伴随着中苏合作与友谊的加深很自然地传到中国，并担负起在建筑和室内设计中表现社会主义革命胜利和重塑民族主义信念的重任。

在20世纪20、30年代留学归国的中国第一代建筑师以及他们培养起来并在40年代已经参与设计工作的第二代建筑师，在1952年后都已经成为各级国营设计机构

的主要建筑师，巨大的建设任务及相联系的历史背景，既为他们提供了施展才华的机会，也带来了他们惯常工作中难以想象的却又是历史发展进程中必然出现的巨大困难。

这个时期建造的北京苏联展览馆以及上海中苏友好大厦，以及那些参与设计工作的苏联专家，为我们带来了所谓的社会主义设计思想，对中国的建筑及室内设计带来了一定的影响。在设计以上两个工程时，集中了国内著名建筑师和有关的美术家，在工作中向苏联专家学习。1954年建成的北京苏联展览馆（现名北京展览馆）由苏联建筑师安德列夫（Sergei Andreyev）主持设计，奚小彭、常沙娜、温练昌等新中国第一代工艺美术设计专家作为助手参与了其中的室内装饰设计。展览馆的平面布局左右对称，轴线关系严整而明确。建筑在造型上为典型的"苏维埃风格"，正面是18个拱券构成的半圆形柱廊（图3-23-2），主体建筑的尖顶部分高达87m，装饰有社会主义现实风格的图案雕刻，顶端闪烁着一颗五角星（图3-23-3）。塔基平台的四角各有一个金顶亭子，与金光闪闪的尖塔交相辉映。在室内外的装饰处理上，苏联专家听取了中方设计人员的建议，吸收了大量的中国传统装饰要素（图3-23-4）。"如莫斯科餐厅4根大圆柱装饰以铜制的松枝、松果、卷叶，中间嵌以鸟兽。这种做法受到了故宫大门铜皮门钉的启发，又富于俄罗斯的民族风情，高雅富丽。"展览馆展厅的内部装饰庄严、气派，地面为花岗石铺砌，顶部梁架暴露，形成自然的天花藻井，梁架与顶棚的转角部分采用石膏图案加以装饰。在室内方面，除了平面布局外，在采用贵重材料、装饰图案、柱头花饰、石膏花纹、名贵木材装修、定制的豪华吊灯等方面，改变了我们原来朴实无华的室内设计风格（图3-23-5）。有些建筑师在建筑设计和室内设计上开了眼界，得到了启发，对苏联"社会主义、现实主义的创作方法"有了更为直观的认识和了解。

图 3-23-2　北京展览馆半圆形柱廊　　　　　　图 3-23-3　北京展览馆主体建筑

图 3-23-4　北京展览馆入口上方具有中国传统特色　图 3-23-5　北京展览馆大厅的穹顶
的装饰纹样

　　1956 年毛泽东提出了"百花齐放，百家争鸣"的双百方针，成为党对科学文化
工作的指导方针。双百方针的提出在知识界引发了巨大的反响，受到普遍的拥护与欢
迎，并迅速打开了学术活动的新局面。

　　然而，正当全国的建筑师和建筑教育工作者们在双百方针的指引下，开始在创作
思想上锐意进取、积极创新的时刻，政治风云开始突变。1957 年 6 月，中共中央发出《关
于组织力量准备反击右派分子进攻的指示》，人民日报发表社论《这是为什么》，大规
模的反右斗争开始，畅所欲言的学术气氛丧失殆尽，刚刚开始有所松动的现代主义思
潮被束之高阁。随后，由于盲目地模仿苏联模式，中国又一次失去了吸收现代主义思想、
更新建筑观念的有利契机。

　　"苏维埃风格"注重对古典主义的继承和发展，突出设计的纪念性和象征性，它
的出现对我国的建筑和室内设计产生了深远的影响，随后兴建的包括人民大会堂在内
的许多建筑及室内都可以说是这一风格的延续和演化，使我国的室内设计水平进入到
一个新的阶段。譬如，当时的人民大会堂和其中的各个接见厅，以及民族文化宫的室
内环境都体现了当时中国室内设计所取得的成就和进步。周恩来总理在推动中国的室
内设计的发展，以及民族化、地方化等方面都起到了重要作用。他决定将人民大会堂
的 30 个接见厅分别交给 30 个省市自治区，让他们结合各自省市自治区的地区特点、
民族风情做出各自接见厅的室内设计和家具设计，使人民大会堂接见厅的室内设计和
家具设计出现了百花齐放的局面。不仅如此，各省市自治区都由此建立了以美术家、
手工艺者与建筑师组成的室内设计队伍，并在研究地域建筑、工艺美术的特点以及具
有地域特征的装饰元素和符号等方面取得了开创性的成绩。

　　但是向苏联学习也有些负面影响，由于缺乏社会主义建设经验，在当时实际的创
作过程中出现了某些把苏联专家的具体工作经验绝对化的倾向，设计师的独立思考和
判断的能力被大大地削弱，对于那闪烁着各种革命词句的理论、观点和主张，即使如

坠云雾，也只能生吞活剥，努力贯彻执行。一时间，复古主义、象征主义的设计风格开始风靡全国，个别室内设计项目出现了复古主义、形式主义的倾向，不问工程项目的重要与否，一概照搬照抄古典建筑，于是藻井天花、沥粉贴金、彩画、大型浮雕、镏金、木雕、石雕、豪华吊灯等，都进入了室内空间，成为室内装饰的重要手段。于是，建筑及其室内环境的营造中出现了重形式不重功能而与时代发展相悖的浪费现象。

在1955年的"反浪费"运动中，以"宫殿式"大屋顶表现民族形式被当作复古主义典型而遭到批判，而现代建筑体量运用传统构件和装饰纹样适当加以点缀则成为民族形式建筑的一种新的表现。代表作品有林乐义的首都剧场（1953~1955年）、戴念慈的北京饭店西楼（1954年）、林乐义的北京电报大楼（1955~1957年）、张开济的北京天文馆（1956~1957年）等。

1954年，由建筑师张镈设计的北京西郊招待所（今北京友谊宾馆）建成，作为当年驻京苏联专家的招待所，这座建筑采用了传统的民族形式。建筑物重点使用大屋顶、亭子、小瓦檐及台基等来突出整个轮廓线，主入口部分采用了琉璃挂落和单色彩画，外墙镶嵌的一系列中国传统装饰主题进一步突出了建筑的民族特征（图3-23-6）。建筑师采用中国古典形式与西方古典构图相结合的形式，通过将仙人、走兽等一些带有封建色彩的传统装饰构件改为和平鸽、回纹、云卷等手段，来突出"社会主义内容、民族形式"的创作原则。宾馆内设有客房、会议室和宴会厅及其他附属设施，入口大堂"集中用东北产淡绿色大理石地面、台阶及护墙，平顶作石膏简化梁枋"（图3-23-7、图3-23-8）；二至五层为标准层，共有客房384间，标准间面积为16m²，设浴室、卫生间及壁橱。南向及西向为带有阳台的两套间或三套间的套房；顶层中部传统的重檐屋顶部分为文娱大厅，屋顶彼此之间以歇山顶挑檐相连。

建成于1954年的北京饭店西楼由戴念慈设计，其中的室内部分由奚小彭协助完成。北京饭店西楼大堂和宴会厅的设计具有浓郁的中国传统宫廷风格，是当时重要的

图3-23-6　北京友谊宾馆

图3-23-7　友谊宾馆大堂
（资料来源：北京宾馆建筑，1993：29）

图 3-23-8　友谊宾馆大堂楼梯
（资料来源：北京宾馆建筑，1993：28）

图 3-23-9　北京饭店西楼大堂

国家级社交场所。八根装饰华丽的中国式巨柱成为大堂的装饰亮点，柱身布满沥粉描金的传统图案，柱础为汉白玉。大堂的地面和通向宴会厅的宽大踏步均为花岗石铺砌，顶部高悬的传统灯饰、露明的梁枋结构以及色彩艳丽的装饰彩画，营造出端庄大气、富丽堂皇的空间氛围（图 3-23-9）。

23.3　第三时期（1958~1963年）——再探索与挫折期

1958 年年初，全国展开了"反浪费""反保守"的双反运动，为大跃进思想作准备。1958 年 2 月《建筑》杂志发表社论，《反对浪费、反对保守，争取建筑事业上的大跃进》。同年 5 月八大二次会议通过"鼓足干劲，力争上游，多快好省地建设社会主义"的建设总方针。从中央到地方，很多设计单位纷纷投入到建筑业的"大跃进"，奔赴各地，下现场搞设计。

就全国而言，建筑界"大跃进"的最高潮是首都"十大建筑"的胜利完成。

"为了迎接建国十周年，检阅 10 年来的伟大成就，表现解放了的中国人民的英雄气概和奋勇前进的精神，表现社会主义制度的无比优越性，同时也检阅我们建筑设计与施工的技术和水平"[①]，中央政府决定在北京兴建人民大会堂等国庆工程，由于这项计划包括 10 个大型公共建筑项目，因此又被人们称为"十大建筑"。

1958 年 9 月 6 日，北京市副市长万里向北京市的 1000 多位建设工作者作了动员报告，组织了北京的 34 个设计单位，还邀请了上海、南京、广东、辽宁等省市的 30 多位建筑领域的专家，来北京共同进行项目的方案设计。从此开始，国庆工程的设计与施工全面展开。经过全体建设者艰苦卓绝的努力，于 1959 年 9 月前全部完成

---

① 刘秀峰. 创造中国的社会主义的建筑新风格 [J]. 建筑学报，1959（9）：3.

了人民大会堂、中国革命和中国历史博物馆、中国人民革命军事博物馆、北京火车站、北京工人体育场、全国农业展览馆、迎宾馆、民族文化宫、北京民族饭店、华侨大厦（10月完工）等十大建筑。

国庆工程采用了集体设计创作的形式，先后对各项工程提出了400多个方案，"一个方案的决定，往往要经过许多领导同志和专家会议三番五次的讨论和修改。"在人民大会堂的方案设计过程中，不到一个月的时间，"先后由北京34个设计单位及全国各省市、自治区的建筑工作者和学校师生们提出了84个平面方案和189份立面图。"[①]经过反复评审、讨论、研究，最终的综合性方案于1958年10月16日被确定下来。这是一个设计的大合作，人民大会堂最终采用了北京市规划管理局设计院（今北京市建筑设计研究院）的方案。

人民大会堂是整个国庆工程的重中之重，周恩来总理还专门对此作出了重要指示，强调大会堂应当是"安全的，并合理地表现人民的伟大，是人文主义的和包容的，要吸纳古今中外的建筑精华。"[②]

人民大会堂由万人大礼堂、宴会厅和全国人民代表大会常务委员会办公楼三个部分组成，中央大厅成为三者之间的联系和过渡空间。中央大厅位于东大门内，南北长76m，进深48m，高16m，面积3600m^2。地面采用桃红色的曲阳红大理石，利用石材本身夹带的黑色云纹，拼成深浅不同的图案。大厅内有20根方柱，柱身和其上部的走马廊、栏杆下部的走马板全部用汉白玉石饰面装饰或砌筑。素洁的顶棚上按井字梁分割，局部柱枋和柱头交接部分为饰以沥粉的几何图案。整个大厅的视觉中心是五盏直径3.6m用晶体玻璃制作的吊灯，晶莹明彻，壮丽辉煌（图3-23-10）。大厅共有6座正门通向会场，同时南向往上有大楼梯直达二、三层会场，向下可直通方形内院，北向可达宴会厅下部的交谊大厅。

大礼堂的主会场呈扁扇形，宽75m，深60m，室内净高33m，舞台台口宽32m，高18m，深24m，台上可容纳300人以上座席，台前有容纳70人的乐池。观众厅分上下3层，有两层挑台，底层设带桌固定座席3670个，二、三层

图3-23-10　北京人民大会堂中央大厅

① 北京市规划管理局设计院人民大会堂设计组.人民大会堂[J].建筑学报，1959（9）：23.
② 张镈.我的建筑创作道路[M].北京：中国建筑工业出版社，1994：3.

图 3-23-11 北京人民大会堂万人大礼堂　　　　　　　图 3-23-12 北京人民大会堂万人大礼堂的顶棚

楼座分别设 3446 个和 2518 个座席。墙面与顶棚和台口圆角相连，浑然成为一体（图 3-23-11）。顶棚中部呈穹隆状，中心镶着一个巨大的红色有机玻璃制成的五角星灯，周围用镏金制成光芒，光芒外环辅以镏金向日葵花瓣。外围再做三层暗藏灯，呈水波形，层层外扩，形成了"水天一色，浑然一体"的效果（图 3-23-12）。

人民大会堂交谊厅宽 48m，深 45m，净面积 2500m²，是宴会前贵宾休息、会谈的空间。交谊厅中部用 4 根大理石方柱承托整个结构，顶棚的做法，根据结构井字梁的特征，在大九宫格里再分成小九宫格，风道和照明全部贴顶处理，饰以淡绿色的油漆，白色沥粉花纹，并托以白色的大小九宫格井字梁，装饰简约和谐，整体氛围优雅宁静。与宴会厅的热烈氛围形成对比。交谊厅的地面采用以"莱阳绿"为主调的大理石铺装，间以深浅相间的红色大理石边框。

从过厅、经交谊厅中部至南端的主楼梯总长约 90m，地面满铺红色地毯，楼梯全部用汉白玉镶嵌，四周的明柱用曲阳红大理石包镶。在楼梯的尽端，木质墙面上镶有傅抱石和关山月以毛泽东诗词《沁园春》咏雪词为题材创作的巨幅国画。

人民大会堂的宴会厅可容纳 5000 人同时就餐，室内色彩以郁金色为主调，间以粉绿、纯白和橙红，色彩绚丽而不浮华，给人以全新的、民族色彩浓烈的印象。大厅的艺术处理虽保留了我国装饰艺术的传统风格，但并没有受到传统手法的约束和局限。50 多根直径 1m、高 11m 的巨柱上缠绕着金光闪闪的沥粉花纹。顶部结合风口及照明，采用露明的办法分别以水晶灯、石膏花、吸声穿孔板、沥粉贴金等手段，组成新式藻井天花。

在周恩来总理的关心和推动下，大会堂的 30 个接见厅被分别交给各省、自治区和直辖市负责室内设计，由地方根据自身的地域特点和民族风情来进行各接见厅堂的装饰与布置。各省、自治区和直辖市都专门组建了由美术家、建筑师和民间艺人组成的室内设计队伍，美术工作者得以更多地参与到了室内设计的工作中，他们与建筑师一道将我国的室内设计水平带入了一个新的高度，为我国室内设计专业的确立与发展打下了坚实的基础，室内设计也开始受到社会的关注。

由于功能和意义的特殊性与复杂性，同普通的建筑物相比，人民大会堂的室内空间被赋予了更多的形式与内容，也使得我国的室内设计开始逐步与建筑设计分离。人民大会堂以及各接见厅室内设计工作的开展，有力地推动了我国室内设计专业的形成和发展。

北京火车站由南京工学院（今东南大学）与建工部北京工业设计院（今中国建筑设计研究院）合作完成，杨廷宝、陈登鳌和张致中主持设计。建筑在外形上采用了中国传统的屋顶样式，中央大厅及高架候车厅采用钢筋混凝土扁壳结构，尤其是大厅预应力边缘构件 35m×35m 的预应力双曲扁壳是国内首创，在新结构与民族形式相结合方面作出了积极的探索和尝试。火车站是功能性很强的建筑，对内部大空间的要求较高，新结构的应用是其必然的选择，因此，在室内设计中采用了比较节制的装饰手段，以实用功能为主。

1960 年，建设部设计研究院在全国率先成立了室内设计组，由曾坚担任组长。设计组主要"从事家具、灯具、卫生设备、门窗小五金等产品设计，满足了当时部分室内设计的要求，也为改革开放之后室内设计的发展打下了产品设计的基础。"自1962 年起，室内设计组开始介入蒙古人民共和国迎宾馆、塞拉利昂政府大厦、几内亚人民宫等一些援外项目的室内设计。

1962 年建成的中国美术馆由建筑师戴念慈和蒋仲钧设计，在 20 世纪 60 年代，它被认为是民族形式新风格的代表作。在整体造型上，建筑师借鉴了古代雕刻与建筑壁画艺术圣地敦煌石窟的建筑风格。主入口的大门采用了以四季花卉为主题的福建脱胎漆器工艺的镂雕装饰手法，并且与铜、木等建筑材料巧妙地结合在一起。门廊上方刻有花鸟图案的八块东阳木雕，不但起到了装饰建筑的作用，而且也为我国民间工艺美术的应用和发展开辟了更为广阔的天地。

中国美术馆的建筑装饰设计达到了相当高的艺术水准，其中彩画和部分室内设计由中央工艺美术学院室内装饰系的崔毅老师带领学生协助完成。美术馆正门上方的梁枋琉璃彩画设计，采用了清式箍头彩画的形式，但并非原封不动地搬用，而是经过加工变化，增添了新的内容。箍头的两条边线是用橄榄叶形组成，方形装饰纹样的中间绘有向日葵图案，四角仍然以栀花的形式处理。由于梁枋是以乳白色的面砖作为贴面，克服了过去木结构横梁容易腐烂的缺点，因此箍头彩画只作为梁头的部分装饰，并没有全部绘制。箍头彩画由明快的黄、绿色调构成。柱头花板的色彩用黄色作底，与橄榄叶底色稍呼应，本色花纹与向日葵本色相呼应，使柱头与彩画的色彩和纹样成为有机的整体。包括山墙花篮图案在内的所有纹样都用本色，使局部与整体取得调和，而黄绿色的琉璃则有机地结合到整个乳白色的建筑外观中。设计者通过彩绘的花篮、花束、向日葵、橄榄叶等纹样，来表现我国美术事业欣欣向荣的盛况。

中国美术馆总建筑面积 1.6 万 m^2，其中展览面积 7000m^2。在平面布局上，除了设有 17 个宽敞的大小展厅外，还有供美术家集会、创作、交流的画室和雕塑室，以及进行国际交谊活动的接待厅和贵宾厅。展厅的设计充分考虑了展览美术作品的特殊要求，采用当时较为先进的折光板照明设备，光线均匀柔和，有效地扩大了墙面的陈列面积，避免过分强烈的眩光。

全国各地在此期间也建成了一些比较优秀的建筑物，在新材料、新结构、地域性等方面都进行了积极的探索并取得了一定的成绩。譬如，成都锦江礼堂、辽宁工业展览馆、青岛大礼堂、重庆山城宽银幕电影院、广州中国进出口商品陈列馆、广州泮溪酒家、同济大学学生饭厅、新疆博物馆等。

上海同济大学学生饭厅是利用新结构创造新建筑形象的优秀实例。大厅为净跨40m、外跨 54m 的装配式钢筋混凝土梁枋网架，室内顶棚浑然一体，充分地表现出结构自身的美感。落地拱所形成的新颖外部形式，让人耳目一新。而由建筑师莫伯治设计的广州泮溪酒家则具有鲜明的地方特色，是"岭南派"风格的代表。建筑是利用旧址旧料重建营建而成，建筑面积 2700m^2。建筑继承了岭南园林的优秀手法，并与荔湾湖风景相互资借。旧有的精美装修的运用，既节约了投资又保存了民间建筑工艺精品。

在地域上，"岭南派"风格的作品主要分布在广东以及福建和广西的部分地区。岭南地区的庭园与我国的江南园林有所不同，一般都规模较小，庭园内部以建筑空间为主，典型的布局手法是将建筑分组布置，其间以自由的水面、山石、树木和亭、台、桥、榭加以联系。建筑大多采用开敞的外廊形式，以使室内外的景观融为一体。室内经常使用一些镂空木雕和套色玻璃，以加强空间的通透效果，精美的落地花罩是岭南庭园建筑常用的装饰手段，图案主要以自然的花草树木为主题。泮溪酒家位于广州荔湾湖畔，建筑依湖而建，楼光湖影，内外渗透。建筑分为厅堂、山池、别院和厨房四大部分。室内大量使用精美的木雕花窗和落地花罩，并配以荔枝的图案寓意特定的地理环境。酒家有正门和侧门两个入口，正门对着 8 幅精美的屏门，配合红色玻璃天花灯组。6 开间的宴会大堂设置有简化的富于地方特色的藻井和贴金花罩，总体氛围富丽堂皇而又不落俗套。

室内设计学科的成立与发展

1956 年 4 月 25 日，高等教育部、文化部、中央手工业管理局、中央美术学院共同成立了中央工艺美术学院筹备委员会。同年 9 月，中央工艺美术学院正式开学，11 月 1 日，举行中央工艺美术学院建院典礼，中国第一所工艺美术的高等学府——

中央工艺美术学院正式成立。1957 年，中央工艺美术学院正式组建我国第一个室内设计专业——室内装饰系，同年招收了首届的 7 名学生。室内装饰系下设室内设计和家具设计两个专业，"徐振鹏担任系主任，奚小彭、顾恒、罗无逸、谈仲萱、程新民等为专业设计教师。"[①]1961 年更名为建筑装饰系，其后数易其名。

国庆十周年的十大工程为刚刚起步的我国室内设计专业教育提供了实践和发展的契机，以奚小彭为代表的我国第一代室内设计专家，带领全系师生投入到了北京国庆工程的室内设计和施工监理的工作中，积累了丰富的设计经验，为室内设计专业的发展奠定了基础。同时，关于室内设计的理论探索也取得了相当大的成绩。

奚小彭先生发表了文章：《让我们的创作和现实生活结合起来——参加苏联展览馆设计工作收获之一》（《光明日报》，1954 年 10 月 8 日）《苏联专家给我们的启发——试谈建筑设计及其与施工的关系》（《文汇报》，1959 年 9 月 8 日）、《人民大会堂建筑装饰创作实践》（《建筑学报》，1959 年第九、十期合刊）、《现实 传统 革新——从人民大会堂创作实践看建筑创作和装饰的若干问题》（《装饰》，1959 年第七期）、《崇楼广厦蔚为大观》（《美术》，1959 年第十二期）。对自己参与的设计实践进行总结，并提出了自己对新时期室内设计的看法。《建筑学报》《美术》《装饰》《文汇报》《光明日报》等杂志报纸陆续刊登了有关室内设计方面的理论文章和研究成果，推动了我国室内设计专业的理论研究。

23.4 第四时期（1964~1976年）——停滞期与局部突破的阶段

1964 年开始了四清运动，继而在全国范围内开始了设计革命运动和无产阶级"文化大革命"运动。

1966 年"文化大革命"开始后，层层揪斗"走资派""反动学术权威"，国家正常的建设基本停顿，设计单位也都基本处于瘫痪状态。许多教学、科研和设计单位的教师和专业技术人员被下放到"五七干校"去接受工农兵的再教育。

随着对外政策的转变，中国与国外的交往开始逐渐增多。在这期间，国内一切建筑活动基本都处于停顿状态，但援外工程尚在继续进行。中国同第三世界国家建交的数目比以往大大增加，出现了一个大范围的建交高潮。这些项目中的公共建筑项目都需要做室内设计和家具设计。例如，蒙古人民共和国乔巴山国际宾馆、几内亚人民宫、苏丹友谊厅、毛里塔尼亚文化之家、斯里兰卡议会大厦、阿拉伯也门共和国塔伊兹革

---

① 中央美术学院院史编委会 . 中央工艺美术学院院史（1956–1991）[Z]. 内部资料：5.

命综合医院、塞拉利昂西亚·卡史蒂文斯体育场等。

在经过了一段时期的停滞后，我国的外事类、体育类和交通类建筑首先得到发展，部分下放到地方的设计人员开始被抽调回北京参与建设。

这个时期，先后建成了一批有代表性的建筑：北京饭店东楼、北京国际俱乐部、南京丁山宾馆等；北京首都体育馆、南京五台山体育馆、上海体育馆、沈阳辽宁体育馆、郑州河南体育馆、福州福建体育馆等；杭州机场候机楼、乌鲁木齐机场候机楼等。

20 世纪 70 年代以后，为适应对外贸易的需要，广州兴建了一批宾馆和其他公共建筑。这批项目都是国内建筑师和室内设计师共同进行建筑设计和室内设计的，如矿泉客舍、白云宾馆、东方宾馆西楼、广州宾馆、广州中国出口商品交易会展览馆、广州火车站等。

但由于受极"左"思想的影响，"政治挂帅、集体创作、领导决策、厉行节约"成为这一时期指导人们进行创作的基本方针。室内设计在"适用、经济和在可能条件下注意美观"的原则指导下，除重点厅堂采用较高的装修标准和特殊处理外，一般的室内空间只是作简单的装修处理，所使用的材料也都较为普通。

设计的政治象征性

"文革"开始以后，由于受到一系列政治运动的洗礼和冲击，知识分子以及其他社会成员的阶级观念日益强化，社会思潮中政治意识浓烈，任何符合或顺应这种认识思潮的观点、意见，都极易引起社会的关注和共鸣，一切为政治服务成为各项建设的核心。除了 20 世纪 70 年代建造的一批外事、体育和交通类建筑以外，政治类建筑在当时也占有相当大的比重，设计内容更多的是表现国家的政治生活，受到极"左"思潮影响的设计工作者们力求通过建筑来宣扬"伟大的毛泽东思想"。

"象征性"成为当时政治类建筑最为显著的特征。早在新中国成立初期就出现了这种苗头，1950 年杭州人民大会堂的业主要求会堂的座席设计成 1949 个，此后在建筑中时常借助向日葵、镰刀斧头、红五星、火把、红太阳等图案和符号，表达一定的政治意义。

而国庆十周年的十大建筑对政治象征性的设计则起到了推波助澜的作用。比如，在人民大会堂的设计中，对称式的布局形式，象征意义的装饰图案、沥粉贴金，大型的绘画、浮雕、灯具以及大红地毯等就已作为一种程式化的装饰手法被大量厅堂所采用，并且形成了一种具有鲜明时代特色的民族形式的新风格。此后相当长的一段时期，全国各地的公共建筑均以"十大建筑"的装饰风格为楷模，竞相效仿，如四川的毛泽东思想胜利万岁展览馆、广州广东展览馆、长沙展览馆、贵州省毛泽东思想万岁展览馆、郑州"二七"纪念塔等。

第 24 章　中国现代室内设计（中）

1976 年 10 月粉碎了"四人帮"，结束了历时 10 年之久的"文化大革命"。特别是 1978 年 12 月，党的十一届三中全会在北京召开，全会作出了把全党工作的重点和全国人民注意力从"以阶级斗争为纲"转移到社会主义现代化建设上来的战略决策，真正实现了新中国成立以来的历史性转折。在全会精神的推动下，人们解放思想，放眼世界，中国进入了建设社会主义现代化国家的新时期。

24.1　政治象征性的延续

不过，在这个短时期的建筑活动基本上仍持续着过去的设计思想和创作方针。例如毛主席纪念堂的室内设计等，仍是遵循人民大会堂接见厅的设计思想和方法。

1976 年 9 月 9 日，毛泽东逝世。10 月 8 日，中共中央决定"在首都北京建立伟大的领袖和导师毛泽东主席纪念堂"。1979 年的 10 月中旬，"北京、天津、上海、广东、江苏、陕西、辽宁、黑龙江等 8 省市的代表和美术家，开始进行毛主席纪念堂的选址和方案设计。"其中的外檐装饰与室内设计部分主要由中央工艺美术学院和北京市建筑设计研究院等单位共同完成，参加设计的人员主要有吴观张、张绮曼、寿震华、何镇强等。

当时毛主席纪念堂的大部分设计方案都经过了华国锋、李瑞环等党和国家领导人的亲自审定，"在创作构思上，从造型体量、比例尺度、用料、色彩，以至细部纹样，都力求贯彻党中央对纪念堂设计所作的重要指示和'古为今用，洋为中用'的方针，以求达到政治性、思想性和艺术性之间的完美统一。"

毛主席纪念堂位于天安门广场的中轴线上，采用对称的布局方式。纪念堂主体建筑、甬道、绿化以及两组歌颂毛主席丰功伟绩的群雕，将纪念堂与人民英雄纪念碑联成一个整体。建筑与天安门、人民大会堂、中国革命历史博物馆遥相呼应，组成高度相当、色彩相近、平面规整、风格协调的建筑群。

　　毛主席纪念堂的设计采用了大量的象征性手法。首先，从建筑物的入口台阶开始，4m 高的踏步被分为上下两层，选用红军长征时经过的大河边四川石棉县的红色花岗石做台帮，象征"红色江山永不变色"。在装饰纹样的设计中，选取了大量的以万年青、松枝、葵花和梅花为主题的装饰图案，其中万年青"象征着伟大领袖和导师毛主席永远活在我们心中和亿万人民对毛主席深厚的无产阶级感情万古长青"；松枝"象征着毛主席巍然屹立于风雷激荡之中的无产阶级革命精神永垂不朽"；用葵花"比喻对毛主席的无比热爱和毛泽东思想是干革命的无穷力量源泉"；通过梅花纹样"借以颂扬毛主席的无产阶级豪迈气魄和伟大胸怀"。

　　根据功能的需要，纪念堂的内部空间共分为地上二层和地下一层。首层有安放毛主席遗体的瞻仰厅、北大厅、南大厅以及 4 个面积不等的首长和外宾休息室；二层为陈列室；地下层为设备和部分办公用房。

　　首层的北大厅是举行纪念仪式的主要厅室，大厅的正中设置了汉白玉毛主席坐像，雕像的背后是一幅气势磅礴的以我国著名的手工艺品绒绣制作而成的《祖国山河图》。地面选用了偏暗红的杭灰大理石，取其沉着稳健而又富有生气的效果。厅内的四根方柱铺砌有红白相间的奶油红大理石，与绒绣壁毯的青绿色形成对比，丰富了大厅的色调，墙面为淡青色的乳胶漆拉毛处理。顶棚采用富有民族风格的藻井形式，藻井内排列着 110 盏葵花灯。藻井底色为象牙黄，上作素色的万年青图案，纹样四周勾白色的沥粉线条，重点部位点以金色。纹样在周围灯光的照射下，产生了强烈的立体感，并富有浓郁的中国民族传统装饰艺术的特色（图 3-24-1）。北大厅通往瞻仰厅的木门选用名贵的金丝楠木制作，门上方的空调风口用金丝楠木做成垂直的木楞，并嵌以铜条，既加强了大门的装饰效果，又突出了导向作用。

图 3-24-1　毛主席纪念堂大堂

（资料来源：张绮曼，主编.室内设计经典集 [M].北京：中国建筑工业出版社，1994：329）

瞻仰厅的四周布置了常青树盆景及松柏，地面选用宜兴产的咖啡色虎皮大理石铺砌，主墙面为洁白的汉白玉，配以隶书体的银胎镏金大字，其余墙面以名贵的香楠木做墙裙，水曲柳护墙到顶并镶有向日葵图案的木雕，顶棚为晶体片组合装饰的平顶灯。整个大厅为暖色调，给人以庄重、典雅的肃穆之感。

纪念堂的南大厅整体以淡黄色调为主，稳重明快。地面为东北红大理石，在汉白玉的墙面上刻有毛主席亲笔书写的诗词《满江红·和郭沫若同志》。厅内的顶棚中央布置了三组葵花灯，四周饰以彩画，彩画的内容借用"芙蓉国里尽朝晖"的含义，象征毛泽东的光辉思想永远照耀着中国革命的锦绣前程。

作为"文革"开始以后、改革开放以前规模最大，同时也是最重要的一次政治性的创作活动，毛主席纪念堂的建筑和室内设计虽然还是受到了很多"文革"遗留下来的思想的制约，但是对于长期处于阶级斗争漩涡中的我国的建筑和室内设工作者来讲，这仍然不失为一次发挥和展现设计水平的难得机会。

24.2　新时期的探索与追求

1979年4月5日到28日，中共中央工作会议着重研究了国民经济实行"调整、改革、整顿、提高"的方针。会议确定了调整国民经济比例关系的12项原则和措施：坚决缩短基本建设战线，使建设规模同钢材、水泥、木材、设备和资金的供应可能相适应；引导循序渐进，前后衔接，步子不能太急。

1979年8月，全国勘察设计工作会议在大连召开，会议进行了一系列的拨乱反正工作，提出了繁荣建筑创作的问题。党和政府推动了解除建筑思想禁锢，打破陈腐观念。建筑界各抒己见，创造了讨论学术问题的良好氛围，学术界的讨论在批判的基础上开始了探索，思想空前活跃。随着思想的进一步解放，开展对外学术交流，译介西方现代建筑理论和经验，活跃了建筑创作的思想。这同样对室内设计也起到了很大的促进作用。适应各地建设的需要，各地都有一些涉外的旅馆、办公楼及其他公共建筑兴建，因而或多或少地集聚了室内设计的人才、经验和施工队伍。这为后来室内设计的发展打下了基础。

1980年中共中央、国务院决定创办深圳经济特区。8月，全国人大通过并公布了《广东省经济特区条例》，批准建立深圳、珠海、汕头、厦门4个经济特区。1982年的第十二次全国代表大会上，党中央制定了新时期的总任务并提出实现工业、农业、科学和国防技术现代化的奋斗目标。这一目标推动了国家对西方的历史性开放，以及后来令世人瞩目的经济体制改革。

经济特区以及各大城市的经济空前活跃，来华访问、旅游观光的人数日益增加，使建筑活动蓬勃发展，出现了兴建高级旅馆的高潮。不少旅馆是外资或中外合资兴办，因此有些建筑设计和室内设计全部都由国外建筑师和室内设计师承担，也有一些是中外合作设计。这就提供了一些国外的室内设计实例可供参考，出现了中外不同思想和手法进行交流、比较、融合的局面。

在这个时期后期即 1986 年左右，由于开放政策的全面实施，国外的室内设计机构及其工作信息很多，我国与国外的交往也比较频繁，因而我国的室内设计在各个方面都有了有利于进步的发展和变化，室内设计这一学科的形势很好。

1979 年，人民大会堂接见厅进行了重新的室内装修与陈设设计，接见厅是大会堂中级别最高的厅堂，元首级的接见和交换国书等重大的外事活动都在这里进行。接见厅由前厅、接见厅和两侧的两个耳房共四部分组成。接见厅的室内采用了传统的设计手法和装饰元素，顶棚保留了原有的传统样式，方形藻井为浅色调的彩画沥粉描金做法。室内家具运用了传统符号的现代造型，砖红色的沙发面料与暖灰色的地毯使整个厅堂显得稳重而又不失华丽。

美籍华裔建筑师贝聿铭设计的北京香山饭店于 1982 年落成。香山饭店使用了中国江南传统民居的语言和符号，使宾馆成了既有现代功能又有中国特色的作品（图 3-24-2）。以具有中国特色的中庭为中心，将客房、会议室、餐厅等合理地组织在一起，从幽静渐至开敞，相互渗透。在装修中，特别注重选择材料和色彩：以特制的灰砖和木材为主要材料，墙面主调为白色，门窗边框为青灰色，很容易引起人们关于"粉墙黛瓦"的联想。窗洞多为菱形，配合使用海棠形、圆形景门与景窗，识别性强，富有中国园林特色。细部处理考究，栏杆、园灯、壁灯等一一精心设计。四季厅上为玻璃顶，下有水池、翠竹和叠石，雅致、自然又富有情趣，是整个建筑中最有特色的地方（图 3-24-3、图 3-24-4）。

图 3-24-2 北京香山饭店外观

1983 年建成的由莫伯治设计的广州白天鹅宾馆按四星级标准建造，在当时属于规模和档次较高的涉外酒店。白天鹅宾馆突出简练、朴素、淡雅的设计构思，以前庭、中庭和后花园组成直线展开的空间序列和导向江面的平面布局，使客人进入宾馆就可尽情地享受江面风光，临流览胜。建筑中的重点是一个名为"故乡水"的顶部采光的中庭，主景为假山，采用传统的水、石、亭的布局手法，既有"峭壁寒潭，飞瀑谷鸣"，又有"山亭水桥，什树蔽天"，富有岭南庭园风格。中庭中的假山、水池、曲桥、山石、绿化、挑台等有机结合，构成十分生动的立体画卷。中庭的沿江面，是一面大型的玻璃幕墙，珠江景色，可以尽收中庭之内。所有交通空间、餐厅、休息厅等都围绕中庭布置，构成上下交错、高旷深邃的立体园林空间。室内的装饰、陈设、家具等强调现代与传统的结合，让人感到熟悉又有创新的效果。而品题和意境手法的运用，更突出了设计的主题，增强了宾馆的地方特色（图 3-24-5）。

由戴念慈、黄德龄设计的 1985 年建成的山东曲阜阙里宾舍位于著名的孔子故里，室内设计突出典雅、古朴的文化格调，运用了很多雕塑、壁画、书法、碑拓等装饰手法，力求展示传统的儒家文化思想，体现了传统建筑装饰与现代室内设计相融合的倾向。宾馆大厅的白色大理石墙面、柱、栏板，以及灰色的大理石铺地，正对入口的汉代文物"鹿角立鹤"铜雕的复制品，造型洗练、古朴（图 3-24-6）。大厅一隅的休息

图 3-24-3（上） 北京香山饭店入口处

图 3-24-4（左下） 北京香山饭店四季厅

图 3-24-5（右下） 广州白天鹅饭店中庭

（资料来源：萧默，主编 . 中国 80 年代建筑艺术 [M]. 北京：经济管理出版社，1990）

茶座茶几与二层回廊柚木栏杆饰以山东特制工艺品铜锣，在造型上使用同一"圆"的母题。回廊围栏上的铜锣，既是独特的装饰，又是美妙的乐器，从整体氛围上营造出孔子的礼乐思想，对宾舍的文化氛围起到很好的烘托作用。在古铜色高温釉面砖和柚木隔断的大餐厅顶棚上，顶部以九组吊格组成；上部墙面饰以沥粉丙烯画《孔子活动图》，画间镜面，以增大空间感（图3-24-7）。客房中的双人床，取法于民间，床头壁灯用正红雕漆盘做成，显示了中国传统工艺品的精美与雅致，形成具有浓郁传统韵味的环境。

中国大饭店夏宫餐厅运用了花罩、栏杆罩、门簪、铺首、瓦檐、漏窗以及藻井等中国传统的装饰构件及设计语汇，采用现代的装饰材料，营造出一种庄重、典雅的中国传统文化氛围。在材质的运用方面，突出传统建筑木构造的特征，充分展现木质之美，并使材料与工艺达到完美的结合（图3-24-8、图3-24-9）。虽然设计运用了较多的传统构件，但在造型的处理上却采用了简化提炼和对重点部位有意识地精细刻画的手法。因此，作品既具有传统文化的内涵，又充满着鲜明的时代感。

新时期探索民族形式的室内设计作品同改革开放前相比，很多作品在继承传统文化的基础上，更加注重对文化内涵的挖掘与提炼，突出文化特色，删除了大量琐碎的细节，强调对形式特征深层含义和意境的表达。

1985年建成的由柴斐义等设计的中国国际展览中心的设计从功能角度出发，具有鲜明的现代主义特征，建筑外形利用简单的几何形体的穿插与重构，在简单的体量上获得了繁简得体的艺术效果（图3-24-10）。室内主要入口及门厅的顶棚暴露网架结构，突出剖面的变化，以简洁的装饰处理手法突出了室内的展览、展示功能，是新时期我国现代主义风格的代表作品（图3-24-11）。

1987年建成的北京国际饭店是当时国内第一座完全由中国人自己设计的四星级饭店，林乐义、蒋仲钧和黄德龄等设计。室内采用现代主义的设计手法传递传统与地

图3-24-6　山东曲阜阙里宾舍大堂

图3-24-7　山东曲阜阙里宾舍中餐厅
（资料来源：萧默，主编.中国80年代建筑艺术[M].北京：经济管理出版社，1990）

方文化的信息，以简练的设计语言及特定的功能内涵进行创造性的设计。室内中庭虽为对称式布局，但严整中渗透出活泼的因素，如两侧圆弧形楼梯以及向二层延伸的空间，特别是角部的柱子临空架起的梁架，显得灵巧轻盈。以空灵为主题的艺术吊灯也起到了很好的装饰效果（图 3-24-12、图 3-24-13）。

北京图书馆新馆于 1987 年建成，是一座国家级超大型现代图书馆，外形为古典式构图，传统与现代相结合，清新大方。室内设计着重考虑完整的空间感，创造出安静舒适的氛围，不追求豪华装饰（图 3-24-14）。有些室内空间中采用了表现中国文化题材的壁画和浮雕，格调高雅，文化气息浓厚（图 3-24-15）。

图 3-24-8（左上） 中国大饭店夏宫餐厅门厅
（资料来源：张绮曼，主编 . 室内设计经典集 [M]. 北京：中国建筑工业出版社，1994：364）

图 3-24-9（右上） 中国大饭店夏宫餐厅大厅
（资料来源：张绮曼，主编 . 室内设计经典集 [M]. 北京：中国建筑工业出版社，1994：365）

图 3-24-10（左下） 中国国际展览中心外观
（资料来源：萧默，主编 . 中国 80 年代建筑艺术 [M]. 北京：经济管理出版社，1990）

图 3-24-11（右下） 中国国际展览中心连接体大门厅内景
（资料来源：萧默，主编 . 中国 80 年代建筑艺术 [M]. 北京：经济管理出版社，1990）

广州西汉南越王墓博物馆位于广州象南山南越王墓遗址，由何镜堂、莫伯治设计。一期工程包括陈列馆和古墓馆，完成于 1989 年。二期工程为珍品馆，完成于 1993 年。设计遵循现代主义原则，力求透过建筑传译两千多年前的历史文化，是一个尊重历史、尊重环境、立意新颖、具有文化内涵的设计。其体形结构如基座、石阙等，参考了传统的重台叠阶，汉代石阙，以至埃及大庙的阙门，既融合了古代经验，又以现代手法表现出来。在室内设计中，运用了现代材料和技术，使用了汉代的但又经过提炼的建筑语汇，表达出地域特色和历史文化信息。展馆首层的室内空间结合地形，由外而内向上延伸，直达三层高顶端的二门（图 3-24-16）。两侧展厅逐层上升，借鉴了雅典卫城前庭的空

图 3-24-12（左上） 北京国际饭店中庭
（资料来源：萧默，主编 . 中国 80 年代建筑艺术 [M]. 北京：经济管理出版社，1990）

图 3-24-13（右上） 北京国际饭店大堂
（资料来源：北京宾馆建筑，1993：93）

图 3-24-14（左下） 北京图书馆新馆二层出纳大厅
（资料来源：萧默，主编 . 中国 80 年代建筑艺术 [M]. 北京：经济管理出版社，1990）

图 3-24-15（右下） 北京图书馆新馆接待室
（资料来源：萧默，主编 . 中国 80 年代建筑艺术 [M]. 北京：经济管理出版社，1990）

图 3-24-16　广州西汉南越王墓博物馆大厅
（资料来源：张绮曼，主编.室内设计经典集 [M].北京：
中国建筑工业出版社，1994：349）

图 3-24-17　广州西汉南越王墓博物馆展厅
（资料来源：张绮曼，主编.室内设计经典集 [M].北京：
中国建筑工业出版社，1994：349）

间结构关系。珍品馆的室内空间力求营造出地下墓室的感觉，采用的手法是提高进口和出口的标高，使首层与进、出口的标高差拉大，通过一定的参观流线，沿阶梯而下，使参观者犹如走在地下层参观，使人联想到墓室空间的延续（图 3-24-17）。

长城饭店由美国贝克特国际建筑师事务所（Beckett International Architects）设计，是中国第一栋全玻璃幕墙建筑。长城饭店室内不同的功能空间被分别安排在建筑的三个侧翼中，侧翼以中央的门厅为中心向四周伸展。全景的观光电梯、高大的中庭以及顶层的旋转餐厅使得长城饭店成为当时国内首屈一指的五星级酒店。长城饭店的室内透光中庭有 6 层高，是北京最早出现的共享空间。室外玻璃幕墙延伸至中庭内，使整个透光中庭显得深远开阔，中庭内设有喷泉、水池、亭子和花木，具有中国传统园林的特征（图 3-24-18）。

图 3-24-18　北京长城饭店四季厅
（资料来源：北京宾馆建筑 [M].1993：93）

由美国约翰·波特曼（John Portman & Associates）事务所设计的上海世茂商城总建筑面积 18 万 m^2，由 3 座塔楼和 6 个单体组成，具有酒店、办公、剧院、会展、商业等多种功能，是当时上海体量最大的一座综合性建筑。上海世茂商城的设计将西方现代的设计思想同中国传统的建筑理念相融合，通过重复出现的抽象的传统木构建筑节点符号来诠释中国文化。上海世茂商城的室

图 3-24-19　上海世贸商城　　图 3-24-20　中国大饭店大堂休息区
（资料来源：北京宾馆建筑.1993：93）

内空间连贯通透，在色调典雅的大厅内，采用现代的手法将金箔覆于具有抽象意味的太湖石上，同时配以重点的照明，使其成为室内的视觉中心。室内还运用了大量的传统陈设艺术品，并通过"隐喻""倒错"等后现代的处理手法，创造出了高雅的室内环境和艺术格调（图 3-24-19）。波特曼设计的上海世茂商城，不仅开阔了国内设计工作者的眼界，同时也带给人们很多启示，拓宽了人们在追求民族形式创作上的思路与想法，因此它对中国室内设计发展的影响要远远大于建筑本身。

中国国际贸易中心由美国索伯尔·罗斯（Soble Roth）建筑事务所设计，是北京较早建成的大型商业综合体，其中办公塔楼、中国大饭店和展览大厅三个主要建筑坐落在一个两层高的裙房基座上，自西向东呈品字形围合成一个中心庭院。其室内设计依建筑使用功能的不同而各异。中国大饭店的大堂采用了传统与现代相结合的设计手法，大堂两侧的青绿山水画、顶棚的蟠龙藻井以及室内大红的立柱具有浓郁的中国传统特征（图 3-24-20）。

24.3　教育体系与专业体系建设与发展

"文革"期间，室内设计专业处于停滞阶段。"文革"结束后，才给这个专业的发展带来了新的机遇，1977 年中央工艺美术学院开始正式恢复招生。

1978 年开始招收室内设计专业的研究生，培养高层次专业人才。导师为奚小彭和潘昌侯两位先生，张绮曼、朱仁普、黄林、贾延良、张德山、常大伟 6 位前辈成为中国第一批室内设计专业的研究生。1983 年，张绮曼教授赴日本东京艺术大学留学，成为我国公派留学海外学习室内设计的第一人。

成立于 1957 年的室内装饰系，1961 年更名为建筑装饰系，1963 年更名为建筑美术系，1964 年更名为建筑装饰美术系，1975 年更名为工业美术系。1984 年室内设计系又重新恢复为独立的学科并正式更名为室内设计系。

为适应形势的发展，拓宽专业领域的范围，从日本留学归国的室内设计系主任张绮曼教授率先在国内室内设计领域引入环境艺术设计的概念。经过数年的努力，终于得到社会的普遍认同，以及各级领导的重视和支持。1988 年，经教育部批准，中央工艺美术学院成立了中国高等院校首个环境艺术设计系和环境艺术设计中心（后更名为环境艺术研究设计所）。环境艺术设计系下设室内设计、景观设计和家具设计三个专业。1998 年环境艺术设计系开始招收本专业的博士，张绮曼教授是该专业领域中的首位博士生导师，迄今为止，张绮曼教授一共招收培养了十余位博士研究生，他们中的大多数都已经成为中国环境艺术设计教育领域中的骨干和中坚。中央工艺美术学院环境艺术研究设计所除了承担建筑和室内项目的设计工作外，同时还招收和培养硕士研究生，到彻底转轨为企业后一共招收培养了十余位硕士研究生。

环境艺术设计专业从此走上不断完善和发展的道路，在国内的大发展进入到一个新的阶段。为了满足市场的需要和在教育产业化的影响下，除了传统的几大美术院校（中央美术学院、中国美术学院、广州美术学院、四川美术学院、西安美术学院、湖北美术学院等）外，其他各大专院校纷纷设立环境艺术设计系、环境艺术系、艺术设计系等各种与环境艺术相关的专业，短短几年的时间里就有近百所院校成立了环境艺术设计系。

1988 年，在中国建筑文化艺术协会的支持下，在北京成立了"环境艺术专业委员会"（筹），当时的建设部副部长周干峙任会长，马国馨、顾孟潮、布正伟、萧默、包泡、张绮曼等担任副会长。1989 年中国建筑学会之下的二级学会室内设计分会成立，曾坚任会长，张世礼、刘振宏、饶良修任副会长，饶良修任秘书长，分会每年都会举办室内设计学术年会。2003 年中国美术家协会环境艺术委员会成立，张绮曼任委员会主任，委员会每两年举办一次全国性的设计大展和学术研讨会。室内设计分会和环境艺术委员会在举办活动的同时，出版设计作品集和论文集，为中国环境艺术设计专业的发展和学术研究的进步起到了非常大的推动作用。

在环境艺术理论研究方面，20 世纪 80 年代之前，有一些关于室内设计的文章出现在专业杂志或报刊上，并有少数几部室内设计方面的专著和论文集出版，打下了理论研究的基础。但真正比较深入的研究是在 20 世纪 90 年代以后，张绮曼、郑曙旸主编的《室内设计资料集》（中国建筑工业出版社，1991）是第一部比较系统地建立了环境艺术设计理论框架的著作。在理论和实践方面，对前人的工作进行了系统的总结和归纳。这本著作涵盖了现代室内设计的基础知识、基本理论、设计程序、室内空间设计、风格样式与流派，室内色彩、绿化、家具、陈设、光环境，以及室内空间尺度、材料运用、装修做法和一些工程案例的详图等方面的内容。不仅具有实用操作价值，还具有理论指导意义。我国台湾建筑与文化出版社编委会在台湾重新制版、发行该书精装本时曾高度评价道："一本设计资料集，能编制得这样全面、易查实用，而且这样的中国化，为至今国内所仅见。"而后，《室内设计经典集》（张绮曼主编、郑曙旸副主编）、《室内设计资料集2》（张绮曼、潘吾华主编）又分别于1994年和1999年由中国建筑工业出版社出版。

但是，真正有学术价值的著作并非都是像《室内设计资料集》那样的皇皇巨著，像同济大学的来增祥教授与重庆建筑大学的陆震纬教授合作编写的《室内设计原理》（中国建筑工业出版社，1996）、中央工艺美术学院环境艺术设计系编写的《高等学校环境艺术设计专业教学丛书暨高级培训教材》（中国建筑工业出版社，1999）、《环境艺术设计的新视界》（中国人民大学出版社，2002）、《环境艺术设计》（中国建筑工业出版社，2007）、《环境艺术设计十论》（中国电力出版社，2008）等书就从一个新的层面和体系架构，梳理和归纳了当代环境艺术的理论框架，涉足了业界人士很少关注的研究领域，并进行了更深层次的研究和探讨。当然，在某些方面还有不尽如人意的地方，有待专家和学者进一步深化和研究，但也代表了学者们和设计师在环境艺术理论的研究方面所达到的新高度。

在环境艺术的门类学研究方面，也取得了一定的成绩。从环境艺术程序、室内空间、照明系统、家具设计、室内陈设设计、风格样式与流派等方面分门别类地进行了深入的研究，取得了令人注目的成绩。但在环境艺术设计的历史、设计色彩等方面一直是国内环境艺术领域研究中的空白。中国青年出版社在2002年出版的一本译著《装饰色彩》弥补了国内在国外室内装饰色彩方面研究的空白，书中系统地介绍了国外（主要是西方）室内装饰色彩的发展历史，详细地分析了历史上各种主要设计风格装饰色彩的特点、色彩体系的构成和应用，并且提供了大量实例的图片资料。本书不但在指导设计实践方面具有一定的参考价值，而且还提供了一个比较科学、系统的建筑装饰色彩的研究方法。中国建筑工业出版社在2003年出版了一本译著《世界室内设计史》，系统地介绍了西方室内设计发展的历史。目前，张绮曼教授正在组织国内顶尖的专家学者编写《中国室内设计史》一书，这本书的出版必将填补国内这方面研究的空白，并将使环境艺术设计的研究达到新的高度。

此外，在《装饰》《室内设计与装修》《中国建筑装饰装修》《中国室内》《建筑学报》《建筑技术与设计》等杂志上，以及国内学术会议的论文集上发表的专业论文，都深化和推进了室内设计专业在理论方面的研究。

第 25 章　中国现代室内设计（下）

如果说 20 世纪 80 年代的室内设计大都集中在所谓的"楼、堂、馆、所"的设计领域的话，那么 20 世纪 90 年代的中国室内设计则是一个走向大众的过程。室内设计已经走出象牙塔，不再是少数人把玩的东西。伴随着中国经济的蓬勃发展，建筑的数量和类型也逐渐增多，继旅游建筑之后，商业类、办公类建筑成为建设重点，室内设计专业开始步入了商品化、国际化发展的新时期。

同时，经济发展速度的加快，使人民生活水平得到了明显的提高，人们对居住环境的质量提出了更高的要求，室内设计开始走进普通家庭。随着住宅的商品化，从 20 世纪 90 年代中期开始，全国掀起了城乡住宅的装修和设计热潮。

由于确立了多元化的发展模式，20 世纪 90 年代中国的室内设计领域中多种思想并存，既复杂，又充满矛盾，一般很难用几种倾向来把它们进行划分、区别。在今天这个发展的时代，人们的观念随时都在改变，随时都在更新。也许在明天，又会出现新的设计倾向，室内设计风格也呈现出多元发展的新趋势。多种多样的室内设计风格往往又变化无常，相互模仿，相互渗透。透过这些纷繁复杂、令人目不暇接的室内设计表现，我们可以从中看到一种迹象，就是在一个室内设计中，很难保证采用单一的设计手法，一般都是几种手法并用，努力在创作中达到理性与情感的平衡，既满足使用者物质上的需求，也满足他们的情感要求，为人们创造一个更加优美、舒适、怡人的室内空间环境。

在市场经济条件下，以市场为导向、消费者为主体的设计理念逐步被设计师们所接受。国外设计机构纷纷在国内设立分支机构，中外合作的设计机制得到进一步加强。所有这些都推进了中国室内设计的发展。

20 世纪 90 年代，北京延续了之前的做法，通过民选选出了北京的十大建筑，即中央广播电视塔、北京植物园展览温室、首都图书馆新馆、清华大学图书馆新馆、外语教学与研究出版社办公楼、北京恒基中心、北京新世界中心、国家奥林匹克体育中心和亚运村、北京新东安市场和北京国际金融中心。窥一斑而见全豹，这在某种程度上能够反映出 20 世纪 90 年代中国建筑与室内设计的主流和发展趋向。

25.1　新现代风格

新现代主义的实质是坚定不移的现代主义，但已不再是人们平时所批评的那种"国际式"的现代主义，是诸多发展方向中最为保守的流派。该流派的设计牢固地建立在第一代现代主义建筑大师奠定的现代主义基础上，然后经过新一代设计师的努力，发展成为新的形式，创造出新的设计观念和创作手法，创造了新的、现代的、富于变化的室内空间和形式。现代主义的设计手法和语言在他们每个人的手中都变得丰富多彩起来，创造出了既满足现代功能和情感需要、又有变化和个性化的室内空间。

清华大学图书馆新馆的设计则是更多地基于心理学的原理来设计的，对这一原理的运用，成功地提高了建筑使用质量和艺术质量。图书馆是图书借阅和读书学习的场所，因此首先需要提供给人们一个舒适、高效的借阅、阅读和学习的环境，同时也可以提供必要的休息、交流、谈话、布置展览等多种功能，而营造适合这些功用的环境是设计师关注的焦点和解决的问题。图书馆的室内环境繁简得当，典雅有序，大方得体，营造出一种高雅的书香氛围。室内外围栏、门头、窗下设置相当数量的花草盆，以便于种植植物，减少噪声，美化环境（图 3-25-1、图 3-25-2）。

25.2　地域风格

地域主义，在一定程度上来讲，就是复古主义，但又不是完全的复古。实质上，地域主义是一种传统设计语言同现代设计手法相结合的产物。人们不可能完全割断传

图 3-25-1（左）
清华大学图书馆新馆

图 3-25-2（右）
清华大学图书馆新馆内景

统，对历史还有千丝万缕的情感，这便是
新古典主义产生的根源。新古典主义在室
内设计中，一般有两种表现形式，一是从
建筑物到室内设计都是彻头彻尾的新古典
主义。在中国，这种设计很有市场，比较
有代表性的作品有很多。

图3-25-3 北京炎黄艺术馆

在如今，人们越来越重视民族特点和
地方特色。地域主义是打破设计千篇一律
的局面的最有效办法，同时可以满足人们的情感要求。

尊重历史的设计思想要求设计师在设计时，尽量把时代感与历史文脉有机地结合
起来，尽量通过现代技术手段而使古老传统重新活跃起来，力争把时代精神与历史文
脉有机地融于一炉。这种设计思想无论在建筑设计还是在室内设计领域都得到了强烈
的反映，在室内设计领域还往往表现得更为详尽。特别是在生活居住、旅游休息和文
化娱乐等室内环境中，带有乡土风味、地方风格、民族特点的内部环境往往比较容易
受到人们的欢迎，因此室内设计师亦比较注意突出各地方的历史文脉和各民族的传统
特色，这样的例子可谓不胜枚举（图3-25-3）。

25.3 高技术风格

高技派同其他各种流派相同，它代表的也是一种文化趋向，它体现着现代工业文
明。在设计的过程中，设计师利用一切能够体现现代技术的表现形式，创造出理想的
现代室内空间。

在这些设计中，设计师们着力表现新技术、新材料，采用最新的技术设备和设施，
给使用者带来方便和舒适。

现代技术的运用不但可以使室内环
境在空间形象、环境气氛等方面有新的
创举，给人以全新的感受，而且可以达
到节约能源、节约资源的目标，是当代
室内设计中的一种重要趋向，值得引起
我们的高度重视。

北京植物园展览温室内景和北京国
际金融中心的入口设计，均呈现出高技
派的设计手法（图3-25-4）。

图3-25-4 北京植物园展览温室内景

25.4 后现代风格

后现代主义是被人们议论得最多的一种趋向。后现代主义的设计装饰，讲究文脉和传统，最突出的特点是借用传统的符号，但绝不是简单地模仿古典样式，而是对古典样式进行抽象、夸张和重新组合，然后同现代科技相结合，创造出一种雅俗共赏，为大众所能接受的室内空间环境。

在室内设计中，后现代主义的设计手法最为丰富、多变。它不但在新的设计中被采用，而且在旧建筑的室内改建中，尤其是那些具有历史价值的旧建筑物，这种手法变得尤为重要。在这类旧建筑的室内改建设计中，通常是把旧的设计要素保留下来，同新的设计要素并存。这样，不但文化传统得以保存和延续，而且还提供了符合现代功能要求的室内空间环境。例如，由意大利设计师承担的巴黎奥赛艺术博物馆的改建，改建后的建筑物既有文化传统，又具有时代气息，把传统和时代紧密地结合起来。

重庆江北国际机场从自然环境与人文环境的角度入手，在设计中注重常规变化与异常变化的有效穿插，将作品的艺术气氛、文化气质与时代气息融为一体，带有一定的后现代主义设计倾向。江北机场的室内外设计均以圆弧作为装饰母题，构成了各种千变万化的图案，并含有一定的寓意。航站楼大厅墙面弧形母题的抽象浮雕与墙面上的弧形窗子结合，构成极富装饰性的立面效果。顶部悬垂的彩色帐幔，既突出了弧形的母题纹样，又活跃了整个大厅的气氛（图 3-25-5、图 3-25-6）。

人民大会堂澳门厅为体现澳门地区中西文化交融的特色，有意识地采用了"'西方古典建筑模式的变异'和'后现代'相结合的手法"，通过形、光、色、质的有机组合，来取得室内的整体效果。室内气氛明快、亲切、绚丽、辉煌、端庄、典雅，并且富有时代气息。在这一方案中，充分重视空间布局的安排，营造空间起伏变化的序列和装饰高潮（图 3-25-7）。在布局上将几个独立的六面体运用空间穿插手法，分割成大小不一、方向不定的 6 个空间，符合中国传统建筑中"小中见大"的理论。室内充分运

图 3-25-5　重庆江北国际机场外观

图 3-25-6　重庆江北国际机场内景

图 3-25-7　人民大会堂澳门厅会见厅　　　图 3-25-8　人民大会堂香港厅

用"光"这一活跃的装饰手段，运用照明光晕和体面受到光照取得的光、影、形、色的丰富变化，以及现代装饰艺术中的光影迷离的效果，取得明快或阴暗的氛围。为了取得明快的气氛，墙面大部分采用了协调而类似的统一色调，大面积的单色使空间产生了典雅、端庄的效果，而在重点部位又大胆地运用了强烈的对比色，如古铜色的柱头用在白色大理石之上，玻璃天穹的色彩深且浓艳。[1]

香港厅的室内设计被设计师王炜钰归纳为"中西合璧，古为今用"，在整体风格上采用了西方公共建筑的风格，厅内顶棚整体饰以中国传统彩画，并配以巧妙的灯光处理，顶棚采用了直径 25m 的水晶大吊灯，无论是晶莹的水晶材料，还是灯具与顶棚沥粉贴金的闪烁，相映形成了耀眼生辉的光环境，营造了大厅辉煌和高贵的效果。会议厅的墙面、地面均大面积采用了西班牙旧米黄大理石，色彩明快，光滑的表面反射出星星点点的水晶灯饰，显得高贵温馨。室内大量使用了石材，力求通过石材的质感和丰富的肌理变化来烘托庄重、高雅的氛围（图 3-25-8）。

25.5　自然风格

现代社会的工业文明发展迅速，但同时也给人们的居住环境带来很多问题。现代城市的日益喧嚣和拥挤，以及环境污染，使人们对城市生活感到厌烦，而对那恬静、优美的自然环境越来越留恋。这种回归自然的思绪引起了室内设计师们的重视，因此各种自然要素逐渐被引入到室内设计中。

绿化与庭园设计已经成为现代室内设计一个密不可分的组成部分，旨在为生活在楼宇中的人们提供更为容易接近自然、感受自然的机会，可享受自然的情趣而不受外界气候变化的影响。在一定程度上说，这也是现代技术进步和现代文明发展的重要标

---

① 王炜钰. 人民大会堂澳门厅的设计构思 [J]. 室内设计与装修，1996（1）.

图 3-25-9　北京饭店东楼四季厅　　　　图 3-25-10　北京饭店东楼中庭

志之一。在室外，绿色植物是衬托建筑环境的最佳背景，与其他自然要素一起形成良好的局部环境的小气候；在室内，绿色植物等自然要素通过造园手段，参与空间组织，营造室内环境的氛围，能使空间更加完善美好，同时能够协调人与环境的关系，使人不会对建筑产生厌倦，更有室外所没有的安全和庇护感。绿色植物等自然要素已成为人与环境之间关系融洽的纽带和桥梁。

　　室内庭园的作用和意义不仅仅在于观赏价值，而是作为人们生活环境不可缺少的组成部分，尤其在当下许多室内庭园常和休息、餐饮、娱乐、歌舞、时装表演等多种活动结合在一起，因而也就能够充分发挥庭园的使用价值，同时也获得了一定的经济效益和社会效益，因此，室内庭园的发展有着广阔的前景，成为大众喜闻乐见的形式。应强调自然的气氛，运用自然的材料和色彩，通过各种设计手段使人们接近自然，联想自然。在大的室内空间设计中，尤其是在高层旅游宾馆的大堂，应把阳光、水、绿树等自然要素都应用到设计中（图 3-25-9、图 3-25-10）。

25.6　追新求异

　　伴随着我国经济体制改革的不断深入以及大规模房地产开发的热潮，大批的建设项目开始按照市场化的方式进行运作。同时，消费时代的文化具有明显的商业性、消费性、娱乐性和流变性，当设计的目的中过多地掺杂了消费的成分之后，设计的形态和设计的作用就开始异化。

　　在这种文化语境下的人们可以打着艺术的旗号为所欲为，技术和意识上的苍白和贫乏又往往使一些所谓的艺术家停留在形式和观念上的游戏之中，创意的标准常常是视觉形象上的"新、特、奇"。为了满足人们对所谓"精神文化"的需求，满足人们的好奇和盲目从众的心理，艺术家借助于不断更新的技术和新材料的表现力，在形式上刻意追求，不断制造形式上的疯狂，导致了视觉上的过度。

然而，令人遗憾的是，在新思潮的冲击和人为因素的冲击及影响下，出现了一些似是而非，不求甚解、浅薄空泛、表面平庸、甚至无可奈何的室内设计作品。我国20世纪90年代初所泛滥的"欧陆风情"就是这个时期一种特殊的产物。开发商和经营者们抓住了当时社会普遍存在的"崇洋"心理，在建筑的室内外多通过各种古希腊、古罗马的柱式、山花以及古典复兴时期的雕塑、壁画来迎合人们对西方文化的盲目追崇。这些作品，毕恭毕敬地生搬硬套洋人的东西，一时之间，到处都是模仿作品，空间混乱，理念不清，细部简陋粗糙；或不分场合，牵强附会地使用缺乏内涵的"符号"，矫揉造作，附庸风雅，去满足市侩猎奇的喜好或遵命于"长官"的意志。当然，设计师的推波助澜也是在相当长的一段时期内"欧陆风情"泛滥的重要因素。

25.7　旧建筑再利用

美好的城市总是给人一种特色之美。城市环境的特色之美，是人们对其所处地理环境特点的可持续利用和已有的人工建筑物本身已经形成的特色自觉地加以保护、继承和发扬的结果。建筑是文明的结晶、文化的载体，人们可以从建筑中读到城市发展的历史。如果一个城市缺乏对不同时期旧建筑的保护意识，那么这个城市将成为缺乏历史感的场所，城市的魅力将大打折扣。我们知道，建筑的意义在于使用展览品式的保护，尽管可以使建筑得到很好的保存，但活力却无从谈起，因此，除了对于顶级的、历史意义极其深刻的古迹或者其结构已经实在无法负担新的功能的历史建筑以外，对于大多数年代比较近的，尤其是大量性的建筑的保护应该优先考虑改造再利用的方式。

在对具有历史文化价值的旧建筑进行改造时，除了运用一般的室内设计原则与方法外，还应注意处理"新与旧"的关系，特别要注意体现"整旧如旧"的观念。

产业建筑是另一类目前在我国越来越受到重视的旧建筑。由于我国很多城市20世纪都曾经历过以重工业为经济支柱的时期，因此产生了工业厂房比较集中的地区。这些厂房往往受当时国外工业建筑形式的影响比较大，采用了当时的新材料、新结构、新技术。但是，随着第三产业的发展和城市产业结构的转变，不少结构良好的厂房闲置下来，严重的甚至引起城市的区域性衰落。在这种情况下，进行废旧厂房的更新再利用很有可能成为区域重新焕发活力的契机。

目前，我国各大城市已经有不少成功的例子，例如废旧的厂房被改造成展厅、艺术家工作室、办公空间、购物中心、餐馆、酒吧、社区中心或者室内运动场所等。厂房的特殊结构、特殊设备以及材料质感为人们提供了不同的感受，使人从中体会到工业文明的特色，相对高大的空间也给人以新奇感（图3-25-11）。改造之后建筑重新焕发生机，区域也随之繁荣起来，同时为社会提供了更多的就业机会，体现出旧建筑改造的社会价值。

　　同其他类型的旧建筑一样，在产业建筑再利用中也应该注意"整旧如旧"或"整旧如新"的选择问题。目前，不少设计者偏向于采用"整旧如旧"的表现方法，希望保持历史资料的原真性和可读性。例如，北京798地处北京东北部大山子地区，原是电子工业部下属负责生产军工产品的一家大型的国有企业，由当时的政治同盟民主德国援建，建筑风格带有浓郁的包豪斯遗韵（图3-25-12）。改革开放以后，随着国家工作重心的转移，许多车间厂房开始闲置，由于低廉的租金和良好的空间条件，大批的艺术家、设计师和各种各样的文化机构开始纷纷进驻空置厂房。这批入驻者中包括设计、出版、展示、演出、艺术家工作室等文化生产行业（图3-25-13），也包括精品家居、时装、酒吧、餐饮等服务性行业。出于各自特殊的行业要求和使用目的，入驻者将原有的工业厂房进行了重新的定义与改造，他们带来的是对于建筑和生活方式的个性化理解。在进行室内改造的过程中，几乎所有的入驻者都将墙壁上的政治标语以及各种留有历史痕迹的元素保留了下来。

图3-25-11　旧厂房改造成的办公空间

图3-25-12　北京798地区的工业厂房

25.8　简约风格

　　很快，大众对于以"欧陆风情"为代表的"新、奇、怪"的狂热追捧迅速降温，现代主义的设计思想以及生活方式逐渐被人们所接受。其中，"简约风格"以其单纯的界面、简洁的造型、硬朗的线条、工业化的设计语汇而迅速成为一种新的流行趋势。

　　简约主义者追求纯粹的艺术体验，以理性

图3-25-13　利用旧厂房高大的室内空间改造而成的展厅

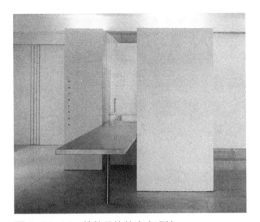

图 3-25-14　简约风格的室内环境

图 3-25-15　精心陈列的展厅室内环境

图 3-25-16　简约风格的居室环境

甚至冷漠的姿态来对抗浮躁、夸张的社会思潮。他们给予观众的是淡泊、明净、强烈的工业色彩以及静止之物的冥想气质。简约主义思想在建筑设计中有明显的体现，这类设计往往将建筑简化至其最基本的成分，如空间、光线及造型，去掉多余的装饰。这类建筑往往使用高精密度的光洁材料和干净利落的线条，与场地和环境形成强烈的对比。

在室内设计领域，"简约主义"延续了现代主义的基本特征，提倡摒弃粗放奢华的修饰和琐碎的功能，强调以简洁通畅来疏导世俗生活，具有更强的工业感、时代感，其简约自然的风格让人们耳目一新。他们致力于摒弃琐碎、去繁从简，通过强调建筑最本质元素的活力，而获得简洁明快的空间。简约主义室内设计的最重要特征就是高度理性化，其家具配置、空间布置都有分寸，从不过量。习惯通过硬朗、冷峻的直线条，光洁而通透的地板及墙面，利落而不失趣味的设计装饰细节，表达简洁、明快的设计风格，十分符合快节奏的现代都市生活。极少主义在材料上的"减少"，在某种程度上能使人的心情更加放松，创造一种安宁、平静的生活空间，传达了新现代主义的原则与立场（图 3-25-14、图 3-25-15）。

"简约主义"的出现虽然缓解了由于"欧陆风情"泛滥所带给人们的审美疲劳，但是它过于简洁和单调的装饰手法，使人们在享受现代生活的同时，又开始隐约产生一种历史文化的失落感。就像当年曾经流行过的"欧陆风情"一样，"怀旧"又成为当下大众消费的另一文化热点。

尤其是在家居装饰中，很多人在搬进现代公寓的同时，会不惜高价地从旧货市场淘几件古旧家具或旧的器物以补偿现代生活完全割断历史的缺憾，古典家具或旧器物一时成为"高品位"的象征（图 3-25-16）。这时，消费的实质已经不在于物质本身，而在于它所代表的一种时尚和品位。

第 4 篇　新时代的室内设计

第 26 章　消费时代的室内设计

今天，有关什么主义的话题已经不再是室内设计讨论的重点，对于人类自身和环境的关注成为更重要的话题，人们追求艺术化、个性化和发展可持续的欲望更加强烈。室内设计已经包含了艺术、文化、情感、环保等观念，成为人们实现美好生活的重要组成部分。消费者也已远远不再仅仅满足于对房子的装修和布置，他们还期望通过室内设计来表达自己的品位和个性，使自己工作和居住的环境空间成为自己的符号。无论是设计师还是消费者，大家都把生活在一个更健康、更安全、更舒适的环境里作为共同努力的目标。室内设计成为了实现我们美好生活的一种有效手段。

进入 21 世纪后，室内设计已经成为一个开放的、各种风格并存的、各种学科交汇融合的学科。在经过了发展、反思和探索之后，随着新技术的不断推出和大量新材料、新技术、新方法在室内设计中的运用，伴随着新世纪的到来，室内设计也呈现出一种更为纷繁复杂的态势。

26.1　消费时代的文化

20 世纪 90 年代，是一个文化转型的时代。在这个时代，文化本身的世界化与多元化已是一个不可逆转的过程。文化艺术现象纷繁复杂、瞬息万变。但不管新时代的文化是多么的复杂与多么的不确定，它总会表现出两个方面的特征，即市场化和消费化。我们这个时代是一个以消费为主导的、由大众传媒支配的、以实用精神为价值取向的多元化的新时代，市场的神话结束了原来某些文化权威性的支配地位。尽管高雅文化和大众文化之间仍然存在着一定程度上的对立和分歧，但随着大众文化的繁荣与壮大，高雅文化已经丧失了原来的统治和控制地位，受到来自大众文化的挑战。现代化的文化就是市场文化，就是一切为了市场，一切为了消费者。现在的时代就是一个市场的时代和消费的时代，人们共同消费，共同分享信息，"人们按照广告去娱乐、去嬉戏、去行动和消费、去爱和恨别人所爱和所恨的大多数现行需要。（马尔库兹语）"[1]这导致了消费的同化，生活标准的同化，愿望的同化，活动的同化。这些现象共同构成了我们这个消费时代的消费文化。

26.2 消费文化的特点

消费文化的特点之一就是波及面广、变化无常。现在消费品的概念已不再是传统意义上的概念，人们生产制造的产品（广义上的概念）以及相应的行动都进入到消费品的行列。室内设计活动也就逐渐变成了消费的一个重要组成部分，对人们来讲，室内设计就像摆放在货架上的商品一样，人们可以根据自己的意愿和喜好选择设计的形式和风格。这样，室内设计的各种风格、各种流派的共同存在成为必然（图 4-26-1~图 4-26-3）。

消费文化的特征之二就是商品相对供大于求。1907 年，经济学家西蒙·纳尔逊·帕腾宣称：新的美德不是节约而是消费。时事的发展，很快就证明了这个当时还非常异端的观点。二战后，一个名叫维克特·乐勃的美国销售分析家说："我们庞大而多产的经济……要求我们使消费成为我们的生活方式，要求我们把购买和使用货物变成宗教仪式，要求我们从中寻找我们的精神满足和自我满足……我们需要消费东西，用前所未有的速度去烧掉、穿坏、更换或扔掉。"[2]消费主义作为一种当代的文化观念和新的生活方式的精神实质，在此表述得异常清晰。以往生产是社会主要关心的问题，现在促进产品的消费则是社会的主要工作目标；以往是以生产为中心，现在以刺激消费为中心，经济的增长越来越依靠整个社会的因素，而非仅仅是生产技术因素。美国经济学家嘉尔伯雷斯（Galbrainth）评论道，当产品的销售比产品的制造显得更为困难之时，消费者便成为科学技术的首要研究目标。因此，在消费社会中，人们更注重产品的文化含量，这就需要我们设计师进行不断的创新，提供新的消费点和切入点。

消费文化的特征之三就是商品交换中的平等原则，消费者与商品的创造者是平等的。个人的意志在对待消费对象的态度上都可以自由而充分地展现出来，也有更多的选择权利，对于作为消费品的室内设计来讲，它的意义和价值不再是设计师们自足，或满足实用功能，或具有美学价值，而是越来越多地取决于消费者，满足人们对于自我价值的欲求。同时，消费者也是一个在不断分化和变化着的群体，每一个人都有不同的审美趣味，可以为设计师带来不断创新的实践机会和社会境遇。

---

① 转引自：张绮曼，郑曙阳，主编. 室内设计经典集 [M]. 北京：中国建筑工业出版社，1994：16.
② 转引自：美术观察，2002（6）：3.

图 4-26-1（左） 香港太平洋酒店大厅

图 4-26-2（右） 上海金茂君悦酒店大堂

图 4-26-3 吉隆坡利兹卡尔顿酒店

　　消费文化的特征之四是消费文化改变了传统的设计观念，使用功能不再是人们对商品唯一的要求，商品的审美趣味不断地多样化和时尚化。在今天的消费社会中，一切随行就市的商品和文化产品都是人们消费的对象。时尚是创新的温床，它需要变化，需要放纵的、快速的变化。消费主义给予"创新"以空前的鼓励，因为不断更替的时尚，压缩了生产——消费周期；因为此起彼伏的时尚造就了争奇斗艳的市场，来迎合大众的消费口味。室内设计的时尚和其他的社会时尚一样，周期性的时尚变化从客观上也维持了当代生产、消费体系不断持续地向前发展（图 4-26-4、图 4-26-5）。

　　消费文化的特征之五是消解了商品在文化意义（包括美学上的）上的深度。如今商品的文化意义都在淡化的过程中，我们很难从商品中体味到其在文化上的深度感。每每都试图回味，但却没有值得我们回味起来的东西。对于商品，人们已经不再从文化意义的深度上去要求它了，无论对作品进行怎样的解释，我们都会觉得苍白无力和牵强附会。这样就导致了我们对待文化的态度的改变，譬如各种风格的设计和装饰随便可以出现在任何地方、任何场所，在设计的拼凑中，我们消解了这些设计文化原有的深度和精神内涵。室内设计已经放弃了能动积极地创造时代和反映时代的角色，而仅仅成为图案和符号的拼凑和组合（图 4-26-6、图 4-26-7）。

图 4-26-4（左）风味餐厅休息区
图 4-26-5（右）商店的室内环境

图 4-26-6 喀什旧城中的一家咖啡馆

图 4-26-7 带有怀旧元素的室内环境

26.3 消费文化与室内设计

当社会把现代化作为自己的发展目标时，就意味着要不断满足人们日益增长的物质和精神需要。因此，我们需要不断地扩大再生产，不断地获得更多的利润，不断地进行消费，营造出激荡当代社会生活的消费主义，消费主义充斥在当今社会的每一个角落。在消费世界中，室内设计创新的超越本质逐渐被人们遗弃或忽略，设计呈现出一种解体和离散的状态，其中所蕴涵着的精神也成为人们消费的对象，抹杀了设计创

图 4-26-8（左） 阿拉木图的一家伊斯兰风格的餐厅

图 4-26-9（右） 巴塞罗那斗兽场改造而成的现代化商场的室内设计有很强的工业感

新最初所具有的含义，创新只是作为风格或观念符号的快速生产和消费而加以特别的强调（图 4-26-8、图 4-26-9）。

尽管如此，在今天的室内设计活动中，创新，仍然是每一位设计师的潜在自觉和努力，也就是说，创新虽然不是室内设计活动的全部意义，但在当前也基本上代表了设计活动的文化逻辑和动因。当代社会的生活丰富多彩，发展的动因也就多种多样，但随着市场经济的不断发展和完善，消费文化——作为人们的一种生活观念和生活方式，已经毋庸置疑地成为当代大众生活的一个重要特征。生活在当今社会中的设计师不可避免地受到消费文化的影响和支配，这种影响和支配就会直接和间接地反映到设计师的作品中，成为新的价值观和精神取向。

影响消费文化的因素有两个方面：一个是市场机制；另一个就是大众文化。

传媒已经形成了庞大的产业，但传媒要求速度与规模，这是利益的驱动，也必然影响设计维"新"是从。现代传媒技术的发展使消费文化的普及成为可能，于是出现了这样一种现实：当追逐某一时尚的人们通过"模仿性消费"加入到另一时尚的消费队伍时，原来倾心于该时尚的人们又已经发现了更新的时尚潮流；这样，不同的社会消费层又重新有了区别，在媒体新一轮的炒作下，时尚的游戏又重新开始，如此循环往复，使不同阶层的消费者在时尚的变化中不断寻找和确认与自身阶层相符的商品和消费方式。

由于市场的作用，在消费文化的情境中，不但不会湮没精英设计，而且还会促进精英设计不断并迅速创新（图 4-26-10）。但是现在国内的设计市场并不规范，而且变化无常；设计师的素质和政府的管理也存在着一定的问题，不能很好地引导消费者。因此，设计师为了适应市场的需要，为了追求眼前的利益，东拼西凑、盲目抄袭，导致设计粗制滥造，缺少实际意义上的创新。然而，技术和经济的发展为

图 4-26-10 巴黎拉维莱特公园音乐厅大厅

大众对室内设计消费的需求创造了可能，于是出现了室内设计作品的抄袭和复制。只有通过建立良好的市场机制，才能通过市场引导建立起设计师、设计作品和消费者之间的良性循环。

26.4 消费时代的室内设计

美国后现代主义理论家杰姆逊描述道："新的消费类型；人为的商品废弃；时尚和风格的急速变化；广告、电视和媒体迄今为止以无与伦比的方式对社会的全面渗透；城市与乡村、中央与地方的旧有的紧张关系被市郊和普遍的标准化所取代；超级公路庞大网络的发展和驾驶文化的来临。"[①] 依照这一标准，当代中国都市已经进入到一个准消费的时代。室内设计活动日益深刻的市场化、商业化与产业化，使设计产品、设计师和消费者无所遁形，无不受到来自消费社会的那只看不见的手的操控。

当代中国的室内设计领域是一个十分热闹、充满喧哗、躁动和焦虑的领域，室内设计已经从象牙塔中走了出来，不再是仅供少数人玩味的东西，而大众文化和大众意识形态又使室内设计变成了一种即兴的、游戏式的产物。设计师既可以用设计赞颂时代，也可以用设计讽喻现实；既可以创造优美，也可以塑造疯狂；既可以表达对未来的希望，也可以寄托设计师对文化和社会的焦虑。因此，目前中国室内设计的发展趋势归纳起来大致有如下几种：

（1）传统本色——永远的经典：人们对传统文化都有一定的情结，与历史上流传下来的思想、道德、风俗、艺术等有着千丝万缕的关系。回归传统文化是人们无论如

---

① 转引自：美术观察，2002（6）：6.

何也挥之不去的文化情结，因此文化的回归是一种趋势，也是当代室内设计的一种方向。历史上任何时代的经典设计，不分国家、地区和民族，都是历史遗留给人们的巨大财富，具有永恒的美（图4-26-11、图4-26-12）。

（2）传统与发展——时空的交汇：如今的社会形态与历史的任何时候相比，都有着翻天覆地的变化。尽管传统的形式有着无限的魅力，但完全照搬昔日的形式无论如何也是不可能的。既要继承传统，又要不断发展。任何室内设计作品都是时代发展、文明进步的产物，传统的文化必须在现代化进程的框架中不断地进行重构。继承与发展是设计进步的永恒主题（图4-26-13~ 图4-26-15）。

（3）简约精致——新派奢华主义：密斯的"少即是多"是简约主义的中心思想。简约主义新颖大方，符合人们生活真正需要的舒适，个性化的简约主义令人耳目一新。简约主义把握住了设计与时代的变迁关系，在这个变幻莫测的世界中始终如一。简约主义强调用简单的、基本的几何构架作为一种表达方式来寻找形式的核心内涵。简约并不是意味着简单，但它往往会导致一些程式化的偏见。一方面简约对设计要素要求

图4-26-11（左） 枫丹白露宫殿室内环境

图4-26-12（右） 广州陈家祠书房

图4-26-13（左） 具有中国传统特点的室内环境

图4-26-14（右） 钓鱼台国宾馆总统套房

图 4-26-15 澳门 MGM 宾馆的四季厅

图 4-26-16 科隆路德维希博物馆展厅

图 4-26-17 慕尼黑现代艺术博物馆门厅

图 4-26-18 纽约 MOMA 室内环境

严格，将设计的元素、色彩、照明、材料等简化到最少的程度；另一方面要建立起要素之间、要素与环境之间的对话，通过精细的比例和细部来显示空间的架构和环境的氛围。虽然色彩和材料都比较单一，但色彩效果的形成非常复杂，使用的材料品质好，而且价格高。简约主义的设计思想包含了一些永恒的价值观，如对材料的尊重、细部的精确和单纯的设计元素等（图 4-26-16~ 图 4-26-18 ）。

（4）新奇与怪诞——时尚的推动力：时尚对室内设计而言，不仅仅意味着满足人们猎奇的需要，而更意味着创新。一旦设计师把握了时尚的价值体系和发展脉搏，设计师便可以通过想象力和创造力来引导消费者和时尚的消费市场。设计师应该是消费者追求新奇、渴望回归、向往超越的代言人。室内设计绝不仅仅是为了制造

图 4-26-19（左上） 慕尼黑现代艺术博物馆展厅内景

图 4-26-20（下） 教堂的设计充满了时尚感

图 4-26-21（右上） 洛杉矶圣母大教堂

一个可供使用的商品而已，而是使消费者能不断感受到时尚的魅力（图 4-26-19~图 4-26-21）。

登高远望，纵观历史的长河，则青山遮不住，毕竟东流去，前进、革新才是人类发展的健康方向，多元化只是时代精神的表象和手段，时代精神才是本质和目的。

歌德说过："凡是值得思考的事情，没有不是被人思考过的，我们必须做的只是试图重新加以思考而已。"也就是说，人类的困境像人类一样古老，并将随人类一同长久；但是，困境是古老的，思考应该是崭新的。

第 27 章　新时代室内设计的特征

　　进入 20 世纪 90 年代，旧的世界格局仿佛在一个瞬间崩溃，而新的世界格局仍在迷离模糊之中，与此同时全球的文化格局也发生了巨大的转变。人们对这一巨大变化的震惊与困惑似乎还未过去，就已经进入了 21 世纪。中国的室内设计在 21 世纪的第一个 10 年中的发展速度和进步的幅度令人惊诧，令人眼花缭乱，但同时也带来了种种问题。设计领域似乎在一夜之间进入到一个繁荣阶段，躁动肤浅、急功近利、夸大炫耀等不良风气也随之而来。人们过于追求表面的文章和短期效益，而对设计深层次的研究和实践取得的成绩未能尽如人意。

　　20 世纪 90 年代以来，中国的设计领域进入到了一个以消费为主导的、由大众传媒支配的、以实用精神为价值取向的多元化的时期，结束了原来某些文化权威性的支配地位。但同时必然带来一定的混乱，普通大众一时之间似乎无所适从，设计师群体有时为了经济利益并没有起到很好的引导作用。有些没有在市场大潮中随波逐流的设计师们都逐渐变得冷静和成熟起来，开始重新思考自身，寻找新的定位。从事设计行业或与之相关行业的人们所关心和讨论的不应该仅仅是"后现代主义""晚期现代主义""新古典主义""地域主义""高技术主义""解构主义"，以及"简约主义"等这些形式上的问题，更关切的应该是未来室内设计的健康走向，在设计实践中不断探索和拓展着室内设计的新视界。

27.1　新时代的室内设计

　　首先，让我们反省一下到底什么是设计？

　　以往，设计对我们而言可能是一种符号而已，根本看不到其中真正的内涵，因此，往往会导致设计朝形式化和表面化的方向发展。设计师在实际设计工作中，也往往停留在表面形式上的推敲，很少研究隐藏在形式背后更深层的技术和文化内涵，以及与

图 4-27-1（左）
中国国家博物馆大堂

图 4-27-2（右）
典型岭南特征的室内
环境

生活的适性关系。

　　然而，设计应该是艺术、科学与生活的整体性结合，是功能、形式与技术的总体性协调，通过物质条件的塑造与精神品质的追求，以创造人性生活环境为最高理想与最终目标。室内设计的实质目标，不只是服务于个别对象或发挥设计的功能为满足，其积极的意义在于掌握时代的特征和地域的特点，在深入了解历史财富和地方资源后，掌握当下最新的技术后采用适宜的技术手段，塑造出一个合乎潮流又具有可持续性和高层次文化品质的生活环境（图 4-27-1、图 4-27-2）。

　　因此，新时代的室内设计就是利用科学技术将艺术、人文、自然进行适性整合，创造出具有较高文化内涵、合乎人性的生活空间。

27.2　新时代室内设计的特征

　　新时代的室内设计将处于何种地位？将如何发展？这是经过了 21 世纪最初 10 多年的实践之后，需要我们进一步思考和探索的问题，尤其是在中国这样混乱的发展状态下，在设计观念和工作方法都落后于发达国家的现实中，有很多现实问题亟待解决，有很多课题有待研究。

　　回溯以往，设计的目的都是为了满足人类的基本需求和享受，人们肆无忌惮地向大自然索取，使自然环境和资源在很大的程度上遭到了破坏。中国各大城市空气和水的质量、乡村不断恶化的环境状况不仅让人担忧，这些年出现的雾霾天气已经让我们深受其苦，而人类的建造活动恰恰是造成这种状况的主要原因之一，这就是人类为求得自身的发展而付出的惨重代价。在问题逐渐暴露以及人类自我反省的延伸下，人们已经认识到设计已不单单是解决人自身的问题，还必须顾及自然环境，使人类的设计不仅能促进自身的发展，而且也能推动自然环境的改善和提高。

新时代的室内设计需要面对自然生态和文化环境的保护问题，如何在科技的发展和应用中，注意人与环境的协调和环境中历史文化的延续，充分发挥科技的作用，使人类生活的环境更美好。科技的发展和应用是我们需要面对的另外一个大的课题，掌握更多的科技知识，就能抓住比别人更多的机会，获得更大的效益。科技在设计中具有举足轻重的地位，设计的创新归根结底取决于技术的进步。

1. 室内设计生态化

人类社会发展到今天，摆在面前的事实是近两百年来工业社会给人类带来的巨大财富，人类的生活方式发生了全方位的变化。但工业化也极大地改变了人类赖以生存的自然环境，森林、生物物种、清洁的淡水和空气，以及可耕种的土地，这些人类赖以生存的基本物质保障在急剧地减少，气候变暖、能源枯竭、垃圾遍地、土地污染……如果按过去的工业发展模式一味地发展下去，这样的环境不再是人们的乐园。现实问题迫使人类重新认真思考今后应采取一种什么样的生活方式？是以破坏环境为代价来发展经济？还是注重科技进步，通过提高经济效益来寻求新的发展契机？发达国家已经远远走在我们前面，尽管有他们之前的经验教训可以借鉴，但我们却未能避免，而且有过之而无不及，这才是中国最大的悲哀。作为室内设计师，我们必须对我们所从事的工作进行认真的思考。

人类的生存环境，是以建筑群为特点的人工环境，高楼拔地而起，大厦鳞次栉比，形成了建筑的森林。随着城市建筑向空间的扩张，林立的高楼，形成了一道道人工悬崖和峡谷。城市是人类文明的产物，但也出现了人类文明的异化，人类驯化了城市，同时也把自己围在人工化的环境中。失去理智的城市扩张和无序的城市化进程会带来更多的问题，自然已经离我们越来越远。高层建筑采用的钢筋混凝土结构，宛如一个大型金属网，人在其中，如同进入一个同自然电磁场隔绝的法拉第屏蔽室，失去了自然的电磁场，人体无法保持平衡的状态，常常感到不安和恐慌。

随着人类对环境认识的深化，人们逐渐意识到环境中自然景观的重要，优美的风景、清新的空气既能提高工作效率，又可以改善人的精神生活。不论是建筑内部，还是建筑外部的绿化和绿化空间；不论是私人住宅，还是公共环境的幽雅、丰富的自然景观，天长日久都可以给人重要的影响。因此，在满足了人们对环境的基本需求后，高楼大厦已不再是环境美的追求，回归自然成了我们现代人的追求。现在，人们正在不遗余力地把自然界中的植物、水体、山石等引入到室内设计中来，在人类生存的空间中进行自然景观的再创造。在科学技术如此发达的今天，使人们在生存空间中最大限度地接近自然成为可能（图4-27-3~图4-27-5）。

图 4-27-3　洛杉矶盖蒂艺术中心建筑与自然环境融合在一起

图 4-27-4（左）　完全可以敞开的隔断墙使居室与庭院成为一个整体

图 4-27-5（右）　住宅与自然环境交融

　　人是自然生态系统的有机组成部分，自然的要素与人有一种内在的和谐感。人不仅仅具有进行个人、家庭、社会的交往活动的社会属性，更具有亲近阳光、空气、水、绿化等自然要素的自然属性。自然环境是人类生存环境必不可少的组成部分，因此，室内设计的生态化是发展的趋势之一。

　　在办公空间的设计中，景观办公室成为时下流行的办公室的设计风格。它一改过去办公室的枯燥、毫无生气的氛围，逐渐被充满人情味和人文关怀的环境所代替，根据交通流线、工作流程、工作关系等自由地布置办公家具，室内空间充满绿化。办公室改变了传统的拘谨、家具布置僵硬、单调僵化的状态，营造出更加融洽轻松、友好互助的氛围，更像在家中一样轻松自如。景观办公室不再有旧有的压抑感和紧张气氛，而令人愉悦舒心，这无疑减少了工作中的疲劳，大大地提高了工作效率，促进了人际沟通和信息交流，激发了积极乐观的工作态度，使办公室洋溢着一股活力，减轻了现代人的工作压力。

　　另外，我们在建造中所使用的一部分材料和设备，如涂料、油漆和空调等，都在散发着污染环境的有害物质。无公害的、健康型的、绿色建筑材料的开发和使用是当务之急。绿色材料会逐步取代传统的建材而成为建筑材料市场的主流，这样才能改善环境质量，又能提高生活品质，给人们提供一个清洁、优雅的室内空间，保证人们健康、安全地生活，使经济效益、社会效益和环境效益达到高度的统一。

　　新时代的室内设计必须生态化，生态化包含两方面的内容：①设计师必须有环境保护意识，尽可能多地节约自然资源，少制造垃圾（广义上的垃圾）；②设计师要尽可能地创造生态和健康的环境，让人类最大限度地接近自然，满足人们回归自然的要求。这也就是我们所常说的绿色设计。

绿色生态设计要以人为中心，最大限度地提高能源和材料的使用效率，减少材料使用过程中对环境的污染，建筑材料和能源的选择要考虑其再利用的可能性和耗能的大小，在设计中保持能量平衡，利用朝向获得太阳辐射能量，以此节约地球资源。

在绿色室内设计运动中，对环保材料的生产也成为很多材料生产公司的目标，积极开发环境保护产品是绿色设计的有力保证。包括光电板、集热器、吸热百叶和有效的遮阳织物。以及利用太阳能的太阳能集热器、双层隔热玻璃、太阳能发电设备等。如太阳光二极管玻璃窗就是一种人工智能玻璃窗，使用这种玻璃窗可以保持室内冬暖夏凉，非常有效地节约能源。这种窗户有两种设置，如设置在冬天档，百叶窗就会尽可能地吸收室外光线，并保持室内温度，通过产品本身的特性，只吸收光能，却不使之散发；如果设置在夏天档，则大量反射阳光，阻止热量进入室内，保持室内凉爽。

在建筑和室内设计中，绿色设计是通过设计和技术，保持人与自然之间的平衡、能源和消耗的平衡。通过自然的采光和通风，让人们生活在一种自然健康的环境中，尽量减少能源消耗、减少废弃物的排放。

2. 室内设计科技化

20 世纪以来科技的迅速发展，使室内设计的创作处于前所未有的新局面。新技术极大地丰富了室内的表现力和感染力，创造出新的艺术形式，尤其新型建筑材料和建筑技术的采用，丰富了室内设计的创作，为室内设计的创造提供了多种可能性。

在当代，媒体革命已经成为一个实际的、令人无法回避的现实。信息高速公路遍布全球，世界各地的电子网络正在改变着社会经济、信息体系、娱乐行业，以及人们的生活和工作方式。计算机技术、多媒体技术和无线移动互融互通，开创了未来世界的黄金领域互联网多媒体和无线移动服务。这一充满活力与生机的新市场引起了建筑师和室内设计师们积极而广泛的响应。

1994 年美国出版的《电脑空间与美国梦想》中认为：电脑空间的开始意味着公众机构式的现代生活和官僚组织的结束。未来公司的工作程序和组织程序也变得越来越虚拟化，他们的生存和运作取决于电脑软件和国际互联网，而非那些实用主义的、规范的建筑环境框架，多维联系已经超过了空间关系。

传统的行政体系的衰落使人们对工作场所有了新的界定，工作人员成了"办公室游牧族"。在一些公司的办公室里，办公工位及其附属的各种设施和设备都在静候着公司的游动工作人员。有些大型公司只为其部分工作人员保留固定的办公单元，但在将来，公司留在办公室里的员工会越来越少。这些都极大地影响、改变着我们的设计观念。智能化的设计手段，智能化的空间已逐渐地渗入到我们现在的工作和生活中。科技的进步将会主宰未来的室内设计。具体而言，科技化主要通过以下几个方面得以实现：

（1）室内设计中计算机、多媒体的全方位应用。对于设计师们来说，计算机辅助设计系统的运用，确实令他们如虎添翼。在计算机上，建立几何模型，创造高度复杂的空间形式；而且还能使他们随心所欲地计算和描述，以及进行任何风格的创造性试验，这些都丰富了设计师的想象力和创造力（图4-27-6）。建筑及室内的数字化模拟设计离不开计算机，现在国内风行的参数化设计则是完全依赖计算机，而建筑信息模型（Building Information Modeling）更是以建筑工程项目的各项相关信息数据作为模型的基础，进行建筑模型的建立，通过数字信息仿真模拟建筑物所具有的真实信息。组合的模拟程序使设计师能够准确地提供供暖和照明系统以及其他技术设备系统，以获得理想的或预期的效果。通过计算机设计师们可以全方位地把握设计。设计师们通过计算机联网技术，与业主和厂家及时沟通信息，提高工作效益，早已在设计中被广泛采用。

（2）新型建筑技术和建筑材料的广泛应用。随着科技的发展，建筑技术不断进步，新型建筑材料层出不穷，设计师们的设计有了更广阔的天地，艺术形象上的突破和创新有了更为坚实的物质基础（图4-27-7）。

科学技术发展的另外一个结果就是社会发展的高度国际化和同质化，使得国内外的设计同步发展，将现代技术、材料及其美学思想传播到世界的每一个角落。当一种新的建筑技术和建筑材料面世的时候，人们往往对它还不很熟悉，总要用它去借鉴甚至模仿常见的形式。随着人们对新技术和新材料性能的掌握，就会逐渐抛弃旧有的形式和风格，创造出与之相适应的新的形式和风格。即使是同一种技术和材料，到了不同设计师的手中，也会有不同的性格和表情，譬如，粗野主义的暴露钢筋混凝土在施工中留下的痕迹，在勒·柯布西耶的手中粗犷、豪放，而到了日本建筑师安藤忠雄的

图4-27-6（左）洛杉矶迪斯尼音乐厅门厅

图4-27-7（右）新加坡金沙酒店大堂的休息座椅

手中，则变得精巧、细腻。同样，工业化风格的形象在 SOM 和 KPF 的手中分别有了不同的诠释。

同时，技术的发展和工业化，必然带来室内装修材料、构件生产的产业化。而产业化的结果是大量的标准化、规格化的产品的制造，建筑材料、构件、装修材料，以及家具和陈设品，必然高度产业化。科技的进步使任何一种构件的精密加工成为可能，因此，这可以极大地改变我们现有的施工现状，改现场施工为场外加工、现场装配。施工现场不再是我们今天的木工、油工、瓦工、电工等一起拥入，电锯、电锤等声音齐鸣，烟尘飞舞，刺激的气味弥漫空中，秩序混乱；代之以清洁整齐、快速高效的施工场面。比较遗憾的是，国内的施工现场和工艺还尚未达到理想状况。

德国建筑评论家曼弗莱德·赛克（Manfred Sack）说过："技术已成为建筑学构造的亲密伙伴"。室内设计的发展要依赖技术，然而，由于种种原因，当代中国的室内设计及其建造技术依然停留在较为传统的方式上。设计师一般倾心于形式上的推敲，很少研究新的技术给我们的室内设计的发展带来的机遇和可能性。当然，过分地强调技术，一味地追求形式上的先进，那就是舍本逐末了。我们追求的室内设计的科技化是建立在技术生态主义基础之上的，要全面地看待技术在营造中的作用，并且把技术与人文、技术与经济、技术与社会、技术与生态等各种矛盾综合分析，因地制宜地确立技术和科学在室内设计创造中的地位，探索其发展趋势，积极有效地推进技术发展，以期获得最大的经济效益、社会效益和环境效益（图 4-27-8~ 图 4-27-10）。

室内设计的科技化是通过以下几个方面体现出来的：

（1）信息化。以前，我们所拥有的国外的信息和资料，有许多都是二手的。落后的资料信息系统妨碍了我们迅速与国外同行，甚至国内同行之间的联系，使我们处于一种相对封闭的状态。这必然影响我们设计国际化和专业化的发展。而今，随着对外交流的拓展，已经实现了设计的信息化。

图 4-27-8　民俗趣味的餐厅环境

图 4-27-9　北京昆仑饭店大堂

图 4-27-10　有浓郁地方特色的酒吧

（2）国际化。事实上，国外建筑师、设计师参与我国的设计已相当普遍，这种趋势已不可逆转。而且，只有通过国际化才能缩小我们与发达国家之间的差距，以便与国际沟通。从北京的国家美术馆等大型项目的设计招标方案中，我们可以看到国内设计师与国外设计师之间客观存在的差距。其实，存在差距并不可怕，认识不到差距或不承认差距才是可怕的，室内设计的国际化也是必然的趋势之一。首都机场 T3 航站楼、国家大剧院、中央电视台大楼等都是国际化的成果，我们可以从中学习先进的技术经验和设计理念。

（3）电脑化。尽管不能完全取代手绘图，但计算机已经成为当代设计师在设计中不可缺少的工具。其次，计算机和网络的使用可以加快信息交流，便于设计师、业主、厂家之间的相互沟通，可以大大地提高工作效率，也大大地降低了信息传递的误差。另外，电脑还可以控制所有的建筑技术功能，包括室内气温调节、供暖、防晒和照明，最大限度地减少能量消耗，最大限度地发挥建筑的经济和生态效应。

（4）制度化。建筑法、城市规划法、环境保护法、消防法等都是与室内设计相关的法规，但是缺少室内设计的专业法规。一旦室内设计制度化，就可以规范这个行业，改变混乱不堪的设计和施工现状，并大大提高创作和设计的质量。

（5）施工科技化。我们现有的施工技术，还是比较传统和落后的，已不适应当今社会的发展。我们必须发展适应当时、当地条件的适用技术。所谓适用技术，简而言之就是能够适应本国本地条件，发挥最大效益的多种技术。就我国情况而言，适用技术应理解为既包括先进技术，也包括中间技术，以及稍加改进的传统技术。也就是有选择地把国外技术与中国实际相结合，运用、消化、转化，推动国内室内设计技术和实施技术的进步，将国内行之有效的传统技术用现代科技加以研究提高。既要防止片面强调先进技术而忽略传统技术；又要杜绝抱残守缺，轻视先进技术，而不全面地研究和探索，过分地依赖传统技术。

3. 室内设计本土化

20 世纪 80 年代以来，人们追求现代的渴望空前高涨，超前的冲动弥漫于整个社会。一时间，传统的文化和规范受到极大的冲击，人们向往科学、丰裕、文明和工业化。许多发展中国家，以西方发达国家的发展模式来设计和发展自己的经济，人们照搬西方的生活方式，其结果往往以失败告终，这已从20世纪90年代东南亚的经济危机得到证实。人们不但没有得到，而且还失去很多，一时间茫然失措。然而，国际化和产业化又是我们无法回避的现实，在经过徘徊和失落之后，开始把注意力转向社会的主体，考虑自身的发展，在追求现代化的同时，重新开始用理性的眼光去寻求那被久久淡忘的传统文化，认识到任何发展和文明的进步都不能以淡漠历史、忘却传统为代价，现代化应该是在传统文化基础之上的现代化。

进入20世纪90年代后，全球的文化格局发生了巨大的转变。但就总体而言，世界的全球化与本土化的双向发展是当今世界的基本走向。

一方面，第一世纪的跨国资本（广义上的概念），在全球文化中发挥着巨大的作用。文化工业与大众传媒的国际化进程以不可阻挡的速度进行着，世界真正成了人们所谓的地球村。原有的世界性意识形态的对立似乎消失在一片迷离恍惚之中，消费的世俗神话似乎已经演变成了支配性的价值。日益发达的大众传媒使占有领先地位的知识、技能、美学趣味等传播到世界各地，其结果，使社会非地方化，经济和文化方面的世界性日益增强。巴黎的时装、美国的流行音乐、某一种新式的舞蹈、某种新产品、某一座新颖的建筑设计，会迅速地向四方传播，为人们所效仿，这导致我们的外部世界越来越相似和同质化（图4-27-11、图4-27-12）。

另一方面，世界的全球化带来了社会的市场化。但所谓市场化并不意味着对现代化设计的全面认同，而是面对后工业社会的新选择。市场化意味着以西方为中心的他者化的弱化和民族文化自我定位的可能。面对基本社会不断增长的世界化，面对使个体和集体精神状态统一化的压力，个性觉醒是一种压倒一切的需要，即对特性需要的表现。因此，以现代化为基础的民族文化以巨大的力量，带着复杂的历史、文化、政治、宗教的背景席卷而来。在那些处于发达资本主义社会之外的民族社会中发挥着越来越巨大的作用。人们更加珍视从传统内部衍生出来的东西，有意识地表现自己的独特性，越来越有目的地发展地区文化，追求区域特征、地方特色、民族文化。人们认识到越是民族的，越是世界的，越有个性，就越有普遍性，这是一种文化反弹现象（图4-27-13、图4-27-14）。

室内设计作为一种文化，尤其是建筑文化的一部分，必然会同其他文化一样有回归、反弹的现象，这就是室内设计的本土化。室内设计的本土化是世界文化发展的必然结果。

其实，基于本土文化的地区主义的创作思想起源甚早，最早是由L·芒福德在国际主义风格泛滥的年代力排众议提出来的。这是最早的地区主义创作理论，可在当时并没有引起人们的注意。20世纪70年代以后，《没有建筑师的建筑》（Bernord Kudolfsky）一书问世，在整个设计界引起了极大的反响。不但已经被忽略的地区主

图4-27-11　办公楼大堂

图4-27-12　酒店大堂

图4-27-13　和顺古镇一家客栈的餐厅

图4-27-14　意大利新古典主义风格的室内装饰

义设计被重新发掘出来，而且，有些从事地区主义创作的设计师也重新引起人们的重视，人们对他们所做的工作进行了重新评价，其中最有代表性的人物是芬兰的建筑师阿尔瓦·阿尔托。他的创作，不仅具有国际主义的语言，而且也表现出许多人文主义的、地区主义的特质。

曾几何时，不论是在建筑设计领域，还是在室内设计领域，设计的民族性和地方性一直是两个争论不休的话题。但是，近年来这两个问题都在逐渐淡化。究其根本，是因为民族性在淡化，地方文化和情态在淡化。这种淡化有其客观原因，社会文化交往的加强，科学技术的进步，使世界文化中存在着文化趋同的现象。这种趋同开始还表现在表面和形式上，后来逐渐深入到思想和文化领域。这样下去的结果就是整个的创作领域遭到压制，社会的个性和独特形态遭到破坏。这种情形，在我国当前的设计领域中表现得尤为明显，设计人员盲目地抄袭拼凑，急功近利地满足市场的需要，很少有作品能真正具有自己的个性。因此，出现了一些似是而非、不求甚解、浅薄空泛、表面平庸，甚至是无可奈何的室内设计作品。这些作品，或趋于自作多情地无病呻吟，或诚惶诚恐地拜倒在古人古法面前，或毕恭毕敬地生搬硬套洋人的东西，空间混乱，理念不清，细部简陋粗糙；或不分场合，牵强附会地使用缺乏内涵的符号，矫揉造作，附庸风雅，去满足市侩猎奇的喜好或遵命于长官的意志。

室内环境是一种具有使用之目的性和艺术之欣赏性的具体的客观存在，它存在于特定地区的自然环境和社会环境中。这些自然的和社会的要素，也必然会给建筑形式和室内形态以限定，形成独具特质的乡土建筑文化。因此，室内设计作为一种文化，尤其是建筑文化的一部分，是具有地域性的，它应该反映出不同地区的风俗人情、地貌特征、气候等自然条件的差异，以及异质的文化内涵（图4-27-15、图4-27-16）。

因此，面对当前国内室内设计领域极为混乱的局面，重新提出地区主义设计和设计本土化的概念是有意义的，而且是必要的。因此，作为设计师，不但应该研究世界各地建筑文化、地区建筑文化，而且应该在设计创作实践中，自觉地、有目的地追求地域性、地方特色、民族文化，继承并发展地区文化。

在由文化交流、科技进步带来的文化趋同的趋势下，探索设计的地区主义和本土化是非常艰辛的，是需要设计师们付出很大的努力的。这种探索不是由一代人、两代人能够完成的，而且有可能永远探索下去，因为文明是不断进步，社会是不断发展的，而且设计也只能在延续中得到发展。这种探索很早就开始了，而且从未间断过，不过从来没有像现在这样引起人们的重视。这些设计师们的作品质朴无华，但都蕴涵着伟大的洞察力和深邃的思想，有的虽然外表上没有历史的痕迹，但骨子里都洋溢着浓郁

图 4-27-15 具有人文色彩的展厅

图 4-27-16 具有典型东南亚特征的小店

的传统色彩。例如,芬兰的建筑师阿尔瓦·阿尔托、印度的建筑师查尔斯·柯里亚(Charles Correa),以及埃及的建筑师哈桑·法赛(H.Fathy)都为我们作出了很好的表率。

阿尔托在探索地方主义设计方面的历史性贡献在于平衡新旧之间的关系,对照自然和工艺,并结合人类的行为、自然的环境以及建筑三者,以自身的设计实践证明了区域特色的追求与现代化并不相悖。这不仅表现在建筑设计和室内设计中,而且还表现在家具设计中。在家具设计中,他将区域色彩融进机械制造的过程中,使他设计的家具,不仅具有地方特色,而且具有时代感。

柯里亚,不仅把印度建筑中的传统构图形成网格上单元的自然生长方式带到设计当中来,而且强调建筑空间形态的设计必须尊重当地的气候条件。他把传统的色彩和装饰大量地融入现代建筑空间中。他把设计完全同当地的自然环境、地理、气候等因素和社会环境、色彩、装饰等因素融合起来,创作了大量的具有印度传统色彩的作品(图4-27-17、图4-27-18)。他认为建筑师要研究生活模式,探讨了适合印度地理、经济与文化的建筑。由于柯里亚的卓越贡献,1983年获得英国皇家建筑师学会金奖。

法赛,对乡土建筑文化的发展作出了巨大的贡献。法赛发现,由于人口的剧增和技术的进步,新技术在建筑业得到了发展并取得了利润,而另一方面则导致传统技术的衰落和老匠人的散失。事实上,广大地区无力采用新技术,从而居住问题更为严重。法赛致力于住宅建设工作,重新探索地方建造方式的根源。他训练当地的社区成员,同时作为建筑师、艺匠,自己动手,建筑适合自己的居住环境。在他的工作中,给予地方文化以应有的地位。一般人设计穷人的房屋只是基于一种人道主义的心情,忽视了美观,甚至否定了视觉艺术,而对法塞来说,即使是粗陋的泥土做成的拱或穹隆,也要使之具有艺术的魅力。他在东方与西方、高技术与低技术、贫与富、质朴与精巧、城市与乡村、过去与现在之间架起了非凡的桥梁(图4-27-19、图4-27-20)。柯里亚称他为"这一世纪真正伟大的建筑师之一"。正由于他为穷人的建筑的重要贡献,1983年得到国际建筑师协会(UIA)金质奖。

图4-27-17 印度桑玛戈公寓起居室　　　　图4-27-18 印度克拉蒙格拉住宅的工作室

图 4-27-19　法赛设计的利用原始材料和结构建造
的露天剧场（一）　　　　　　　　　　　图 4-27-20　法赛设计的利用原始材料和结构建
造的露天剧场（二）

　　像阿尔托、柯里亚、法赛这样的设计师有许多，他们兢兢业业，孜孜以求，为我们探索建筑设计和室内设计的民族化和地方化提供了很多宝贵的经验，总结起来有以下几个方面：

　　（1）树立自信心，破除西方中心论的迷信。在经过了盲从的急躁和丧失自我的痛苦后，人们开始自我反思，认识到"现代化"并不应该是对西方模式的全面认同，而应该是对后工业社会文明的新的选择，选择一条自我发现和自我认证的新道路。柯里亚曾经说过这样一句话："如果现代主义建筑是在印度的传统建筑的基础上发展起来的话，那么它就不会是今天这种模样，而完全是另外一个样子。"所以，我们的设计师必须对自己的国家、民族的传统充满信心，不再盲目地追从西方文化。

　　（2）对世界各地文化进行比较研究。孙子云："知己知彼，百战不殆。"这就是说我们不但要研究自己民族的传统文化，而且要研究其他一切外来文化。只有这样，我们才能真正地了解世界，正确地认识自己，研究自己，发展自己，博采众长，融会贯通。

　　（3）必须立足于本民族的传统文化之上，对外来文化兼收并蓄，摆脱对民族文化的庸俗理解和模仿，立足于国情、民情，立足于人的基本需求和生活方式，而由于西方文化的广泛影响，我们的设计师学习了很多，也包括其中的一部分精华，这种事情本来是件好事，但是由于他们对自己民族的传统文化研究不够，有的甚至根本不研究，因此他们的设计成了无源之水，无本之木。这种"知彼不知己"的情形，导致设计中的历史虚无，何以谈得上让我们的设计走向世界，"越是民族的，越是世界的"这句话还是有一定的道理的。吴冠中先生说："我在外面认识的很多画家都想回来，因为他们出去画了一段时间之后，创作的源泉便枯竭了，他们的源泉在国内。"在任何时代、任何社会，文明的发展和技术的进步都不应以否定历史、丧失传统作为代价。

　　（4）设计必须现代化。在对待传统文化的态度上，我们不仅要拿来，而且要发展，要创造。只有创造性地继承，传统文化才会有生命力，而且也只有这样，才能适应不断发展的科学技术和社会生产力，才能适应已经变化了的国情、民情，满足人们的基本需求。

创造有文化价值的室内空间，是我们设计师责无旁贷的历史责任。尤其是在当前的文化多元共存之中，如何在室内设计中体现出我们自己本民族的特色，如何营造体现地方特征及风俗习惯的室内空间，是需要我们付出气力去研究的。现在，我们不仅有外国设计师探索地方主义设计的经验，而且还有很多实践的机会，那么，我们就会少走弯路，探索出适合中国国情，能够体现地方特色的室内设计创作方法来，丰富我国的室内设计创作。

4. 室内设计精致化

随着经济的发展，人们的生活水平和环境质量已经得到了很大的提升。以前人们为了满足最基本的需求，山寨模仿发达国家和地区的生活方式和环境，这种简单粗暴的发展建设模式，塑造的环境也是简单粗糙和流于表面的。尽管当下现实中存在着发展的不平衡，但人们对生活精致化的追求已经开始，会对自己所处的环境提出更高的要求。生活的精致化必然导致环境的精致化的走向，也必然带来室内设计的精致化。

精致的生活是什么？精致的生活，其实一点也不贵。它和金钱没有直接关系，而是一种生活态度。它可能是一件身边的家具（图4-27-21、图4-27-22），也可能是一条城市的街道。精致的生活，不是东西越多越好，而是越精越好。

室内设计要满足人们对便利、舒适、温馨等多种多样的需要，因此，空间的尺度、界面的处理、材料的搭配、家具的选择、陈设品的配置等都要科学合理地安排，使室内空间环境更好地符合人们的日常活动（图4-27-23）。如室内设计对儿童和老人的关注，如地面的防滑处理、室内空间路径的合理安排、墙面色彩的柔和温馨、灯光通风的舒适健康等。当代室内设计除满足人们的生理需求外，也一定要满足人们的心理和情感方面的需求。通过对室内进行艺术性和美的处理，以及借鉴其他学科的研究成果，室内设计在提高当代人们生活的品质和水平方面发挥了极为重要的作用。经过精心设计的室内环境，成为人们愉快出行、高效工作、休憩身心的场所。

图4-27-21　户外家具

图4-27-22　精致的具有热带地区特色的茶几

图 4-27-23　中国国家图书馆阅读大厅

对于我们现实生存的环境也是这样，环境的得体、适度、精致、艺术是我们在设计中的追求。因此，室内设计的精致化是现阶段在设计中必然的追求。

真正的精致生活，就是少一些将就，多一些讲究。

精致生活无关乎地域和场所，无论是城市，还是乡村。

精致生活无关乎年龄和性别，无论是男女，还是老幼。

精致生活无关乎金钱和财产，无论是清贫，还是豪富。

精致生活无关乎器物的大小，无论是建筑，还是家具。

林语堂先生在《生活的艺术》中讨论："一般人不能领略这个尘世生活的乐趣，那是因为他们不深爱人生，把生活弄得平凡、刻板，而无聊。"这就是他眼中的艺术化的生活和追求艺术化生活的人，设计师就应该是这样一类追求艺术化生活的人。艺术化生活就是生活艺术化的过程，艺术化的过程离不开去粗取精，也是精致化的过程。在某种程度上可以这样讲，精致生活就是艺术化生活。所以，设计师应该是追求精致的人，也应该是精致的人，用精致的设计为追求精致生活的人们设计营造精致的环境。

随着情感在设计中的参与，对理性功能的强调已经演变成对理性功能和感性功能并重，设计与艺术之间的距离已渐渐模糊，有些设计甚至很难把它们与艺术作品分开。虽然设计与艺术之间因为其功能特点而存在着某种分界线，但艺术化的设计已经被许多设计师所认同也被许多设计师实践着。

真正精致的人，除了取悦自己，还会成就他人。取悦自己，不是为了抵抗世俗，而是让自己变得更好的同时，让身边的人和事，也变得更加美好。不随意将就，追求极致的态度，也是精致生活的一种表现。

精致生活其实也代表了匠人精神，对于细节从不妥协，对于美感坚持到底（图 4-27-24）。匠人很渺小，但匠人精神却很伟大，他们从不自卑，也不骄傲，只是用自己全部的感情和智慧，去创造想要表达的东西。匠人精神之所以让人着迷，不只是因为精美的器物，而是浮躁社会中一种难能可贵的生活方式。人生需要一点匠心精神，才能活得极致和精致。

图 4-27-24　精致的细节和工艺　　　　　　　　图 4-27-25　乡村书吧

　　精致的生活，并不一定是堆金积玉，反而是通过极致的态度，和独到的品位来体现（图 4-27-25）。

　　追求精致充满的创造力和追求新鲜的体验，同时拥有独到的审美，是追求精致生活的人所崇尚的生活方式。

　　精致的生活，从来不是包装出来的，也从不远离人间烟火。

　　真正的精致生活，是需要时间的沉淀，还经得起岁月的洗礼的匠心呈现。

　　精致的生活需要设计，设计师就是要有自己的态度，从不追随潮流，既尊重传统，又承袭文化。

　　因此，"精致生活"是我们从事设计职业的人的必然选择。

　　5. 室内设计要具有时代精神

　　勒·柯布西耶说："建筑应是时代的影子。"

　　20 世纪 90 年代，是一个文化转型的时代，在这个时代文化本身的世界化与多元化已是一个不可逆转的过程。新时代的文化不管多么复杂与不确定，它总会表现出两个特征，即市场化和消费化。"现时代是一个市场的时代与消费的时代，人们共同消费，共同分享信息，这样导致了消费的同化。人们按照广告去娱乐、去嬉戏、去行动和消费、去爱和恨别人所爱和所恨的大多数现行需要（马尔库兹语）。"这导致了生活标准的同化，愿望的同化，活动的同化。这些现象共同构成了消费时代的消费文化。消费文化的特点在于波及面广、变化无常。建筑活动逐渐变成了消费的一个重要组成部分，建筑对人们来讲，如同摆在货架上的商品一样，人们可以根据自己的意愿和喜好选择建筑的形式和风格。这样，室内设计的各种风格、各种流派的共同存在成为必然。但是，这风格、流派并不是毫无条件、毫无差异地共存，其中必定蕴藏着一种潜在的、最具生命力的、起支配作用的意识，这就是时代精神，时代精神支配着多元化的发展方向（图 4-27-26~ 图 4-27-29）。

　　意大利建筑师和建筑理论家维特鲁威在《建筑十书》中，简洁却异常深刻地道出了建筑最本质、最基本的特征：坚固、实用、美观。现在经济技术的进步使建筑

图 4-27-26　酒店休息厅

图 4-27-27　酒店大堂

图 4-27-28　酒店大堂

图 4-27-29　酒店大堂

的安全已不再成为主要矛盾，"实用"与"美观"，或者说"理性"与"情感"变成了主要矛盾的对立双方，二者间的斗争贯穿于建筑发展的始终，这不仅仅是室内设计中的矛盾，在更深层的意义上来讲，这是我们意识形态中的矛盾，实用价值与美学价值，科学技术与文化艺术之间的矛盾。纵观历史，任何时代，任何地点，凡是具有深远意义的设计总是千方百计地运用材料、技术，脚踏实地解决时代的问题，探索新的表现形式和表达语言。这些作品不仅解决了"实用"方面的问题，而且也对"美观"方面作出了回答。

室内设计，它的形式和风格总是要反映人们的审美习惯的，不同时代、民族、地域的人，不同社会地位、年龄的人，不同知识结构、文化修养的人，有着不同甚至迥异的审美习惯。但是，不管这些审美习惯在感觉上多么不同，在它们的深层总有一种相同的东西。因为，人们的审美习惯不是凭空而来的，它是时代文化思潮的一部分，总是或多或少地反映出时代的精神特征（图 4-27-30~ 图 4-27-32）。

任何艺术作品（包括室内设计）都是时代发展，文明进步的产物。不同的文明会产生不同的艺术，每个时期的文明必然产生其特有的艺术，而且是无法重复的。康定斯基说："试图复活过去的艺术原则，至多产生一些犹如流产婴儿的艺术作品"。我们不可能像古希腊、古罗马人一样地生活和感受，因此那些效仿希腊艺术规则的人仅仅获取了一种形式上的相似，虽然这些作品也会一直流传于世，但它们永远没有灵魂。

图 4-27-31　纽约杜勒斯国际机场

图 4-27-30　银川机场　　　　　图 4-27-32　日本东京国际机场

密斯说："要赋予建筑以形式，只能是赋予今天的形式，而不应是昨天的，只有这样的建筑才是有创造性的。"

　　然而，令人遗憾的是，在新思潮的冲击和人为因素的冲击及影响下，出现了一些似是而非、不求甚解、浅薄空泛、表面平庸、甚至无可奈何的室内设计作品。这些作品，或趋于自作多情地无病呻吟，或诚惶诚恐地拜倒在古人古法面前，或毕恭毕敬地生搬硬套洋人的东西，一时之间，到处都是 SOM 和 KPF 的模仿作品，空间混乱，理念不清，细部简陋粗糙；或不分场合，牵强附会地使用缺乏内涵的"符号"，矫揉造作，附庸风雅，去满足市侩猎奇的喜好或遵命于"长官"的意志。形成一种与时代精神相悖的、病态的、无序的多元化。

　　另外，时代精神是在民族文化背景下展现出来的时代精神。民族文化是"随小孩子吃妈妈的奶的同时就把它吃进肚子里去了"的无形的东西，不管你是有意识，还是无意识，这种东西都会在我们的头脑中根深蒂固、挥之不去的，民族文化是历史上时代更新的风雨无法冲刷掉的。丹纳说："只要将其历史上的某个时代和现代的情形比较一下，就可发现尽管有些明显的变化，但民族的本质依然故我。"

　　但是无论地理环境怎样差异，血统如何不同，人们总会显示出某些相似的思想感情倾向，人类的文化总是具有共同的本质，这种本质也就是我们在设计中所要追求的（图 4-27-33~ 图 4-27-35 ）。

图 4-27-33　北京一家传统类型酒店的大堂休息区

图 4-27-34　纽约一家前卫酒店的大堂休息区

图 4-27-35　香港 W 酒店的大堂休息区

第 28 章　室内设计的原则

　　人们一直在为自身寻找、创造"存在佳境"，室内设计的目的旨在提供生存场所的合理创意和环境的适性整合，创造出一个既合乎自然发展规律，又合乎人文历史发展规律的，具有较高品质的生存空间。

　　回顾人类文明的发展史，可以看到人与环境之间关系的转变：适应自然环境→改造自然环境→人与自然环境互动。从现今人们所生活的聚居环境中可以看出室内的发展，被动潜意识的改善→主动积极地创造，单一的功能需求→复杂的功能满足，低层面的物质需要→高品质的精神追求。

　　现代人们所生活的都市聚居环境，一方面，满足了人们在物质方面的需求，即生理需要和安全需要。人们尽可能运用高科技的手段和材料，建造起看上去规整有序、清洁的钢筋混凝土丛林，确实就像勒·柯布西耶说过的那样："房屋是居住的机器。"但当城市变成一部巨大的机械体时，人们宛若机器上的部件在不停地运转，生活在机械般的程序中，丧失了原有的自然本性。另一方面，人的自然属性，没有得到重视。由于丧失部分天性，人无法保持平衡状态，心中的情感得不到宣泄，经常会感到惶恐不安。人们更高层次的需求迫切要得到满足，即社会需要（或谓归属感和爱的需要），尊重的需要，自我实现的需要的满足。

　　科学技术的进步，带来了社会生产力前所未有的发展和社会财富的急剧增加。应该承认，人类科学技术给世界带来了巨大的变化，极大地方便了人们的生活，显而易见，人类文明进步也越来越快，人类生活的整体环境品质得到了提高。但随之而来的是我们从未遇见过的问题。目前，不受人类活动影响的纯自然环境已不复存在，甚至人类把自己的手伸向漫无际遇的太空，现今我们所见到的自然环境都是人化的、社会化的自然环境。然而，城市聚落是人类聚居环境的一部分，人工创造的环境占主导部分，是最敏感的生态环境之一；城市中有人工的艺术创造，又有大自然的艺术创造。城市化地域范围兴建的大量建筑物和构筑物，桥梁、道路等交通设施等，尽管大都有积极的建设目的和动机，但是也无意之中，打破了自然环境原有的平衡状态，需要在较高的层次上建立一个新的动态平衡，然而自然界自我调节的能力有限，并不能迅速地建立新的平衡机制，对城市的生态环境产生了一系列不良的影响。

英国诺丁汉大学学者布兰达和维尔在其合著的《绿色建筑——为可持续的未来而设计》一书中，曾忧心忡忡地指出，"本质上说，城市是在地球这个行星上所产生的与自然最为不合的产物。尽管世界上的农业也改变了自然，然而它考虑了土壤、气候、人类生产和消费的可持续性，即它还是考虑自然系统的。城市则不然，城市没有考虑可持续的未来问题……现代城市的支撑取决于世界范围的腹地所提供的生产和生活资料，而它的耗费却反馈到了环境，有时还污染到很大范围。"[①] 虽然，科学技术的进步使人类改造自然的能力空前增长，填海造地（香港新近建成的机场），移山断河（中国的三峡工程）……然而却难以改造包括人类自身在内的生灵对环境的生物适应能力，例如，对环境污染的忍耐极限。因此，在室内的设计和创造中，必须对人类予以人文的、理性的关注，在关注人类社会自身发展的同时，也要重视自然环境和人文环境的发展规律，有意识地增进人与环境互动关系的良性循环，创造共生的室内。因此，在室内设计中，必须依据的原则如下。

28.1　环境的自在性

环境是一个客观存在的自在体系，有其自身的特点和发展规律。人仍有其自然属性，同其他构成环境的要素一样，是环境的有机组成部分，是自然界进化发展的产物，他生活在这个系统中，并同这一系统共同发展。人类为其自身的生存和发展，可以利用环境，改造环境，创造环境，但人类绝对不是自然的主人，绝不可能对环境为所欲为。荀子认为："天行有常，不为尧存，不为桀亡。"就是说的这个道理。

工业革命后，机械迅速发展，生产力水平迅速提高，人类社会进入了一个崭新的时代，科学技术给人类带来了巨大的财富，但也对自然与生态带来了极大的破坏并难以恢复。正如恩格斯所说的那样："对于每一次这样的胜利，自然都报复了我们。"1998 年在中国大地上发生的巨大洪涝灾害，就是自然环境被掠夺性开发和破坏的结果。

海南省三亚市曾一度进行大规模填海造地（我国其他海滨城市也存在程度不同的类似情形），新加坡也是这样，为了开发旅游在海边大规模建设（图 4-28-1~ 图 4-28-4）。清华大学建筑学院的吴良镛教授出于高度的历史使命感和职业良知，对此举带来的生态环境变化进行了研究，结果显示：第一，使三亚河潮位提高，延长了农

---

① 王建国. 生态要素与城市整体空间特色的形成和塑造 [J]. 建筑师，1998（6）：17.

图 4-28-1　三亚海边的度假酒店

图 4-28-2　三亚海边的海上餐厅

图 4-28-3　新加坡圣淘沙海边的度假酒店

图 4-28-4　新加坡海边的开发建设

田受淹时间；第二，破坏了原河道河滩植物与水下生物的生态环境；第三，越来越依靠挖河床来增加"纳潮期"；第四，三亚港淤积速度加快。这种开发实际上得不偿失。香港的国际机场（图4-28-5、图4-28-6）和国际会展中心（图4-28-7）就是填海造地建成，就建筑本身来说，其设计水平和建造技术都达到了相当高的水平，但对自然环境的影响还有待时间的检验。

人类对环境的破坏已成事实，生存环境因人类的创造活动和经济行为而恶化，这只能通过人类的创造活动和经济行为来改善。面对人类生存环境的恶化和危机，我们必须思考人类自身生存的安危和自身的根基，重新思考人与环境的关系，对人类社会文明的发展史进行反思，寻求一条适合现在社会发展的道路，使室内设计走上一条良性循环的、可持续发展的轨道。

恩格斯指出："自然的历史和人的历史是相互制约的。"这不仅表现在对新的城市空间的设计上，也体现在古城、古建筑等历史文化遗迹的环境的保护更新上。总之，我们如果尊重了自然发展规律（包括自然环境和人造环境），人们就能从自然的恩赐和回馈受益，使城市建设及其空间特色的形成和塑造更加科学合理，历史城市得到更好的保护和有机更新，创造出独具特色的城市空间环境。反之，我们就会得到自然的报复和惩罚。

图 4-28-5　香港国际机场（一）

图 4-28-6　香港国际机场（二）

图 4-28-7　香港国际会展中心

图 4-28-8　海德堡城中的教堂

一位作家曾写道："我到过欧美的很多城市，美国的城市乏善可陈，欧洲的城市则很耐看。比方说，走到罗马城的街头，古罗马时期的竞技场和中世纪的城堡都在视野之内，这就使你感到置身于几个世纪的历史之中。走在巴黎的市中心，周围是漂亮的石头楼房，你可以在铁栅栏上看到几个世纪之前手工打出的精美花饰。英格兰的小城镇保留着过去的古朴风貌，在厚厚的草顶下面，悬挂出木制的啤酒馆招牌。我记忆中最漂亮的城市是德国的海德堡（图 4-28-8），有一座优美的石桥夹在内卡河上（图 4-28-9），河对岸的山上是海德堡选帝侯的旧宫堡（图 4-28-10）。可以与之相比的有英国剑桥，大学设计在五六百年前的石头楼房，包围在常青藤的绿荫里——这种校舍不是任何现代建筑可比。比利时的小城市和荷兰的城市，都有无与伦比的优美之处，这种优美之处就是历史。相比之下，美国的城市很是庸俗，塞满了乱糟糟的现代建筑。他们自己都不爱看，到了夏天就跑到欧洲去度假——历史这东西，可不是想有就能有的。"①

① 王小波. 我的精神家园 [M]. 北京：文化艺术出版社，1997：285.

图 4-28-9　海德堡内卡河上的石桥

图 4-28-10　海德堡山上的旧宫

图 4-28-11　城市建设中正在被拆毁的老宅子，抹去了过去时光的记忆

图 4-28-12　原汁原味的朝鲜民居

中国很多极有特色的古城镇、文化遗迹，在历史的风吹雨打中逐渐褪色，丧失了原有的特点，而且逐渐被无情的建设之手把它们从我们的记忆中抹去（图 4-28-11～图 4-28-13）。城市建设千篇一律，失去了原有的地域特色和文化特征。那位作家的意大利朋友告诉他："除了脏一点，乱一点，北京很像一座美国的城市。"北京都如此，就更不用提其他的城市、村镇了。

中国人只注重写成文字的历史，而不重视保存在环境中的历史，一种文明、文化的解体往往不仅仅是由于自然的风吹雨打和新陈代谢的结果，更多的时候是由于人的自私和无知造成的。人类历史上的悲剧大都是人类自己造成的。而且，人文景观属于我们只有一次，假如

图 4-28-13　新建的朝鲜民居已经失去了原来的味道

你把它毁坏掉了，再重建起来就已不是那么回事了。历史不是可以随意捏造的东西。真正的古迹，即使是废墟，都是使人留恋的，你可以在其中体验到历史的沧桑，感觉到历史至今还活着，它甚至能使我们联想到我们不仅属于一代人，而更属于一族人。保护修缮是可以，但若要重建则得不偿失。"抹去了昨夜的故事，去收拾前夜的残梦。但是收拾来的又不是前夜残梦，只是今日的游戏。"[①]

圆明园在不知不觉中，有些东西又恢复了原有的旧貌，新开通的平安大街又假模假式地穿戴起不合时宜的长袍和瓜皮帽，虽谈不上令人作呕，但也是哭笑不得。而江南某历史文化名城在古城区仅两平方公里多的范围内，开辟了纵横两条宽度达 36m 的交通干道，而且所谓的"现代"建筑越建越高，越盖越大，毫无地域特色，完全改变了古城历史上那种"山、水、城"交融一体的空间形态特色和街区格局。旧时北京的"燕京八景"之一"银淀观山"也早已成为历史。

因此，室内设计，作为人类创造生活空间的活动，必须尊重自然环境和历史环境的客观规律，尊重环境，保护环境，这是现代室内设计的前程，其他几个原则都是在这个前提下展开的。

28.2 人的主体性

20 世纪 90 年代，旧的世界格局仿佛在那短短的一瞬间崩溃，而新的世界格局依然扑朔迷离。原有的价值观、社会秩序刹那间分崩离析，在市场化和商品化的社会进程中，如同万花筒般灿烂和迷乱，一切都是那么的复杂和不确定。我们就像在暮色中迷失的孩子，寻找着各自回家的路，确认自己的归属感。人们对这一巨大变化的震惊和困惑似乎还未过去，就已进入 21 世纪。

20 世纪 90 年代，是一个文化转型的时代。在经历了 20 世纪 80 年代这个对现代主义"过分强调理性"反思而进入的多元化的时代，似乎一切都变得难以琢磨，混乱无序，一切都失去了衡量的标准。人们的价值观更趋于世俗化、即时化和实用化。实用精神成了现实价值的选择中心，这成了消费时代的消费文化的基本前提。人类所有的活动都披上了消费文化的特点，不仅可见的物品，就连同无形的文化都变成了货架上的某种消费品，可以由消费者任意选取，而文化中所暗含的那些道德、社会标准荡然无存，不同的趣味也就有了平等的地位。

在信息化时代，"全球化"趋势、商品化和市场化社会、环境危机、情感危机的背景下，人们的需要越来越复杂，他们在迷茫困惑中寻求自己的感情寄托，或怀念古

---

① 余秋雨. 文明的碎片 [M]. 沈阳：春风文艺出版社，1994：3.

老的生活方式，追寻传统文脉（图4-28-14）；或向往充满人情味、装饰味的地方民俗（图4-28-15）；或崇尚返璞归真、讲求自然（图4-28-16）；或追求高度的工业技术文明（图4-28-17）。因此，室内设计出现了前所未有的繁荣景象。多元化的选择促使流派纷呈，但从中我们仍可以"嗅"到它们焕发出来的审美信息，并归纳出当代室内的变化趋势：就设计的审美价值而言，倾向于情理兼容的新的人文主义或激进的折中主义（图4-28-18）；就设计的审美重心而言，从客体（审美对象）转向主体（设计的欣赏者）；就审美经验而言，从建筑师的自我意识转向社会公众的群体意识。在这些审美趋势的召唤下，具体到当代室内设计上就是以人为中心，以心理需求的满足为重心。

环境，作为人类生存的空间，与人们的生活是息息相关的，环境的形成和存在的最终目的是为人提供生存和活动的场所。人是环境的主体，室内设计的中心便是人。以往，室内的设计只注重实体的创造，却忽视环境的主角——人的存在。设计师们的注意力全部集中在界面的处理上，而很少研究人的心理感受。然而，人性的回归，使

图4-28-14　中国宫廷韵味的室内环境

图4-28-15　民俗风格的餐馆包间的室内环境

图4-28-16　卧室的墙面保留夯土的肌理

图4-28-17　工业感十足的纽约城市大学教学楼室内环境

图4-28-18　折中风格的混搭设计

图4-28-19 圣何塞图书馆儿童图书室

当代室内不仅将环境中的实体要素作为研究对象，而且逐渐认识到环境的使用者——人。人们已不仅仅满足于物质条件方面的提高，精神生活的享受越来越成为人们的重要追求。室内的发展也从人们基本的生理需求而转向更高层次的心理需求方面。室内面对人类的种种需求，不得不最大限度地适应人们的生活，从而使室内和当代人们的实际生活更加全方位的贴近（图4-28-19）。

对人的人文关怀是当代室内设计中的重点，这促使室内的审美重心从审美客体（室内）转向审美主体（人），同时也促使研究审美的注意力从"美"转到"美感"上，并认识到在以人为主体的当代环境观下，人的生理、心理需求的满足构成了室内审美的美感。相对于其他类别的艺术（如绘画、雕塑等），生理上的舒适是室内美感的一大特点，这是其他艺术所难以比拟的，因而生理需求（健康要求、人体尺度要求等）的满足在室内审美中具有远远超出其他艺术审美中的重要价值。但是，我们也应看到，任何艺术总是以满足心理、精神的需求（"愉悦性"心理需求和"情思性"心理需求）为最高目的，尤其是在今天人们审美意识普遍提高的情况下，人们已不满足于室内的生理舒适快感，而将审美热情更多地倾注于在室内获得心理上的"幸福感"，更看重室内所蕴含的文化意蕴、情感深度等，从中获得更慰人心的精神享受。

人的主体性是室内设计的出发点和归宿。

28.3 环境的整体性

在人们的审美活动中，对一个事物形象的把握，一般是通过对它整体效应的获得，而不会先去注意到事物的细节形式，人们对事物的认识过程是从整体到局部，然后再返回到整体，也就是说要认识事物的整体性。没有无局部的整体，也没有无整体的局部，局部与整体无关，整体与局部脱节，整体与其他东西没有关系，只能是一堆废物（图4-28-20）。

在这里，整体可以通过两个关键的词去理解：一是统一，二是自然。在整体的结构中，这二者合一。一个整体的结构按照自然原理构成，那就是结构的所有构成部分的和谐及整体的协调。这种结构的特性和各部分在形式和本质上都是一致的，它们的目标就是整体。

根据格式塔心理学，格式塔（Gestart）的本意是"形"，但它并不是物的形状，或是物的表现形式，而指物在观察者心中形成的一个有高度组织水平的整体。因而，"整体"的概念是格式塔心理学的核心。它有两个特征：

（1）整体并不等于各个组成部分之和；

（2）整体在其各个组成部分的性质（大小、方向、位置等）均变的情况下，依然能够存在。

作为一种认知规律，格式塔理论使设计师重新反思整体和局部的关系。古典主义是建立在单一的格式塔之上的，它要求局部完全服从于整体，并用模数、比例、尺度以及其他的形式美原则来协调局部和整体的关系。但是，格式塔理论还指出了另一条塑造更为复杂的整体之路：当局部呈现为不完全的形时，会引起知觉中一种强烈追求完整的趋势（例如，轮廓上有缺口的图形，会被补足成为一个完整的连续整体）；局部的这种加强整体的作用，使之成为大整体中的小整体，或大整体的片断，能够加强、深化、丰富总体的意义。因此，人们重新评价局部与整体，局部与局部之间的关系，重新认识局部在整体中作用的价值。

室内环境作为一个系统、整体，是由许多具有不同功能的单元体组成的，每一种单元体在功能语义上都有一定的含义，这众多的功能体巧妙地衔接、组合，形成一个庞杂的体系——有机的整体，这就是环境的整体性（图4-28-21）。

室内是由具体的设计要素构成，如空间、自然要素、公共设施、陈设、家具、雕塑、光、色、质等。根据格式塔心理学，室内最后给人的整体效果，绝不是各种要素简单、机械地累加结果，而是一个各要素相互补充、相互协调、相互加强的综合效应，强调

图4-28-20 钓鱼台18楼总统套房卧室

图4-28-21 钓鱼台芳菲苑大宴会厅

的是整体的概念和各部分之间的有机联系。各组成部分是人的精神、情感的物质载体，它们一起协作，加强了环境的整体表现力，形成某种氛围，向人们传递信息，表达情感，进行对话，从而最大限度地满足人们的心理需求。因此，对于室内的"美"的评判，在于构成室内要素的整体效果，而不是各部分"个体美"的简单相加。"整体美"来自于各部分之间关系的和谐，当代室内对"整体性"的追求，也就是室内组成要素之间和谐关系的追求。

美国得克萨斯州爱尔文市威廉姆斯广场，是一个城市环境中的开放式空间。其中唯一的景观是位于广场中心的一组奔马雕像，主旨是表现西部开发的传统，其原型可以一直追溯到早期西班牙人美洲探险的历史，纪念他们将自己的生活方式带到西半球，奔马栩栩如生的形象，象征着得克萨斯现代文明的先驱者们的创业信念。这一环境的整体构想，是要通过富于个性的形象折射出场所与城市、地方在文脉上的关系，同时又兼顾到广场自身的标志性。此环境处理的要点有二：一是要制造一个渲染烈马狂奔的环境；二是要点明奔马的历史史诗所发生的地点，即当地的气候特征与周围的地貌梗概。碰巧的是距广场不远有一处湖泊，因此水的引入便顺理成章，它可以使落地的马蹄"溅出"飞扬的水花，在形式上加强了奔马形式的合理性，而雕塑的背景，包括建筑饰面和地面铺装，均使用黄、褐色相间的花岗石，借以暗示广阔而干涸的沙漠平原特征。在这个环境创造中，主体与背景完全融合，如果主体——群马塑像离开这个背景，则失去了它的象征意义，如果背景环境脱离了这个主体，便会没有丝毫含义。

从上面的这个实例中，我们必须充分地认识局部和整体的关系，给予两者同等的价值，我们要辩证地看待两者之间的关系，在实际创作中把握适当的"度"，既不能不重视，也不能过分重视。另外，我们还要以运动和变化的方式看待整体和局部，今天的空间变化比以往任何时候都要复杂、丰富，这种多层次、多角度的相互穿插、更迭，使得整体和局部之间的界线愈来愈模糊，在特定的条件下，局部可转化为整体，整体也可以转化为局部。

28.4　时空的连续性

室内环境不是纯欣赏的艺术，不同于雕塑、绘画、电影和音乐等艺术，而是一种创造有功能使用价值的空间艺术，是在特定环境中的创造。纵观历史，任何时代、任何地点，凡是有深远意义的室内设计，总是千方百计地运用材料、技术，脚踏实地地解决时代的问题，并探索新的表现形式和表达语言。

室内环境的创造与形成，往往是自然环境、营造技术和人文环境共同作用的结果。在人类早期征服自然、改造自然的过程中，逐渐形成了适合特定自然环境的室内环境。

与室内环境相关的自然条件，如气候、地理环境、材料技术、物产条件等都具有决定性的意义。室内环境所形成的特色就越多地反映出它所依存的自然要素和制约。民居是历史上最早出现的建筑类型，它的室内环境的形成和发展，在很大程度上受自然条件的影响，不同地域的民居在形态上有很大的差异，形制变化万千。北京的四合院、东北的木屋（图 4-28-22）、皖南的徽派民居、云南德昂族的干阑式建筑（图 4-28-23）、贵州苗族的吊脚楼（图 4-28-24）、西北的黄土窑洞、福建的土楼（图 4-28-25）等，都可以说是自然环境的产物。

然而，随着技术的进步，决定这种室内环境形态的人文因素（政治制度、意识形态、社会文化心理等）起到越来越重要的作用，而自然因素对室内环境的制约相对减少，室内环境中人文因素的含量也就越来越多。室内环境是一个巨大的物质载体，人类文明发展史都在室内中清晰地烙上它的痕迹。换而言之，室内的发展史在一定程度上来说，就是一部人类文明的发展史。有人说："建筑是一部石头的史书"，社会文明在不断地进步、不断地现代化，但是并不意味着原有文化的解体。人类文明总是在变革中延续，在新陈代谢中成长，新生与死亡在同一肢体上发生，新旧更迭在同一时间段和空间领域中完成，文化共生的现象，现实而合理地存在于社会发展的进程中。室内环境是人类文明的载体，社会文明的新旧更替在人类社会室内设计的发展中必定会有所体现，因此室内环境的发展在形式上具有一定的时空连续性，与历史、未来相连接。

图 4-28-22　吉林锦江的木屋

图 4-28-23　贵州苗族的吊脚楼

图 4-28-24　云南德昂族的干阑式建筑

图 4-28-25　福建的土楼

另外，室内环境还有一个不同于绘画、雕塑甚至建筑的特点，就是室内环境始终处于一种动态的发展过程之中。一幅画、一件雕塑、一幢建筑，创作的时间再长，总会有一个基本完成的时候。而室内环境，却处于一种运动的状态，补充完善、新旧更替。当然，具体地点的室内在一个时期内可以说是基本建成，处于相对静止和变化缓慢的状态。例如，一幢建筑的内部环境，一般也就会保持 5~10 年的相对稳定。但是，不论如何，只要社会不断地发展，生命不断地延续，这种变化就会永无止息。

室内设计的创造是一个不断完善与调整的过程，永远处于一个不断的新旧交替之中。室内是一个动态的、开放的体系，它处于永远的动态之中，是在动态中平衡的系统。就如一个有生命的肢体，除了自身的新陈代谢，它还不停地吸收系统外的养分（物质技术、文化等）。室内既有古老的东西，又不断地产生新的事物，新旧共生于同一载体之中，相互融合，共同发展。

人们的审美习惯不同，甚至迥异。不同时代、民族、地域的人，不同社会地位、年龄的人，不同的知识结构、文化修养的人，在审美情趣上都会有着或多或少的差异。但是，不管这些审美习惯在感觉上多么不同，在它们的深层总有一种相同的东西，因为，人们的审美习惯不是凭空而来的，它总是时代文化思潮的一部分，总会或多或少地反映出时代的精神特征。因此，同一时代的不同文化，不同时代的文化都现时而合理地存在于室内设计的发展历程中。

任何事物的发展都是在否定之否定的过程中实现，它不断地从体外吸取养分，促进自身的新陈代谢，有机更新。尤其是在文化的发展上，不管这些养分是自己主动吸收的，还是外界强加的，它都能改善自身的机能，促进自身的发展。

28.5　意识的民众性

室内的审美价值，已从"形式追随功能"的现代主义转向情理兼容的新人文主义；审美经验也从设计师的自我意识转向社会公众的群众意识。在现代主义运动前期，维也纳分离派的建筑师对待业主还像是粗暴的君主，使其唯命是从，密斯为了坚持自己的设计原则与业主争吵不休，而现在，建筑活动变成了消费时代人类消费品的一部分，它如同摆在货柜上的商品，人们可以根据自己的喜好任意选择。使用者积极参与，使当代的设计文化走向了更为民主的道路。

"公众参与"早已不只是句漂亮的口号，它早已渗入到我们的设计中。在不知不觉中，大众的口味已在引导着我们的设计方向，有时甚至起到支配的作用。在中国，公众参与的意识一般仅限于私人的空间中，参与公共室内设计的意识还没有那么强烈，一般仅停留在发发牢骚的层次上，很少能提出较为系统的、有见地的见解，与国外的民众意识不可同日而语。

20 世纪 80 年代，法国为 200 周年大庆扩建卢佛尔宫，贝聿铭先生受命进行扩建设计。方案一出台，却引起了轩然大波，法国人，特别是巴黎人，都感到他们有责任对可能改变卢佛尔宫形象的扩建计划发表自己的意见。一时间，报纸上沸沸扬扬，人们津津乐道于发表自己的见解。《费加罗报》公布的一项调查表明，90%的巴黎人赞成对卢佛尔宫进行修复，而同样多的巴黎人反对建造金字塔。"金字塔战役"绝不仅是法国绕卢佛尔宫进行的一场无关紧要的小争执，它变成了与法国文化的未来直接相关联的哲学大争辩。法国人不无自豪地把自己看做审美方面的仲裁员。全体巴黎人以法国人特有的孤傲认为，贝聿铭将要对新古典主义的巴黎那幢如诗如画的建筑物所作的改动绝不仅仅是一种侵扰；它是对法兰西民族精神，即法国特色的可怕的威胁。然而，巴黎人最终还是承认了这个外国人所做的方案。"这个方案没有那种所谓'现代主义玩艺儿'的性格，恰恰相反，它是基于一个能完美地适应这样一个建筑群体的基本概念之上的"东西。

而我们的公众，在北京为迎接新中国成立 50 周年大庆而进行的大规模改造中，除了几位专业人士在专业的杂志上发表了少得可怜的专业性评论文章，很少有人出来对设计评论，发表自己的看法和见解。大多数人无暇顾及身外的环境，或匆匆忙忙，视而不见，或盲从于舆论的导向。王府井步行街的改造，平安大街的建设，西单文化广场、金融街和建国门内大街外环境的设计，尽管极大地改观了北京的市容，但成功与否，还有待时间的检验和有识之士的评说。

室内设计的意识民众性，是针对公共室内设计提出的，尤其是针对中国目前的室内设计现状。有多少个公共空间的室内是公众真正参与的结果？大部分的室内设计仍旧是个别人的喜好或某些领导意志的结果，这些空间往往脱离了它的最广大的所有者。我们必须意识到，公共环境的存在，是为大多数人服务的。在这里，大众是我们设计师的服务对象，无论是在室内环境中，还是在室外环境中，应力求与环境的最广大的所有者沟通，并为之服务。

另外，意识的民众性还有一个含义——雅俗共赏，即室内的品质风格不仅为少数人所接受，还要被大多数人所欣赏，我们既要"阳春白雪"，也要"下里巴人"。

第 29 章 室内设计中的生态主义

　　室内设计作为一个单独的学科，一直具有相当独立的地位，这种独立完全源自于它所具有的专业特征、造型手段和艺术表现规律，以及实现的技术条件。然而，室内设计一旦脱离开传统的设计方法，走进整体的室内设计中来，其作为室内设计的独立性就要受到质疑了。本节将以有机建筑的设计理论和生态建筑的设计理论为基础，进一步探讨对于室内设计所应持有的、现代的设计观念和方法，对于室内设计本身的形式美规律和设计手法等不作为本节讨论的话题。

　　问题的提出是基于这样的一种事实：到底什么样的环境是一个好的设计？未来的室内设计到底往何处去？经过了多年的实践和探索，其艺术表现力和审美价值都得到提升和发展。但是在当前社会发展的现实中，由于其他相关边缘学科（生态学、社会学等）的介入，室内设计的艺术设计到底能在未来的室内设计中占多大的比重？是否还继续唱独角戏？这里论述的概念可能会与现在人们意识中传统的室内设计的概念不同。

　　社会发展到今天，经济和社会都发生着巨大的变化，旧的世界格局仿佛在一个瞬间崩溃，而新的世界格局仍在迷离模糊之中，全球的文化格局也发生了巨大的转变。人们赖以生存的自然环境和生态系统也是如此，因为人类的经济行为和科技进步而有很大的改变：一方面似乎变得更加适合人的居住和生活，另一方面又对原有环境造成了很大的破坏。在这个背景下，我们需要进一步探讨室内设计的未来发展趋势，如何尽可能地节省自然资源，保护人类赖以生存的环境；如何建造出更适合居住的环境？

29.1 建成环境的启示

实例一：柏林国会大厦改建（参见《世界建筑》2002 年第四期）

柏林国会大厦始建于 1894 年，原名帝国大厦，帝国大厦在二战期间被严重破坏。

德国统一以后，对该建筑进行了重新改建。1992年经过公开的国际竞标，德国政府指定英国建筑师诺曼·福斯特（Norman Foster）作为改建国会大厦的设计主持人。通过对竞赛方案的修改，福斯特完善了原有的设计。完善后方案的高明之处在于不仅仅保留了原有建筑的外形，而且使它变成了一座生态建筑，使看上去貌似简单的玻璃穹顶具有丰富的内涵。

柏林国会大厦的改建使人们对生态建筑有了更深刻的理解——对自然资源的合理使用并进而达到生态平衡，这具体表现在以下几个方面。

1. 自然光源的利用

柏林国会大厦改建后的议会大厅与一般观众厅不同，主要依靠自然采光而且具有顶光，通过透明的穹顶和倒锥体的反射将水平光反射到下面的议会大厅，议会大厅两侧的内天井也可以补充自然光线，基本上可以保证议会大厅内的照明，从而减少了平时的人工照明。穹顶内还设有一个随日照方向自动调整方位的遮光板，遮光板的作用是防止热辐射和避免眩光。沿着导轨缓缓移动的遮光板和倒锥形反射体都有着极强的雕塑感，有人把倒锥体称作"光雕"或"镜面喷泉"。日落之后，穹顶的作用正好与白天相反，室内灯光向外放射，玻璃穹顶成了发光体，有如一座灯塔，成为柏林市独特的景观（图4-29-1~图4-29-3）。

2. 自然通风系统

柏林国会大厦自然通风系统设计得也很巧妙，议会大厅通风系统的进风口设在西门廊的檐部，新鲜空气进来后经过大厅地板下的风道及设在座位下的风口，低速而均匀地散发到大厅内，然后再从穹顶内倒锥体的中空部分排到室外，此时倒锥体成了拔气罩，这是极为合理的气流组织。大厦的侧窗均为双层窗，外层为防卫性的层压玻璃，内层为隔热玻璃，两层之间为遮阳装置，侧窗的通风既可以自动调节也可人工控制。大厦的大部分房间可以得到自然通风和换气，新鲜空气的换气量根据需要进行调整，每小时可以达到1/2~5次。由于双层窗的外窗可以满足保安要求，内层窗可以随时打开。

3. 能源与环保

20世纪60年代的国会大厦曾安装过采用矿物燃料的动力设备，每年排放二氧化碳达到7000t，为了保护首都的环境，改建后的国会大厦决定采用生态燃料，以油菜籽和葵花籽中提炼的油作为燃料，这种燃料燃烧发电相当高效、清洁，每年排放的二氧化碳预计仅为44t，大大地减少了对环境的污染。与此同时，议会大厅的遮阳和通风系统的动力来源于装在屋顶上的太阳能发电装置，这种发电装置最高可以发电40kW。把太阳能发电和穹顶内可以自动控制的遮阳系统结合起来是建筑师的一个绝妙的想法。

图 4-29-1　议会大厅自然采光的效果

图 4-29-2　穹顶大厅（右为倒锥体，左为移动遮光板）

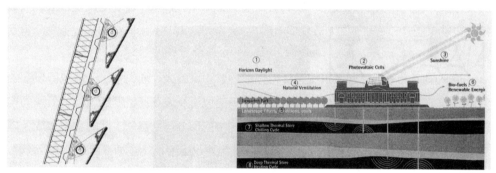

图 4-29-3　倒锥体可调镜面细部，生态建筑示意

4. 地下蓄水层的循环利用

柏林国会大厦改建中最引人注目的当属地下蓄水层（地下湖）的循环利用。柏林夏季很热，冬季很冷，设计充分利用自然界的能源和地下蓄水层的存在，把夏天的热能储存在地下供冬天使用，同时又把冬天的冷量储存在地下给夏天使用。国会大厦附近有深、浅两个蓄水层，浅层的蓄冷，深层的蓄热，设计中把它们充分利用为大型冷热交换器，形成积极的生态平衡（图 4-29-4）。

实例二：伊甸园工程（参见《世界建筑》2002 年第四期）

伊甸园工程位于英国康而沃的圣奥斯芯尔，是一所兼具教学、研究等功能的研究所，除此之外，还具有展览功能，向公众开放，展示全球生物多样性和人类对植物的

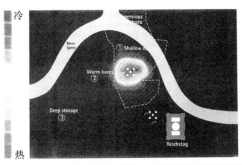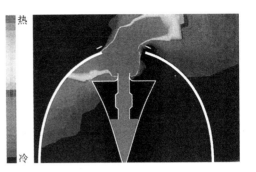

图 4-29-4 地下蓄水层分布，穹顶内温度静态分布

依赖。该工程于 1996 年 1 月 1 日开始设计，一期工程于 2000 年复活节完成，全部工程到 2001 年复活节完成（图 4-29-5）。

伊甸园工程由布置在精心设计的园林景观中的相互连接、气候可以调整的多个透明穹隆组成。考虑到建筑的使用功能，格雷姆肖将这些透明穹隆称为生物穹隆。穹隆总面积达 2.2 万 m²，参观者可以经由访问中心——在那儿，他们可以体验到由微观摄影和高速摄影图片组成的植物世界——抵达生物穹隆。

在伊甸园工程中，尼古拉斯·格雷姆肖（Nicholas Grimshaw）的设计研究包括两个组成部分：第一，总图；第二，生物穹隆和其他附属建筑的单体。

总图设计中的定位和组织建筑群必须满足以下要求：为了每一个生物穹隆中的园艺培植，需要充分利用日光，确定建筑的定位；必须利用地形是深坑的特点，保持与自然的和谐；为将来的扩建留有余地；为了完整的建筑表现，建筑周围要相对开阔等。通过研究，尽管各个穹隆由于功能不同而尺度差异较大，设计小组将各种要求综合在一起，创造出将穹隆粘结在一起的总图布局方式，给人一种有机体生机盎然的感觉。这样，受到控制的生物穹隆内的环境就与深坑特有的不定形的形式融合在一起。

穹隆表面的面层材料由一层透明的聚四氟乙烯薄膜嵌入三层的充气垫制成，这一做法性能良好，维护方便，在格雷姆肖的其他一些作品中也频繁采用。充气垫利用小型电动机提供充气压力，置于气垫顶部的传感器，可以感知风、雪等荷载信息，以便调整气垫压力，适应不同的荷载状况。为了使得生物穹隆名副其实，以光合作用作为一种能量源泉，整个系统用太阳能光电板提供能源（图 4-29-6）。除了生物穹隆组合体以外，伊甸园工程的附属建筑也采用了相同的设计哲学。

实例三：埃森 RWE 办公大楼（参见《世界建筑》2002 年第四期）

德国的埃森 RWE 办公大楼由英恩霍文·欧文迪克建筑设计事务所（Ingenhoven Overdiek and Partners）设计，是一栋圆柱形的办公大楼，矗立在其自带的湖水和

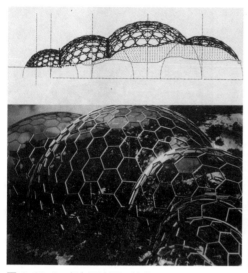

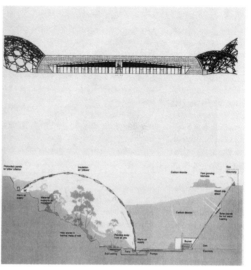

图 4-29-5　伊甸园立面，外观　　　　　图 4-29-6　伊甸园立面，能源设计

绿色花园的环绕之中，25m 高的入口环形遮阳棚，使得该大厦整个形体在城市规划的意义上向外扩展，成为一个公共空间。

节约能源是该建筑的一个主要设计思想，它主要取决于建筑的形体及其所采用的设备。圆形平面不仅有利于面积的使用，而且圆柱状的外形既能降低风压、减少热能的流失和结构的消耗，又能优化光线的射入。透明的玻璃围护体，使得建筑体中的各种功能清晰可见：门厅、办公楼层、技术楼层、屋顶花园等。垂直的交通网位于圆柱体外的长方形电梯筒内，使人们可以轻松地在每一层辨别方向（图 4-29-7）。塔芯的一部分布置设备管道，另一部分则用作内部水平与垂直交通网的连接。固定外层玻璃墙面的铝合金构件呈三角形连接，使日光的摄入达到最佳状况。内走廊的墙面与顶部采光玻璃，使射入办公室的阳光再通过这些玻璃进入走廊，这既改善走廊的照明状况又节约了能源。大楼的外墙是由双层玻璃幕墙构成，通过内层可开启的无框玻璃窗，办公室内的空气可以自然流通。30 层上的屋顶花园通过高矗的玻璃墙防止高空的风力，而得到保护（图 4-29-8）。

大楼的技术设备是根据各种不同的功能需要设计的，每个空间都可以按照各自的愿望进行调节，如间断通风或持续通风，照明的亮与暗，温度的高与低，以及遮阳的范围等。楼层的水泥楼板上还安装了带孔的金属板，使之达到储存能量的目的。外墙双层安全玻璃中的外层厚度为 10mm，内外层玻璃间隔 50mm，用于有效的太阳能储备，同时也提供了节能的可能性。这座大楼 70% 的部分是通过自然的方式进行通风的，热能的节约在 30% 以上，玻璃的反射系数为 0。

图 4-29-7（左） 办公大楼建筑模型

图 4-29-8（右） 埃森 RWE 办公大楼 30 层屋顶花园

29.2 生态的室内设计

通过以上实例的分析，现在再让我们反思一下到底什么是生态的室内设计？

一般来讲，生态是指人与自然的关系，那么生态设计就应该处理好人、环境和自然的关系，设计要在创造舒适的小环境（人工环境）的同时，又要保护好大环境（自然环境）。具体地讲，小环境的创造包括提供给生活和工作在其中的人们以健康宜人的温度、湿度、清洁的空气、好的光环境和声环境，以及长效多适和灵活开敞的室内空间等；对大环境的保护表现在两个方面：一是对自然界的有节制的索取，二是把对环境的负面影响减到最小。对自然资源少废多用，在能源和材料的使用上贯彻节约能源、减少使用、重复使用、循环使用、用可再生资源代替不可再生资源等原则；减少各种废弃物的排放，妥善处理有害废弃物（包括固体垃圾、污水、有害气体等），减少光污染和声音污染等。

生态设计包含两方面的内容：①设计师必须有环境保护意识，尽可能多地节约自然资源，少制造垃圾（广义上的垃圾）；②设计师要尽可能地创造生态环境，让人类最大限度地接近自然，满足人们回归自然的要求。

29.3 生态室内设计的设计原则

通过对生态设计的分析，生态设计的设计原则可以归纳总结为以下几点：协调共生原则、能源利用最优化原则、废物生产最小化原则、循环再生原则、持续自生原则。

具体体现在设计中可以归纳成以下几个方面。

1. 利用外部环境中的因素

改变原来无视建筑周围环境的做法，把建筑的外部环境所起的效用放在重点考虑的地位，尽可能多地利用自然环境中的资源和要素，以及周围其他建筑和设施所能提供的技术性可能。由土壤、绿化、水及空气组成的外部环境，其他建筑组合成的现实环境为室内设计提供了多种多样的可能性，这样可以减少建筑中设备的数量和功率，节省能源和运行的费用。作为整个生态设计的组成部分，外部环境中要素的利用将在未来的室内设计中发挥越来越大的作用。如外界气流、地热资源等的应用。

2. 挖掘新材料和新技术的潜力

随着科技的发展，建筑技术的不断进步，新型建筑材料层出不穷，设计师们的设计有了更广阔的天地，除了为艺术形象上的突破和创新提供了更为坚实的物质基础外，也为充分利用自然环境、节约能源、保护生态环境提供了可能。

然而，当一种新的建筑技术和建筑材料面世的时候，人们往往对它还不很熟悉，总要用它去借鉴甚至模仿常见的形式。随着人们对新技术和新材料性能的掌握，就会逐渐抛弃旧有的形式和风格，创造出与之相适应的新的形式和风格，充分挖掘出新材料和新技术的潜力。即使是同一种技术和材料，到了不同设计师的手中，也会有不同的性格和表情，以及不同的使用方式。譬如，粗野主义的暴露钢筋混凝土在施工中留下的痕迹，在勒·柯布西耶的手中粗犷、豪放，而到了日本建筑师安藤忠雄（Tadao Ando）的手中，则变得精巧、细腻；同样工业化风格的形象在 SOM 和 KPF 的手中分别有了不同的诠释；同样的生态建筑在诺曼·福斯特和尼古拉斯·格雷姆肖的手中也有不同的建筑形式和不同的生态设计方式。20 世纪科技的迅速发展，使室内设计的创作处于前所未有的新局面。新技术和新材料极大地丰富了室内环境的表现力和感染力，创造出了新的艺术形式和生态环境，新型建筑材料和建筑技术的采用，丰富了室内设计的创作，为室内设计的创造提供了多种可能性。譬如用材料吸热降温，利用构造通风和降温等是目前设计师正在尝试的技术。这样不仅可以降低建筑中设备的投资和运行费用，同时建筑空间的质量在主观和客观上都得到很大的改善。随着科技的发展，建筑技术不断进步，新型建筑材料层出不穷，设计师们的设计有了更广阔的天地，艺术形象上的突破和创新，生态化的设计就有了更为坚实的物质基础。

3. 应用自然光

在建筑中使用自然光有着漫长的历史。勒·柯布西耶的朗香教堂、路易斯·康（Louis Kahn）的金贝尔美术馆、埃罗·沙里宁的美国麻省理工学院的克瑞斯小教堂、菲利普·约翰逊（Philip Johnson）的水晶教堂、安藤忠雄的光的教堂、诺曼·福斯特的柏林国会大厦等，均充分利用了自然阳光的特性，塑造出了一种神圣、脱俗的室内空间氛围，在建筑用光方面取得了卓越的成就。理查德·罗杰斯（Richard Rogers）说："建筑是捕捉光的容器，就如同乐器如何捕捉音乐一样，光需要可以使其展示的建筑。"计算机技术的发展和新技术的进步，为建筑照明和太阳能的开发利用提供了多种可能。自然光线的引入，除了可以创造空间氛围外，还可以满足室内的照明，这样就可以减少人工照明。依靠自然采光可以节约能源，而且能够增强室内空间的自然感。"有机建筑"的思想就是强调建筑内部的自然观，强调接近自然，发挥自然因素的作用。

4. 充分利用太阳能等可再生资源

太阳能、风能等都是取之不尽、用之不竭的能源，有着其他能源无可媲美的优点，譬如可再生、无污染，因此太阳和风对未来的室内设计必然会产生很大的影响，尤其是建筑的外观和通风系统的设计（图4-29-9、图4-29-10）。这使人们对建筑外立面和建筑的自然通风有了新的理解：视觉的联系、引进日光照明、自然通风、保温隔热、遮阳、充分预防眩光、合理运用太阳能、合理运用风能。

5. 注重自然通风

空调制冷技术的诞生是建筑技术史上的一项重大进步，它标志着人类从被动地适应自然气候发展到主动地控制建筑微气候。但空调技术也有其负面的影响，对空调的过分依赖和不加限制的滥用，是造成当今环境和能源负担的重要原因。建筑大师弗兰克·劳埃德·赖特就不提倡使用空调，指出了空调技术的弊端。空调所产生的恒温环境使得人体的抵抗力下降，引发各种"空调病"。而且空调技术在解决建筑恒温问题的同时，又带来了诸如污染等其他的问题。因此，自然通风是当今生态设计普遍采用

图4-29-9（左） 1995年落成的荷兰Boxtel国家环境教育咨询中心，设计师在中心走廊的玻璃顶上安装了光电板，成功地将太阳能技术与建筑设计结合起来

图4-29-10（右） 日本的一栋小住宅，将太阳能DHW系统的集热装置放在朝阳的起居室的斜屋面上，功能与形式结合得非常完美，有效地利用了太阳能

的一项比较成熟和廉价的技术措施。采用自然通风的根本目的就是取代（或部分取代）传统空调制冷系统。自然通风可以在不消耗能源的情况下达到对室内温度的调节。这有利于减少能源能耗、降低污染。

6. 用自然要素改善环境的小气候

人是自然生态系统的有机组成部分，自然的要素与人有一种内在的和谐感。人不仅仅具有进行个人、家庭、社会的交往活动的社会属性，更具有亲近阳光、空气、水、绿化等自然要素的自然属性。自然环境是人类生存环境必不可少的组成部分，因此，室内设计中自然要素的引用成为顺理成章的事情。

在办公空间的设计中，"景观办公室"成为时下流行的办公室的设计风格。它一改过去办公室的枯燥、毫无生气的氛围，逐渐被充满人情味和人文关怀的环境所代替，根据交通流线、工作流程、工作关系等自由地布置办公家具，室内空间充满绿化。办公室改变了传统的拘谨、家具布置僵硬、单调僵化的状态，营造出更加融洽轻松、友好互助的氛围，更像在家中一样轻松自如（图4-29-11）。"景观办公室"不但改善了局部的小气候，而且不再有旧有的压抑感和紧张气氛，而令人愉悦舒心，这无疑减少了工作中的疲劳，大大地提高了工作效率，促进了人际沟通和信息交流，激发了积极乐观的工作态度，使办公室洋溢着一股活力，减轻了现代人的工作压力。

7. 主动技术干预

在被动方法无法满足需要的时候，便需要主动技术干预起辅助作用。如利用能量转化的原理，使用太阳能收集器和光电转化器；利用地热资源；提高原生能源的利用率；减少废物的产生量等。再如采用自然通风系统的生态建筑，当利用自然风压无法实现自然通风的时候，可以采用热压，热压与风压相结合、机械辅助等手段实现建筑的自然通风（图4-29-12）。

图4-29-11　威斯马联合国教科文组织实验室和工作室

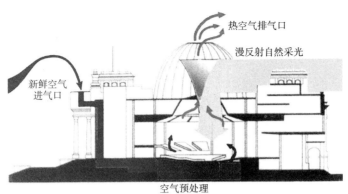

热空气排气口

漫反射自然采光

新鲜空气
进气口

图 4-29-12　柏林国会大厦
通风分析图

空气预处理

29.4　结语

在建筑设计中已经自然而然地实现了智能化的整体设计的概念，而在室内设计中，还需要我们付出巨大的努力，配合建筑师完成建筑环境的整体设计。综合设计和整体设计在未来的室内设计中会越来越重要，从而，室内设计新的发展趋势主要集中在通过高质量的设备、材料、构造和构件之间的全面协调，装修形式与新技术、新材料之间的平衡，以及人工环境和自然环境之间的协调，尽可能地减少原生能源和灰色能源的使用，尽可能多地利用可再生资源，尽可能地让人们接近自然。

今天的室内设计已经不再是传统的概念，也不再是设计师自己的事情，它需要设计师和各个相关专业的工程师之间协调和相互配合，一个成功的生态设计必然是设计师和各专业工程师之间密切配合的结果。因此，生态设计是一个整体性设计，单靠其中的一个工种是无法解决的。因此，选择合适的技术合作伙伴对于注重生态的室内设计而言，是设计能否成功的关键所在。注重生态的室内设计要求更高的科技含量，要求完美的计算机模拟手段，要求完美的实现手段，而所有这一切，都不是设计师个人所能完成的，这需要各相关方面的专家提供专业的咨询和帮助，所以生态的室内设计必然是团队工作的结果。对成功的生态建筑设计进行研究，我们就会发现在每一个注重生态的设计作品中——像伦佐·皮亚诺、诺曼·福斯特、理查德·罗杰斯、尼古拉斯·格雷姆肖、迈克尔·霍普金斯（Micheal Hopkins）等建筑师的作品，工程技术专家的贡献是非常之大的，他们在建筑的空间形式、结构的选择、材料的使用上，以及采光照明、自然通风、冬季采暖、夏季制冷等很多涉及建筑运转过程中的能量消耗的问题中，起到了非常重要的作用，发展并完善了建筑师的一些想法，并与建筑师一起，将各种设计策略贯穿落实到建筑的每一个具体细节中，共同创造出完美的生态建筑。

保护环境、关注生态是我们每一个设计师责无旁贷的责任。很难想象，一个从来不关注生态和环境问题，从来不有意识地吸收生态、环境等相关专业的知识的设计师，能够提出注重生态的设计理念来。

第 30 章　地域特色室内环境的营造

　　历史总能给予我们以温馨和脉脉的温情。人们对传统文化都有一定的情结，与历史上流传下来的思想、道德、风俗、艺术等有着千丝万缕的关系，传统本色是永远的经典。回归传统文化是人们无论如何也挥之不去的文化情结，因此文化的回归是一种趋势，也是当代室内设计的一种方向。历史上任何时代的经典设计，不分国家、地区和民族，都是历史遗留给人们的巨大财富，具有永恒的美（图 4-30-1、图 4-30-2）。

　　继承传统是一种文化行为和艺术行为。尽管传统形式有着无限的魅力，但完全照搬昔日的形式无论如何也是不可能的。因此，在营造室内环境的过程中，选择有地域建筑特色的风格和样式不应是简单地抄袭或拓写。任何一种建筑形态总是与发生在其中的行为方式密切相关的，即使是选择具有传统韵味的室内环境，人们总是要融入自己对当下生活和文化的体验，以及对传统的不同程度和深度的理解。因此，地区主义建筑的构成元素在现代人的工作和生活的环境中，呈现出风格各异的样式，异彩纷呈，让人目不暇接。既要继承传统，又要不断发展。任何设计作品都是时代发展、文明进步的产物，传统的文化必须在现代化进程的框架中不断进行重构。继承与发展是环境艺术设计进步的永恒主题。

图 4-30-1　希腊圣托里尼岛民居的内景

图 4-30-2　复原的满族民居的室内环境

图 4-30-3（左） 陕西三原县改造后的窑洞中传统的中式家具

图 4-30-4（右） 希腊圣托里尼岛民居中的中式民间柜橱

具有地域特色的建筑及室内环境的组成要素很多，不同的国家和地区各有各的特点，就拿北京四合院来说，譬如有影壁、垂花门、游廊、各种雕刻、彩绘、木隔断、花罩、家具、陈设、对联等。就拿其中的家具来说，每一件具有典型地域特色的家具就像一首经典的老歌，人们在其中不断寻找着被现代文明遗弃的人文精神和自然情感。在每一个流动的音符中都蕴涵着深深的韵味，只有细细品味，才能悟出一些哲理来，它的独特魅力会吸引很多人的视线，让居住环境散发出古雅而清新的魅力（图 4-30-3）。原木色泽，细致做工，再加上古色古香，伴随着岁月的流逝而增添思古之幽情。古旧的木材，映衬着泛着幽幽之光的金属配件。每一个像家具一样的装饰要素都是有生命的，或许它只是整个室内空间中的一个细节，但不是放在任何地方都可以决定这个空间的性格的（图 4-30-4）。精心的细节设计甚至可以决定居住环境设计是否成功。

新室内空间中的有地域特色的装饰元素在让人赏心悦目的同时，也有这样的启示：室内环境气氛的营造，并不仅是地域特色装饰要素的简单堆砌，而是人对自己内心的需求和渴望的归纳与表达。或许是为了收藏过去岁月的痕迹，或许是为了表达对传统文化和地方习俗的景仰，或许仅仅是一种时尚的追求。

30.1 传统环境的再造

这是一种实用的怀旧风格，一般是照搬、模仿地域特色建筑装修的做法，完全或基本上完全仿古，为怀旧而堆砌，为怀旧而做作，一切是从为生活出发，而不是为收藏。这种方式有的是原封不动全盘照搬，有的则是在空间等客观条件不同的情况下局部模仿。这种模仿式的装修没有太多的新意,当然就更谈不上创造和创新。这种再造的方式在设计的发展和创新上没有太多的积极意义,但就社会发展的现阶段来看,它的存在也应该是一种必然,它代表了一些人的喜好并得到他们的认同,形成了一种新的历史条件下的情感契合。虽然室内环境在形式上是旧的,但它满足的却是新时期的新需要(图4-30-5、图4-30-6)。

图4-30-5 复原的北京四合院居室内景

30.2 和谐与变调

地域特色建筑的装修作为一种有具体载体的艺术形式,必然与技术和材料等客观要素,以及人们的观念和行为等主观要素发生联系,而且会受到它们的影响。在新室内环境的营造中,在传统地域建筑装饰风格的基础上,局部使用非传统素材替代传统要素成为一种发展的必然,在传统的地域建筑装饰形式中注入一些新的要素,会使古色古香的传统韵味得到一定程度的"稀释",满足现代人的生活方式需要,以及审美和心理上的诉求。

图4-30-6 复原的北京四合院卧室内景

"和谐与变调"的设计还是在"主旋律"不变的前提下展开,并非设计观念上的彻底变革和更新。新的素材体现了地域建筑的传统内容,传统要素在某种程度上又演变成了新的装饰形式。与"传统环境的再造"的做法相比,"和谐与变调"能给人一种新的视觉感受,在传统的形式中注入了一种新的活力。由于"传统"与"非传统"、"历史"与"现代"的错位,室内环境会给人一种变化丰富的感受。这种方式能够给设计师一定的发挥空间,在不改变传统样式的前提下还是能够有新的追求(图4-30-7、图4-30-8)。

图4-30-7 利用窑洞空间改造成的展厅(一)

图4-30-8 利用窑洞空间改造成的展厅(二)

30.3　适度的引用

如果说"传统环境的再造"和"和谐与变调"两种方式都是直接继承了地域建筑传统装修的外在形式的话，那么"适度的引用"则是通过对地域建筑装修特征本质上的把握，在实际的应用中并不完全在形式上关注传统的样式，而是通过对地域建筑的装修和陈设进行深入的研究、分析、归纳和梳理，总结出一些具有典型特征的设计"符号"。我们都知道，任何一种风格的设计要素，都可以被抽象为一种代表这种风格的符号。在这里，地域建筑的各种装饰要素仅被当做一种代表传统文化的符号来使用，能够表现出具有地域特色居住环境特有的"韵味"和"风语"。

这种营造方式具有极大的创新空间和可能，人们可以在最大程度上发挥设计创作的能动性，既可以在传统的地域建筑中营造一种新的生活方式，也可以在完全新型的建筑空间中创造具有不同程度传统地域韵味的居住环境。

今天，对大多数人来说，生活应该是一种沉稳内敛的表述，因此可以通过节制地使用一些地域建筑装修中的传统要素，来传递主人的生活情趣和审美倾向。地域建筑的建筑形态还具有一种西方式的现代住宅所没有的人文因素，这是一种心理性的因素，生活工作在其中，不论体验的程度深浅，都或多或少能使你感动，或喜悦，或忧伤（图4-30-9~图4-30-11）。

图4-30-9　利用窑洞空间改造成的餐厅

图4-30-10　使用中式传统家具的现代书房

图4-30-11　利用窑洞空间改造成的客房

30.4 对峙的消解

随着经济发展和技术的进步，我们居住、生活和工作的城市日新月异，有特色的地域建筑已经湮没在象征着"现代化"的高楼大厦中，大量的开发和建设还在不断地吞噬着已经为数不多的地域建筑。生活在今天的城市中，对我们大多数人而言，随时随地都有一种仿佛"生活在别处"的感受，很少有机会和条件体验传统的有地域特色的室内环境氛围。不管我们愿不愿意承认，这都是一种现实，完整地体验和感受传统意义上的具有地域特色的室内环境（不论是保留下来的，还是新建造的）越来越成为少数人的权利。

尽管受到种种客观条件的限制，但回归传统文化和向往传统室内环境是人们无论如何也挥之不去的情结。与传统文化和地域文化"剪不断、理还乱"的人们会想尽一切办法，挖掘一切潜在的可能，在栖身其间的蜗居中营造哪怕只有一丝地域建筑韵味的生活环境，或是在小区的景观环境中，或是在自己的居室中。

中庸是中国人信仰的生活哲理，适度就是达到一种平衡。在全新的现代室内环境中完全复原传统意义上的具有地域特色的环境氛围几乎是不可能实现的梦想，因此必须在现代的居住环境设计中达到一种现代与古典的平衡，在客观存在的环境中和条件下达到理想和现实的平衡。新与旧、深与浅、传统与现代等这些对立的元素得到融合，浮躁与喧嚣被消解得无影无踪。"对峙的消解"主要有两种表现手法，一种是将地域建筑环境的传统造型式样，用新手法加以组合；另一种是将地域建筑的造型样式与现代样式加以混合（图4-30-12、图4-30-13）。

图 4-30-12　使用传统要素的居室　　图 4-30-13　利用窑洞空间改造成的卧室

30.5　色彩的抽象

在许多现代主义风格的住宅中，通过玻璃的使用来调节自然光线是住宅设计的中心，同时使用的材料还有混凝土和钢，所有这些都是追求时尚的理念——"住宅是居住的机器"的结果。这样使居住环境的色彩效果非常微妙，它的获得来自于形式和材料本身所固有的品质。现代主义创造出了一些优雅的、简洁的色彩设计。然而不幸的是，这也鼓励20世纪中后期的许多设计师在设计时忽略了颜色的使用。20世纪70年代，后现代主义在现代主义剥蚀待尽、缺乏色彩的思想意识中，认识到当前的世界在形象方面和文化方面应该比历史上以往任何时候都要多姿多彩。一方面，建筑的装饰与装修，以及色彩的设计都可以复活任何一个历史阶段的建筑样式和风格。另一方面，作为改进的一部分，通过现代人的眼睛，过去的一切都能得到重新的评价，以前的建筑、装饰和装修的风格都可以得到复活和再生，经过新的阐释来满足现代人的需要。因此，建筑师和设计师可以从传统的地域建筑的色彩风格中获取灵感，研究与其他民族和地区之间在色彩风格上的差异，但在以前，有关装饰色彩体系和风格的研究一直是在建筑历史研究的主流之外的。

每一类具有独特特点的地域建筑都有自己独特的色彩体系，或色调淡雅，或朴实无华，或缤纷华丽，或艳丽豪华。譬如中国的建筑等级制度形成了北京四合院民居与皇室建筑在色彩方面的鲜明对比。红绿色的柱子、梁枋、门窗，褐色的室内木装修，白色与灰色的墙面，灰色的砖瓦，这些因素构成了北京四合院独特的色彩感受。青灰色砖瓦的含蓄、白墙的超脱、油彩的热烈与喜庆，北京四合院集这些于一身。

正像风雅而热情的北京人一样，北京四合院的装修色彩是朴实淡雅中透出热情与喜庆，大红大绿的漆色、色彩缤纷的彩画，都透着一种喜庆、祥和的气氛，象征着北京人对美好生活的追求和愿望。这些鲜艳的色彩与淡雅的灰色砖瓦、素洁的白墙融合在一起，形成了俗中大雅的独特的北京四合院色彩风貌。这些特殊的色彩特征，同时也使北京四合院与中国其他地区民居在建筑色彩上有了一个明确的区别。如徽派民居与江南水乡民居虽都有四合院的形式且具有灰瓦白墙的淡雅特征，但却缺少了北京四合院中艳丽的油彩所体现出的北方式的热烈与豪爽。相比之下它们显得有些过于清淡，缺少些阳刚之气，与祥和的气氛。

今天，不管是有意识还是无意识，后现代主义的色彩设计手法在室内环境氛围的营造中已经相当普遍。这不仅体现在对过去风格的再现和再创造上，还能唤起我们对远离我们生活环境的文化和室内环境的想象，因此在新室内环境的设计中，地域建筑的色彩体系的使用具有重要的、不可替代的作用。根据不同人的不同喜好，设计师可以用地域建筑色彩体系中的不同色彩比例和关系进行组合和搭配，既可以营造出浓烈艳丽的色彩环境，又能创造出淡雅朴素的色彩意境，而且它们都能具有地域建筑特有的"色彩意象"（图 4-30-14~ 图 4-30-17）。

图 4-30-14　传统色彩感觉的卧室

图 4-30-15　使用传统窑洞色彩的居室

图 4-30-16　传统色彩感觉的书房

图 4-30-17　传统色彩感觉的起居室

第 31 章　新时代室内设计的趋势

　　21 世纪的室内设计仍呈现出一种多元化的状态，现代主义仍是室内设计领域的主流，同时其他风格流派都有自己的精彩呈现，各个国家和地区的设计师们不断进行新的尝试和探索，异彩纷呈。

　　在改革开放早期，当时活跃在室内设计领域的主要是中国自己培养的设计师。20世纪 80 年代初期，许多室内设计都是作为"建筑装饰"出现的，很多室内设计项目都是由建筑师和室内设计师共同完成的。这些老一辈的设计师在学校里都受过极为坚实的基本功训练，对民族风格和元素非常熟悉，所以他们的室内设计作品仍带有中国早期的民族风格特征，是对中国传统风格的继承和延续。为中国当代室内设计发展和水平提高作出重要贡献的还有 20 世纪 90 年代开始进入内地的香港、台湾室内设计师。进入 21 世纪后，20 世纪 80、90 年代在海外求学的中国设计师也开始回国创业，建筑和室内设计"海归派"的出现，为中国室内设计的发展提供了更多的创作思路。

　　进入 2000 年后，随着各大城市的飞速发展，以及北京 2008 年第 29 届奥运会和上海 2010 年世界博览会的建设需求，国外设计事务所大量涌入中国，许多国际知名的设计事务所和设计师都在中国设立了办事处，还有一些国内的室内设计机构也邀请国外设计师在一些项目上合作或者雇用外国设计师为自己工作，以提高公司的设计实力、影响力和在一些重大项目中的竞争力。这些设计师在中国承接室内设计项目时，也把国际上最先进的技术和材料、最流行的设计观念和成熟的工作方法带到中国，推动了中国室内设计的发展，增强了室内设计师的创新意识，促使中国室内设计在风格上更加多样化。事实上，与国外优秀设计公司和设计师的合作，能够迅速地提高国内的设计水平，改变许多陈旧的设计观念和工作方法。应该说，中国的室内设计能够在近 30 年里得到如此飞速的发展，国外设计师在中国的设计实践功不可没。

　　进入到 21 世纪后，国外一些个性化极强的设计师纷纷进入中国进行设计实践，如日本的矶崎新、安藤忠雄、隈研吾、山本理显，韩国的承孝相，法国的菲利普·斯塔克，意大利的伦佐·皮亚诺，美国的贝聿铭、让·菲利普·黑兹、史蒂文·霍尔，还有一些如 SOM 这样的著名设计机构，等等。此外，一些擅长运用新技术、新材料的设计大师在中国开始有了自己的作品，如以高科技风格著称的保罗·安德鲁、诺曼·福斯特，还有擅长运用新材料、新技术实现形式上创新的著名建筑师雷姆·库哈斯、扎哈·哈迪德等，他们的建筑和室内设计都为中国的设计师带来了运用新材料和新技术的各种尝试，也激发了中国室内设计师在新材料、新技术方面的灵感，不断有在材料和技术上有突破的室内设计作品涌现，带来了中国室内设计风格和形式上的创新和变化。

中国的室内设计在 21 世纪进入到与国际同步发展的阶段，这个时期的室内设计呈现出两种倾向。

1. 趋同化

在全球化背景下，样式风格和技术手段的趋同化成为 21 世纪室内设计的一个最大的特点。

所谓"国际化"，是指世界各国在建筑的功能、构造和形式上具有越来越相似的特征，这是国际经济发展一体化的必然结果。这与 20 世纪 60 年代"国际主义风格"的流行不同，1950 年代和 1960 年代中，国际主义风格仅仅是一种流行风格，主要应用于重点的、大型的商业建筑和公共建筑上，只在少数发达国家中，才有可能成为私人住宅建筑的形式。而 20 世纪末、21 世纪来临的时期，建筑的现代化、同类型化已经成为世界建筑的发展趋势。世界各个国家的建筑，无论是商业的、公共的、还是私人性的住宅，形式上都有越来越类似的趋向，这就是新时代国际化的特征。这个特征已经成为国际建筑的主要发展方向。重视地方、民族特色的"地方主义"虽然在世界各国有所强调，但是由于地方风格、民族风格往往与现代的功能需求、现代建筑的构造具有一定的矛盾，因此很难得到推广。所以，主流地位的风格依然是雷同的、国际性的。造成建筑国际化的原因，首先是国际交往的增加，对于建筑的需求也越来越接近，比如宾馆的等级划分，商务大楼的基本需求，交通运输设备和建筑物的国际配套需求，住宅的基本条件标准等，都越来越相似。建筑为了满足这种越来越接近的国际需求，也就自然趋同。

因此，室内设计国际化的主要原因，首先是需求趋同造成的，而不是因为风格主导的原因。此外，建筑技术、建筑材料、建筑结构国际标准化、普及化，也是造成室内设计国际化的另外一个主要原因。

虽然有众多的建筑探索、试验，有如此之多的前卫建筑运动，但是国际的基本走向还是在现代主义建筑的基础上发展的。在不同的国家和地区，当地的建筑师在形式上做过一些源于本地或本国特征的尝试，尽管有些建筑披上了地域性形式的外衣，但其基本的功能、结构依然是国际化、现代化的。

2. 参数化设计

随着计算机技术的日新月异，它在建筑及室内设计上也得到了越来越广泛的应用，并已经成为当代建筑和室内设计的一个突出特点。

参数化设计就是因为数码技术在设计应用上的普及而产生的一个术语，在当代建筑上也被用一个"主义"后缀的术语"Parametricism"来描述，主要指用数码、电脑技术来辅助设计，现在已经成为探索前卫形式设计的一种主要手段。参数化设计不仅仅应用在建筑及室内设计上，在雕塑造型、汽车造型、产品设计方面，参数化设计也是越来越重要的技术手段。

现在常用的软件有：Alias Maya、Rhino、Grasshopper、ParaCloud（犀牛的插件）、Catia（飞行器和机动车的设计平台）、DP（Digital Project，基于 Catia 的盖里技术）、GC（基于 Bently 的 Microstation）、Formz（市面上最强大的 3D 绘图软体之一，具有很多广泛而独特的 2D/3D 形状处理和雕塑功能的多用途实体和平面建模软件。对需要经常处理有关 3D 空间和形状的专业，例如建筑师、景观建筑师、城市规划师、工程师、动画和插画师、工业和室内设计师，是一个有效率的设计工具）。

通过参数化，在电脑的几何体系中形成立体形象，应用不同的数码技术软件和参数建模工具达到设计的目的。这种技术比较多地使用在形式不规则的建筑及室内空间中，比如美国的建筑师弗兰克·盖里、英国建筑师扎哈·哈迪德、荷兰建筑师雷姆·库哈斯的建筑及室内设计就广泛地使用参数化技术。其中，扎哈·哈迪德设计的罗马 21 世纪国家艺术博物馆（2010 年）就是用这种技术达到设计目的和效果的。

参数化设计在 20 世纪 90 年代中期开始在部分建筑及室内设计中采用，但真正比较广泛使用是到 21 世纪。参数化设计如果这样发展下去，会彻底改变建筑及室内设计的面貌，这个变化已经不是由建筑思想或者建筑运动带动的了，而是由数字技术所引领。随着数字技术的普及，参数化设计已经成为建筑及室内设计的主要方法，譬如 BIM 技术的广泛使用，已经带来设计的变革，至于以后会出现什么样的变化，现在无法预测。

仅仅就风格来说，目前室内设计基本上还是以现代主义的基本形式为基础，在现代主义基础上略加装饰的倾向。增加少许色彩、装饰形式，比之前的后现代主义的装饰性大幅度减少。这种现代主义基础之上的点缀性装饰并不遵循古典主义和任何历史风格的规律，仅仅是点缀，而不是设计模式或风格，仅仅是使用少量装饰细节和形式处理，使现代主义的室内环境变得丰富一些，稍微不太刻板、单调一些而已。这种形式基本左右了大量商业建筑室内设计的主流方向。

在这个基础上，依然存在着由大师级设计师领导的对形式、结构、技术进行探索而产生的具有试验性的设计运动。

31.1 国外的室内设计

1. 柏林犹太博物馆

丹尼尔·李伯斯金（Daniel Libeskind）是波兰犹太裔美国建筑师，在欧洲工作。1999 年落成的柏林犹太博物馆是他的成名作。博物馆设计得好像是一道曲折的闪电，室内空间神秘而幽暗，无尽的长廊、高耸在上的天窗，与其说是个陈列用的博物馆，还不如说是给参观者一次痛苦、压抑经历的路径，建筑外部的金属板墙面上的窗口，好像刀劈出来的裂口，令整栋建筑看上去伤痕累累（图 4-31-1、图 4-31-2）。

2. 迪拜帆船酒店

帆船酒店（Burj Al Arab）由英国设计师汤姆·赖特（Tom Wright）设计，建立在海滨的一个人工岛上，是一个帆船形的塔状建筑。一共有 56 层，315.9m 高。客房面积从 170m² 到 780m² 不等。经过全世界上百名设计师的奇思妙想，终于缔造出一个梦幻般的建筑——将浓烈的伊斯兰风格和极尽奢华的装饰与高科技手段、建材完美结合（图 4-31-3~ 图 4-31-5）。阿拉伯塔仿佛是阿拉丁的宫殿：墙上挂着著名艺术家的油画；大厅、中庭、套房、浴室……任何地方都是金灿灿的，连门把手、水龙头、烟灰缸、

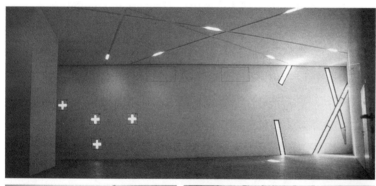

图 4-31-1　柏林犹太博物馆（一）
（资料来源：王路，著 . 德国当代博物馆建筑 [M]. 北京：清华大学出版社，2002：243）

图 4-31-2（左）　柏林犹太博物馆（二）
（资料来源：王路，著 . 德国当代博物馆建筑 [M]. 北京：清华大学出版社，2002：251）

图 4-31-3（右）　迪拜帆船酒店中庭

图4-31-4　迪拜帆船酒店餐厅　　　图4-31-5　迪拜帆船酒店总统套房起居室

衣帽钩，甚至一张便条纸，都镀满了黄金。这里搜罗了来自世界各地的陈设艺术品，有私家电梯、私家电影院、私家餐厅、旋转睡床、可选择上中下三段式喷水的淋浴喷头等。

3. 洛杉矶迪斯尼音乐厅

弗兰克·盖里（Frank Gerhy）设计的迪斯尼音乐厅落成于2003年10月23日，造型具有解构主义建筑的重要特征，以及强烈的盖里金属片状屋顶风格，室内环境在满足使用功能的基础上延续了结构主义风格，充满动感。落成后，如同西班牙毕尔巴鄂古根海姆博物馆般，引起不少是否破坏市容的纷议，且建筑学界亦质疑其内部空间是否提供音乐厅良好的声学效果与设计。但在几场音乐演出之后，与洛杉矶音乐中心另一栋重要音乐厅——桃乐丝钱德勒大厅（Dorothy Chandler Pavilion）相比，该音乐厅良好的音响效果是广受赞誉的（图4-31-6~ 图4-31-8）。

4. 东京国家艺术中心

黑川纪章（Kisho Kurokawa）设计的东京国家艺术中心2006年建成。黑川纪章对日本传统设计是非常尊重的，表现在他对那些从外表几乎看不出来的建筑细节的精细考量。黑川所采用的技术和材料都不是日本传统的，在这个玻璃混凝土的建筑中，也难找到日本的传统形式，但是仔细观察，不难看出日本传统美学概念对他的影响：日本民族崇尚自然物品、自然状态的传统，水泥的表面不加任何装饰或色彩，保持了一种比较原生的状态，自然、朴素、大方（图4-31-9~ 图4-31-11）。

5. 日本直岛地中美术馆

安藤忠雄一直偏爱自然光与地下的概念。之前的"日落美术馆"因完全采用自然光，便有了"日落闭馆"的说法。而在之前很多次的设计构想中，安藤一直想尝试建一座

图4-31-6（**左上**） 洛杉矶迪斯尼音乐厅（一）

图4-31-7（**右**） 洛杉矶迪斯尼音乐厅（二）

图4-31-8（**左下**） 洛杉矶迪斯尼音乐厅（三）

图4-31-9（**右上**） 东京国家艺术中心（一）

图4-31-10（**左**） 东京国家艺术中心（二）

图4-31-11（**右下**） 东京国家艺术中心（三）

完全埋藏于地下的建筑，以将对自然的破坏降至最低，达至"人与自然共存"的境界。这座直岛上的地中美术馆便实现了安藤的建筑理想。地中美术馆是一座完全置身于地面下的建筑，从空中俯视，在山顶漫山遍野的绿植与野花掩映中，有一个圆形的屋顶一样的结构埋于地表，那其实是美术馆的天井，除此以外，你休想再看到其他部分裸露在外。在室内环境中，安藤忠雄使用他所谓的"真材实料"，这真材实料可以是如纯粹朴实的水泥，或未刷漆的木头等物质（图4-31-12~ 图4-31-14）。

6. 东京根津美术馆

2009年建成的根津美术馆是隈研吾（Kengo Kuma）的代表作之一。他认为，设计的目标是要重新恢复日本建筑的传统，而且要符合21世纪的时代需求。他在作品中着重采用木材、泥砖、竹子、木料、纸张等传统的天然材料，而且非常注意与外部环境的水、空气、光线的结合，在建筑形式上则借鉴日本传统建筑的动机，在一种不事张扬、低调行事的氛围下，环境中透露出一种来自日本文化深处的优雅（图4-31-15~ 图4-31-17）。

图 4-31-12　直岛地中美术馆（一）

图 4-31-13（**左**）直岛地中美术馆（二）

图 4-31-14（**右**）直岛地中美术馆（三）

图4-31-15（左） 根津美术馆（一）
图4-31-16（右） 根津美术馆（二）

图4-31-17 根津美术馆（三）

7. 法国美茨市蓬皮杜艺术中心

2010年建成的法国美茨市蓬皮杜艺术中心，由坂茂（Shigeru Ban）和他的团队设计。建筑中最受瞩目的是中心的屋顶——一把巨大的、正六边形的"大伞"，以总长16m的木材作桁架，用钢条和夹板条斜向编织成格状"骨架"，再铺上半透明的涂有聚四氟乙烯的玻璃纤维薄膜，冬可御寒，夏可遮阳，灵感来自传统的中国竹编斗笠。"伞"的下面是3个水泥方盒子似的展厅，整个中心用可开合的玻璃遮板围合起来，关上则自成一体，打开则与室外的花园绿地连成一片（图4-31-18、图4-31-19）。

8. 纽约新当代艺术博物馆

2007年建成的纽约新当代艺术博物馆（New Museum of Contemporary Art）是纽约市中心第一座大型的艺术博物馆，由日本著名建筑师妹岛和世（Kazuyo Sejima）和西泽立卫（Ryue Nishizawa）（SANAA）设计，共7层，形如不同朝向的盒子叠加而成。SANAA想设计一幢透明的建筑，不去掩盖结构表面背后发生的事物，SANAA的设计通常有着光亮和极少的美学，对复杂建筑的细节和流动性的考究，没有层级的空间，擅长将建筑的外观作为一种"渗透膜"，联系着室内和室外，个性和共性，共用和私密之间微妙同时又刺激的关系。他们由内而外地设计这个纽约新当代艺术博物馆，按照博物馆的需求，用不同的盒子代表不同的功能区域，并通过这些盒子的移位来让建筑的内部更加通融和开放，并引入光线。无柱子的空间让功能实现有更多的自由，让空间变得吸引人但同时又是坦率的（图4-31-20~图4-31-22）。

图 4-31-18　法国美茨市蓬皮杜艺术中心（一）　　　　　图 4-31-19　法国美茨市蓬皮杜艺术中心（二）

图 4-31-20（左上）　纽约新当代艺术博物馆（一）

图 4-31-21（左下）　纽约新当代艺术博物馆（二）

图 4-31-22（右）　纽约新当代艺术博物馆（三）

9. 洛杉矶圣母大教堂

　　1992 年建成的米罗博物馆和 2002 年落成的洛杉矶圣母大教堂是西班牙建筑师拉斐尔·莫内奥（Jose Rafael Valles）的代表作品。洛杉矶圣母大教堂使用了后现代建筑元素，一系列的锐角和钝角，只是缺少直角。装饰建筑的是现代雕塑，其中最突出的是入口处的铜门和圣母雕塑。主教座堂大量使用雪花石膏，取代较为传统的花窗玻璃，使得内部光线柔和、温暖。管风琴放置在 7m 高处，其顶部高出地面 26m。主教座堂的下层是一个陵墓，有 6000 个墓室和骨灰龛。除了主教们以外，俗人也允许为自己和家人购买墓室，其收入用作教堂的资金保障（图 4-31-23~ 图 4-31-25）。

10. 新加坡圣淘沙名胜世界

　　圣淘沙名胜世界（Resort World Sentosa）是迈克尔·格雷夫斯（Michael Graves）在亚洲的重量级作品。圣淘沙名胜世界作为大型度假胜地，一共有 6 家酒店，提供 1800 多间客房。在主任建筑师帕特里克·布尔克（Patrick Burke）的带领下，迈克尔·格雷夫斯设计事务所的设计团队承担了整个圣淘沙名胜世界的设计，展现出

图 4-31-23（左上） 洛杉矶圣母大教堂（一）

图 4-31-24（左下） 洛杉矶圣母大教堂（二）

图 4-31-25（右） 洛杉矶圣母大教堂（三）

图 4-31-26（**左上**） 圣淘沙名胜世界节庆酒店（一）

图 4-31-27（**右**） 圣淘沙名胜世界节庆酒店（二）

图 4-31-28（**左下**） 圣淘沙名胜世界节庆酒店（三）

无限的深度和多面性，把他们的创意延展到每一个细节。在设计中，格雷夫斯发挥了画龙点睛的作用，每个酒店的室内设计具有不同的风格，给人以独特的体验。

1）节庆酒店（Festive Hotel）——色彩缤纷

节庆酒店是以家庭游客为主的。酒店的室内色彩夺目，垂挂在大堂天花上的 80 多盏彩灯尤为引人注目，餐厅及房间，同样充满喜庆的缤纷元素，特别是 398 间家庭客房，除设有舒适的独立卧室，还分隔出半间专门为儿童而设的阁楼（图 4-31-26~图 4-31-28）。

2）硬石酒店（Hard Rock Hotel）——明星主题

相对于节庆酒店的热闹欢乐气氛，硬石酒店的风格可说大相径庭。在世界各地均设有餐厅及酒店的 Hard Rock，对大部分旅客来说都不会陌生，渗入电影感及明星风采的个性设计，向来是 Hard Rock 的卖点，这次登陆狮城也不例外，拥有 364 间客房的酒店，由门前那带点金属味的巨型吉他，到大堂的 Designer Chair、风格化的明星画像，以及从巨星处筹集的藏品，均予人时尚感觉（图 4-31-29~图 4-31-31）。走入套房更见瑰丽，客厅中放置如拍戏般的射灯，已是个性十足，房内更以羽毛灯饰和黑白照片配紫色衬底，奢华又气派。

图 4-31-29　圣淘沙名胜世界硬石酒店（一）

图 4-31-30　圣淘沙名胜世界硬石酒店（二）

图 4-31-31　圣淘沙名胜世界硬石酒店（三）

3）迈克尔酒店（Hotel Michael）——典雅别致

迈克尔酒店有 470 间豪华客房及套房，以负责策划圣淘沙名胜世界整个项目的美国著名建筑师 Michael Graves 的名字命名，酒店内的每个细节，更是由他的设计师事务所一手包办。迈克尔酒店由格雷夫斯主持设计，更是尽情发挥他那一贯的特色，是艺术爱好者的天堂。单是酒店大堂那冰屋般的设计，已叫人眼前一亮，至于室内柔和典雅的灯饰，同样令人印象深刻。客房方面，格雷夫斯的团队更采用大量的几何图案画作及枫木墙壁作装饰，以枫叶色为主色调的客房内，处处可见美术壁画与设计感超强的特色陈设，令人感觉仿若置身艺术画廊。浴室则配上灰白色大理石淋浴间及色彩鲜艳的马赛克瓷砖，营造着典雅而独特的氛围（图 4-31-32~ 图 4-31-34）。

图4-31-32（左）圣淘沙名胜世界迈克尔酒店（一）

图4-31-33（右）圣淘沙名胜世界迈克尔酒店（二）

图4-31-34 圣淘沙名胜世界迈克尔酒店（三）

11. 新加坡滨海湾金沙酒店

由萨夫迪（Moshe Safdie）设计的新加坡滨海湾金沙酒店，是一座多功能酒店综合体，坐落于 Marina Bay 滨海湾，于 2010 年开业。它包括了 12 万 m² 的会议和展览设施，3 栋 55 层的高层酒店，总共容纳了 2600 多个房间；面积为 1hm² 的空中花园。萨夫迪所设计的建筑形式最终将服务于具体的地理形态、社会环境和建设目的。他一方面审慎地实现了全球后工业化社会的功能需求，另一方面也满足了人类社会仍旧存在的对想象力和地方意识的渴望。他为技术创新所吸引，但又坚定地让自己的建筑与地方传统和地方环境相互呼应。他极力避免一种标志性风格，但他的设计却又很少给人以羞涩之感，有时甚至醒目而惹眼（图4-31-35~图4-31-38）。

12. 纽约普拉达专卖店

任何有艺术热情的时装公司都会热衷于与时装市场同步地更新他们销售店面的外观。享有国际声望的店面设计本身就是一种非常有效的促销手段。意大利品牌普拉达（Prada）一掷千金，请正在与 ARO 建筑事务所合作的雷姆·库哈斯（Rem Koolhaas）来设计他们在纽约的新店面。这是一个创新并且能够互动的豪华场所，它可以不断变化并且包含了所有最新的科技。整幢建筑有两层，还有一个地下室作

图 4-31-35（左） 新加坡滨海湾金沙酒店（一）

图 4-31-36（右上） 新加坡滨海湾金沙酒店（二）

图 4-31-37（中） 新加坡滨海湾金沙酒店（三）

图 4-31-38（右下） 新加坡滨海湾金沙酒店（四）

为储藏空间。熨烫间的地方刚好令地板从地面突起，自然地从一层转换到二层，而整个转换的地方恰巧形成了一个大台阶。顾客在这里可以拾阶而上，也可以在任意位置坐下，试穿他们喜爱的鞋子。与大台阶相对的是一个波浪形的曲面，设计师将牛拴藤木质陡峭的曲面视为"大波浪"，一个舞台从曲面旋出，用作表演空间（图 4-31-39）。

　　壮丽的建筑物内配流线型楼梯，模特以非常规的方式层层排列，玻璃手袋展示柜中陈列着历史遗作。这家店转变了人们对门店的认知，为品牌门店设立了新的标准。

　　13. 罗马 21 世纪国家艺术博物馆（MAXXI）

　　从建筑的外部看，罗马 21 世纪国家艺术博物馆的确不如扎哈·哈德迪的其他建筑那么惊艳，但其内部的盘旋楼梯，波浪形的墙壁和顶棚极具未来主义的特色。这座 4 层高、建筑面积 3 万 m² 的博物馆曾经是意大利军队的兵营，为了与周边的 Flaminia 社区保持和谐，建筑临街的立面采用了较为传统的手法，在这样一个有历史感的文脉环境和城市架构中，平滑的弧形墙面与新古典主义的匀称立面形成了良好的对话关系，有机地契合于城市肌理之中。

　　扎哈·哈迪德设计 MAXXI 时，主要的概念是将建筑本身视为视觉艺术展览的中心，室内外的空间特质由横越过空间的墙以及墙与墙之间彼此的交汇点而被重新定义。这个设计理念被贯穿于整栋建筑的 3 个楼层之中，特别是在二层表现得尤为彻底。多个空中桥梁串联起展厅和展廊，使博物馆的室内空间连续不断，丰富多样，充满变化（图 4-31-40~ 图 4-31-42）。

图 4-31-39 纽约普拉达专卖店

图 4-31-40 罗马 21 世纪国家艺术博物馆（一）

图 4-31-41 罗马 21 世纪国家艺术博物馆（二）

图 4-31-42 罗马 21 世纪国家艺术博物馆（三）

31.2 中国的室内设计

1. 中国国家大剧院

保罗·安德鲁设计的中国国家大剧院 2008 年落成。与建筑引起的巨大争论不同，中国国家大剧院的室内设计虽然并没有获得极大的好评，但一些室内的设计手法和高科技风格所呈现出的独特室内效果仍然影响了中国不少当代室内设计作品（图 4-31-43、图 4-31-44）。

国家大剧院整体呈半椭圆形的壳体造型，壳体由 2 万多块钛金属板和 1200 多块透明玻璃组成。建筑的材料和构造方式清晰地呈现在室内，使大剧院高科技的室内风格简约大气，色调柔和而富有光泽。白天，灰色的钛金属板与玻璃与日光交相辉映，营造出舞台帷幕拉开的视觉效果。夜幕降临后，屋顶上错落有致的灯光星星点点，使室内充满了一种含蓄而别致的韵味与美感。

大剧院北入口处是长达 80m 的水下长廊，长廊位于地面水池的下方，顶部全部采用了透明的玻璃天棚，水池的粼粼波光被阳光投影到长廊的地板和墙面上，让室内产生了一种梦幻般的美感。公共大厅的顶棚采用了名贵的巴西红木，拼装成菱形的图案，呈现出雍容的气质。地板采用了 10 多种石材，来自全国各地，名为"锦绣大地"，

图 4-31-43 中国国家大剧院（一）　　　　**图 4-31-44** 中国国家大剧院（二）

色彩各异但整体和谐。歌剧院的室内以金色为主调，墙面覆盖着金色金属网。歌剧院里的座椅排列呈现出柔和的曲线型，甚至看不到明显的转角。音乐厅的室内风格宁静肃穆、高雅洁白，四周的墙面犹如扩散开的钢琴琴键，天花板是白色的浮雕，把室内设计的美学与声学结合起来。小剧场的主色调是红色，墙面采用了软装，覆盖着经过特殊加工和防火处理的浙江丝绸。墙面在红色的主色调中，又间以紫色、暗红色、橘色和黄色的竖条纹，使色彩统一又有变化，营造出具有中国特色的剧场氛围。

2. 首都国际机场 T3 航站楼

2007 年建成的北京首都国际机场 T3 航站楼是英国建筑师诺曼·福斯特设计的。T3 航站楼是亚洲最大的单体建筑，南北长达 3km，宽 790m，高 45m，内部空间的高大令人震撼，因此也创造了独特的室内设计风格（图 4-31-45~ 图 4-31-47）。

诺曼·福斯特称这一建筑为"人民的宫殿"，建筑的结构部件与室内设计风格密切结合起来，墙由支撑屋顶的锥形钢管柱子和玻璃幕墙组成，为宽大的室内提供了良好的采光。顶棚上是菱形的采光天窗，屋顶没有吊顶，保留了建筑的结构特征，视觉上充满了具有现代感的肌理效果。屋顶的颜色还为旅客提供了指示功能，由国内候机厅到国际候机厅，经过 16 种色彩的渐变，屋顶的颜色从大红变成金黄。在由南向北的室内穿行过程中，这种颜色的渐变理念被扩大，从钢架到柜台再到座椅。这种从红到黄的色彩渐变效果，据设计师说来自紫禁城的联想和中国传统文化，同时又与室内设计的功能需求联系起来。

图 4-31-45　首都国际机场 T3 航站楼（一）

图 4-31-46　首都国际机场 T3 航站楼（二）

图 4-31-47　首都国际机场 T3 航站楼（三）

　　在巨大的 T3 航站楼室内，我们还可以看到室内景观设计对中国传统文化和符号的直接运用，又保留了原有尺寸的九龙壁、古典园林景观，以及浑天仪、巨幅壁画《清明上河图》和《长城万里图》等，虽然这些室内景观的设计和建筑在风格、尺度和色彩上并不十分和谐，但仍然可以看到设计师对中国传统文化的尊重。

　　3. 苏州博物馆

　　在设计苏州博物馆（2007 年）时，贝聿铭强调了"中而新，苏而新"的概念。与 30 多年前把国际室内设计新思想和苏州园林的设计手法和设计语言引入现代宾馆设计中不同，这次苏州博物馆的设计既被贝先生认为是自己设计生涯的收官之作，也是他设计生涯中对苏州园林设计语言现代理解和表达的集中体现。

　　苏州博物馆毗邻苏州著名园林拙政园和忠王府，新馆在材料上大量使用了玻璃和开放式的钢结构，玻璃和钢材既用在建筑结构上，也大量用于门窗和室内的楼梯和楼梯扶手上。苏州园林的元素被抽象成现代简洁的几何形，其中，三角形和菱形是主要的造型元素，中厅设计为八角形。室内的屋顶部分由精细的金属百叶和玻璃顶棚构建而成，建筑采用的坡形屋顶结构直接反映在室内的空间特征里，钢结构所形成的几何形成为了室内屋顶和墙面显而易见的结晶体造型。为了使展厅内部空间保持最好的采光效果，屋顶的金属百叶可以根据天气情况进行调节。苏州博物馆采用了庭院式的设计，新馆中设计师精心打造的创意园林是对中国传统园林设计的挖掘和提炼，铺满鹅卵石的池塘、由片石假山组成的山水长卷、简洁的直曲小桥，还有凉亭和竹林，既超越了传统的园林设计，又保留了传统园林的神韵，成为苏州博物馆室内设计的点睛之笔。

博物馆室内设计的主色调是白色和灰色，这些色彩显然有江南民居色彩的渊源关系，同时又显得非常现代。由于强调了现代感，室内视觉所及，几乎都是锐角和直线。苏州博物馆的室内设计通过几何形和现代的灰白色很容易让人联想到传统的江南民居和苏州园林，但几何构成在现代西方建筑和室内设计中的广泛运用，总给人以文化上的生硬感，但作为"中而新，苏而新"的尝试，对中国传统室内设计的现代化毕竟有启发意义（图 4-31-48~ 图 4-31-50）。

图 4-31-48
苏州博物馆（一）

图 4-31-49（左）
苏州博物馆（二）
图 4-31-50（右）
苏州博物馆（三）

4. 上海柏悦酒店

上海柏悦酒店（2009 年）位于上海环球金融中心的 84~93 层，酒店室内由著名纽约华裔设计师季裕棠设计。柏悦酒店虽然是目前上海最贵的酒店，但与那些视觉上金碧辉煌的酒店室内设计相比，柏悦酒店更多地体现出雍容高贵的低调气质。在酒店里，随处可见的中国传统室内设计元素和符号，是形成这种静谧奢华的重要原因。季裕棠认为"真正的奢华不应该是表面的华丽与装饰，而是人与空间的契合"，他从中国传统的四合院所建立的家族关系出发，设计出能够与人产生感情的酒店空间，打造出他心目中"高贵细腻的现代中国私人住宅式酒店"。

酒店的入口处是一片茂盛的竹林，为酒店室内设计的东方韵味提供了一个提示性的过渡。经由电梯到达 87 层的大堂，虽然这儿有开阔的空间和挑高的顶棚，但具有家居感的布置让人倍感亲切。酒店的室内设计以灰色、白色、米色和咖啡色为基调，以创造节制和内敛的整体风格，材料则采用了麻质、原木和皮革等天然材质，呈现出东方淡定从容、适度的室内意味（图 4-31-51~图 4-31-54）。酒店的公共空间以简洁的现代风格为特征，给人感觉端庄大气，但随处可见的中式家具和陈设，透露出酒

图 4-31-51　上海柏悦酒店（一）

图 4-31-52　上海柏悦酒店（二）

图 4-31-53　上海柏悦酒店（三）

图 4-31-54　上海柏悦酒店（四）

店努力营造的中国传统书卷气氛，让酒店多了一份中式的人文气息和文化韵味，体现了传统室内设计雅致的文人风格。中式的设计还体现在套房的设计中，一个宁静的庭院设计为这个高层酒店带来了舒适平和的中式生活空间。

酒店里精选的艺术品和陈设是设计师的点睛之笔，实现了设计师把艺术与室内设计完美结合的理想，体现了设计师很高的艺术品位和审美追求。室内设计的一些细节更体现出设计师营造室内气氛的高超手法，如酒吧中间采用真实的树叶卷成小卷后垂直粘贴的"叶墙"，贯穿 91~93 层空间的"银河"装饰，体现了设计师追求的诗情画意。

5. 北京阑会所

"阑会所"（2007 年）坐落在北京东长安街 LG 大厦的四层，低暗的灯光和充满着巴洛克风格的空间，营造出一处奢华、神秘的场所，约百米的长廊分为中国、印度、墨西哥、法国四种风情。菲利浦·斯塔克把西方、东方、传统、经典、民间等元素混合在一起，天花板下面悬挂着支离破碎的历史经典名画，围裹包间的帆布上面喷绘着从文艺复兴到新古典主义风格的欧洲经典绘画作品，家具既有古典欧式风格的椅子，也有雕刻了菲利浦·斯塔克本人头像的后现代风格的凳子，灯具则用了奢华的水晶吊灯。

在这里，目之所及，看到的是汉字、中国民间纹样、欧洲古典绘画、中国经典绘画作品的片断，还有水晶灯、古典家具、类似纯银的天鹅头造型的水龙头等，让人眼花缭乱，极具视觉冲击力。"阑会所"的设计是一种调侃"雅文化"混合了"嬉皮"的后现代混搭风格，大胆地迎合了流行的混搭潮流。设计师大胆和随性地把古今中外的多种元素搭配在一起，产生了超乎寻常的视觉冲击力。

菲利浦的设计让中国室内设计界人士很震撼，在随后中国的一些设计作品中都可以看到"阑会所"对中国室内设计界的影响（图 4-31-55~ 图 4-31-59）。

6. 九间堂十乐会所

"九间堂"位于上海浦东，由国内外著名设计师矶崎新、严迅奇、梁志天参与设计。"九间堂"的名称来自中国传统建筑格局"三开三进，谓之九间"，意欲打造体现中国建筑精神和韵味的住宅，在空间关系和意境营造上诠释传统住宅和园林雅致幽美的美感。

设计师在营造中国传统住宅神韵的时候，并没有采用传统的形式，而是以现代主义的手法，运用新材料和新技术表达传统居住空间的精神实质，如曲折变化的景深，丰富微妙的光影，朴实清新的色彩，既有传统中式空间的韵律，又具有现代主义的审美情趣。

十乐会所来自宋代养生学家提出的"人生十乐"，即读书、谈心、静卧、晒日、小饮、种地、音乐、书画、散步、活动。因此，在内庭院的设计中有鸟笼、家禽，甚至还有一小块水稻田，表达了春耕、夏作、秋收、冬藏的自然四季过程，与建筑风格所呈现的日本禅意相呼应，简约自然。室内设计对中国的符号运用颇具创意，具有南宋气质

图 4-31-55　北京阑会所（一）

图 4-31-56　北京阑会所（二）

图 4-31-57　北京阑会所（三）

图 4-31-58　北京阑会所（四）

图 4-31-59　北京阑会所（五）

的装饰品被大量运用，如南宋四大家之一马远的水纹图，就被不断重复在手工雕刻的石头上，以及采用大理石和马赛克拼贴的纹样上，墙面装饰也采用了水波纹样。设计师设计定做的家具也可以看出式样来自宋代画作。此外，还有毛笔形的装饰柱、手工镶嵌的木纹门、高立的书架、安闲的卧榻，造型具有古意的几上是一杯清茶，这些空间被命名为"非非想"、"薄薄酒"、"九思"等，当人们穿行在这些名称也颇有古意的空间里时，仿佛时间倒流，产生了穿越的错觉，而这样的效果正是设计师倾心营造的。设计师通过九间堂的室内制造了一个时空幻境，让今天疲于奔命的都市人有一个可以放慢脚步、放松心情的闲静之处（图 4-31-60~ 图 4-31-63）。

7. 北京前门 23 号

前门 23 号（2009 年）由 5 座花岗石和砖石结构的小楼构成，在西北角的玻璃房子里，设计师桥本夕纪夫在这儿设计了两家餐厅和两间酒吧。餐厅一间日式，一间西班牙式。

日式的餐厅采用了现代艺术的理念来演绎日本传统的竹舍，宽大的玻璃窗采用了6.5m 高的竹帘，地板上镶嵌着一圈通透的玻璃地板，里面是被整理成波浪形的细白沙，是日式园林景观里常见的枯山水的抽象和简化。玻璃的墙体内点缀着粉红色的玫瑰花，

图 4-31-60　九间堂十乐会所（一）

图 4-31-61　九间堂十乐会所（二）

图 4-31-62　九间堂十乐会所（三）

图 4-31-63　九间堂十乐会所（四）

通过墙体上不规则镶嵌的带有立体感的滤镜，在光照下，产生了亦真亦幻的视觉效果。西班牙餐厅的主色调是大面积的红色，与中国色和西班牙的热情相呼应，具有浓郁的西班牙风情和热情洋溢的气氛。大红色的方柱顶部像花朵般张开与天花板连接起来，镂空的处理把里面的灯光点点漏出，显得流光溢彩。酒吧与日式餐厅相连，酒

图 4-31-64　北京前门 23 号

吧的装饰采用了大量的六边形蜂巢图案，在灯光的映照下营造出幽暗迷离的酒吧特有氛围（图 4-31-64）。

餐厅和酒吧的设计都采用许多具有反光的材料，如马赛克、大理石和玻璃等，在灯光的映照下，尤其突出了这种老式建筑改造后内部空间的奢华气质，以及今天餐厅的高档定位。室内设计强调的异国风情，与建筑曾经的历史联系起来，是老建筑内部空间改造常用的手法。

8. 外滩 18 号室内改造

上海外滩的建筑群是上海 20 世纪初繁华的本质，经过了沧海桑田的历史变迁，建筑的外观虽然保留了下来，但内部空间的使用都面临着重新设计。21 世纪初，许多著名设计师都参与了外滩建筑群内部空间和外立面的改造方案，这些改造后的内部空间现在已经成为上海新的时尚处所，被用于各种不同的用途。

外滩 18 号（2004 年）建于 1923 年，是当时亚洲区和澳大利亚区渣打银行的总部，建筑混合了欧洲古典主义、新古典主义和巴洛克风格。负责外滩十八号楼整修工程的是来自意大利威尼斯的 Kokaistudios 建筑顾问公司。主设计师菲利波·加比亚尼（Filippo Gabbiani）和他的工作伙伴对建筑内部的改造首先尊重了建筑的美学风格和历史元素，进入一楼大堂，地面由细小的大理石拼贴而成，重新设计的地面正好与旁边楼梯口的风格相吻合，地面其中隐约可见的圆圈是设计师的重新创造，但整体风格仍然表达了设计师对历史的尊重（图 4-31-65~ 图 4-31-67）。

9. 国家博物馆

国家博物馆（2011 年）大气庄重，古朴典雅。长达 300m，高 28m 的艺术长廊贯穿国博南北轴线，顶部分布着 380 个藻井天窗，彰显着其极具魄力的空间特色。在东西轴线上的西大厅和中央大厅为举办重要文化和国务活动的场所，其四周还分布着由张绮曼教授设计的不同主题的 4 个贵宾厅，分别为"木厅""砖厅""铜厅"和"石厅"。这些主题通过材料和主要的图形设计进行阐释，使用了体现着中华文化深厚底蕴的木雕、砖雕、铜雕、石雕艺术（图 4-31-68~ 图 4-31-74）。

图 4-31-65　上海外滩 18 号（一）

图 4-31-66　上海外滩 18 号（二）

图 4-31-67　上海外滩 18 号（三）

图 4-31-68（左）　国家博物馆（一）
图 4-31-69（右）　国家博物馆（二）

图 4-31-70　国家博物馆（三）

图 4-31-71　国家博物馆（四）

图 4-31-72　国家博物馆（五）

图 4-31-73　国家博物馆（六）

图 4-31-74　国家博物馆（七）

10. 上海外滩 3 号

2004 年，由 House of Three 公司投资 3500 万美元进行改造的外滩 3 号（外滩艺术中心）正式开业。外滩 3 号位于原上海天祥洋行大楼内，大楼建成于 1922 年，是上海第一座钢筋混凝土结构的建筑。全新的外滩 3 号由享誉世界的后现代主义建筑大师迈克·格雷夫斯设计，建筑内拥有阿玛尼中国首家旗舰店、沪申画廊、依云水疗中心以及四家餐厅和一间音乐沙龙。

外滩 3 号的设计在保留了原有建筑外观的基础上对内部空间进行了大规模的改造。在设计中，格雷夫斯将现代建筑语言与上海的地域文化进行了重新组合，他创造性地把街景引入了室内，同时增加了很多"擎天柱"以加固这幢百年老楼的承受力。内部呈螺旋式上升的楼梯取代了原有的消防楼梯，踏步表面发光石材的独特质感，强调了交通空间的趣味性和指向性。建筑内部的通道设计也力求让人们产生抽象的街区和道路的感觉。建筑室内东侧的中庭，从三层的画廊开始逐渐向上倾斜一直贯穿到顶层，造成一种强烈的纵向透视效果，地面冷暖相间的石材对比以及抽象的金属雕塑，进一步将街道的活力带入到建筑物的每一个细节中。

11. 中国工商银行上海市外滩支行

中国工商银行上海市外滩支行由美国 JWDA 建筑设计事务所设计。外滩支行所在地是建于 1924 年的原日本横滨正金银行，整座建筑属于西方折中主义的设计风格。作为旧建筑的改造项目，JWDA 以恢复大厦最初的风貌作为目标，将不同的设计元素巧妙地组合成一个统一的整体。银行的主营业厅原有的天花设计受新艺术运动时期维也纳分离派的影响，采用了大面积玻璃穹顶的照明方式。玻璃穹顶周围和天花线脚都配有金色的装饰纹样。由于大楼年久失修，大量的装饰材料已破损或被拆除，且档案已严重缺失。设计师在从原建筑师后代处获得部分图纸后，努力寻找相同或近似的装饰材料，尽量保持原有规格和质地，并进行了再创作。除主营业大厅外，设计的另一个亮点是一层玻璃穹顶上方的室内中庭。中庭原是一个室外天井，JWDA 的设计师为其重新设计了立面，并加盖了钢结构的玻璃顶棚，中庭的地面安装了光亮的钢化玻璃，玻璃下方的金属图案同样是整座建筑及中庭的装饰主题（图 4-31-75、图 4-31-76）。

12. 中国银行总行

中国银行总行由美国贝氏建筑事务所（Pei Partnership Architects）设计，大厦的平面呈"口"字形，"口"字形的中央为 55m 见方，45m 高的中庭。中庭的中央布置了山水池、山石、竹林等构成的富于中国韵味的园林，中庭的西北部为营业大厅，营业大厅上方的环形灯具与下方圆形的吹拔相呼应，形成了极富现代感的视觉中心（图 4-31-77、图 4-31-78）。

13. 上海金茂凯悦酒店

美国室内设计师让·菲利普·黑兹热衷于对中国传统文化的研究与探索，来到中国后他阅读了很多梁思成先生的学术著作，并从中分析和提炼出中国传统建筑的结构形式和装饰元素，他设计的上海金茂凯悦酒店和钓鱼台国宾馆芳菲苑等都是很有代表性的作品。

图 4-31-75　中国工商银行上海市外滩支行大堂

图 4-31-76　中国工商银行上海市外滩支行营业厅

图 4-31-77 中国银行总行（一）

图 4-31-78 中国银行总行（二）

图 4-31-79 上海金茂凯悦酒店（一）

图 4-31-80 上海金茂凯悦酒店（二）

图 4-31-82 上海金茂凯悦酒店（四）

　　金茂大厦坐落于浦东金融中心的核心位置，周围有众多 A 级办公楼。上海金茂凯悦酒店位于金茂大厦的 58~85 层，有 548 间客房及套房，有 13 种不同房型。56 层开始是宏伟的镂空中庭设计。酒店的装修极具特色，现代艺术中融入了中国传统文化。房间选择了简洁时尚的内部装饰，色彩明快，色调温馨，特别为酒店手工订制的地毯图案，写意地呈现出中国汉字"回"，似乎寓

图 4-31-81 上海金茂凯悦酒店（三）

意着"回家"，令人感受到如归家般的温馨亲切（图 4-31-79~ 图 4-31-82）。

参考文献

[1] 刘敦桢，主编. 中国古代建筑史 [M]. 第二版. 北京：中国建筑工业出版社，1984.

[2] 中国科学院自然科学史研究所，主编. 中国古代建筑技术史 [M]. 北京：中国科学出版社，1985.

[3] 山西省古建筑保护研究所，编. 中国古代建筑学术讲座文集 [M]. 北京：中国展望出版社，1986.

[4] 刘致平，著. 中国建筑类型及结构 [M]. 北京：中国建筑工业出版社，1987.

[5] （明）计成，著. 园冶注释 [M]. 陈植，注释. 北京：中国建筑工业出版社，1988.

[6] （清）姚承祖，原著. 营造法原 [M]. 第二版. 张至刚，增编. 北京：中国建筑工业出版社，1989.

[7] 王世襄，著. 明式家具研究（文字卷）[M]. 香港：三联书店（香港）有限公司，1989.

[8] 王世襄，著. 明式家具研究（图版卷）[M]. 香港：三联书店（香港）有限公司，1989.

[9] 黄明山，主编. 宫殿建筑——末代皇都 [M]. 台北：光复书局，北京：中国建筑工业出版社，1992.

[10] 黄明山，主编. 民间住宅建筑——圆楼窑洞四合院 [M]. 台北：光复书局，北京：中国建筑工业出版社，1992.

[11] 黄明山，主编. 佛教建筑——佛陀香火塔寺窟 [M]. 台北：光复书局，北京：中国建筑工业出版社，1992.

[12] 张绮曼，郑曙旸. 室内设计资料集 [M]. 北京：中国建筑工业出版社，1994.

[13] （清）李渔著. 闲情偶寄 [M]. 北京：作家出版社，1995.

[14] 侯幼彬，著. 中国建筑美学 [M]. 哈尔滨：黑龙江科学技术出版社，1997.

[15] 罗哲文，陈从周，主编. 苏州古典园林 [M]. 苏州：古吴轩出版社，1999.

[16] 萧默，主编. 中国建筑艺术史 [M]. 北京：文物出版社，1999.

[17] 陆志荣，著. 清代家具 [M]. 上海：上海书店出版社，1999.

[18] （清）袁玫，著. 随园诗话 [M]. 王英志，校点. 南京：凤凰出版社，2000.

[19] 王小舒，著. 中国审美文化史（元明清卷）[M]. 济南：山东画报出版社，2000.

[20] 李宗山，著. 中国家具史图说 [M]. 武汉：湖北美术出版社，2001.

[21] 潘谷西，主编. 中国建筑史 [M]. 第四版. 北京：中国建筑工业出版社，2001.

[22] （清）李斗，著. 扬州画舫录 [M]. 周春东，注. 济南：山东友谊出版社，2001.

[23] 刘叙杰，主编. 中国古代建筑史（第一卷）[M]. 北京：中国建筑工业出版社，2002.

[24] 傅熹年，主编. 中国古代建筑史（第二卷）[M]. 北京：中国建筑工业出版社，2002.

[25] 郭黛姮，主编. 中国古代建筑史（第三卷）[M]. 北京：中国建筑工业出版社，2002.

[26] 潘谷西，主编. 中国古代建筑史（第四卷）[M]. 北京：中国建筑工业出版社，2002.

[27] 孙大章，主编. 中国古代建筑史（第五卷）[M]. 北京：中国建筑工业出版社，2002.

[28]（英）朱迪斯·米勒，著. 装饰色彩 [M]. 李瑞君，译. 北京：中国青年出版社，2002.

[29] 乔云，等，编著. 中国古代建筑 [M]. 北京：新世界出版社，2002.

[30] 陆元鼎，潘安，著. 中国传统民居营造与技术 [M]. 广州：华南理工大学出版社，2002.

[31] 沈福煦，沈鸿明，著. 中国建筑装饰艺术文化源流 [M]. 武汉：湖北教育出版社，2002.

[32] 杨秉德，著. 中国近代中西建筑文化交融史 [M]. 武汉：湖北教育出版社，2003.

[33] 张家骥，著. 中国建筑论 [M]. 太原：山西人民出版社，2003.

[34] 孙大章，著. 中国民居研究 [M]. 北京：中国建筑工业出版社，2004.

[35]（美）孙隆基，著. 中国文化的深层结构 [M]. 桂林：广西师范大学出版社，2004.

[36] 朱家溍，著. 明清室内陈设 [M]. 北京：紫禁城出版社，2004.

[37] 李允鉌，著. 华夏意匠 [M]. 天津：天津大学出版社，2005.

[38] 李瑞君，梁冰，等，编著. 环境艺术设计 [M]. 北京：中国人民大学出版社，2005.

[39] 梁思成，著. 中国建筑史 [M]. 天津：百花文艺出版社，2005.

[40] 冯天瑜，何晓明，周积明，著. 中华文化史 [M]. 第二版. 上海：上海人民出版社，2005.

[41] 胡德生，著. 明清宫廷家具大观（上、下）[M]. 北京：紫禁城出版社，2006.

[42] 孙大章，编著. 中国古代建筑彩画 [M]. 北京：中国建筑工业出版社，2006.

[43] 杨鸿勋，主编. 中国古代居住图典 [M]. 昆明：云南人民出版社，2007.

[44] 于倬云，主编. 故宫建筑图典 [M]. 北京：紫禁城出版社，2007.

[45] 故宫博物院古建筑管理部，编. 故宫建筑内檐装修 [M]. 北京：紫禁城出版社，2007.

[46] 故宫博物院，编. 明清宫廷家具 [M]. 北京：紫禁城出版社，2007.

[47] 李瑞君，著. 环境艺术设计十论 [M]. 北京：中国电力出版社，2008.

[48] 李瑞君，著. 环境艺术设计概论 [M]. 北京：中国电力出版社，2008.

[49]（美）约翰·派尔，著. 世界室内设计史 [M]. 刘先觉，陈宇琳，译. 北京：中国建筑工业
     出版社，2007.

[50] 李瑞君，著. 清代室内环境营造研究 [D]. 北京：中央美术学院，2009.

[51] 赵慧，著. 宋代室内意匠 [D]. 北京：中央美术学院，2009.

[52] John Morley. History of Interior Design[M]. London：Thames & Hudson Ltd.，1999.

[53] Jeannie Ireland. The History of Furniture[M]. New York：Fairchild Books，Inc.，2009.

图书在版编目（CIP）数据

室内设计＋室内设计史／李瑞君编著．—北京：中国建筑工业出版社，2019.6
高等院校室内设计专业规划教材
ISBN 978-7-112-23615-2

Ⅰ．①室…　Ⅱ．①李…　Ⅲ．①室内装饰设计－建筑史－世界－高等学校－
教材　Ⅳ．① TU238-091

中国版本图书馆 CIP 数据核字（2019）第 071835 号

本书的内容是人类的室内设计的历史与文化，地域包括中国与外国两部分，时间自上古
时期起至 21 世纪初，地域跨度大，时间跨度长，知识全面，内容丰富，图文并茂。全书分为
外国古代室内设计、中国古代室内设计、近现代室内设计和新时代的室内设计四个部分。作
者将有关室内设计历史与文化的知识系统化，将国内外有关室内设计的理论研究和设计实践
进行梳理，并对新时代的室内设计进行了归纳和阐释，探索不同时期、不同国家和地区、代
表性设计师的室内设计作品的时代特点与文化特征。

为更好地支持相应课程的教学，我们向采用本书作为教材的教师提供教学课件，有需要
者可与出版社联系，邮箱：cabpkejian@126.com。

责任编辑：张　晶
书籍设计：付金红
责任校对：党　蕾

高等院校室内设计专业规划教材
室内设计＋室内设计史
李瑞君　编著
*
中国建筑工业出版社出版、发行（北京海淀三里河路 9 号）
各地新华书店、建筑书店经销
北京雅盈中佳图文设计公司制版
北京中科印刷有限公司印刷
*
开本：787×1092 毫米　1/16　印张：27½　字数：531 千字
2019 年 10 月第一版　2019 年 10 月第一次印刷
定价：86.00 元（赠课件）
ISBN 978-7-112-23615-2
　　　　（33899）